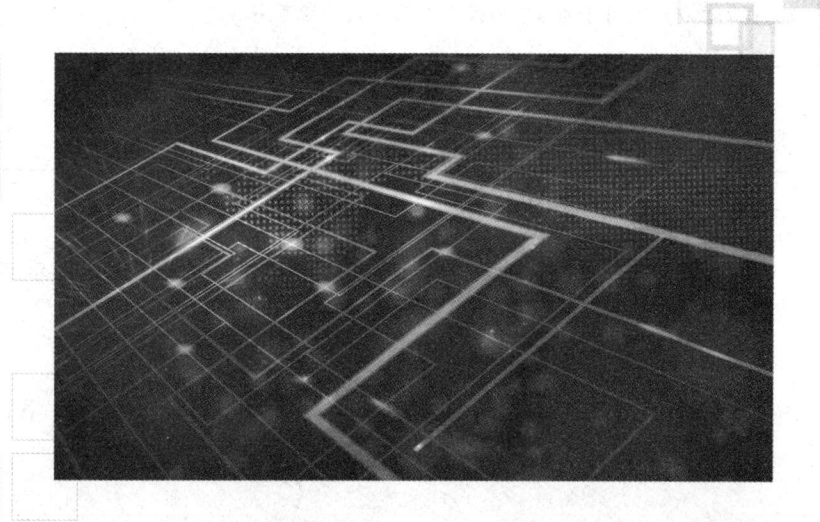

电子技术及其应用

修订版

Dianzi Jishu Jiqi Yingyong

主 编 ◎ 孙津平

北京理工大学出版社
BEIJING INSTITUTE OF TECHNOLOGY PRESS

内容简介

本书以应用为目的，以培养学生的技术应用能力为主线，以强化应用为重点，将模拟电子技术和数字电子技术有机地融合为一体，是技术性和应用性很强的一本通用教材。

本书共分为 10 章：二极管及其应用、三极管及其应用、场效应管及其应用、晶闸管及其应用、集成运算放大器及其应用、逻辑门及其应用、触发器及其应用、集成定时器及其应用、模/数和数/模转换器及其应用、综合应用。每章配有知识目标、能力目标、目标测试，便于学生明确目标，巩固所学知识。并增加了一些实验项目和综合实训项目，以培养学生的动手能力，提高学生分析问题和解决问题的能力。

本书可作为高等院校电子技术、通信技术、计算机应用、自动控制、工业电气化等相关专业电子技术课程的教材，也可作为自学者及工程技术人员参考用书。

版权专有　侵权必究

图书在版编目（CIP）数据

电子技术及其应用 / 孙津平主编．—2 版．—北京：北京理工大学出版社，2023.1 重印

ISBN 978-7-5682-1839-9

Ⅰ.①电… Ⅱ.①孙… Ⅲ.①电子技术－高等学校－教材 Ⅳ.①TN

中国版本图书馆 CIP 数据核字（2016）第 019632 号

出版发行 /	北京理工大学出版社有限责任公司	
社　　址 /	北京市海淀区中关村南大街 5 号	
邮　　编 /	100081	
电　　话 /	（010）68914775（总编室）	
	（010）82562903（教材售后服务热线）	
	（010）68944723（其他图书服务热线）	
网　　址 /	http://www.bitpress.com.cn	
经　　销 /	全国各地新华书店	
印　　刷 /	三河市华骏印务包装有限公司	
开　　本 /	787 毫米×1092 毫米　1/16	
印　　张 /	18.25	
字　　数 /	430 千字	责任编辑 / 李志敏
版　　次 /	2023 年 1 月第 2 版第 6 次印刷	责任校对 / 周瑞红
定　　价 /	52.00 元	责任印制 / 李志强

图书出现印装质量问题，请拨打售后服务热线，本社负责调换

前言
Foreword

21世纪的今天，随着科学技术的迅猛发展，电子产品层出不穷，掌握相关电子技术基础知识也显得至关重要，电子技术的教学也发生较大的变化。为了适应21世纪高职高专学校应用型人才的培养，我们结合电子技术发展的趋势，精心编写了《电子技术及其应用（修订版）》一书。本书对上一版中的错误做了修订和更正。

"电子技术及其应用"是一门重要的专业基础课，该课程的任务是培养学生具有一定分析电子电路的能力、选择和使用电子元器件的能力、安装和调试电子电路的能力。本书在编写时注意突出以下几点：

（1）本书将模拟电子技术、数字电子技术及相应的实践内容进行有机的融合，形成一个较完整的体系，为教学的组织和学生的学习提供了方便。

（2）每章内容以一个电子元器件为基础，以电子元器件的实际应用为目标，基本理论以必需、够用为度，侧重元器件的外部特性、检测方法和实际应用，注重对学生实践应用能力的培养，突出了实践性和实用性。

（3）随着电子技术的发展，以集成电路为核心的电子应用技术构成了电子电路的技术核心和发展方向。本书以集成器件为重点，淡化其内部电路结构的分析，侧重于从元件的符号、引脚及功能表上把握其使用方法。

（4）本书在文字叙述上，力求做到将深奥的知识浅显化，抽象的知识形象化，简明而系统，少用烦琐的数学计算和公式推导。

（5）每章的开始都设有知识目标、技能目标，使学生能在学习前明确目标。每章结束都设有本章小结，对重要的知识点进行归纳比较，并配有目标测试题及答案，便于学生巩固所学知识。

（6）将理论知识和实践内容融合在一起，在内容上尽量淡化教学设备对实践的影响，注重对学生实际动手能力的培养。

本书由西安铁路职业技术学院孙津平担任主编，西安铁路职业技术学院吕红娟、王宁担任副主编，西安铁路职业技术学院朱叶、吕昕参加编写。具体分工为：第4、6、7章，附录A由孙津平编写；第1、8章，第10章10.1节由吕红娟编写；第2、5章由王宁编写；第3章、附录B由朱叶编写；第9章、第10章10.2节、附录C由吕昕编写。朱晓红主审，并提出了许多宝贵的意见，在此表示衷心的感谢。

本书在编写过程中参考了大量的资料和书刊，在此谨向这些书刊资料的作者表示衷心的感谢。

由于编者的水平有限，书中难免有错漏或不妥之处，敬请广大读者批评指正。

编　者

目录

第1章 二极管及其应用 ... 1

1.1 二极管的识别 ... 1
- 1.1.1 二极管的结构 ... 1
- 1.1.2 二极管的种类 ... 3
- 1.1.3 二极管的特性 ... 4
- 1.1.4 二极管的参数 ... 5
- 1.1.5 二极管的测试 ... 6

1.2 二极管的应用 ... 7
- 1.2.1 二极管整流电路 ... 7
- 1.2.2 二极管整流滤波电路及其测试 ... 11
- 1.2.3 二极管稳压电路及其测试 ... 15
- 1.2.4 二极管的应用及测试 ... 21

本章小结 ... 22
目标测试 ... 22

第2章 三极管及其应用 ... 24

2.1 三极管的识别 ... 24
- 2.1.1 三极管的结构 ... 24
- 2.1.2 三极管的种类 ... 25
- 2.1.3 三极管的特性 ... 26
- 2.1.4 三极管的参数 ... 28
- 2.1.5 三极管的测试 ... 29

2.2 三极管的应用 ... 30
- 2.2.1 基本放大器及其测试 ... 30
- 2.2.2 射极输出器及其测试 ... 38
- 2.2.3 多级放大器及其测试 ... 40
- 2.2.4 功率放大器及其测试 ... 43
- 2.2.5 TTL 与非门 ... 47
- 2.2.6 三极管的应用及测试 ... 48

本章小结 ... 50
目标测试 ... 51

第3章 场效应管及其应用 ... 58

3.1 场效应管的识别 ... 58

3.1.1　场效应管的种类 ·· 58
　　3.1.2　场效应管的结构 ·· 58
　　3.1.3　场效应管的特性 ·· 60
　　3.1.4　场效应管的参数 ·· 64
3.2　场效应管的应用 ·· 67
　　3.2.1　共源极放大电路 ·· 67
　　3.2.2　共漏极放大电路——源极输出器 ··· 70
　　3.2.3　COMS电路 ·· 71
　　3.2.4　场效应管的使用注意事项 ·· 72
本章小结 ·· 73
目标测试 ·· 73

第4章　晶闸管及其应用 ·· 77

4.1　晶闸管的识别 ·· 77
　　4.1.1　晶闸管的结构 ·· 77
　　4.1.2　晶闸管的种类 ·· 77
　　4.1.3　晶闸管的特性 ·· 78
　　4.1.4　晶闸管的参数 ·· 81
4.2　晶闸管的应用 ·· 82
　　4.2.1　可控整流电路 ·· 82
　　4.2.2　触发电路 ·· 86
　　4.2.3　保护电路 ·· 90
　　4.2.4　双向晶闸管 ··· 91
本章小结 ·· 95
目标测试 ·· 95

第5章　集成运算放大器及其应用 ·· 97

5.1　集成运算放大器识别 ·· 97
　　5.1.1　集成运算放大器的组成 ··· 97
　　5.1.2　集成运算放大器的种类 ··· 98
　　5.1.3　集成运算放大器的特性 ··· 98
　　5.1.4　集成运算放大器的参数 ··· 99
　　5.1.5　集成运算放大器的选择 ·· 100
5.2　集成运算放大器的应用 ·· 101
　　5.2.1　负反馈放大器及其测试 ·· 101
　　5.2.2　运算放大器及其测试 ··· 107
　　5.2.3　电压比较器及其测试 ··· 114
　　5.2.4　正弦波振荡器及其测试 ·· 118
　　5.2.5　集成运放的应用及测试 ·· 127
本章小结 ··· 128
目标测试 ··· 129

第6章 逻辑门及其应用 ·········· 135

6.1 逻辑门的识别 ·········· 135
- 6.1.1 逻辑门的种类 ·········· 135
- 6.1.2 逻辑运算关系 ·········· 136
- 6.1.3 TTL 逻辑门 ·········· 140
- 6.1.4 CMOS 逻辑门 ·········· 144

6.2 逻辑门的应用 ·········· 145
- 6.2.1 组合逻辑电路分析与设计 ·········· 145
- 6.2.2 集成门电路使用注意事项 ·········· 151
- 6.2.3 编码器及其测试 ·········· 153
- 6.2.4 译码器及其测试 ·········· 156
- 6.2.5 选择器与分配器 ·········· 161
- 6.2.6 组合电路的竞争与冒险 ·········· 165
- 6.2.7 逻辑门的应用及测试 ·········· 166

本章小结 ·········· 166
目标测试 ·········· 167

第7章 触发器及其应用 ·········· 170

7.1 触发器的识别 ·········· 170
- 7.1.1 触发器的结构 ·········· 170
- 7.1.2 触发器的种类 ·········· 170
- 7.1.3 触发器的功能 ·········· 171

7.2 触发器的应用 ·········· 176
- 7.2.1 时序逻辑电路分析 ·········· 176
- 7.2.2 计数器及其测试 ·········· 179
- 7.2.3 寄存器及其测试 ·········· 187
- 7.2.4 计数器的应用及测试 ·········· 190
- 7.2.5 存储器及其应用 ·········· 190

本章小结 ·········· 195
目标测试 ·········· 196

第8章 集成定时器及其应用 ·········· 199

8.1 集成定时器的识别 ·········· 199
- 8.1.1 集成定时器的种类 ·········· 199
- 8.1.2 集成定时器的结构 ·········· 199
- 8.1.3 集成定时器的特性 ·········· 201
- 8.1.4 集成定时器的参数 ·········· 201

8.2 集成定时器的应用 ·········· 202
- 8.2.1 施密特触发器及其测试 ·········· 202
- 8.2.2 单稳态触发器 ·········· 206

  8.2.3 多谐振荡器及其测试 ………………………………………………………… 208
  8.2.4 集成定时器的应用及测试 ……………………………………………………… 211
 本章小结 …………………………………………………………………………………… 211
 目标测试 …………………………………………………………………………………… 212

第9章 数/模和模/数转换器及其应用 …………………………………………………… 213

 9.1 数/模转换器 …………………………………………………………………………… 213
  9.1.1 数/模转换器的结构 …………………………………………………………… 213
  9.1.2 数/模转换器的分类 …………………………………………………………… 213
  9.1.3 数/模转换器的技术指标 ……………………………………………………… 216
  9.1.4 数/模转换器的应用及仿真 …………………………………………………… 216
 9.2 模/数转换器 …………………………………………………………………………… 219
  9.2.1 模/数转换的原理 ……………………………………………………………… 219
  9.2.2 模/数转换器的分类 …………………………………………………………… 221
  9.2.3 模/数转换器的技术指标 ……………………………………………………… 222
  9.2.4 模/数转换器的应用及仿真 …………………………………………………… 223
 本章小结 …………………………………………………………………………………… 225
 目标测试 …………………………………………………………………………………… 225

第10章 综合应用 ……………………………………………………………………………… 227

 10.1 模拟电子技术综合应用 ……………………………………………………………… 227
  10.1.1 半导体收音机电路及工作原理 ……………………………………………… 227
  10.1.2 半导体收音机组装 …………………………………………………………… 230
  10.1.3 半导体收音机检测与调试 …………………………………………………… 232
  10.1.4 半导体收音机组装综合报告 ………………………………………………… 234
 10.2 数字电子技术综合应用 ……………………………………………………………… 234
  10.2.1 数字时钟的设计要求 ………………………………………………………… 234
  10.2.2 数字钟的原理框图 …………………………………………………………… 234
  10.2.3 数字钟功能 …………………………………………………………………… 235
  10.2.4 数字钟组装综合报告 ………………………………………………………… 239
 本章小结 …………………………………………………………………………………… 239
 目标测试 …………………………………………………………………………………… 239

附录A 数字电子技术基础知识 ……………………………………………………………… 240

附录B 常用电子技术集成芯片一览表 ……………………………………………………… 253

附录C Multisim2001仿真电路 ……………………………………………………………… 264

参考答案 ……………………………………………………………………………………………… 267

参考文献 ……………………………………………………………………………………………… 283

第1章

二极管及其应用

知识目标：了解半导体的基本知识，熟悉二极管的分类、特性及用途，理解二极管组成的整流滤波电路工作原理，掌握直流稳压电源的电路组成及分析方法。

能力目标：能够识别、判别二极管的性能及好坏，具备分析、测试直流稳压电源电路的基本理论、基本知识和基本技能。

1.1 二极管的识别

二极管又称晶体二极管(diode)，是一种用半导体材料制成的具有单向导电特性的二端元件，在电子电路中广泛用于整流、检波、限幅、稳压等电路。

1.1.1 二极管的结构

1. 二极管的结构及电路符号

半导体二极管是由一个PN结加上相应的电极引出线，并用管壳封装而成，结构如图1.1(a)所示。由P型区引出的电极称为阳极(或正极+)，N型区引出的电极称为阴极(或负极—)。二极管在电路中的图形符号如图1.1(b)所示，文字符号用VD表示。常见二极管的外形如图1.1(c)所示。

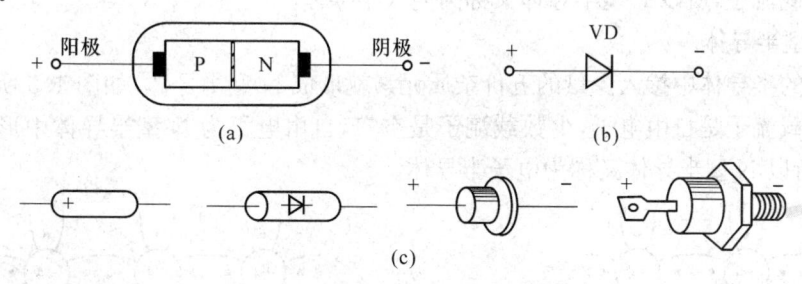

图 1.1 二极管的结构、符号及常见外形

(a) 结构；(b) 符号；(c) 外形

2. 半导体的基本知识

自然界中的各种物质，按导电能力划分为导体、绝缘体、半导体三类，半导体导电能力介于导体和绝缘体之间。在电子器件中，用得最多的半导体材料是硅(Si)和锗(Ge)。半导体具有热敏性、光敏性和掺杂性的特点。

1) 本征半导体

本征半导体是一种纯净的、不含有任何杂质的、具有晶体结构的半导体。纯净的硅和锗都是四价元素,其最外层原子轨道上具有四个价电子,每个原子的四个价电子不仅受自身原子核的束缚,还与周围相邻的4个原子发生联系,形成共价键结构,如图1.2所示。

当外界温度升高或受光照时,共价键中的价电子从外界获得一定的能量,少数价电子会挣脱共价键的束缚,成为自由电子,同时在原来共价键的相应位置上留下一个空位,这个空位称为空穴,如图1.3所示。本征半导体中的自由电子和空穴总是成对出现,在外加电场的作用下,它们会发生定向运动形成电流,所以都称为载流子。

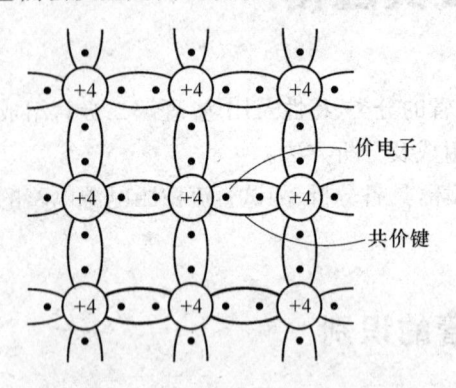

图1.2 本征半导体共价键结构　　　　图1.3 电子空穴对示意图

2) 杂质半导体

在纯净的四价半导体材料(主要是硅和锗)中掺入微量三价(例如硼、铝、铟等)或五价(例如磷、砷、锑等)杂质元素,半导体的导电能力就会发生显著变化,这是由于掺杂后的半导体中,增加了载流子数目。杂质半导体可分为P型半导体和N型半导体两大类。

(1) P型半导体。

在纯净的半导体中掺入少量的三价杂质元素就形成P型半导体,如图1.4所示。P型半导体的多数载流子(称多子)是空穴,少数载流子(称少子)是电子,空穴为P型半导体中形成电流的主要载流子,所以P型半导体又称为空穴半导体。

(2) N型半导体。

在纯净的半导体中掺入少量的五价杂质元素就形成N型半导体,如图1.5所示。N型半导体的多数载流子是自由电子,少数载流子是空穴,自由电子为N型半导体中形成电流的主要载流子,所以N型半导体又称为电子半导体。

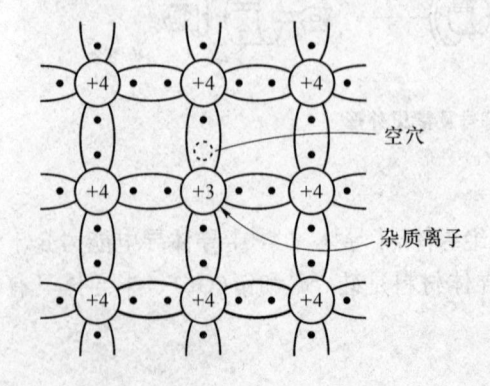

图1.4 P型半导体　　　　图1.5 N型半导体

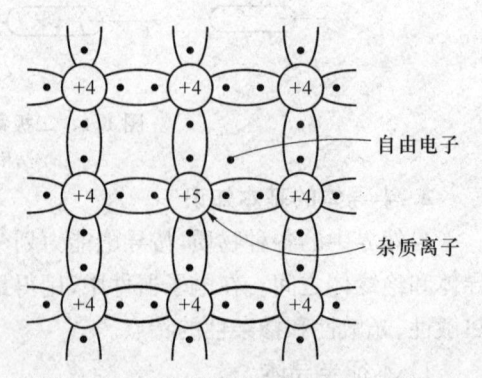

(3) PN结。

在一块纯净的半导体基片上,通过特殊的掺杂工艺使其一边形成P型半导体,另一边形成N型半导体,那么在两种半导体的交接面,会形成一个特殊的阻挡层,称为PN结,如图1.6所示。

图1.6 PN结

1.1.2 二极管的种类

1. 二极管的分类

(1) 按制造材料分:有锗(Ge)二极管、硅(Si)二极管、磷化镓(GaP)二极管和磷砷化镓(GaAsP)二极管等。

(2) 按照封装形式分:有塑料封装(塑封)二极管、玻璃封装(玻封)二极管、金属封装二极管和片状二极管等。

(3) 按照功率分:大功率二极管(5 A以上)、中功率二极管(1~5 A)和小功率二极管(1 A以下)。

(4) 按照用途分:有普通二极管、整流二极管、稳压二极管、发光二极管、变容二极管、光敏二极管和激光二极管等。

2. 半导体二极管的命名方法

国内半导体器件的命名由五个部分组成,如图1.7所示。其型号组成部分的符号及其意义见表1.1所示。

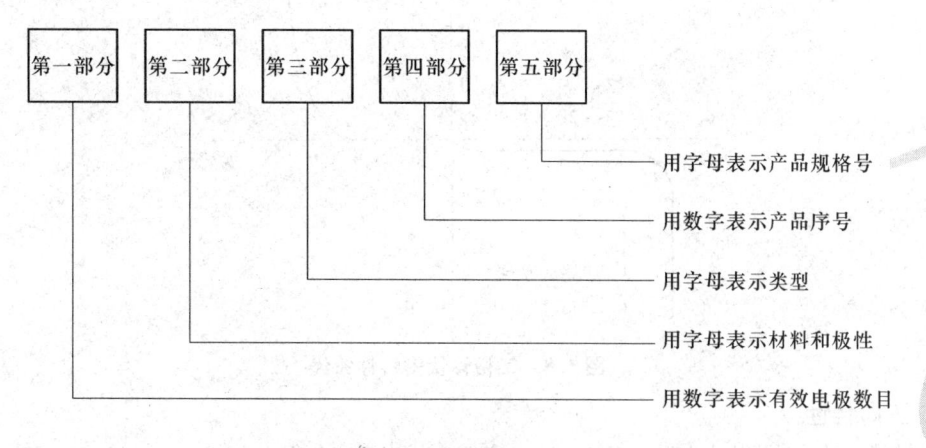

图1.7 半导体器件的命名

表 1.1 国产半导体器件型号组成部分的符号及意义

第一部分		第二部分		第三部分					
符号	意义	符号	意义	符号	意义	符号	意义	符号	意义
2	二极管	A	N 型锗材料	P	普通管	X	低频小功率管	CS	场效应管
		B	P 型锗材料	V	微波管	G	高频小功率管	FH	复合管
		C	N 型硅材料	W	稳压管	D	低频大功率管	PIN	PIN 型
		D	P 型硅材料	C	参量管	A	高频大功率管	JG	激光器件
3	三极管	A	PNP 型锗材料	F	发光管	T	可控整流器	B	雪崩管
		B	NPN 型锗材料	Z	整流管	J	阶跃恢复管	GS	光电子显示器
		C	PNP 型硅材料	L	整流堆	U	光电器件	GF	发光二极管
		D	NPN 型硅材料	S	隧道管	K	开关管	GD	光敏二极管
		E	化合物材料	N	阻尼管	BT	半导体特殊器件	GT	光敏晶体管

例如,型号 2AP9 中,"2"表示电极数为 2,即二极管,"A"表示 N 型锗材料,"P"表示普通管,"9"表示序号;3AX51A 代表 PNP 型锗材料低频小功率三极管。

1.1.3 二极管的特性

二极管的基本特性可以用流过它的电流 i_{VD} 与其两端电压 u_{VD} 之间的关系来描述,称伏安特性曲线,如图 1.8 所示,通常可以用如图 1.9 所示的实验电路来测试。

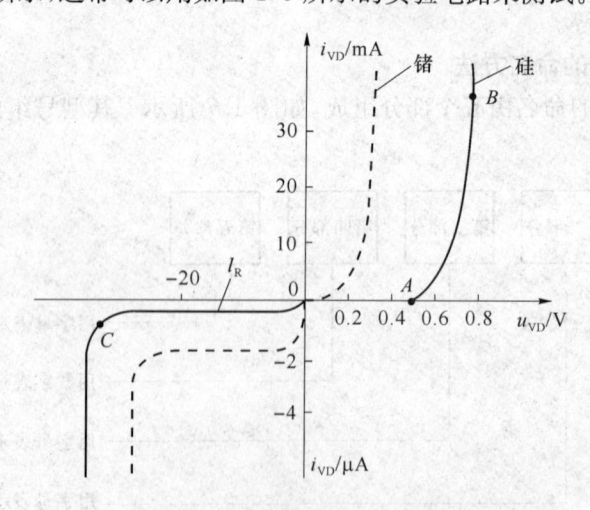

图 1.8 二极管伏安特性曲线

1. 正向特性

二极管正向特性测试电路如图 1.9(a)所示,二极管正极接直流稳压电源正极,即高电位,二极管的负极通过毫安表和限流电阻接直流稳压电源负极,即低电位,此时二极管外加"正向电压",称为"正向偏置"。测试时,调节直流稳压电源电压,观察电压表读数,使二极管两端的电压从 0 V 开始逐渐增加,逐点测量并记录电压表和毫安表的对应数值,即可绘制出二极管正向特性曲线,如图 1.8 中 OB 段。

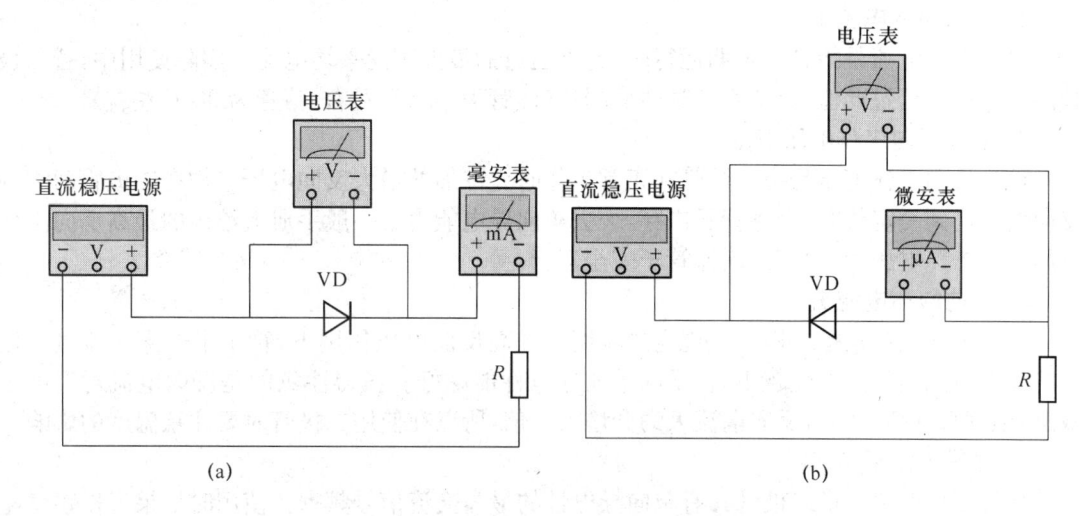

图 1.9 二极管伏安特性测试电路
(a)正向特性测试;(b)反向特性测试

二极管正向偏置时,当两端的正向电压很小时,正向电流几乎为零,这一部分称为死区,如图 1.8 中 OA 段,相应的 A 点的电压称为死区电压或阈值电压,常温下硅管死区电压约为 0.5 V,锗管约为 0.1 V。

当正向电压超过死区电压后,二极管开始导通,正向电流随正向电压的增大而急剧增大,管子呈现低阻状态。这时二极管的正向电流在很大的范围内变化,而二极管两端的电压却基本不变,称为二极管的"正向导通压降"(硅管约为 0.7 V,锗管约为 0.3 V),如图 1.8 中 AB 段。

2. 反向特性

二极管反向特性测试电路如图 1.9(b)所示,二极管负极接直流稳压电源的正极,即高电位,二极管的正极通过微安表和限流电阻接直流稳压电源的负极,即低电位,此时二极管外加"反向电压",称为"反向偏置"。测试时,调节直流稳压电源电压,观察电压表读数,使二极管两端的反向电压从 0 V 开始逐渐增加,逐点测量并记录电压表和微安表的对应数值,即可绘制出二极管反向特性曲线,如图 1.8 中 OC 段。

二极管反向偏置时,在开始很大范围内,只有微弱的反向电流流过二极管,且不随反向电压的变化而变化,该电流称为反向饱和电流,此时二极管处于反向截止状态。

3. 反向击穿特性

二极管反向电压加到一定数值时,反向电流急剧增大,二极管将失去单向导电性,这种现象称为反向击穿。此时对应的电压称为反向击穿电压,用 U_{BR} 表示。各类二极管的反向击穿电压各不相同,通常为几十到几百伏,有的高达数千伏。二极管击穿后,反向电流在很大的范围内变化,而二极管两端的反向电压却基本不变。

4. 温度对特性的影响

二极管的导电性能与温度有关,温度升高时二极管正向特性曲线向左移动,死区电压及正向导通压降都减小;反向特性曲线向下移动,反向饱和电流增大,反向击穿电压减小。

1.1.4 二极管的参数

用来表示二极管的性能好坏和适用范围的技术指标,称为二极管的参数。不同类型的二极管有不同的特性参数,以整流二极管 2CZ52 系列为例,其主要参数如下。

1. 最大整流电流 I_F

最大整流电流是指管子长期运行时,允许通过的最大正向平均电流。实际使用中,若二极管的正向电流超过此值,会使管子过热而损坏(硅管为 140 ℃左右,锗管为 90 ℃左右)。

2. 最高反向工作电压 U_{RM}

最高反向工作电压是指二极管在正常工作时允许加的最大反向电压。加在二极管两端的反向电压高到一定值时,会将管子击穿,失去单向导电能力。一般手册上给出的最高反向工作电压约为击穿电压的一半,以确保管子安全运行。

3. 反向饱和电流 I_R

反向饱和电流是指二极管在规定的温度和最高反向电压作用下,管子未击穿时流过二极管的反向电流。反向电流越小,管子的单向导电性能越好。值得注意的是反向电流对温度很敏感,温度每升高 10 ℃,反向电流大约会增大一倍,所以在使用二极管时要注意温度的影响。

4. 最高工作频率 f_M

最高工作频率是指二极管具有单向导电性的最高交流信号频率。使用时如果工作频率超过此值,二极管的单向导电性将会变差。

1.1.5 二极管的测试

1. 普通二极管的测试

1) 普通二极管极性判别

(1) 直观判别。

一般二极管在管壳上都有极性标志,有的画有二极管符号,二极管极性与符号所示极性一致;有的在二极管负极引线端标有色环或色点,如图 1.10 所示。

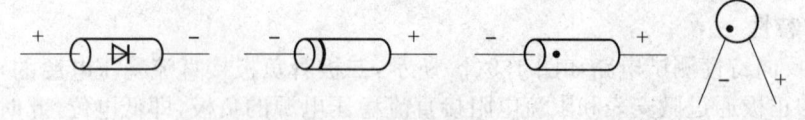

图 1.10 二极管极性标识方法

(2) 用万用表(模拟式)判别。

① 将万用表置于"Ω"挡,选取 $R\times 100\ \Omega$ 或 $R\times 1\ \mathrm{k}\Omega$ 量程。

② 将万用表的两个表笔分别接触二极管的两个管脚,测得第一次电阻值。

③ 交换万用表的两表笔,测得第二次电阻值。

④ 阻值较小的一次,黑表笔接触的是二极管正极,如图 1.11 所示。

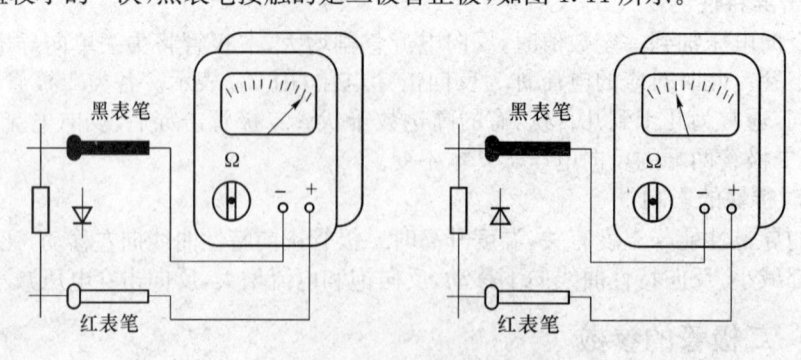

图 1.11 用万用表判别二极管极性

⑤ 阻值相同或相近则为坏管。

2) 普通二极管性能检测

(1) 将万用表置于"Ω"挡,选取 $R\times 100\ \Omega$ 量程。

(2) 测量小功率锗管正向电阻在 200~600 Ω,反向电阻大于 20 kΩ,即可符合一般使用要求。

(3) 测量小功率硅管正向电阻在 900 Ω~2 kΩ,反向电阻都要求在 500 kΩ 以上,即可符合一般使用要求。正常硅管测其反向电阻应为无穷大。

(4) 二极管正反向电阻相差越大越好,阻值相同或相近都视为坏管。

2. 特殊二极管的测试

1) 稳压二极管测试

稳压管是利用其反向击穿时两端电压基本不变的特性来工作,所以稳压管在电路中是反偏工作的,其极性和好坏的判断同普通二极管一样。

2) 发光二极管测试

用万用表 $R\times 10\ \text{k}\Omega$ 挡测量发光二极管正向电阻时,有的发光二极管会发出微弱的光,利用这一特性既可以判断发光二极管的好坏,也可以判断其极性。发光时黑表笔所接触的引脚为发光二极管正极。若 $R\times 10\ \text{k}\Omega$ 挡不能使发光二极管点亮,则只能使用 $R\times 100\ \Omega$ 挡正、反向测其阻值,看其是否具有二极管特性,才能判断其好坏。

3) 光敏二极管测试

光敏二极管极性判别时,遮住二极管的透明窗口,其判别方法和普通二极管一样,根据光敏二极管会随着光照度的增加反向电流增加、反向电阻减小的特点检测其质量好坏。

1.2 二极管的应用

二极管的单向导电性使它在电子电路中获得了广泛的应用,如整流电路、检波电路、限幅电路等。

1.2.1 二极管整流电路

1. 单相半波整流电路

1) 电路组成

单相半波整流电路如图 1.12(a)所示,图中 Tr 为电源变压器,其作用是把 220 V 的交流电压变换为整流电路所需要的交流低电压,VD 是整流二极管,R_L 是负载电阻。在变压器初级接上 220 V、50 Hz 的交流电压 u_1 时,变压器次级会感生出电压 $u_2=\sqrt{2}U_2\sin\omega t$。

2) 工作原理

当 u_2 为正半周时(即如图 1.12(a)中所示上正下负),整流二极管正向偏置导通,负载上有由上而下电流流过,忽略二极管的导通压降,则 $u_o=u_2$;

当 u_2 为负半周时,整流二极管反向偏置截止,负载上没有电流流过,则 $u_o=0$;

电路的输入输出电压波形如图 1.12(b)所示。可见在输入电压 u_2 的整个周期内,负载 R_L 上只获得半个周期的电压,所以称半波整流。

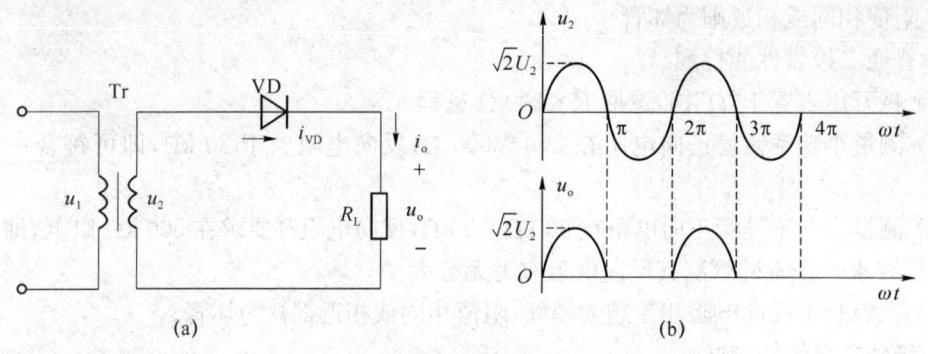

图 1.12 单相半波整流电路及波形图
(a) 电路图；(b) 波形图

3) 负载上的平均电压和电流

负载上得到的直流电压是指一个周期内脉动电压的平均值。即

$$U_o = \frac{1}{2\pi}\int_0^{2\pi} u_o \,\mathrm{d}(\omega t) = \frac{1}{2\pi}\int_0^{\pi} \sqrt{2}U_2 \sin\omega t \,\mathrm{d}(\omega t) \approx 0.45U_2 \tag{1-1}$$

负载 R_L 上电流的平均值为

$$I_o = \frac{U_o}{R_L} \approx 0.45\frac{U_2}{R_L} \tag{1-2}$$

4) 整流二极管参数

在电路中整流二极管与负载串联，所以流过整流二极管的平均电流与流过负载的电流相等，即

$$I_{VD} = I_o \approx 0.45\frac{U_2}{R_L} \tag{1-3}$$

在 u_2 的负半周二极管截止，它承受的反向电压 U_{RM} 是变压器次级电压的最大值，即

$$U_{RM} = \sqrt{2}U_2 \tag{1-4}$$

半波整流电路把输入的交流电变成脉动的直流电，电路结构简单，使用元件少，但是负载上得到的只有输入信号的一半，所以电源利用率不高，且输出直流电压和电流的脉动较大，只适用于要求不高的场合，因而应用较少，目前广泛应用的是单相桥式整流电路。

2. 单相桥式整流电路

1) 电路组成

桥式整流电路如图 1.13 所示，由电源变压器、四个二极管及负载电阻组成，其中四个二极管接成电桥形式。

2) 工作原理

当 u_2 为正半周时，整流二极管 VD_1、VD_3 正向偏置导通，VD_2、VD_4 反向偏置截止，电流回路如图 1.14(a) 所示，忽略二极管的导通压降，则 $u_o = u_2$；

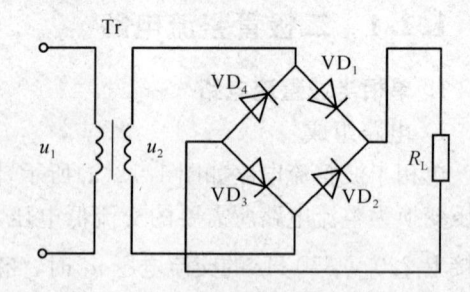

图 1.13 单相桥式整流电路

当 u_2 为负半周时，整流二极管 VD_2、VD_4 正向偏置导通，VD_1、VD_3 反向偏置截止，电流回路如图 1.14(b) 所示，忽略二极管的导通压降，则 $u_o = u_2$。

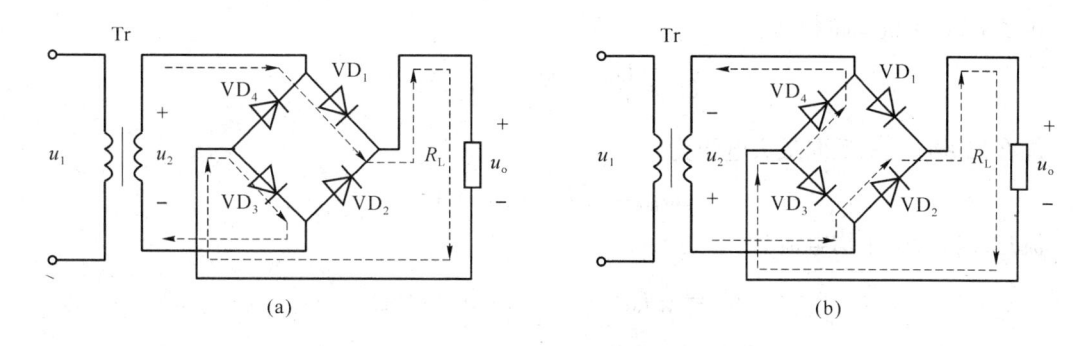

图 1.14 桥式整流工作原理

(a) u_2 正半周电流回路；(b) u_2 负半周电流回路

可见在输入电压 u_2 的整个周期内，由于四个二极管两两交替导通，负载 R_L 上始终有方向一致的电流流过，从而有效地利用了输入电压的负半周，提高了电源的利用率。电路的输入输出电压波形如图 1.15 所示。

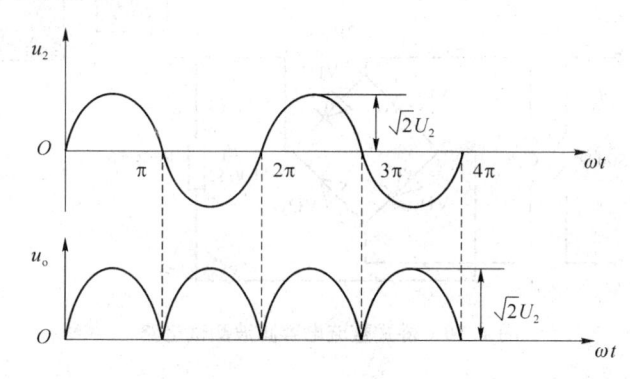

图 1.15 桥式整流电路波形图

3）负载上的平均电压和电流

由以上分析可知，桥式整流电路负载电压和电流是半波整流的两倍。即

$$U_o \approx 0.9 U_2 \tag{1-5}$$

$$I_o \approx 0.9 \frac{U_2}{R_L} \tag{1-6}$$

4）整流二极管参数

在桥式整流电路中，因为四个二极管在电源电压变化一周内是轮流导通的，所以流过每个二极管的电流都等于负载电流的一半，即

$$I_{VD} = \frac{1}{2} I_o \approx 0.45 \frac{U_2}{R_L} \tag{1-7}$$

每个二极管在截止时承受的反向峰值电压为

$$U_{RM} = \sqrt{2} U_2 \tag{1-8}$$

例 1 已知某电路负载电阻 $R_L = 100\ \Omega$，负载工作电压 $U_o = 18\ V$，若用桥式整流电路为其供电，选择合适的二极管及电源变压器，并搭接电路进行测试。

解 1）选择合适的整流二极管型号

由式 $U_o \approx 0.9U_2$ 可得

$$U_2 = \frac{U_o}{0.9} = \frac{18}{0.9} = 20 \text{ (V)}$$

加在二极管上的反向最大电压为

$$U_{RM} = \sqrt{2}U_2 \approx 28 \text{ (V)}$$

流过二极管的平均电流为

$$I_{VD} = \frac{1}{2}I_o = \frac{1}{2} \cdot \frac{18}{100} = 0.09 \text{ (A)}$$

查手册可知二极管 2CZ52B 可满足要求。

2) 电路测试

测试电路如图 1.16 所示,元器件参数及型号如图中所标注。

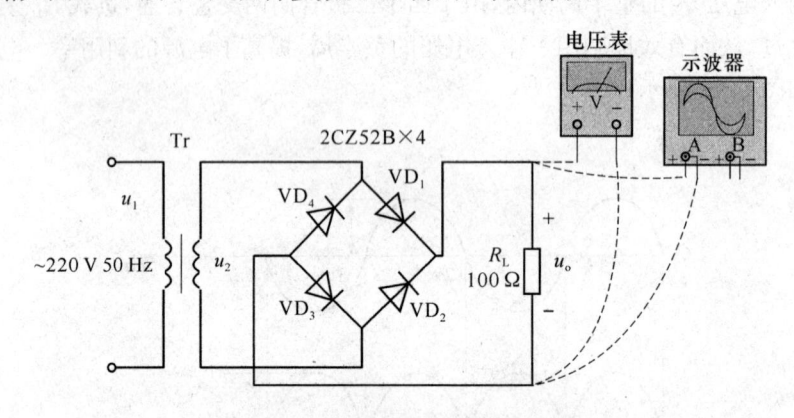

图 1.16 桥式整流电容滤波测试电路

测试步骤:

(1) 选择合适的电源变压器,使变压器次级电压 u_2 有效值为 20 V。

(2) 按照图 1.16,先将四只 2CZ52B 二极管和负载电阻正确连接,检查无误后将电源变压器接入电路。

(3) 打开电源,用示波器分别观察 u_2 和 u_o 的波形,并和理论分析结果(如图 1.15 所示)进行比较。

(4) 用万用表的直流电压挡测量输出电压 U_o 的大小,和要求输出电压 18 V 进行比较,分析误差产生原因。

桥式整流电路与半波整流电路相比,电源利用率提高了,同时输出电压波动小,因此桥式整流电路得到了广泛应用。电路的缺点是四个二极管组成的电桥连接容易出错,为了解决这一问题,生产厂家常将整流桥集成在一起构成桥堆,常用的有"半桥堆"和"全桥堆",半桥堆的内部由两个二极管组成,其结构和外形如图 1.17(a)所示。全桥堆内部由四个二极管组成,结构及外形如图 1.17(b)所示。

使用一个"全桥堆"或连接两个"半桥堆",就可代替四只二极管与电源变压器相连,组成桥式整流电路。选用时,应注意桥堆的额定工作电流和允许的最高反向工作电压应符合整流电路的要求。

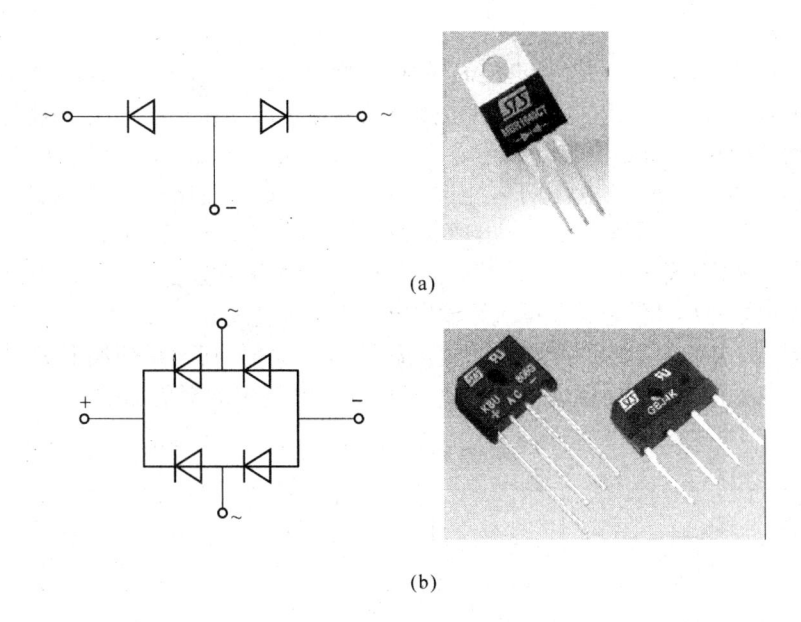

(a)

(b)

图 1.17 半桥和全桥堆结构和外形
(a) 半桥堆；(b) 全桥堆

1.2.2 二极管整流滤波电路及其测试

整流电路将交流电变为脉动的直流电,但其中含有很大的交流成分,这样的直流电可以作为电镀或蓄电池充电的电源,但如果作为大部分电子设备的电源,则将会影响电路的性能,甚至使电路不能正常工作,为此需要在整流电路后接滤波电路,来尽可能滤掉输出电压中的交流分量,使之接近于理想的直流电压。

1. 电容滤波电路

1) 电路组成

半波整流滤波电路如图 1.18(a)所示,即在半波整流电路中负载 R_L 两端并联电解电容 C 构成,由图可见,输出电压 u_o 与电容 C 两端电压 u_C 相等,利用电容器两端电压不能突变的特性达到滤波效果。

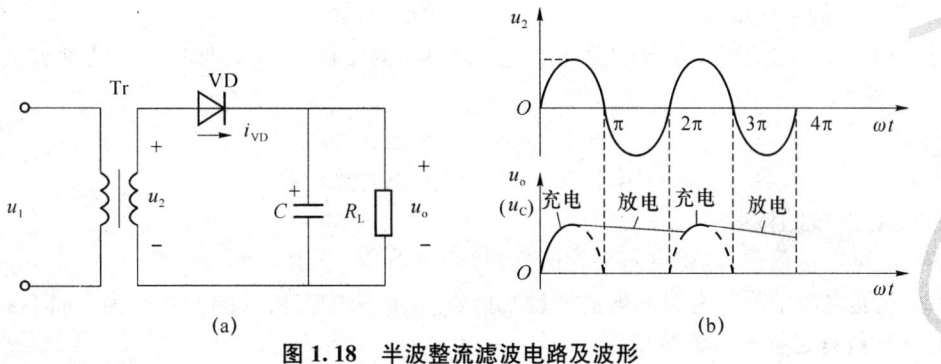

(a)   (b)

图 1.18 半波整流滤波电路及波形
(a) 电路图；(b) 波形图

2) 工作原理

假定在 $t=0$ 时接通电路,在输入电压 u_2 的正半周,u_2 由零上升时,$u_2 > u_C$,整流二极管 VD 导通,电路对电容 C 充电,电容 C 两端得到上正下负的电压 u_C,由于充电回路电阻很小,因而充电很快,若忽略二极管的内阻,则 $u_o = u_C \approx u_2$;当 u_2 到达峰值后开始下降,此时 $u_2 < u_C$,二极管截止,电容 C 通过负载电阻 R_L 放电,由于放电时间常数 $\tau = R_L C$ 一般比较大,则电容电压按照指数规律逐渐减小,直到第二个周期开始,又出现 $u_2 > u_C$,二极管 VD 导通,重复上述的过程,其波形如图 1.18(b)所示(虚线部分表示没有滤波时的输出波形,实线部分表示加滤波电容后的输出波形)。由波形图可以看出滤波电路使整流后输出电压中的脉动成分大大减少。

桥式整流滤波电路的基本原理与半波整流滤波电路类似,其电路和波形如图 1.19 所示,所不同的是在输入电压一个周期内电容充放电各两次,其输出波形更加平滑。

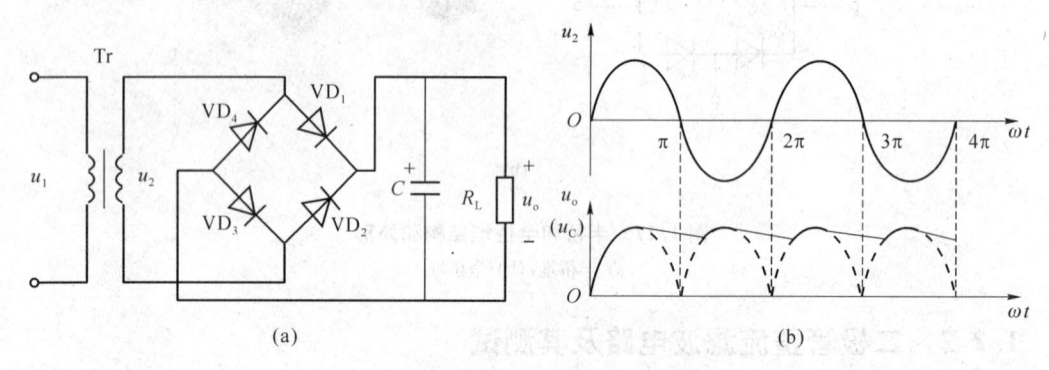

图 1.19 桥式整流滤波电路及波形

(a) 电路图;(b) 波形图

电容滤波的效果与放电时间常数 $\tau = R_L C$ 的大小有关,τ 越大,放电越缓慢,负载上的电压越平滑,输出电压也越高。当负载开路时,有 $\tau = R_L C = \infty$,输出电压达到最大值 $\sqrt{2}U_2$。在实际应用中为了得到好的滤波效果,通常根据下面的经验公式来选取时间常数。

$$R_L C \geqslant (3 \sim 5)T \quad \text{(半波整流滤波电路)} \tag{1-9}$$

$$R_L C \geqslant (3 \sim 5)\frac{T}{2} \quad \text{(桥式整流滤波电路)} \tag{1-10}$$

上式中,T 为交流电源电压的周期。也可以根据上式来选择滤波电容,电容的耐压值的选择:半波整流滤波电路应大于 $2\sqrt{2}U_2$,全波整流滤波电路应大于 $\sqrt{2}U_2$。

3) 负载上的平均电压

在一般的实际工程中,在满足式(1-9)、式(1-10)的条件下,可按照以下公式估算负载上的电压:

$$U_o \approx U_2 \quad \text{(半波整流滤波电路)} \tag{1-11}$$

$$U_o \approx 1.2U_2 \quad \text{(桥式整流滤波电路)} \tag{1-12}$$

4) 电容滤波的特点

(1) 电路结构简单,输出电压平均值高,脉动较小。

(2) 接通电源的瞬间有浪涌电流通过二极管,从而影响二极管的使用寿命,所以在选择二极管时必须留有足够的电流裕量。

(3) 如果负载电流太大($R_L \downarrow$),则放电速度加快,使输出的直流电压下降,交流脉动成分上升,所以电容滤波只适用于负载电流较小场合。

例2 在图 1.19(a)所示的桥式整流电容滤波电路中,若要求输出直流电压为 18 V、电流为 100 mA，试选择合适的滤波电容和整流二极管，并连接电路进行测试。

解

1）整流二极管的选择

流过每个二极管的平均电流

$$I_{VD} = \frac{1}{2}I_o = \frac{1}{2} \cdot 100 = 50 \ (mA)$$

由 $U_o \approx 1.2U_2$ 可得变压器次级有效值为

$$U_2 = \frac{U_o}{1.2} = \frac{18}{1.2} = 15 \ (V)$$

则

$$U_{RM} = \sqrt{2}U_2 = 21 \ (V)$$

查手册可知，可选择型号为 2CZ52A 的整流二极管。

2）选择滤波电容器

由式 $R_L C \geqslant (3 \sim 5)\frac{T}{2}$ 可得

$$C \geqslant \frac{5T}{2R_L} = \frac{5 \times 0.02}{2 \times (18/0.1)} \approx 278 \ (\mu F)$$

电容器耐压为

$$(1.5 \sim 2)U_2 = (1.5 \sim 2) \times 15 = 22.5 \sim 30 \ (V)。$$

因此可以选用 330 μF/30 V 的电解电容。

3）桥式整流电容滤波电路测试

根据以上分析，则测试电路如图 1.20 所示，元器件参数及型号如图中所标注。

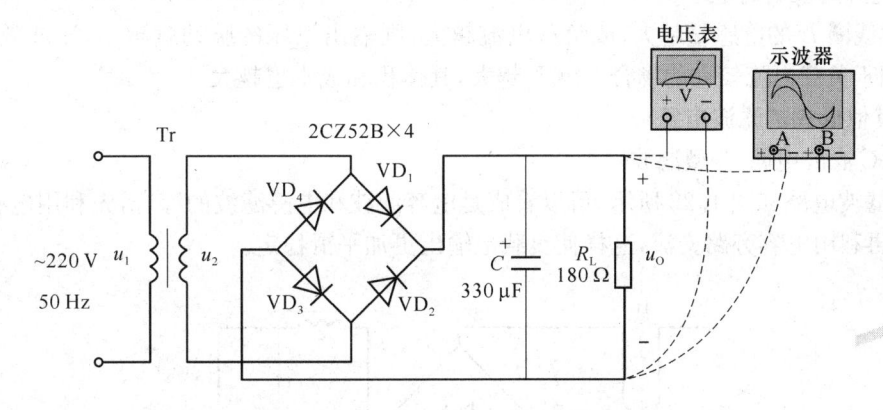

图 1.20 桥式整流电容滤波测试电路

测试步骤：

(1) 选择合适的电源变压器，使变压器次级电压 u_2 有效值为 15 V。

(2) 按照图 1.20，先将四只 2CZ52A 二极管、滤波电容和负载电阻正确连接，检查无误后将电源变压器接入电路。

(3) 打开电源，用示波器分别观察 u_2 和 u_o 的波形，并和理论分析结果（如图 1.19(b)所示）进行比较。

(4) 用万用表的直流电压挡测量输出电压 U_o 的大小，和要求输出电压 18 V 进行比较，分析误差产生原因。

2. 电感滤波电路

1) 电路组成

桥式整流电感滤波电路如图 1.21(a)所示,滤波电感与负载 R_L 串联。

2) 工作原理

桥式整流电路的输出电压可以看成是直流分量和交流分量的叠加。由于电感器的直流电阻很小,交流电抗很大,所以直流分量在电感上的压降很小,负载上得到的直流分量就很大;而交流分量在电感上的压降很大,负载上得到的交流分量就很小,波形如图 1.21(b)所示。

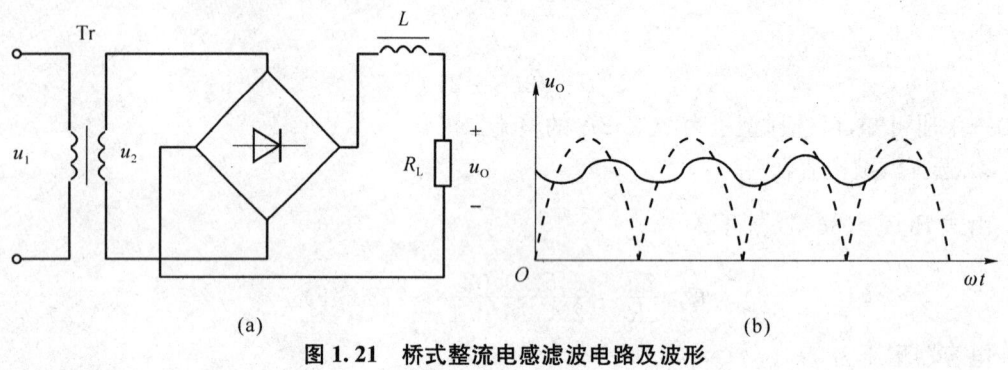

图 1.21 桥式整流电感滤波电路及波形
(a) 电路图;(b) 波形图

电感滤波电路的输出电压为:

$$U_o \approx 0.9 U_2 \tag{1-13}$$

3) 电感滤波的特点

电感线圈 L 的电感量越大,或负载电流越大,则输出电压的脉动就越小,滤波效果越好,所以适用于负载电流较大的场合。但 L 越大,其体积和成本也越大。

3. 其他形式的滤波电路

1) LC 滤波电路(Γ型滤波)

LC 滤波电路如图 1.22 所示,可以看成是电容滤波和电感滤波的综合,先利用电感阻交流通直流,再利用电容旁路交流,这样使负载上输出更加平滑稳定。

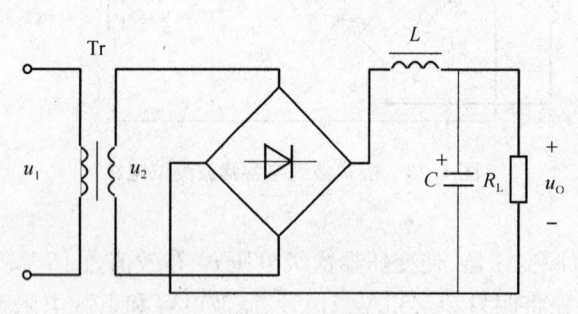

图 1.22 LC 滤波电路

2) π 型 LC 滤波电路

在 LC 滤波电路的基础上再并联一电容,就构成 π 型滤波电路,如图 1.23 所示。π 型滤波电路的滤波效果更好,输出电压较高。

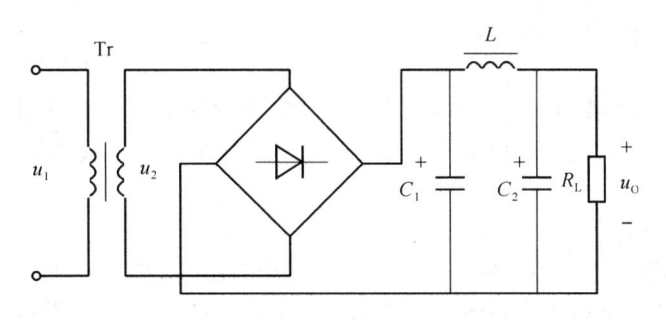

图 1.23 π 型 LC 滤波电路

3）π 型 RC 滤波电路

由于电感线圈体积较大、成本较高，将 π 型 LC 滤波电路中的电感用电阻代替就构成了 π 型 RC 滤波电路，如图 1.24 所示。

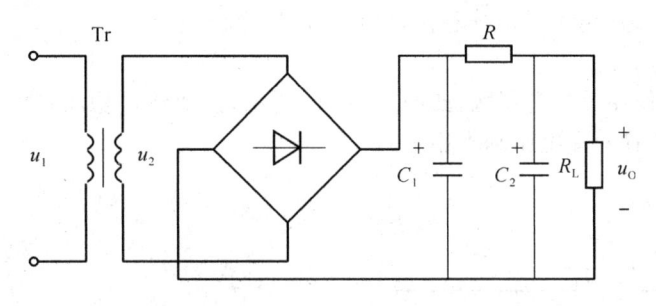

图 1.24 π 型 RC 滤波电路

1.2.3 二极管稳压电路及其测试

在很多自动控制、通信、电子测量等设备中都需要使用电压稳定的直流电源，如果电源电压不稳定，将会引起误操作、测量产生较大误差，甚至造成设备不能正常工作。整流滤波电路虽然能把交流电变为较平滑的直流电，但其输出电压却往往会随着电网电压的波动和负载的变化而变化，这显然满足不了实际需求，如果在整流滤波电路后再加上稳压电路，就可组成直流稳压电源。

小功率直流稳压电源一般包括电源变压器、整流电路、滤波电路、稳压电路四部分。如图 1.25 所示。

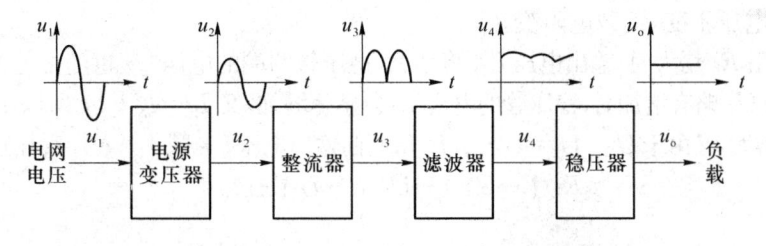

图 1.25 小功率直流稳压电源组成框图

1. 稳压电路主要的技术指标

稳压电路的主要技术指标包括两大类：一类是特性指标，用来表示稳压电路的规格，例如输入、输出电压和电流、输出电压的可调范围等；另一类是质量指标，反映稳压电路的性能，例如稳压系数、输出电阻、纹波电压等。

1) 稳压系数 S_r

稳压系数是指在负载不变的条件下,稳压电路输出电压的相对变化量与输入电压的相对变化量之比,反映了输入电压变化对输出电压稳定性的影响,即 S_r 数值越小,输出电压稳定性越好。

2) 输出电阻 r

输出电阻是指输入电压不变的条件下,稳压电路输出电压的相对变化量与输出电流的相对变化量之比,反映了负载变化对输出电压稳定性的影响,即 r_o 越小,带负载能力越强。

2. 稳压管稳压电路

1) 电路组成

硅稳压二极管稳压电路如图 1.26(a)所示,由稳压管 VD_Z 和限流电阻 R 构成。稳压电路的输入电压 U_I 为整流滤波电路的输出,负载 R_L 与稳压管并联,即输出电压 U_o 与稳压管两端电压 U_Z 相等,如果稳压管两端电压稳定,则输出电压也稳定。

2) 工作原理

稳压二极管工作在反向击穿区,如图 1.26(b)所示,只要流过稳压管的电流在 $I_{Zmin} \sim I_{Zmax}$ 范围内变化,则稳压管两端电压基本稳定。

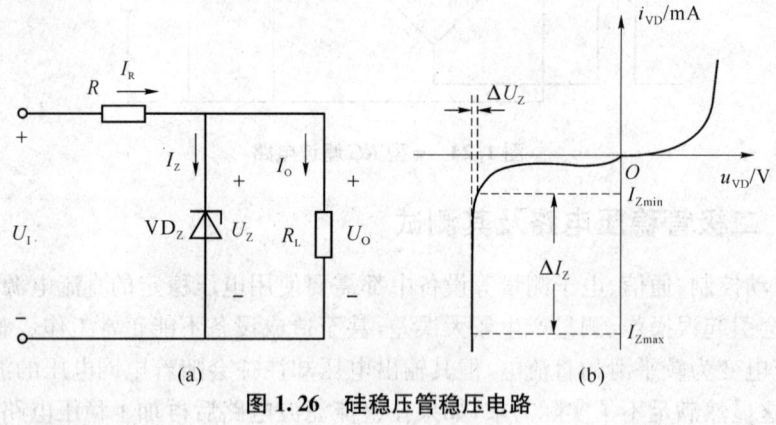

图 1.26 硅稳压管稳压电路
(a) 电路组成;(b) 稳压二极管特性

由于电网电压的波动和负载电阻的变化是引起输出电压不稳定的主要因素,所以从这两个方面进行分析。

(1) 电网电压不变,负载电阻变化。

当负载电阻 R_L 增大时,输出电压 U_o 将增大,稳压管两端的电压 U_Z 也随之上升,由稳压管的伏安特性知,当 U_Z 略有增加时,稳压管的电流 I_Z 会显著增加,又 $I_R=I_Z+I_O$,所以 I_R 增大,电阻 R 上的压降 U_R 增大,又由于 $U_O=U_Z=U_I-I_R R$,从而使输出电压 U_o 减小。整个稳压过程如下:

$$R_L \uparrow \to U_O \uparrow \to U_Z \uparrow \to I_Z \uparrow \to I_R \uparrow$$
$$U_O \downarrow \leftarrow U_R \uparrow$$

同理,当 R_L 减小时,R 上的压降 U_R 会随着减小,使输出电压基本保持不变。

(2) 负载电阻不变,电网电压变化。

当电网电压升高时,输入电压 U_I 升高,引起输出电压 U_o 有增大的趋势,则电路将产生如下的调整过程：

$$U_I\uparrow \to U_0\uparrow \to U_Z\uparrow \to I_Z\uparrow \to I_R\uparrow$$

$$U_0\downarrow \leftarrow \qquad U_R\uparrow$$

当电网电压降低时，稳压过程相反。

3）限流电阻和稳压二极管的选择

稳压管稳压电路能起到稳定电压的作用，必须要有合适的限流电阻与之配合，通过电阻 R 的电压调整作用维持输出电压的稳定。稳压管稳压电路的设计首先选定稳压二极管，然后确定限流电阻 R。

（1）稳压二极管的选取。

稳压二极管的参数可按下式选取

$$\begin{cases} U_Z = U_0 \\ I_{Zmax} = (2 \sim 3) I_{0max} \end{cases} \tag{1-14}$$

（2）限流电阻的确定。

当输入电压 U_I 最高、负载电流最小时，流过稳压管的电流不超过稳压管的最大允许电流 I_{Zmax}，即

$$\frac{U_{Imax} - U_0}{R} - I_{0min} < I_{Zmax} \tag{1-15}$$

整理得

$$R > \frac{U_{Imax} - U_0}{I_{Zmax} + I_{0min}} \tag{1-16}$$

当输入电压 U_I 最小，负载电流最大时，流过稳压管的电流不允许小于稳压管稳定电流的最小值 I_{Zmin}，即

$$\frac{U_{Imin} - U_0}{R} - I_{0max} > I_{Zmin} \tag{1-17}$$

整理得

$$R < \frac{U_{Imin} - U_0}{I_{Zmin} + I_{0max}} \tag{1-18}$$

故限流电阻可根据下式选择

$$\frac{U_{Imax} - U_0}{I_{Zmax} + I_{0min}} < R < \frac{U_{Imin} - U_0}{I_{Zmin} + I_{0max}} \tag{1-19}$$

限流电阻的阻值确定后，其功率可按下式选择

$$P = (2 \sim 3) \frac{(U_{Imax} - U_0)^2}{R} \tag{1-20}$$

例 3 如图 1.26(a) 所示的稳压电路中，输入电压 $U_I = 30\ \text{V}$，波动范围为 $\pm 10\%$，负载电阻 R_L 由开路变到 $2\ \text{k}\Omega$，电路输出电压 $U_0 = 10\ \text{V}$，试选择合适的稳压管和限流电阻。

解 当负载阻值最小时流过负载的电流最大，即

$$I_{0max} = \frac{U_0}{R_L} = \frac{10\ \text{V}}{2\ \text{k}\Omega} = 5\ (\text{mA})$$

所以

$$I_{Zmax} = 3 I_{0max} = 15\ (\text{mA})$$

因

$$U_Z = U_0 = 10\ (\text{V})$$

查元器件手册,可选型号为 2CW59 硅稳压二极管。

因负载电流的最小值 $I_{0min}=0$,U_I 的波动范围为 $\pm 10\%$,则

$$\frac{U_{Imax}-U_0}{I_{Zmax}+I_{0min}}<R<\frac{U_{Imin}-U_0}{I_{Zmin}+I_{0max}}$$

$$\frac{U_{Imax}-U_0}{I_{Zmax}+I_{0min}}=\frac{30(1+0.1)-10}{20+0}\text{ k}\Omega=1.15\text{ (k}\Omega)$$

$$\frac{U_{Imin}-U_0}{I_{Zmin}+I_{0max}}=\frac{30(1-0.1)-10}{5+5}\text{ k}\Omega=1.7\text{ (k}\Omega)$$

所以选取电阻值为 1.5 kΩ,电阻的功率为

$$P=2.5\times\frac{(U_{Imax}-U_0)^2}{R}=0.88\text{ (W)}$$

选择功率为 1 W 的电阻。

硅稳压管稳压电路结构简单,设计制作方便,但输出电压不能调节,只能由稳压管的型号来决定,而且电网电压和负载电流波动范围较大时,稳压效果较差,所以只适用于输出电压固定且负载电流变化不大的场合。目前实用比较广泛的是三端集成稳压器。

3. 三端集成稳压器

三端集成稳压器有三个引出端子,具有接线简单、维护方便、性能稳定、价格低廉等优点,因而得到广泛应用。三端集成稳压器按照输出电压是否可调,分为三端固定式集成稳压器和三端可调式集成稳压器;按照输出电压的极性分为正电源三端稳压器和负电源三端稳压器。

1) 三端固定式集成稳压器

(1) 三端固定式集成稳压器识别。

常用国产的三端固定式稳压器有 CW78XX 系列(正电压输出)和 CW79XX 系列(负电压输出),输出电压有 ±5 V、±6 V、±8 V、±9 V、±12 V、±15 V、±18 V、±24 V 等几个挡次。其型号组成及意义如图 1.27 所示,如 CW79M12 表示稳压器输出电压为 −12 V,输出电流为 0.5 A。

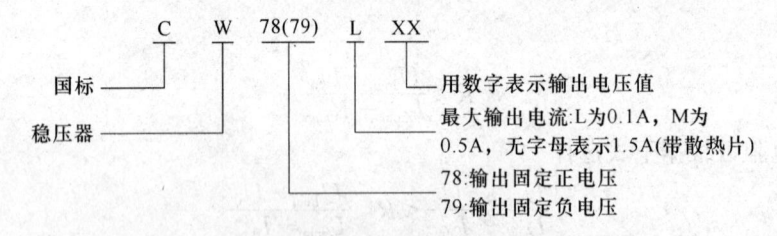

```
            C W 78(79) L XX
国标 ─────┘              └──── 用数字表示输出电压值
稳压器 ───┘                最大输出电流:L为0.1A,M为
                          0.5A,无字母表示1.5A(带散热片)
                          78:输出固定正电压
                          79:输出固定负电压
```

图 1.27 三端固定式集成稳压器型号组成及意义

三端固定式集成稳压器的外形和管脚排列如图 1.28(a)所示。它有输入(IN)、输出(OUT)和公共地(GND)三个端子。其电路符号如图 1.28(b)所示。

(2) 三端固定式集成稳压器应用。

三端固定式集成稳压器的典型应用电路如图 1.29 所示。经过整流滤波后的直流电压作为稳压电路的输入电压 U_I,输出端便可得到稳定的输出电压 U_0,正常工作时,稳压器部分输入输出电压差 2~3 V。图中 C_1 为滤波电容,C_2 用来旁路高频干扰信号,C_3 的作用是改善负载瞬态响应,二极管 VD 起保护作用。

(a)

(b)

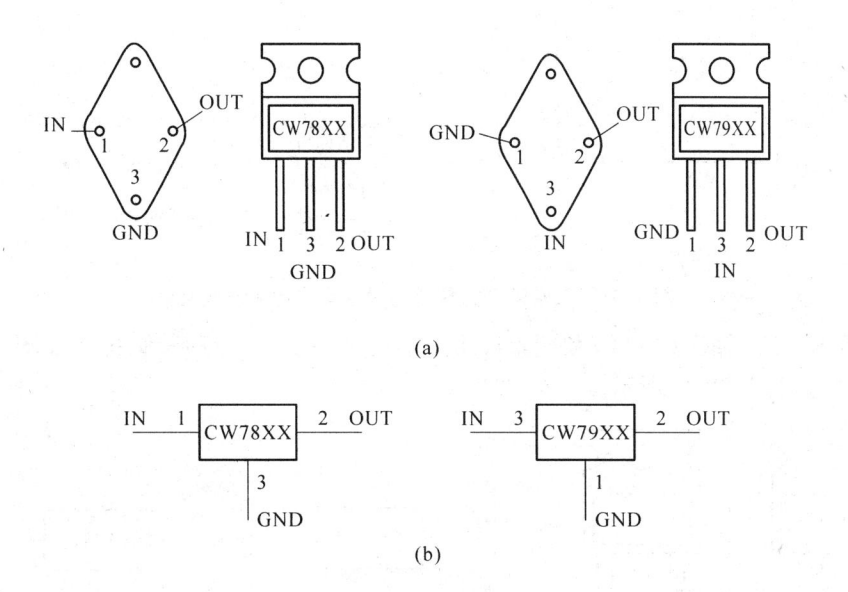

图 1.28　三端固定式集成稳压器外形及电路符号
(a) 外形及管脚排列；(b) 电路符号

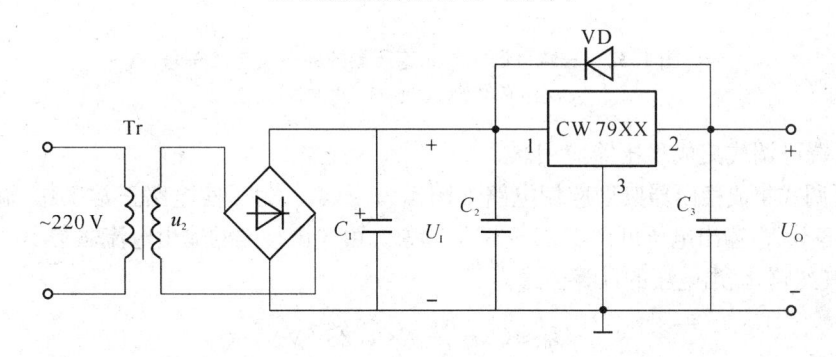

图 1.29　三端固定式集成稳压器的典型应用电路

如果需要的输出电压高于三端稳压器输出电压时，可采用图 1.30 所示电路。

(a)   (b)

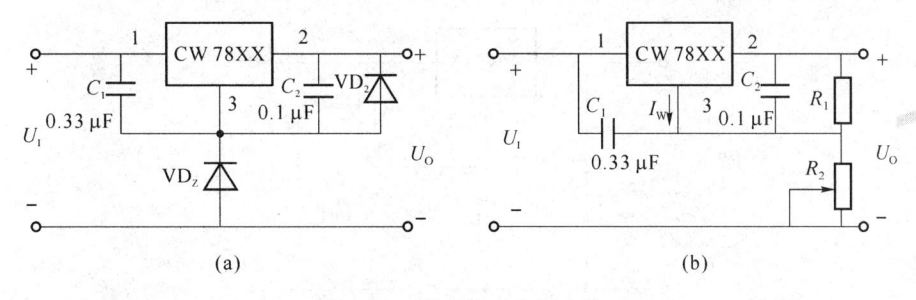

图 1.30　提高输出电压电路
(a) 提高输出电压电路 1；(b) 提高输出电压电路 2

2) 三端可调式集成稳压器
(1) 三端可调式集成稳压器识别。
三端可调式稳压器型号由五部分组成，其意义如图 1.31 所示。

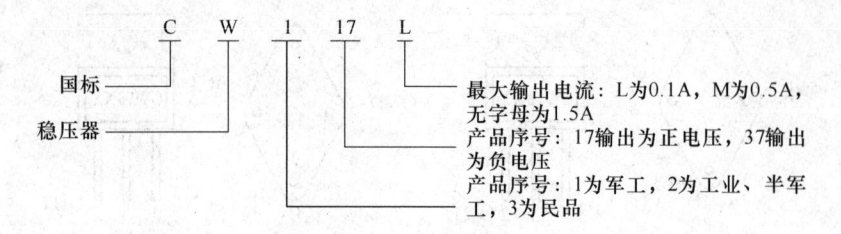

```
       C   W       17   L     最大输出电流：L为0.1A，M为0.5A，
国标 ─┘   │        │    │     无字母为1.5A
          │        │    │     产品序号：17输出为正电压，37输出
稳压器 ───┘        │    │     为负电压
                   │    │     产品序号：1为军工，2为工业、半军
                   │    │     工，3为民品
```

图 1.31　三端可调式集成稳压器型号组成及意义

它有输入(IN)、输出(OUT)和调整(ADJ)端三个端子，外形和管脚排列如图 1.32(a)所示，电路符号如图 1.32(b)所示。

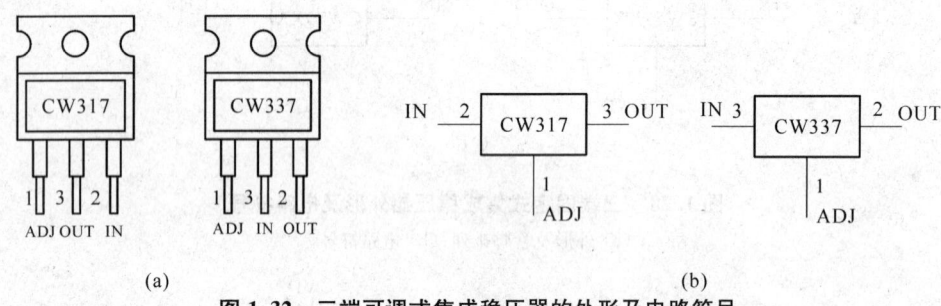

图 1.32　三端可调式集成稳压器的外形及电路符号
(a) 外形和管脚排列；(b) 电路符号

(2) 三端可调式集成稳压器应用。

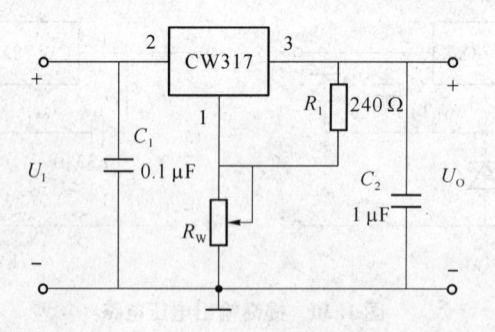

三端可调式集成稳压器典型应用电路如图 1.33 所示。为了使电路正常工作，输入电压 U_I 的范围在 2～40 V，输出电压可在 1.25～37 V 调整。由于调整端的输出电流非常小(50 μA)且恒定，故可将其忽略，输出电压的计算公式为

$$U_0 \approx \left(1 + \frac{R_W}{R_1}\right) \times 1.25 \text{ (V)} \tag{1-21}$$

式中，1.25 V 是集成稳压器输出端与调整端之间的固定参考电压 U_{REF}；R_1 一般取值 120～240Ω(此值保证稳压器在空载时也能正常工作)，调节 R_W 可改变输出电压的大小。

图 1.33　三端可调式集成稳压器典型应用电路

4. 直流稳压电源测试

多挡位直流稳压电源实用电路如图 1.34 所示，分析电路工作原理，测试电路的性能指标。

测试步骤：

(1) 按照图 1.34 所示，先断开整流滤波电路和稳压电路(a,b点断开)，连接整流滤波部分

测试电路,检查无误后接通电源。

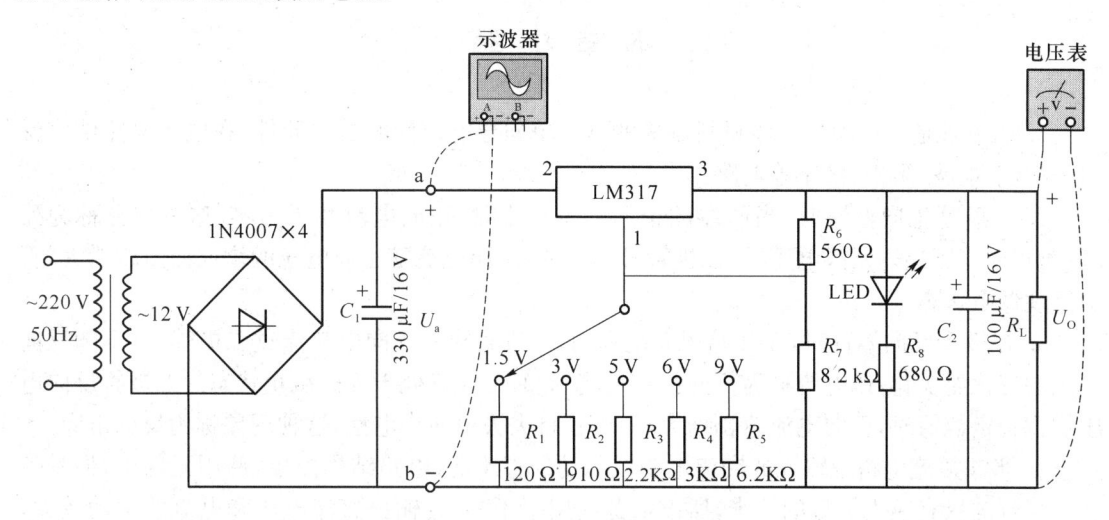

图 1.34 多挡位直流稳压电源

(2) 用示波器观察并分析整流滤波后的输出波形 U_a。

(3) 用万用表直流电压挡测量 U_a 的大小,并和理论值进行比较,若输出电压和理论值相符合,进行下一步操作,若不符,先排除前半部分电路故障,再进行下一步操作。

理论值:$U_a = \sqrt{2} U_2 \approx 17\ \text{V}$(空载)

(4) 接通整个电路,输出挡位开关拨到 1.5 V 挡,检查无误接通电源。

(5) 用示波器同时观察 U_a 和 U_o 波形并进行比较,分析稳压的原理。

(6) 用万用表直流电压挡测试此时输出电压的大小,并和理论值进行比较。

理论值:$U_o \approx \left(1 + \dfrac{R_1 /\!/ R_7}{R_6}\right) \times 1.25\ \text{V} \approx 1.5\ \text{V}$。

(7) 把输出挡位开关分别拨到 3 V、6 V、9 V 挡位,测试输出电压的大小,并和理论值进行比较。

(8) 分析电路中 R_7 电阻的功能。

(9) 若要再增加 12 V 输出电压挡位,设计电路并验证。

1.2.4 二极管的应用及测试

1. 目的

二极管的应用与测试的目的,就是让学习者掌握直流稳压电源的设计方法,学会整流二极管、滤波电容、稳压二极管的参数计算和选择,学会二极管及其应用电路的测试。

2. 内容

选择合适的整流二极管、稳压二极管及其他元器件,设计一个输出电压为 12 V 的直流稳压电源。

3. 要求

直流稳压电源输入交流电压为 220 V(50 Hz),输出直流电流 $I_o = 0 \sim 80\ \text{mA}$,按照设计要求,参照直流稳压电源的组成框图,选择合适的元器件画出测试电路,并进行功能测试,写出测试报告。

本 章 小 结

1. 二极管是一种用半导体材料制成的具有单向导电特性的二端元件,在电子电路中广泛用于整流、检波、限幅、稳压等电路。

2. 二极管正向偏置时,当两端的正向电压很小时,正向电流几乎为零,这一部分称为死区;当正向电压超过死区电压后,二极管开始导通,正向电流随正向电压的增大而急剧增大,管子呈现低阻状态。

3. 二极管反向偏置时,在开始很大范围内,只有微弱的反向电流流过二极管,且不随反向电压的变化而变化,该电流称为反向饱和电流,此时二极管处于反向截止状态。二极管反向电压加到一定数值时,反向电流急剧增大,二极管将失去单向导电性,这种现象称为反向击穿。

4. 半波整流电路把输入的交流电变成脉动的直流电,电路结构简单,使用元件少,但是负载上得到的只有输入信号的一半,所以电源利用率不高,且输出直流电压和电流的脉动较大,只适用于要求不高的场合,因而应用较少,目前广泛应用的是单相桥式整流电路。

5. 直流稳压电源是电子设备的重要组成部分,整流滤波电路虽然能把交流电变为较平滑的直流电,但其输出电压却往往会随着电网电压的波动和负载的变化而变化,这显然满足不了实际需求,如果在整流滤波电路后再加上稳压电路,就可组成直流稳压电源。小功率直流稳压电源一般包括电源变压器、整流电路、滤波电路、稳压电路四部分。

目 标 测 试

一、填空题

1. 杂质半导体有_____型和_____型之分。
2. 在纯净的半导体中掺入少量的三价杂质元素就形成_____型半导体,该半导体中的多子是_____,少子是_____,所以又称_____半导体。
3. PN结加正向电压,是指电源的正极接_____区,电源的负极接_____区,这种接法叫_____。
4. 当二极管的正极接_____电位,负极接_____电位时二极管导通,但有一段"死区电压",锗管约为_____,硅管约为_____。
5. 二极管的类型按材料主要分_____和_____。
6. 硅稳压二极管主要工作在_____区。
7. 测量二极管的正向电阻时,正极接万用表的_____表笔,负极接_____表笔。
8. 小功率直流稳压电源一般由_____、_____、_____、_____四部分组成。
9. 在桥式整流滤波电路中,当负载开路时输出电压 U_o =_____。
10. CW78XX 系列三端集成稳压器各管脚的功能是:①脚_____;②脚_____;③脚_____。

二、选择填空

1. 滤波电路能把整流输出的_____成分滤掉。

A. 交流   B. 直流   C. 交、直流   D. 干扰脉冲

2. 单相桥式整流电路中,每个二极管承受的最大反向工作电压等于_____。

A. U_2 B. $\sqrt{2}U_2$ C. $\frac{1}{2}U_2$ D. $2U_2$

3. 当环境温度升高时,二极管的正向压降_____,反向饱和电流_____。

A. 增大   B. 减小   C. 不变   D. 无法判定

4. 在题 1.1 图中,已知二极管的反向击穿电压为 25 V,当 $U=5$ V 时,电流 $I=2\ \mu A$,若电源电压由 5 V 增加到 10 V,则电流 I 约为_____。

A. 10 μA   B. 4 μA   C. 2 μA   D. 1 μA

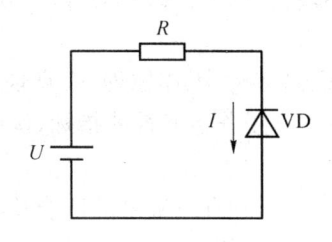

题 1.1 图

5. 整流滤波电路的输出电压会随着负载的变化而_____。

A. 变化   B. 不变   C. 不一定

三、分析计算题

1. 电源 220 V、50 Hz 的交流电压经降压变压器给桥式整流电容滤波电路供电,要求输出直流电压为 24 V,电流为 400 mA,试选择整流二极管的型号,变压器次级电压的有效值及滤波电容器的规格。

2. 三端可调式集成稳压电路及参数如题 1.2 图所示。计算输出电压的可调范围。

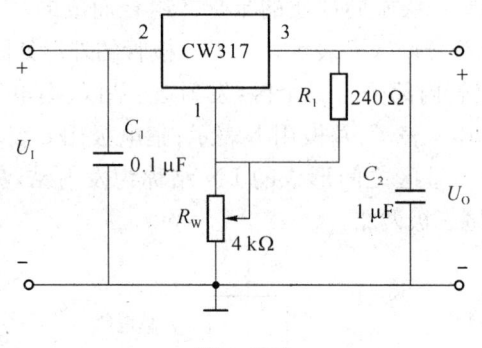

题 1.2 图

第 2 章

三极管及其应用

知识目标：了解三极管的基本结构，熟悉三极管的特性、分类及用途，掌握三极管三种工作状态的偏置条件和判断方法。

了解三极管组成的放大器的电路结构、工作原理、失真现象及产生原因，掌握放大器的静态和动态分析方法，能估算放大器静态工作点和性能指标，认识射极输出器、多级放大器、功率放大器的结构特点和性能特性。

能力目标：能准确识别三极管，掌握判别三极管的性能及好坏的方法。具备调试放大器静态工作点、测试放大器性能指标的基本技能。

2.1 三极管的识别

三极管是最常用的半导体器件，因其内部存在空穴和电子两种载流子，又称为双极型三极管(BJT)。三极管具有电流放大作用，三极管是构成放大电路的核心器件，用途极为广泛。

2.1.1 三极管的结构

三极管是由两个 PN 结，三层不同性质的半导体组合而成的。三极管的结构示意图与电路符号如图 2.1 所示，文字符号用 VT 表示。常见三极管的外形如图 2.2 所示。

如图 2.1(a)所示，三极管内部分为三个区：发射区、基区、集电区。从三个区各引出一个金属电极分别称为发射极，用 e 表示；基极用 b 表示；集电极用 c 表示。在三个区的两个交界处形成两个 PN 结，发射区与基区之间形成的 PN 结称为发射结，集电区与基区之间形成的 PN 结称为集电结。即：三区三极两结。

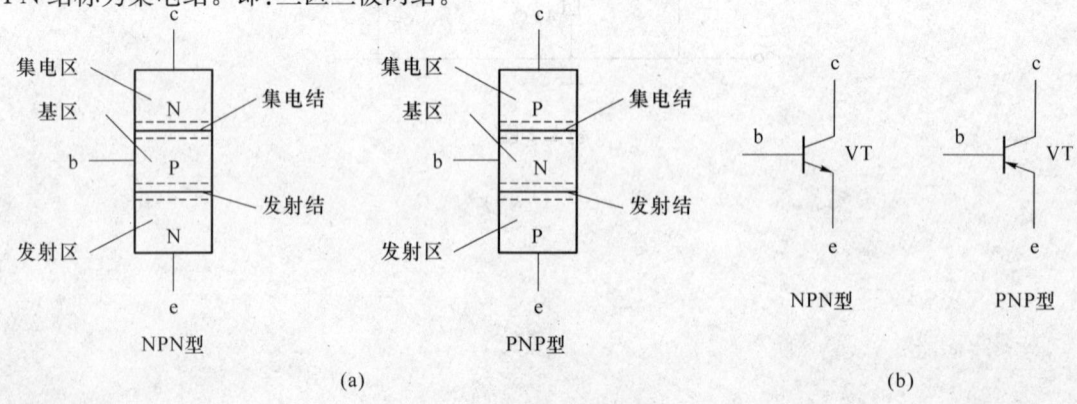

图 2.1 三极管的结构符号

(a) 构造；(b) 符号

图 2.2　常见三极管的外形图

三极管在制作时,要求发射区掺杂浓度高,基区很薄且掺杂浓度低,集电结面积大于发射结面积,其目的是满足三极管各极的电流分配条件。同时也应注意三极管集电区和发射区虽然半导体材料的类型相同,但不能互换使用。

三极管的电路符号如图 2.1(b)所示,发射极的箭头方向表示发射结正向偏置时的发射极电流的实际方向。

2.1.2　三极管的种类

1. 三极管的分类

三极管的种类很多,其分类方法也不尽相同。按其半导体组合方式不同,可分为 NPN 管和 PNP 管,NPN 管和 PNP 管具有互补性,常用于互补对称功率放大器中;按其制作材料不同,可分为硅管(多为 NPN 型)和锗管(多为 PNP 型),硅管用途广泛,而锗管多用于低电压、小信号电路中;按工作频率不同,可分为高频管和低频管,可根据工作频率选用高频管和低频管;按其用途不同,可分为放大管、开关管,放大管是放大器的核心器件,开关管是数字电路的基本器件;按其耗散功率不同,可分为大功率管和小功率管。

2. 三极管型号的命名方法(国产)

三极管的型号一般由五大部分组成,如 3AX31A、3DG12B 等。下面以 3DG12B 为例说明各部分的命名含义。

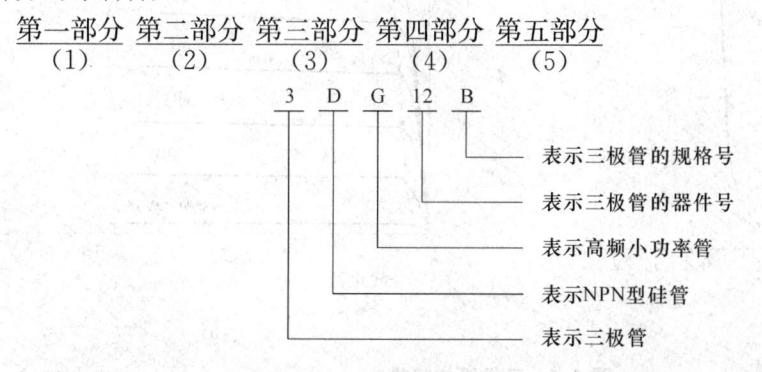

```
第一部分  第二部分  第三部分  第四部分  第五部分
  (1)      (2)      (3)      (4)      (5)
   3        D        G       12        B
                                       └── 表示三极管的规格号
                              └────────── 表示三极管的器件号
                     └─────────────────── 表示高频小功率管
            └──────────────────────────── 表示NPN型硅管
   └───────────────────────────────────── 表示三极管
```

第一部分由数字组成,表示电极数。"3"代表三极管。

第二部分由字母组成,表示三极管的材料与类型。A 表示 PNP 型锗管,B 表示 NPN 型锗管,C 表示 PNP 型硅管,D 表示 NPN 型硅管。

第三部分由字母组成,表示管子的功能。如 G 高频小功率管、X 低频小功率管、A 高频的功率管、D 低频的功率管、K 开关管。

第四部分由数字组成,表示三极管的序号。

第五部分由字母组成,表示三极管的规格号。

2.1.3 三极管的特性

1. 三极管的特性

三极管的特性是指三极管各电极间的电压和电流之间的对应关系。它包括输入、输出特性。如果在结上加上相应的电压,就可以得到各极间电流的对应关系,如图 2.3 所示。

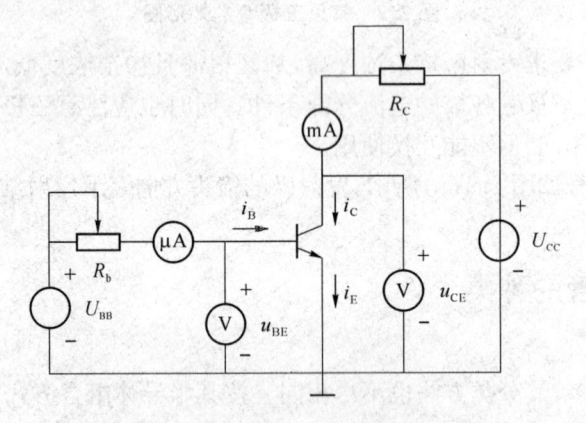

图 2.3 三极管特性测试电路

1) 输入特性

三极管的输入特性是指集电极和发射极之间的电压 u_{CE} 为常数时,输入回路中的基极电流 i_B 和基-射电压 u_{BE} 之间的关系曲线。如图 2.4(a)所示。

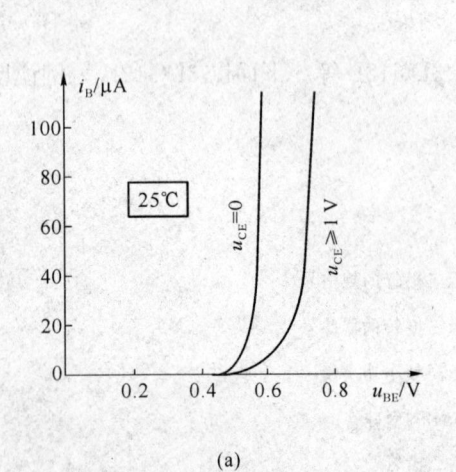

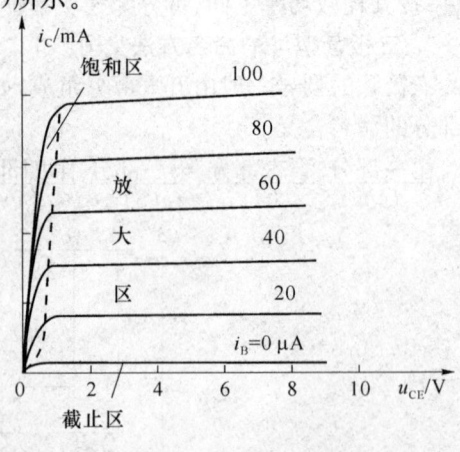

图 2.4 三极管的特性

(a) 输入特性;(b) 输出特性

从图 2.4(a)中可知,当发射结加上正向电压导通时,三极管具有恒压特性。在常温下,硅管导通电压约为 0.7 V(锗管约为 0.3 V)。

2) 输出特性

输出特性是指当 i_B 一定时,输出回路中的 i_C 与 u_{CE} 之间的关系曲线,由不同的 i_B,组成一组曲线。如图 2.4(b)所示,通常将输出特性曲线划分成三个区域。

(1) 放大区:$i_B>0$ 以上的平缓区域为放大区。此时三极管发射结正偏,集电结反偏。从图 2.4(b)中可知:i_C 随 i_B 的变化而变化,而与 u_{CE} 基本无关,具有受控性及恒流性。三极管具有电流放大作用。

偏置条件:NPN 型管,$U_C>U_B>U_E$(集电极电位最高、发射极电位最低),PNP 型管反之。

(2) 饱和区:$u_{CE} \leqslant u_{BE}$ 时的区域为饱和区。此时三极管发射结和集电结均正偏。i_B 失去对 i_C 的控制,i_C 由 u_{CE} 决定。三极管集电极和发射极之间相当于短路。

偏置条件:NPN 型管,$U_B>U_C>U_E$(基极电位最高),PNP 型管反之。

(3) 截止区:$i_B=0$ 以下的区域为截止区。此时三极管发射结零偏或反偏,集电结反偏。三极管集电极和发射极之间相当于断路。

偏置条件:NPN 型管,$U_B \leqslant U_E<U_C$(基极电位最低),PNP 型管反之。

2. 三极管的电流放大作用

从三极管的特性可知:三极管工作在放大区时,发射结正偏,集电结反偏,具有电流放大作用。此时,三极管各极的电流如何分配的,其电流放大作用是如何体现的?

图 2.5 是三极管电流分配关系测试电路。

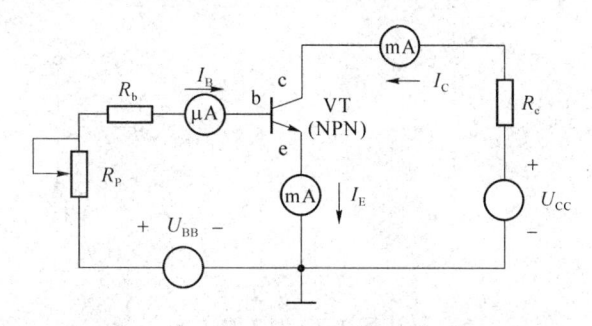

图 2.5 三极管电流分配关系测试电路

调节 R_P,通过毫安表可测得 I_B、I_C、I_E 的数据,见表 2.1。

表 2.1 三极管电流测试数据

I_B mA	0.01	0.02	0.03	0.04	0.05
I_C mA	0.56	1.14	1.74	2.33	2.91
I_E mA	0.57	1.16	1.77	2.37	2.96

分析实验数据可得出以下结论:

(1) 发射极电流等于基极电流与集电极电流之和。

即:
$$I_E = I_B + I_C$$

因为 $I_B \ll I_C$,所以 $I_E \approx I_C$。

(2) I_C 和 I_B 的比值近似为常数,即:$\bar{\beta} = \dfrac{I_C}{I_B}$

I_B 的微小变化能引起 I_C 较大变化,即: $\beta = \dfrac{\Delta I_C}{\Delta I_B}$

β 和 $\bar{\beta}$ 分别是三极管的直流电流放大系数和交流电流放大系数,且有 $\beta \approx \bar{\beta}$。因此在实际应用中不加区分,统称为电流放大系数。

即: $I_C = \beta I_B$

上式表明三极管具有电流放大作用,其电流放大的实质是通过改变基极电流 I_B 的大小,控制集电极电流 I_C,因此三极管是电流控制型器件。

例1 三极管工作在放大区,测得两个极的电流如图 2.6 所示。
(1) 求另一极①的电流。
(2) 判别电极及管型。
(3) 估算 β 值。

解 (1) 根据电流分配关系,可得①电流方向为流出,其值为 $6-5.9=0.1$(mA)。

(2) ①管脚电流最小,为 b 极;③管脚电流最大,为 e 极;②管脚,为 c 极。③管脚电流为流入,故为 PNP 型管。

(3) $I_C = 5.9 \text{ mA}, I_B = 0.1 \text{ mA}$,

故 $\beta = \bar{\beta} = \dfrac{I_C}{I_B} = \dfrac{5.9}{0.1} = 59$。

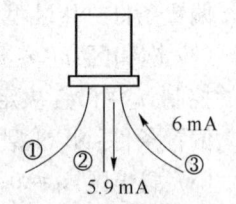

图 2.6 例 1 图

例2 三极管各极的电压如图 2.7 所示,判断下列三极管的工作区域。

图 2.7 例 2 图
(a) NPN;(b) PNP

解 (a) 图所示为 NPN 管,且有 $U_B > U_C > U_E$,故工作在饱和区;
(b) 图所示为 PNP 管,且有 $U_C < U_B < U_E$,$u_{BE} = 0.3$ V,故工作在放大区。

2.1.4 三极管的参数

1. 电流放大系数 β

β 是表示三极管电流放大能力的参数。β 值太小电流放大能力差,β 值太大则稳定性差,一般 β 值为 20~200。

2. 穿透电流 I_{CEO}

I_{CEO} 是指基极开路时,集电极—发射极之间的电流。它随温度上升而剧增,是影响三极管稳定性的主要参数,I_{CEO} 越小三极管质量越好。

3. 集电极最大允许电流 I_{CM}

I_{CM}是指能保证三极管正常工作时所允许的最大电流。集电极工作电流i_C,必须满足$i_C<I_{CM}$。

4. 集电极-发射极间的击穿电压 $U_{(BR)CEO}$

$U_{(BR)CEO}$是指基极开路时,集电极和发射极之间的反向击穿电压。集电极和发射极之间u_{CE}必须满足$u_{CE}<U_{(BR)CEO}$。

5. 集电极最大耗散功率 P_{CM}

P_{CM}是指三极管正常工作时最大允许消耗的功率。三极管消耗功率为$P_C=I_CU_{CE}$,P_C必须满足$P_C<P_{CM}$。

2.1.5 三极管的测试

1. 三极管管型和管脚的判别

1) 直观判别

(1) 根据三极管外壳所注型号,判别管型。

(2) 根据三极管的外形特点,判别管脚,常见三极管管脚排列如图2.8所示。

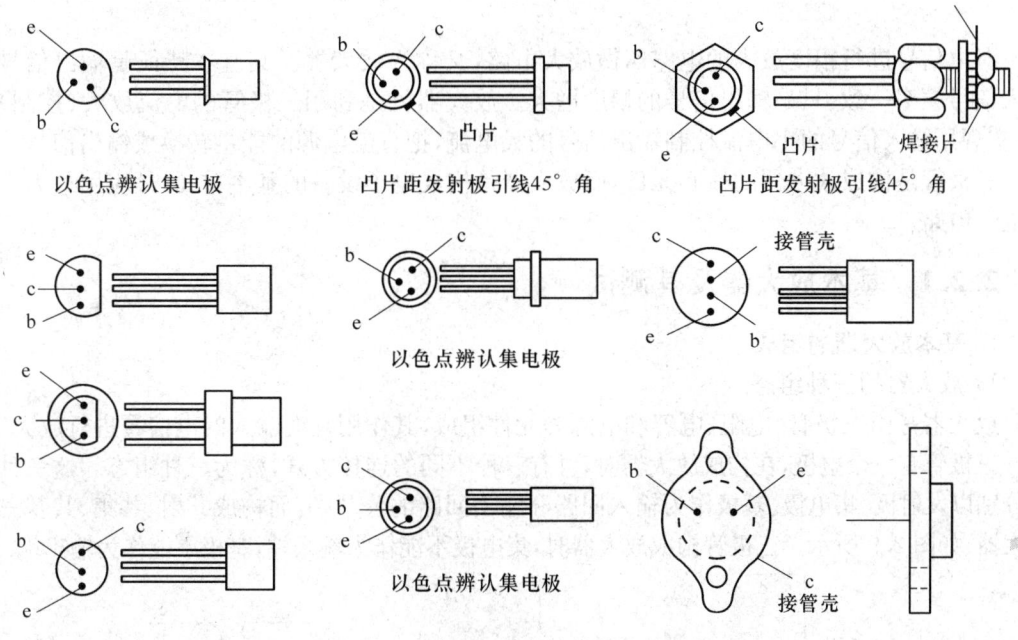

图2.8 常见三极管的管脚排列图

2) 用万用表判别

用万用表可判断三极管管型和管脚,下面就使用数字万用表与使用模拟万用表判别三极管管型和管脚的方法,介绍如下:

(1) 数字万用表测试:用万用表的二极管挡,用红表笔去接三极管的某一管脚,假设作为基极,用黑表笔分别接另外两个管脚,如果表的液晶屏上两次都显示有零点几伏的电压(锗管为0.3左右。硅管为0.7左右)。那么此管应为NPN管,且红表笔所接的那一个管脚是基极。如果两次所显的为'OL'那么红表笔所接的那一个管脚便是PNP型管的基极。

在确定管子的型号和基极后,再判别发射极和集电极。仍用二极管挡,对于NPN管令红表笔接其基极,黑表笔分别接另两个脚上,两次测得的极间电压中,电压微高的那一极为发射极,电压低一些的那一极为集电极。如果是PNP管,则令黑表笔接基极,方法和上面一样。

(2) 模拟万用表测试:将万用表置欧姆挡($R \times 100$ 或 $R \times 1K$),黑表笔试接被测三极管的任意一脚,红表笔分别接第二、三脚时若表针都摆动,则被测三极管极性为NPN,且黑表笔所接第一脚是管子基极。反之,红表笔试接被测三极管任意一脚,黑表笔分别接第二、三脚时若表针都摆动,则被测三极管极性为PNP,且红表笔所接第一脚是管子基极。

在确定管子的型号和基极后,再判别发射极和集电极。仍用万用表置欧姆挡($R \times 100$ 或 $R \times 1K$)。用万用表的黑、红表笔接触另两个极,测得一阻值,再将黑、红表笔对调,测得一阻值,比较两组阻值的大小。对于PNP管,在阻值小的那次测试中,红表笔所接的是集电极,另一极是发射极。对于NPN管,在基极和黑表笔之间加一个$100\ \Omega$电阻,用上述方法测量,在阻值小的那次测试中,黑表笔所接的是集电极,另一极是发射极。

2. 三极管质量粗测

用万用表分别测量三极管两个PN结的正、反向电阻,可判别三极管的好坏。若测得两个PN结的正向电阻都很小,反向电阻都很大,则三极管正常,否则三极管已损坏。

2.2 三极管的应用

对电信号进行幅度放大的电路叫做放大电路,又称为放大器。其基本特征是输出信号和输入信号频率一致,只是输出信号的幅度增大。放大器就是利用三极管的电流放大(控制)作用,实现用输入信号的小电流控制输出信号的大电流,把直流电源的能量转换成输出信号。

三极管是构成放大器的核心元件,而放大器是构成电子设备的基本单元,是应用最为广泛的电子电路。

2.2.1 基本放大器及其测试

1. 基本放大器的组成

1) 放大器的三种组态

放大器是由三极管、电阻、电容和电源等元件组成,其作用是对输入的电信号进行放大。

三极管有三个电极,在构成放大器时,可有三种不同的连接方式,称为三种组态。这三种接法分别以发射极、集电极、基极作为输入回路和输出回路的公共端,而构成共射、共集、共基三种放大器,如图2.9所示。三极管构成放大器时,集电极不能作为输入端,基极不能作为输出端。

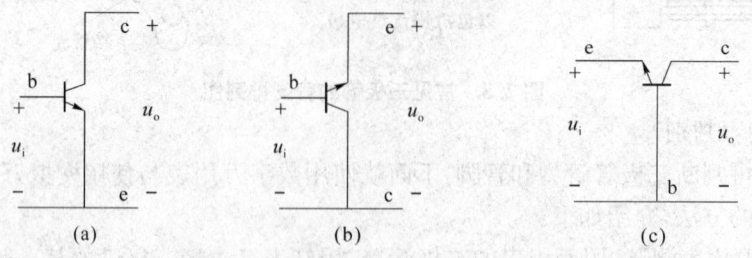

图2.9 放大器中三极管的三种连接方法
(a) 共射极放大器;(b) 共集电极放大器;(c) 共基极放大器

2) 基本放大器的组成

基本放大器(共射极放大器)的组成,如图2.10所示。

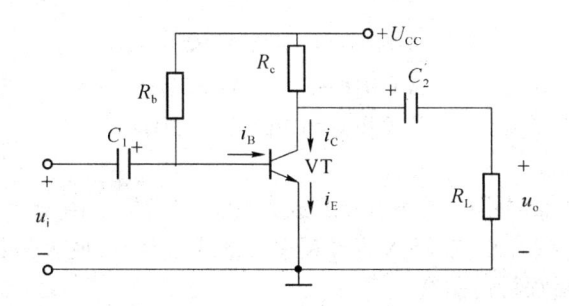

图 2.10 基本放大器(共射极放大器)

电路中各元件的作用如下:

(1) 集电极电源 U_{CC}:其作用是为整个电路提供能源,保证三极管的发射结正向偏置,集电结反向偏置。

(2) 基极偏置电阻 R_b:其作用是为基极提供合适的偏置电流。

(3) 集电极电阻 R_c:其作用是将集电极电流的变化转换成电压的变化。

(4) 耦合电容 C_1、C_2:其作用是隔直流、通交流。

3) 放大器放大的条件

(1) 三极管必须偏置在放大区,即:发射结正偏,集电结反偏。

(2) 输入回路将变化的输入电压 u_i 转化成变化的基极电流。

(3) 输出回路将变化的集电极电流转化成变化的电压,经电容滤波输出 u_o。

2. 放大器的主要性能指标

放大器的放大性能有两个方面的要求:一是放大倍数要尽可能大;二是输出信号要尽可能不失真。衡量放大器性能的重要指标有放大倍数、输入电阻 r_i、输出电阻 r_o、通频带。

1) 放大倍数

放大倍数是衡量放大器放大能力的指标,常用的有电压放大倍数和电流放大倍数。

电压放大倍数的定义为:$A_u = u_o/u_i$

电流放大倍数的定义为:$A_i = i_o/i_i$

2) 输入电阻

如图 2.11 所示,放大器的输入端可以用一个等效交流电阻 r_i 来表示,它定义为:$r_i = u_i/i_i$。r_i 越大,放大器对信号的影响越小,故 r_i 越大越好。

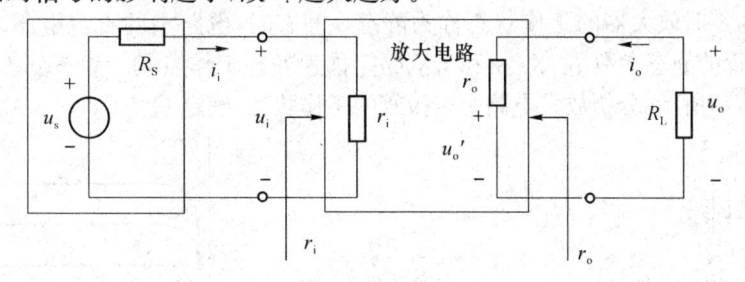

图 2.11 放大器的方框图

3) 输出电阻

如图 2.11 所示,放大器输出端可以用一个等效交流电阻 r_o 来表示,它定义为:$r_o = \dfrac{u_o' - u_o}{i_o}$。$r_o$ 越小,放大器带负载的能力强,故 r_o 越小越好。

工程上常用分贝来表示放大倍数的大小:

$$A_u(dB) = 20\lg|A_u| \text{ (dB)}$$
$$A_i(dB) = 20\lg|A_i| \text{ (dB)}$$
$$A_p(dB) = 10\lg|A_p| \text{ (dB)}$$

4) 通频带

通频带是衡量放大器对不同频率信号的放大能力的指标。由于放大器中电容、电感及三极管结电容等电抗元件的存在,在输入信号频率较低或较高时,放大倍数的数值会下降。如图2.12所示为放大器的幅频特性曲线。

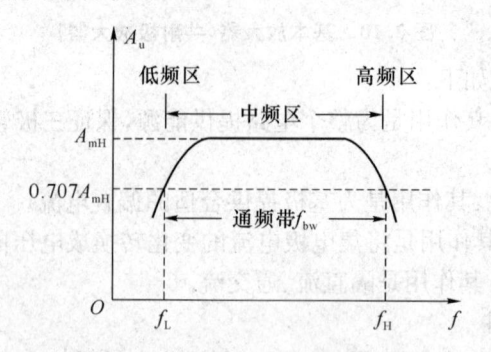

图 2.12 放大器的幅频特性曲线

下限截止频率 f_L:在信号频率下降到一定程度时,放大倍数的数值明显下降,使放大倍数的数值等于 0.707 倍的频率称为下限截止频率 f_L。

上限截止频率 f_H:信号频率上升到一定程度时,放大倍数的数值也将下降,使放大倍数的数值等于 0.707 倍的频率称为上限截止频率 f_H。

通频带 f_{bw}:f_L 与 f_H 之间形成的频带称中频段,称为通频带。即

$$f_{bw} = f_H - f_L$$

通常情况下,放大器只适用于放大某一个特定频率范围内的信号。通频带越宽,表明放大器对信号频率的适应能力越强。理论分析及实验证实放大器放大倍数越大,通频带越窄。

3. 基本放大器的工作状态分析

1) 静态分析

(1) 静态工作点。

输入信号为零时放大器的工作状态称为静态。静态时,电路中的直流电压、电流均为稳定值。此时,三极管的静态参数 I_{BQ}、U_{BEQ} 和 I_{CQ}、U_{CEQ} 称为静态工作点 Q。静态分析就是通过直流通路[如图 2.13(a)所示]分析放大电路中三极管的工作状态,确定 Q 点[如图 2.13(b)所示]。

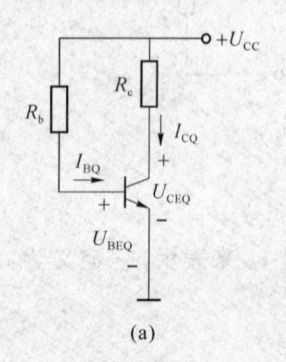

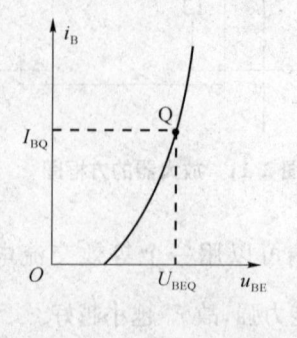

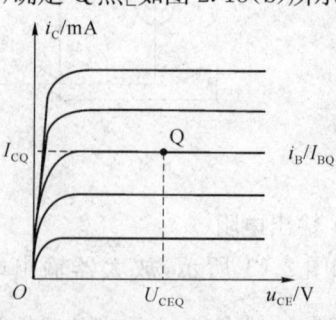

图 2.13 放大器的静态情况
(a) 直流通路;(b) 静态工作点 Q

(2) 静态工作点的估算。

设置直流偏置电路,确定合适的静态工作点(U_{BEQ}硅管 0.7 V、锗管 0.3 V),是实现信号放大的前提。

放大器常见的直流偏置电路有以下两种。

① 固定偏置式电路。直流通路如图 2.13(a)所示。

因为 $$U_{CC}=I_{BQ}R_b+U_{BEQ}$$

所以 $$I_{BQ}=\frac{U_{CC}-U_{BEQ}}{R_b}$$

若 $$U_{CC} \gg U_{BEQ}$$

则 $$I_{BQ} \approx \frac{U_{CC}}{R_b}$$

由前述知, $$I_{CQ}=\beta I_{BQ}$$

最后,由直流通路得 $$U_{CEQ}=U_{CC}-I_{CQ}R_C$$

② 分压式偏置电路。直流通路如图 2.14 所示。

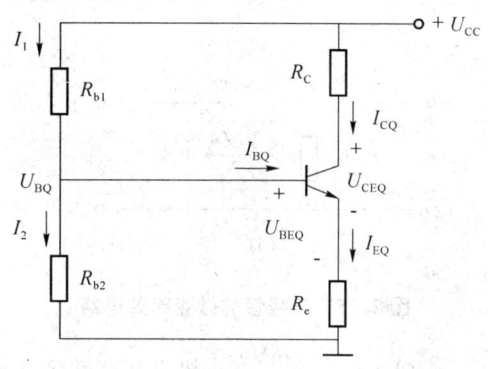

图 2.14　分压偏置式直流通路

当三极管在放大区时,I_{BQ}很小,则有 $I_1 \approx I_2$,且 U_{BQ}不变,可得:

$$U_{BQ}=\frac{R_{b2}}{R_{b1}+R_{b2}}U_{CC}$$

$$I_{EQ}=\frac{U_{BQ}-U_{BEQ}}{R_e}$$

$$I_{EQ} \approx I_{CQ}$$

由前述知, $$I_{BQ}=\frac{I_{CQ}}{\beta}$$

最后,由直流通路得: $$U_{CEQ} \approx U_{CC}-I_{CQ}(R_c+R_e)$$

该电路具有稳定 Q 点作用,其稳定作用的原理简单表示如下:

$$T\uparrow \to I_{CQ}\uparrow \to I_{EQ}\uparrow \to (U_{BQ}-I_{EQ}R_e)$$
$$I_{CQ}\downarrow \leftarrow I_{BQ}\downarrow \leftarrow U_{BEQ}\downarrow \leftarrow$$

2) 动态分析

放大器输入信号不为零时的工作状态,称为动态。因为放大器所放大的信号是交流信号,其动态分析是在放大器静态工作点确定的条件下,通过微变等效电路计算放大器的性能指标。

(1) 三极管微变等效电路。

三极管是非线性元件,在一定的条件(输入信号 u_i 在很小范围内变化)下可以把三极管看成线性元件。即：基极与发射极之间等效为一个电阻 r_{be}，集电极与发射极之间等效为一个电流为 i_c（$i_c = \beta i_b$）的恒流源，如图 2.15 所示。

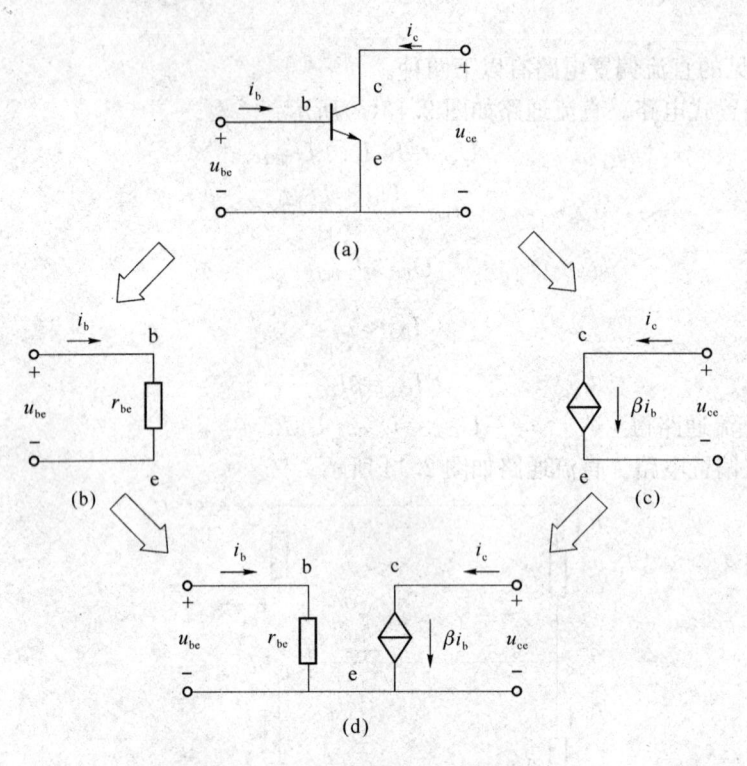

图 2.15 三极管的微变等效电路

三极管等效电阻 $r_{be} = r_{bb'} + (1+\beta)\dfrac{26(\text{mV})}{I_{EQ}(\text{mA})}$ 一般为几百欧到几千欧，其中 $r_{bb'}$ 约为 300 Ω。

（2）放大器的微变等效电路。

实用的基本放大器，如图 2.16(a) 所示。作出交流通路，如图 2.16(b) 所示，把三极管用微变等效电路代换，则可得到如图 2.17 所示的放大器的微变等效电路。

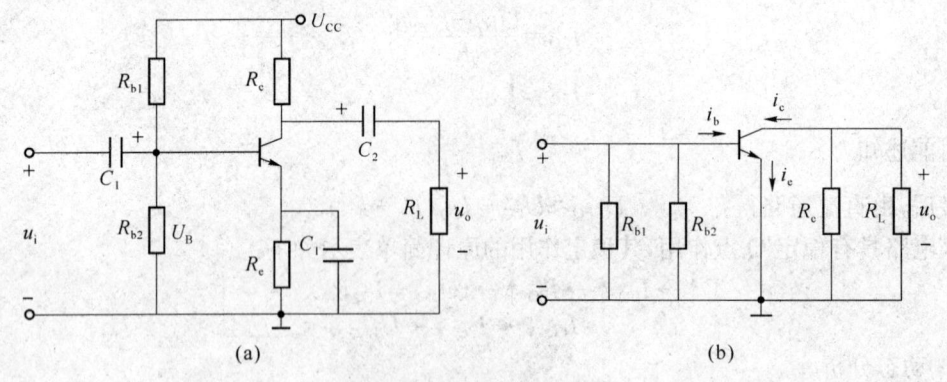

图 2.16 实用的基本放大器
(a) 电路；(b) 交流通路

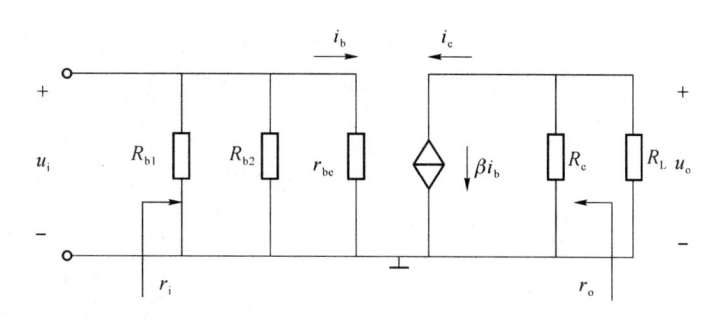

图 2.17 基本放大器的微变等效电路

(3) 放大器的性能指标。

① 电压放大倍数 A_u：

$$A_u = \frac{u_o}{u_i}$$

由图可得

$$u_o = -i_c R_L' = -\beta i_b R_L'$$

其中

$$R_L' = R_c // R_L$$

$$u_i = i_b r_{be}$$

则有

$$A_u = \frac{u_o}{u_i} = \frac{-\beta i_b R_L'}{i_b r_{be}} = -\frac{\beta R_L'}{r_{be}}$$

式中的"－"表示输入信号与输出信号相位反相。

若放大器不带负载时，即：$R_L \to \infty$，则

$$R_L' = R_c // R_L = R_c$$

$$A_u = -\frac{\beta R_c}{r_{be}}$$

② 输入电阻 r_i：$r_i = \frac{u_i}{i_i} = R_b // r_{be}$。

③ 输出电阻 r_o：$r_o = R_c$。

3) 失真分析

放大器的输出信号与输入信号在波形上的畸变称为失真，失真将影响到放大信号的真实性。

(1) 失真现象。

在如图 2.18 所示的测试电路中，信号发生器输出频率为 1 kHz，有效值为 10 mV 的正弦波信号，输入放大器，调整输入信号的幅值和电位器 R_P，通过示波器在输出端可观察到最大不失真输出信号的波形，如图 2.19(a)所示。

调节 R_P，使 R_b 减小，通过示波器在输出端可观察到如图 2.19(b)所示的底部失真信号。

调节 R_P，使 R_b 增大，通过示波器在输出端可观察到如图 2.19(c)所示的顶部失真信号。

调节信号发生器输出信号幅度，增大输出电压，通过示波器在输出端可观察到如图 2.19(d)所示的双向失真信号。

通过实验可知：失真现象有三种，即：底部失真、顶部失真、双向失真。

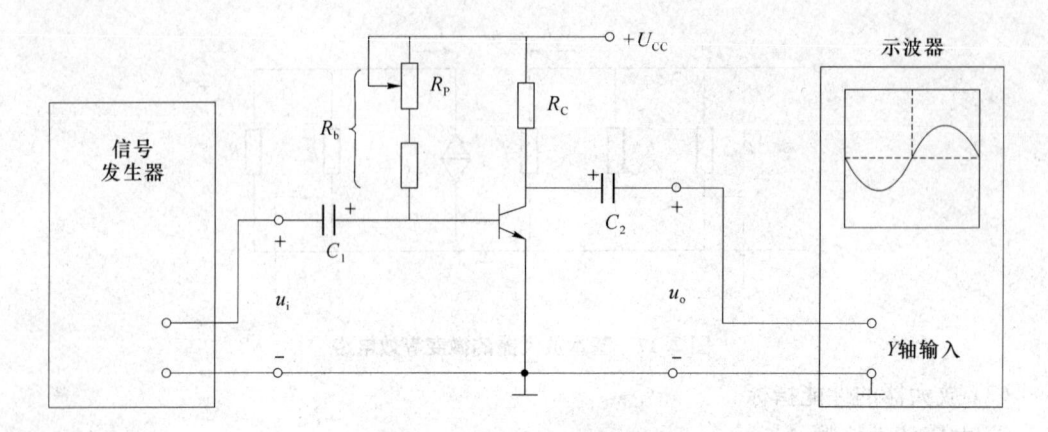

图 2.18 失真现象演示电路

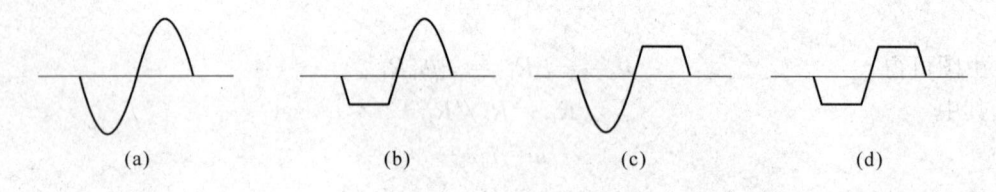

图 2.19 放大器输出波形图

(2) 现象分析。

底部失真：$R_b \downarrow \to I_{BQ} \uparrow \to I_{CQ} \uparrow \to U_{CEQ} \downarrow$

静态工作点偏高，接近饱和区，交流量在饱和区不能放大，使输出电压波形负半周被削底，产生底部失真，也称为饱和失真。

改善方法是调低静态工作点。

顶部失真：$R_b \uparrow \to I_{BQ} \downarrow \to I_{CQ} \downarrow \to U_{CEQ} \uparrow$

静态工作点偏低，接近截止区，交流量在截止区不能放大，使输出电压波形正半周被削顶，产生顶部失真，也称为截止失真。

改善方法是提高静态工作点。

双向失真：当输入信号幅度过大时，输出信号将会同时出现饱和失真和截止失真，称之为双向失真。

改善方法是减小输入信号幅度。

例 3 共发射极放大电路如图 2.20 所示，$U_{BEQ}=0.7\,\text{V}$，$\beta=50$，其他参数如图中标注。

(1) 画出直流通路。

(2) 求静态工作点 Q。

(3) 画出微变等效电路。

(4) 求电压放大倍数 A_u。

解 (1) 画出直流通路。

直流通路如图 2.21 所示。

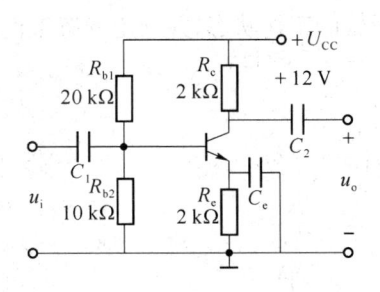

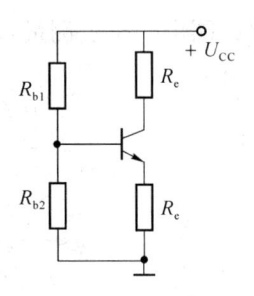

图 2.20 例 3 图　　　　　　　图 2.21 例 3 直流通路

(2) 估算静态工作点 Q：

$$U_{BQ}=\frac{R_{b2}}{R_{b1}+R_{b2}}U_{CC}=\frac{10}{10+20}\times 12=4\text{ (V)}$$

$$I_{CQ}\approx I_{EQ}=\frac{U_{BQ}-U_{BEQ}}{R_e}=\frac{4-0.7}{2}=1.65\text{ (mA)}$$

$$I_{BQ}=\frac{I_{CQ}}{\beta}=\frac{1.65}{50}=33\text{ }(\mu A)$$

$$U_{CEQ}\approx U_{CC}-I_{CQ}(R_c+R_e)=12-1.65\times(2+2)=5.4\text{ (V)}$$

(3) 画出其微变等效电路。

微变等效电路如图 2.22 所示。

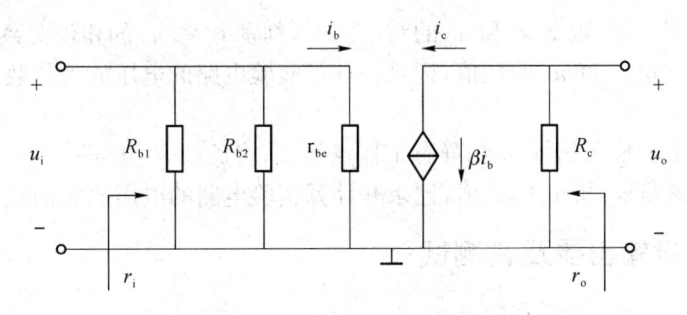

图 2.22 例 3 微变等效电路

(4) 电压放大倍数 A_u：

$$r_{be}=r_{bb'}+(1+\beta)\frac{26}{I_{EQ}}=300+51\times\frac{26}{1.65}=1.1\text{ (k}\Omega\text{)}$$

$$A_u=-\frac{\beta R_c}{r_{be}}=-\frac{50\times 2}{1.09}\approx -91$$

4. 基本放大器测试

(1) 测试要求：按测试程序完成测试内容。

(2) 测试设备：电路综合实验台、万用表、毫伏表、信号发生器、双踪示波器。

(3) 测试电路：如图 2.23 所示。

(4) 测试程序：

① 静态工作点的调整与测试：

• 调整 R_W 的阻值，改变三极管的状态，用万用表测量，其集电极与地之间的电压 U_C=6.2 V。

- 保持R_W的阻值不变,测量U_B、U_E,分析三极管的工作状态,并确定静态工作点。

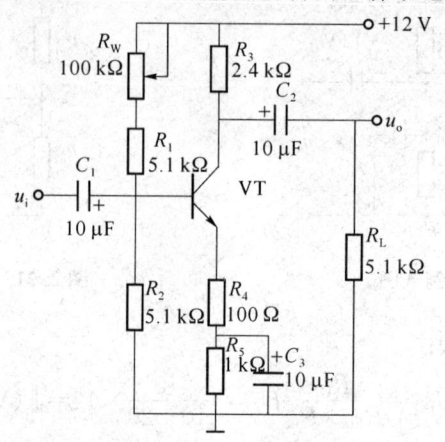

图 2.23 基本放大器测试电路

② 动态测试(保持静态工作点不变):

带载测试:

- 调节信号发生器,使输出频率为1 kHz,有效值为5~10 mV(用毫伏表测量)的正弦波信号,将其送入测试电路输入端。
- 用示波器同时观察放大电路的输入信号和输出信号,如输出信号波形有失真,适当调节电阻R_W,以消除失真。
- 根据示波器显示,观察u_i和u_o的对应波形,判别u_i和u_o的相位关系。
- 用毫伏表测量u_i和u_o的数值,记录并计算实验电路的电压放大倍数。

空载测试:

- 保持上述实验输入信号u_i和静态工作点不变,将负载R_L断开。
- 用毫伏表测量u_i和u_o的数值,记录并计算实验电路的电压放大倍数。

2.2.2 射极输出器及其测试

1. 电路组成

如图2.24(a)所示,交流信号从基极输入,从发射极输出,故该电路称为射极输出器。图2.24(b)为该电路对应的交流通路。由交流通路可看出,集电极为输入、输出的公共端,故称为共集电极放大电路。

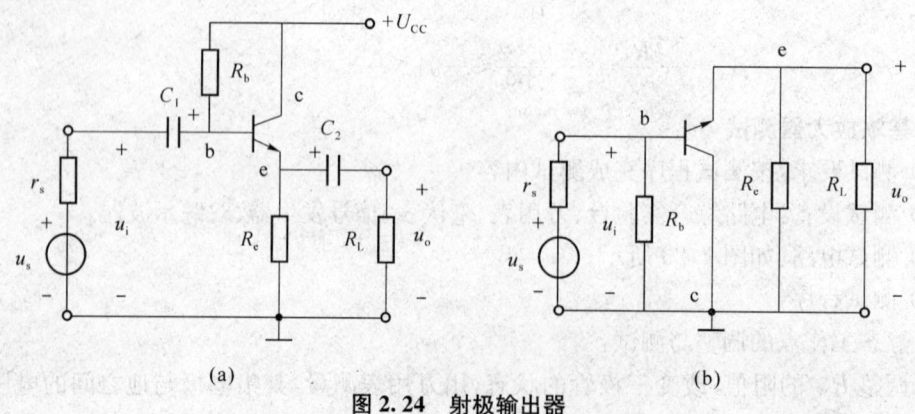

图 2.24 射极输出器
(a) 电路;(b) 交流通路

2. 性能指标分析

射极输出器微变等效电路如图 2.25 所示，由图可求得射极输出器的性能指标。

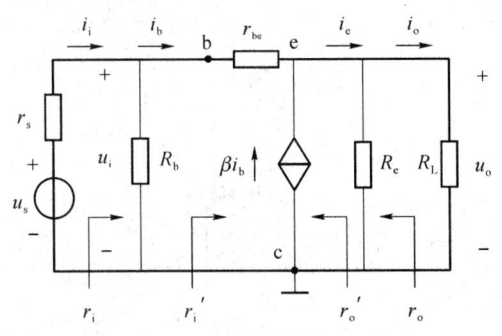

图 2.25　射极输出器微变等效电路

1) 电压放大倍数 A_u

$$A_u = \frac{u_o}{u_i}$$

由图可得

$$u_o = i_e R_L' = (1+\beta) i_b R_L' \quad (R_L' = R_e // R_L)$$

$$u_i = i_b r_{be} + u_o = i_b r_{be} + (1+\beta) i_b R_L'$$

则有

$$A_u = \frac{u_o}{u_i} = \frac{(1+\beta) R_L'}{r_{be} + (1+\beta) R_L'}$$

由于 $r_{be} \ll (1+\beta) R_L'$，射极输出器电压放大倍数 $A_u \approx 1$，且输入电压与输出电压同相，又称为电压跟随器。

2) 输入电阻 r_i

分析图 2.25 输入回路，可得：

$$r_i = R_b // [r_{be} + (1+\beta) R_L']$$

由上式可知输入电阻很大。

3) 输出电阻 r_o

分析图 2.25 输出回路，可得：

$$r_o = R_e // \frac{r_{be}}{1+\beta}$$

由上式可知输出电阻很小。

3. 射极输出器的测试

(1) 测试要求：按测试程序完成测试内容。

(2) 测试设备：电路综合实验台、万用表、毫伏表、信号发生器、双踪示波器。

(3) 测试电路：如图 2.26 所示。

(4) 测试程序：

① 射极输出器的跟随特性。

• 调节信号发生器，使其产生频率为 1 kHz，有效值为 100 mV（用毫伏表测量）的正弦波信号，将其加至实验电路的 B 点。

• 用示波器的两个通道分别观察放大电路的 B 点输入信号和输出信号波形，如输出信号波形有失真，可调节电阻 R_W 消除失真。

- 观察并记录 u_i 和 u_o 的对应波形,从中分析二者的相位关系。
- 断开负载电阻 R_L,观察输出电压的变化。

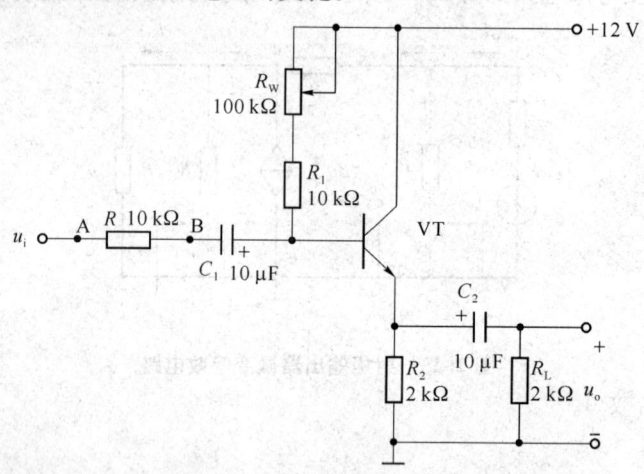

图 2.26 射极输出器测试电路

② 测量放大器输入电阻 r_i。
- 调节信号发生器,使其产生频率为 1 kHz,有效值为 100 mV 的正弦波信号,将其加至实验电路的 A 点。
- 用示波器的两个通道分别观察放大电路的 B 点输入信号和输出信号波形,如输出信号波形有失真,可调节电阻 R_W 消除失真。
- 用毫伏表分别测 A,B 点对地电位 $u_i=$ _____、$u_s=$ _____。
- 根据 $r_i = \dfrac{u_i}{u_s - u_i} R$,计算输入电阻 $r_i=$ _____。

③ 测量输出电阻 r_o。
- 在 B 点输入频率为 1 kHz,有效值为 100 mV 的正弦波信号,接上负载 $R_L=2\ k\Omega$ 时,用示波器观察输出波形,用毫伏表测量有载时输出电压 $u_{oL}=$ _____。
- 断开负载 R_L,测量空载时输出电压 $u_o=$ _____。
- 根据 $r_o = \left(\dfrac{u_o}{u_{oL}} - 1\right) R_L$,计算输出电阻 $r_o=$ _____。

2.2.3 多级放大器及其测试

基本放大器(单管),其电压放大倍数一般只能达到几十至几百。然而在实际工作中,放大器所得到的信号往往都非常微弱,要将其放大到能推动负载工作的程度,仅通过单级放大器放大,达不到实际要求,则必须通过多个单级放大器连续多次放大,才可满足实际要求。

1. 多级放大器的组成

多级放大器的组成可用图 2.27 所示的框图来表示。其中,输入级与中间级的主要作用是实现电压放大,输出级的主要作用是功率放大,以推动负载工作。

2. 多级放大器的耦合方式

多级放大器是由两级或两级以上的单级放大器连接而成的。在多级放大器中,我们把级与级之间的连接方式称为耦合方式。常用的耦合方式有:阻容耦合、直接耦合、变压器耦合。

图 2.27 多级放大器的结构框图

1) 阻容耦合

级与级之间通过电容连接的方式称为阻容耦合方式,如图 2.28 所示。由于电容具有"隔直"作用,所以各级放大器的静态工作点相互独立,互不影响。但电容对交流信号具有一定的容抗,在信号传输过程中,会受到一定的衰减。尤其对于变化缓慢的信号容抗很大,不便于传输。此外,阻容耦合的多级放大器不便于集成。

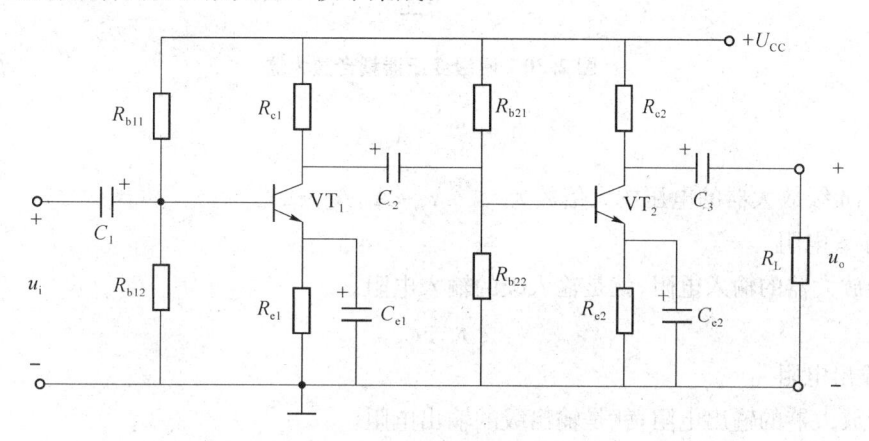

图 2.28 两级阻容耦合放大器

2) 直接耦合

级与级之间直接用导线连接的方式称为直接耦合,如图 2.29 所示。直接耦合既可以放大交流信号,也可以放大直流和变化非常缓慢的交流信号。并且电路简单,便于集成。但各级静态工作点相互牵制,调整困难。在实际应用中,必须采取一定的措施,保证各级都有合适的静态工作点。

3) 变压器耦合

级与级之间通过变压器连接的方式称为变压器耦合,如图 2.30 所示。由于变压器的"隔直"作用,

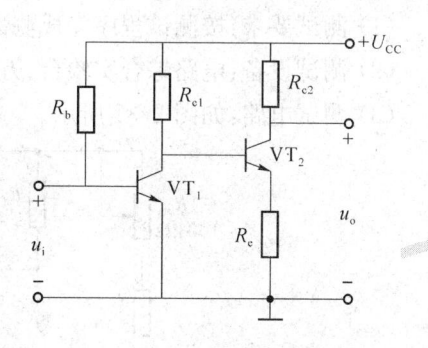

图 2.29 两级直接耦合放大器

所以各级电路的静态工作点相互独立,互不影响。此外,变压器耦合可实现阻抗匹配。但不能放大直流和变化非常缓慢的信号,并且因变压器体积和重量大,不便于集成。

3. 性能指标分析

1) 电压放大倍数

根据电压放大倍数

$$A_u = \frac{u_o}{u_i}$$

由图 2.28 可得 $u_o = A_{u2} u_{i2}$, $u_{i2} = u_{o1}$, $u_{o1} = A_{u1} u_i$

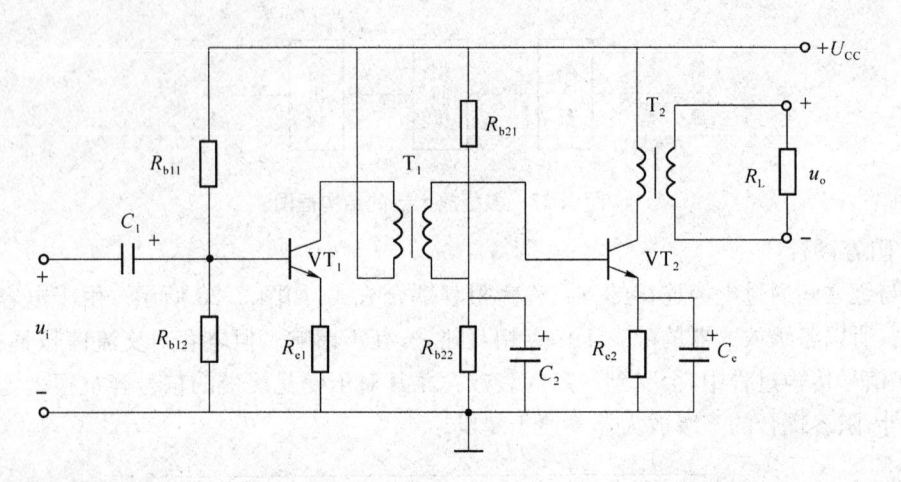

图 2.30 两级变压器耦合放大器

则
$$A_u = \frac{u_o}{u_i} = A_{u1}A_{u2}$$

推广：n 级放大器的电压放大倍数为 $A_u = A_{u1}A_{u2}\cdots A_{un}$

2) 输入电阻

多级放大器的输入电阻，就是输入级的输入电阻。

$$r_i = r_{i1}$$

3) 输出电阻

多级放大器的输出电阻，就是输出级的输出电阻。

$$r_o = r_{on}$$

4. 多级放大器的测试

(1) 测试要求：按测试程序完成测试内容。

(2) 测试设备：电路综合实验台、万用表、毫伏表、信号发生器、双踪示波器。

(3) 测试电路：如图 2.31 所示。

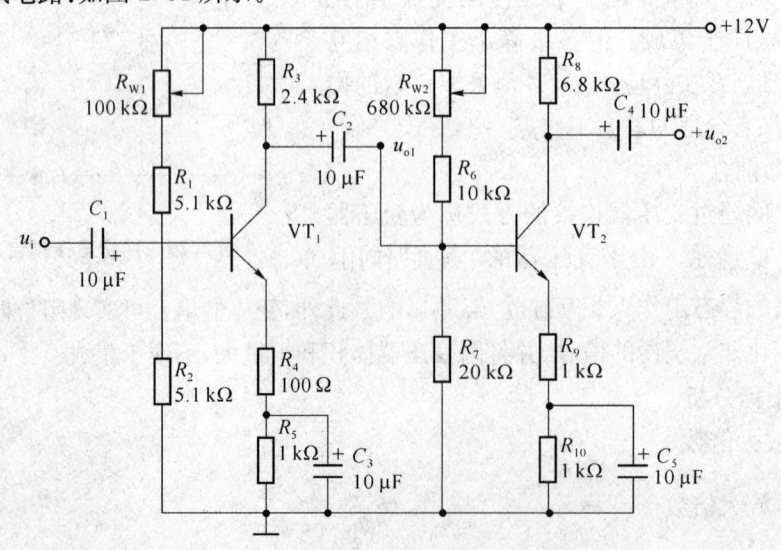

图 2.31 两级阻容耦合放大器测试电路

(4) 测试程序：

① 设置静态工作点。

• 调节 R_{W1}，用万用表直流电压挡测量第一级放大器三极管 VT_1 集电极电压，使 $U_{C1}=6.2\,V$，保持 R_{W1} 不变，测量 U_{B1}，U_{E1} 的大小，判断三极管 VT_1 的工作区。

• 调节 R_{W2}，用万用表直流电压挡测量第二级放大器三极管 VT_2 集电极电压，使 $U_{C2}=5.8\,V$，保持 R_{W2} 不变，测量 U_{B2}，U_{E2} 的大小，判断三极管 VT_2 的工作区。

② 放大倍数测量。

• 调节信号发生器，输出频率为 1 kHz，有效值为 5 mV（用毫伏表测量）的正弦波信号，将其送入测试电路输入端。

• 用示波器同时观察放大电路的输入信号和输出信号，如输出信号波形有失真，适当调节电阻 R_{W1} 和 R_{W2}，以消除失真。

• 根据示波器显示，观察 u_i 和 u_o 的对应波形，判别 u_i 和 u_o 的相位关系。

• 用毫伏表测量 u_i 和 u_o 的数值，计算实验电路的电压放大倍数。

③ 放大器频率特性测量。

• 保持输入信号幅度不变，改变输入信号频率，用示波器观察输出信号波形，选择不同频率，用毫伏表测量并记录不同频率（10 个以上的频率点）时的输出电压有效值，计算对应的放大倍数（如果输出信号失真，调节 R_{W1} 和 R_{W2}，消除后再测量）。

• 根据测量数据，绘制两级放大器的幅频特性简图，标出 f_H 和 f_L。

2.2.4 功率放大器及其测试

在实际放大电路中，多采用多级放大，其输出级的任务是向负载提供较大的功率，这就要求输出级不仅要有较高的输出电压，而且要有较大的电流。能够输出大功率的放大电路称为功率放大器。

1. 功率放大器的特点和分类

1) 特点

输出功率大：由于功率放大器的主要任务是向负载提供一定的功率，因而输出电压和电流的幅度足够大。

效率高：功率放大器是将电源的直流功率转换为输出的交流功率提供给负载，在转换的同时还有一部分功率消耗在三极管上并产生热量。

失真小：由于输出信号幅度较大，使三极管工作在饱和区与截止区的边沿，因此输出信号存在一定程度的失真，必须将失真减小到最低。

2) 分类

根据放大器中三极管静态工作点设置的不同，可分成甲类、乙类和甲乙类三种。

甲类放大器的工作点设置在放大区的中间，输入信号的整个周期内三极管都处于导通状态，输出信号失真较小，但静态电流较大，管耗大，效率低。

乙类放大器的工作点设置在截止区，三极管的静态电流为零，效率高，但只能对半个周期的输入信号进行放大，失真大。

甲乙类放大器的工作点设在放大区但接近截止区，即三极管处于微导通状态，静态电流小，效率较高。有效地克服了失真问题，并提高了能量转换效率，目前使用较广泛。

2. 互补对称功率放大器

1) 双电源互补功率放大器

(1) 电路分析。

双电源乙类互补功率放大器如图2.32所示。VT_1、VT_2 为导电性能相反、参数对称的三极管，两只三极管的发射极和基极分别连在一起，构成一对互补射极输出器。

当输入信号 $u_i=0$ 时，两个三极管都工作在截止区，此时 I_{BQ}、I_{CQ} 均为零，负载上无电流通过，输出电压 $u_o=0$。

当输入信号 $u_i>0$ 时，三极管 VT_1 导通，VT_2 截止，输出电流经 U_{CC} 流入 VT_1 的集电极，再从发射极流出，流过负载 R_L，形成正半周输出电压，$u_o>0$。

当输入信号 $u_i<0$ 时，三极管 VT_2 导通，VT_1 截止，流过负载 R_L 的电流与 $u_i>0$ 时相反，形成负半周输出电压，$u_o<0$。

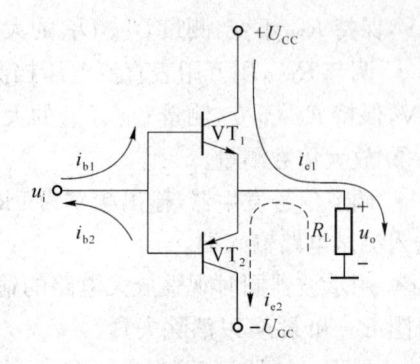

图2.32 双电源乙类互补对称功率放大器

显然，在输入信号的一个周期内，VT_1 和 VT_2 交替导通，负载上正、负半波电压叠加后形成一个完整的输出波形。

(2) 性能分析。

① 输出功率 P_O。输出功率为输出电压与输出电流的乘积，即

$$P_O=U_O I_O$$

理论证明，乙类互补对称功率放大器的最大输出功率为

$$P_{OM}=\frac{1}{2}\frac{U_{CC}^2}{R_L}$$

② 直流电源提供的功率 P_{DC}。直流电源提供的功率为电源电压与电流的乘积，即

$$P_{DC}=2I_{DC}U_{CC}$$

理论证明，乙类互补对称功率放大器直流电源提供的最大功率为

$$P_{DCM}=\frac{2}{\pi}\frac{U_{CC}^2}{R_L}$$

③ 输出效率 η。输出效率为输出功率与直流电源提供的功率之比，即

$$\eta_M=\frac{P_{OM}}{P_{DCM}}$$

理论证明，乙类互补对称功率放大器的最大效率为 η_M，为78%，实际效率一般为60%左右。

④ 最大管耗 P_{CM}。管耗为直流电源提供的功率与输出功率的差值，即

$$P_C=P_{DC}-P_O$$

理论证明，乙类互补对称功率放大器每个三极管的管耗为

$$P_{CM}=0.2P_{OM}$$

例4 如图2.33所示电路，已知 $U_{CC}=20\text{ V}$，$R_L=8\text{ Ω}$。求电路的最大输出功率、管耗、直流电源供给的最大功率和最高效率。

解 输出功率 $P_{OM}=\dfrac{1}{2}\dfrac{U_{CC}^2}{R_L}=\dfrac{20^2}{2\times 8}=25$（W）

管耗 $P_{CM}=0.2P_{OM}=0.2\times 25=5$（W）

直流电源供给的功率 $P_{DCM}=\dfrac{2}{\pi}\dfrac{U_{CC}^2}{R_L}=\dfrac{2\times 20^2}{3.14\times 8}=31.85$（W）

输出效率 $\eta_M=\dfrac{P_{OM}}{P_{DCM}}=\dfrac{25}{31.85}=78\%$

2）单电源互补功率放大电路（OTL）

在乙类互补对称功率放大电路中，没有施加偏置电压，三极管工作在截止区。由于三极管存在死区电压，当输入信号小于死区电压时，三极管 VT_1、VT_2 不能导通，输出电压 u_o 为零，这样在输入信号正、负半周的交界处，无输出信号，使输出波形失真，这种失真叫交越失真，如图2.34所示。

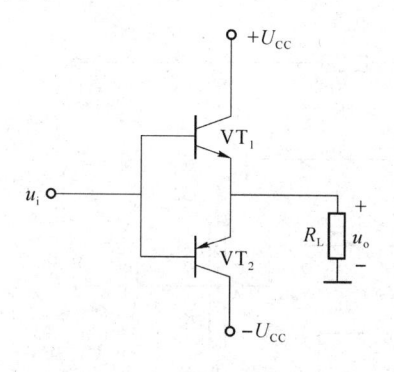

图2.33 例4图

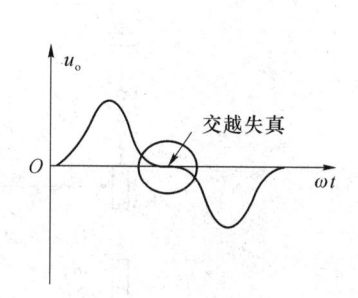

图2.34 交越失真

为此，给三极管加适当的基极偏置电压，使三极管工作在截止区的边沿，处在微导通状态，放大器工作在甲乙类工作状态，电路如图2.35所示，可有效地解决交越失真现象。但仍需要双电源供电，实际使用不便。因此在实际中多采用单电源互补功率放大电路，如图2.36所示。

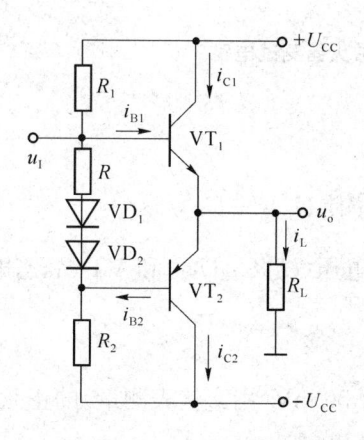

图2.35 双电源互补对称功率放大器（OCL） 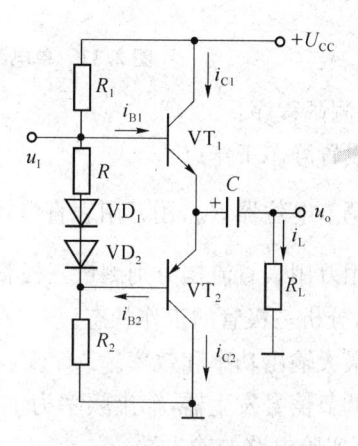   图2.36 单电源互补对称功率放大器（OTL）

适当选择电路中，偏置电阻 R_1、R_2 阻值，可使两管静态时发射极电位为 $U_{CC}/2$，此时电容 C 两端电压也稳定在 $U_{CC}/2$。

在输入信号正半周,VT₁ 导通,VT₂ 截止,VT₁ 以射极输出器形式将正向信号传送给负载,同时对电容器 C 充电;

在输入信号负半周时,VT₁ 截止,VT₂ 导通,电容 C 放电,充当 VT₂ 管直流工作电源,使 VT₂ 也以射极输出器形式将负向信号传送给负载。这样,负载 R_L 上得到一个完整的信号波形。由于电容器容量较大,可近似认为放电过程中电容器电压不变,电容器相当于一个 $U_{CC}/2$ 的电源。

OTL 电路的性能参数其计算方法和 OCL 电路相同,但是 OTL 电路中每个三极管的工作电压为 $U_{CC}/2$,在应用时,需将 U_{CC} 用 $U_{CC}/2$ 替换。

3. 功率放大器的测试

(1) 测试要求:按测试程序完成测试内容。

(2) 测试设备:电路综合实验台、万用表、毫伏表、信号发生器、双踪示波器。

(3) 测试电路:如图 2.37 所示。

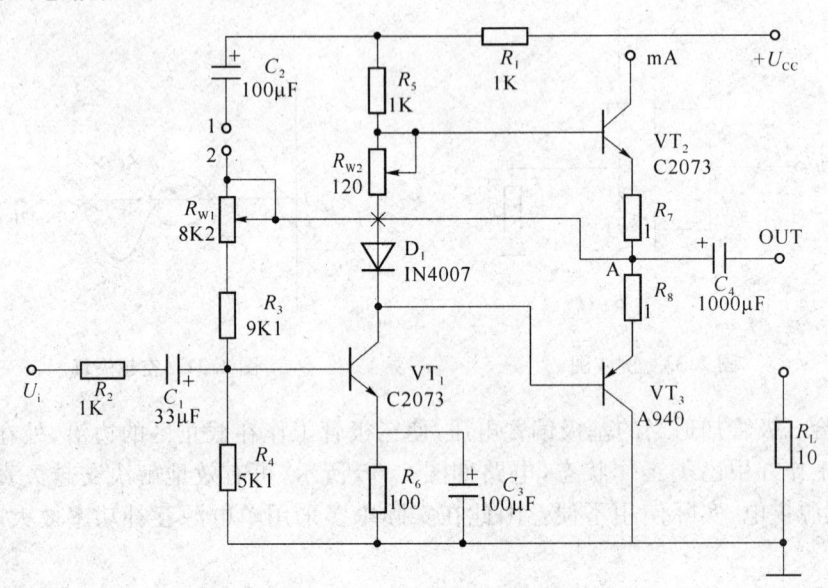

图 2.37 单电源互补对称功率放大器测试电路

(4) 测试程序:

① 设置静态工作点。

• 调节电位器 R_W,用万用表直流挡测量 A 点电位使 $U_A = \frac{1}{2}U_{CC}$。

• 用万用表直流挡分别测量三极管 VT₂ 的静态电压($U_{C2}U_{B2}U_{E2}$)和 VT₃ 静态电压($U_{C3}U_{B3}U_{E3}$),分析三极管的工作状态。

② 最大输出功率和效率。

• 调节信号发生器,输出频率为 1 kHz,有效值为 50 mV(用毫伏表测量)的正弦波信号,将其加至实验电路的输入端。

• 接上负载,用示波器观察输出电压的波形。

• 保持输入信号的频率不变,逐渐增大输入信号的幅度,使输出端得到最大不失真电压。用毫伏表测量此时的最大不失真输出电压 $U_o = $ _____ 。

- 在直流电源支路串接毫安表,测量电源供给的直流电流 I_E=_____。
- 计算:最大不失真输出功率:$P_o=\dfrac{U_o^2}{R_L}=$_____。

　　　　直流电源提供的功率:$P_E=U_{CC}I_E=$_____。

　　　　功率放大器的效率:$\eta=\dfrac{P_o}{P_E}\times 100\%=$_____。

2.2.5　TTL 与非门

　　逻辑门电路是指能够实现各种基本逻辑关系的电路,简称"门电路"或逻辑元件。在逻辑电路中,逻辑事件的是与否用电路电平的高、低来表示。TTL 逻辑门是门电路的两种类型之一,它具有速度快,抗静电能力强,集成度低制造容易的特点,广泛应用与中、小集成电路中。而 TTL 与非门是 TTL 逻辑门的基本形式。

1. 电路组成

　　典型的 TTL 集成与非门电路结构如图 2.38 所示,电路由输入级、中间级和输出级三部分组成的。

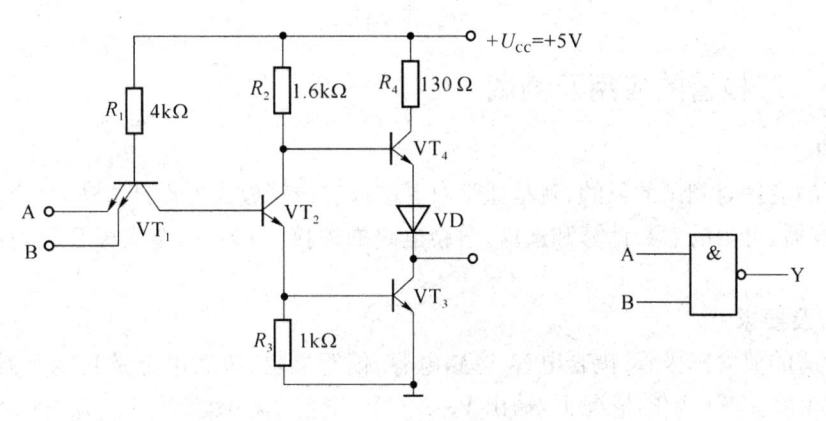

图 2.38　TTL 集成与非门电路图及逻辑符号

　　(1) 输入级。输入级由多发射极管 VT_1 和电阻 R_1 组成。其作用是对输入变量 A、B,实现逻辑与。

　　(2) 中间级。中间级由 VT_2、R_2 和 R_3 组成。VT_2 的集电极和发射极输出两个相位相反的信号,提供两个相位相反的信号,以满足输出级互补工作的要求。

　　(3) 输出级。输出级是由三极管 VT_3、VT_4,二极管 VD 和电阻 R_4 构成的"推拉式"电路。当 VT_3 导通时,VT_4 和 VD 截止;反之 VT_3 截止时,VT_4 和 VD 导通。中间级和输出级的作用等效于逻辑非的功能。

2. 工作原理

　　该电路的高低电平分别为 3.6 V 和 0.3 V。

　　(1) 输入端 A、B 中至少有一个为低电平(电位约 0.3 V)。设 A 端为低电平,其电位为 0.3 V;B 端为高电平,其电位为 3.6 V。VT_1 对应于输入端接低电位的发射结导通,设发射结的正向导通电压为 0.7 V,此时 VT_1 的基极电位为:

$$U_{B1}=U_A+U_{BE1}=0.3+0.7=1(V)$$

该电压作用于 VT$_1$ 管的集电结和 VT$_2$、VT$_3$ 的发射结，显然不可能使 VT$_2$ 和 VT$_3$ 导通，所以 VT$_2$ 和 VT$_3$ 均处于截止状态。由于 VT$_2$ 截止，其集电极电位接近于电源电压 U_{CC}，因而使 VT$_4$ 和 VD 导通，所以输出高电平，为：

$$U_o = U_{CC} - U_{BE4} - U_{VD} = 5 - 0.7 - 0.7 = 3.6 \text{ (V)}$$

实现了"输入有低，输出为高"的逻辑关系。

（2）输入端 A，B 全为高电平（电位约为 3.6 V）。U_{CC} 通过 R_1、VT$_1$ 的集电结向 VT$_2$ 提供基极电流，使 VT$_2$ 饱和，从而进一步使 VT$_3$ 饱和导通。所以输出低电平，为：

$$U_o = U_{CES} = 0.3 \text{ (V)}$$

实现了"输入全高，输出为低"的逻辑功能。

此时 VT$_2$ 的集电极电位为

$$U_{C2} = U_{BE3} + U_{CES} = 0.7 + 0.3 = 1 \text{ (V)}$$

VT$_4$、VD 必然截止。

综上所述，当 VT$_1$ 发射极中有任一输入为低电平时，输出为高电平；当 VT$_1$ 发射极输入全高电平时，输出为低电平。实现了与非的逻辑功能，是一个与非门。逻辑表达式为

$$Y = \overline{A \cdot B}$$

2.2.6 三极管的应用及测试

1. 目的

三极管的应用与测试的目的，就是让学习者掌握三极管放大器设计方法，学会低频小功率三极管、电容器、电阻的参数计算和选择；学会电路的焊接、组装；学会三极管放大器的调试和测试。

2. 内容及要求

选择合适的放大三极管、耦合电容、旁路电容、偏置电阻、负载电阻及其他元器件，设计一个在信号源 $V_{PP} < 50$ mV 的情况下，输出 $V_{PP} > 5$ V，增益 40 dB，带宽 10 Hz～1 MHz 的放大器。按放大器的设计方法设计出符合要求的电路，选择合适的元器件画出测试电路，并进行功能测试，写出测试报告。按设计要求选择相应的器件画出测试电路，并进行功能测试，写出测试报告。

3. 应用：助听器的设计与制作

1) 工作原理

耳聋助听器的电路如图 2.39 所示，它实质上是一个由晶体三极管 VT$_1$～VT$_3$ 构成的多级音频放大器。VT$_1$ 与外围阻容元件组成了典型的阻容耦合放大电路，担任前置音频电压放大；VT$_2$、VT$_3$ 组成了两级直接耦合式功率放大电路，其中：VT$_3$ 接成发射极输出形式，它的输出阻抗较低，以便与 8 Ω 低阻耳塞式耳机相匹配。

驻极体话筒 B 接收到声波信号后，输出相应的微弱电信号。该信号经电容器 C_1 耦合到 VT$_1$ 的基极进行放大，放大后的信号由其集电极输出，再经 C_2 耦合到 VT$_2$ 进行第二级放大，最后信号由 VT$_3$ 发射极输出，并通过插孔 XS 送至耳塞机放音。

电路中，C_4 为旁路电容器，其主要作用是旁路掉输出信号中形成噪音的各种谐波成分，以改善耳塞机的音质。C_3 为滤波电容器，主要用来减小电池 E 的交流内阻（实际上为整机音频电流提供良好通路），可有效防止电池快报废时电路产生的自激振荡，并使耳塞机发出的声音

更加清晰响亮。

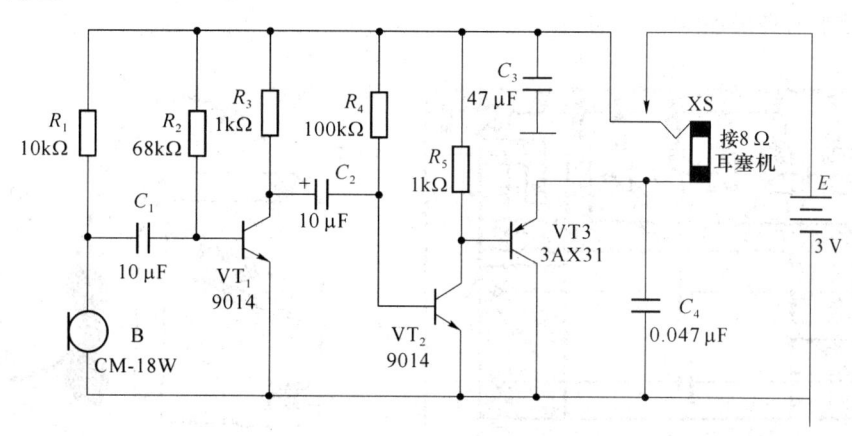

图 2.39　助听器原理电路图

2) 元器件选择

VT_1、VT_2 选用 9014 或 3DG8 型硅 NPN 小功率、低噪声三极管，要求电流放大系数 $\beta \geqslant 100$；VT_3 宜选用 3AX31 型等锗 PNP 小功率三极管，要求穿透电流 I_{CEO} 尽可能小些，$\beta \geqslant 30$ 即可。

B 选用 CM-18W 型（$\phi 10\,mm \times 6.5\,mm$）高灵敏度驻极体话筒，它的灵敏度划分成五个挡，分别用色点表示：红色为 $-66\,dB$，小黄为 $-62\,dB$，大黄为 $-58\,dB$，蓝色为 $-54\,dB$，白色 $>-52\,dB$。本制作中应选用白色点产品，以获得较高的灵敏度。B 也可用蓝色点、高灵敏度的 CRZ2-113F 型驻极体话筒来直接代替。

XS 选用 CKX2-3.5 型（$\phi 3.5\,mm$ 口径）耳塞式耳机常用的两芯插孔，买来后要稍做改制方能使用。改制方法如图 2.40 所示，用镊子夹住插孔的内簧片向下略加弯折，将内、外两簧片由原来的常闭状态改成常开状态就可以了。改制好的插孔，要求插入耳机插头后，内、外两簧片能够可靠接通，拔出插头后又能够可靠分开，以便兼作电源开关使用。耳机采用带有 CKX2-3.5 型（$\phi 3.5\,mm$）两芯插头的 $8\,\Omega$ 低阻耳塞机。

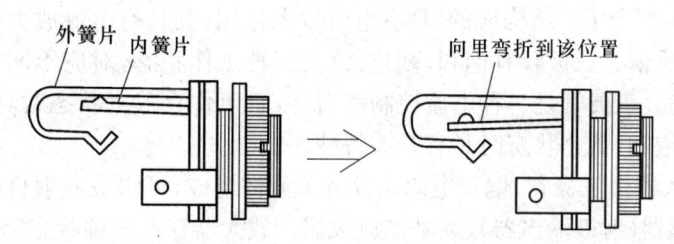

图 2.40　CKX2-3.5 型耳塞式耳机改装示意图

$R_1 \sim R_5$ 均用 RTX-1/8W 型碳膜电阻器。$C_1 \sim C_3$ 均用 CD11—10 V 型电解电容器，C_4 用 CT1 型瓷介电容器。E 用两节 5 号干电池串联而成，电压 3 V。

3) 制作与调试

(1) 制作：图 2.41 所示是该助听器的印制电路板接线图。印制电路板实际尺寸 $60\,mm \times 50\,mm$。此印制板不必腐蚀，只要用小刀将不需要的铜箔割开揭去即可。电池夹可用尺寸约为 $20\,mm \times 8\,mm$ 的长方形磷铜片 4 片，弯制成 "L" 形状，在底脚各打上一个小孔，用铜铆钉直接铆固在电路板上而成。焊接好的电路板，装入尺寸约为 $64\,mm \times 54\,mm \times 18\,mm$ 的精致塑料或有机玻璃小盒内。盒面板和上侧面,事先分别为话筒 B、插孔 XS 开出受音孔和安装孔。装配好的助听器外形如图 2.42 所示。

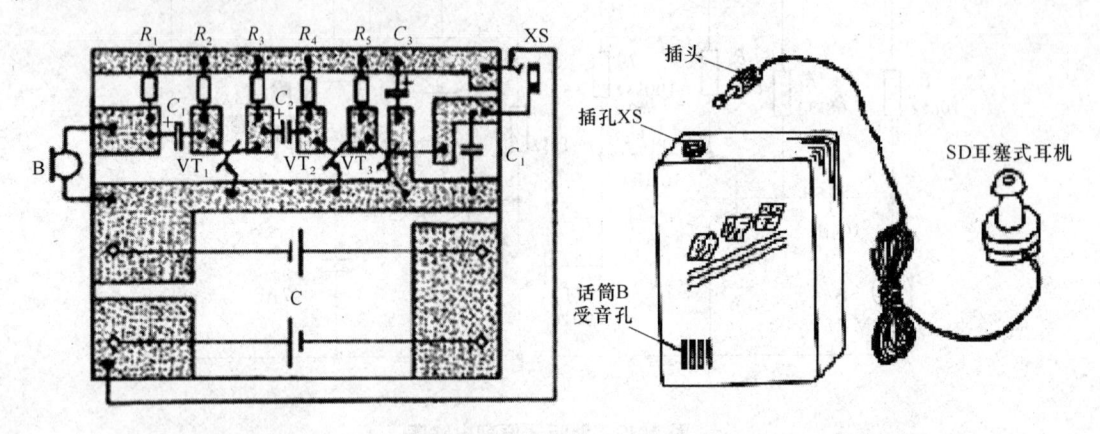

图 2.41　助听器的印制电路板接线图　　　　图 2.42　助听器的外形图

(2) 调试:首先,通过调整电阻器 R_2 的阻值,使 VT_1 集电极电流(直流毫安表串联在 R_3 回路)在 1.5 mA 左右;然后,通过调整 R_4 阻值,使助听器的总静态电流(直流毫安表串联在电池 G 的供电回路),在 10 mA 左右即可。因各人使用的驻极体话筒 B 参数有所以不同,有时 R_1 的阻值也需要作适当调整,应调到声音最清晰响亮为止。

(3) 使用:将助听器置于使用者的上衣口袋内,注意话筒 B 的受音孔应朝外。戴上耳塞式耳机,并将插头插入助听器的插孔 XS 内,电路即自动通电工作;拔出插头,助听器即自动断电停止工作。

本 章 小 结

1. 三极管是由两个 PN 结构成的,具有电流放大作用,其具有电流放大作用的条件是:发射结正偏,集电结反偏。三极管有饱和、截止、放大三种工作状态,对应不同的工作状态,三极管具有不同的用途。三极管是一种电流控制型器件,它工作在放大状态时具有受控特性和恒流特性;它工作在饱和、截止状态时具有开关特性。

2. 三极管放大器由三极管、偏置电源以及有关元件组成,可组成共射极放大器(基本放大器)、共集电极放大器(射极输出器)、共基极放大器。放大器存在两种状态:无输入信号时的静态和有输入信号时的动态。静态分析是通过合理的直流偏置电路设置静态工作点,使放大器具有不失真的放大作用;动态分析是通过微变等效电路估算放大器的性能指标。基本放大器和射极输出器应用较多。

3. 射极输出器具有放大倍数近似等于1,输出信号和输入信号同相,且输出电阻很小,带载能力强的特性,常用于多级放大器的输出级。

4. 多级放大器各级之间的耦合方式有阻容耦合、直接耦合和变压器耦合三种,各有特点。多级放大器的总电压放大倍数等于各单级电压放大倍数的乘积,带宽小于各单级放大器的带宽。

5. 功率放大器要求输出足够大的功率,其要求为输出功率大,效率高,非线性失真小。互补对称功率放大器有 OCL 和 OTL 放大器两种,前者为双电源供电,后者为单电源供电。

6. TTL 与非门是由多极三极管构成门电路,可实现与非逻辑功能,是 TTL 逻辑门的基本形式。

目 标 测 试

一、填空题

1. 三极管从结构上可以看可以分成_____和_____两种类型。
2. 三极管的参数对温度变化较为敏感。一般来讲,当温度上升时,为得到同样的 I_B 所需 U_{BE} 值将_____;三极管的 β 值将_____;三极管的反向饱和电流 I_{CBO} 将_____。
3. 三极管用来放大时,应使发射结处于_____偏置,集电结处于_____偏置。
4. 三极管工作区为_____、_____、_____三个工作区。
5. 三极管可构成_____、_____、_____三种基本组态的放大器。
6. 对于三极管组成的基本共射放大器,若产生饱和失真,则输出电压_____失真;若产生截止失真,则输出电压_____失真。
7. 基本共射放大器输出信号和输入信号的相位关系为_____。
8. 放大器在低频信号作用下电压放大倍数下降的原因是存在_____电容和_____电容;而在高频信号作用下的电压放大倍数下降的主要原因是存在_____电容。
9. 射极输出器的特点是:电压放大倍数小于_____,输入电阻_____,输出电阻_____。
10. 多级放大器常用的耦合方式有三种,即阻容耦合、_____和_____。
11. 三级放大电路的各级电压增益为 $A_{u1}=10, A_{u2}=100, A_{u3}=100$,则总的电压增益为_____dB,若输出电压为 $10\ \mu V$,则输出电压为_____。
12. 互补对称式功率放大器要求两三极管特性_____,极性_____。
13. 甲乙类互补对称电路虽然效率降低了,但能有效克服_____。
14. OCL 电路比 OTL 电路多用了一个_____,省去了_____。
15. 乙类互补对称电路最高工作效率为_____。

二、选择题

1. 晶体管工作在放大区时,具有如下特点_____。
   A. 发射结正偏,集电结反偏　　B. 发射结反偏,集电结正偏
   C. 发射结正偏,集电结正偏　　D. 发射结反偏,集电结反偏
2. 工作在放大区的某三极管,如果当 I_B 从 $12\ \mu A$ 增大到 $22\ \mu A$ 时,I_C 从 $1\ mA$ 变为 $2\ mA$,那么它的 β 约为_____。
   A. 83　　　　B. 91　　　　C. 100　　　　D. 109
3. 为了使输出电阻较高的放大器与低电阻负载很好的配合,可以在它们之间插入_____。
   A. 共射电路　　　　　　　　B. 共集电路
   C. 共基电路　　　　　　　　D. 任何一种组态的电路
4. 放大器输入一个正弦波信号,当放大电路为共射电路时,则 u_o 与 u_i 相位_____;当为共集电路时,则 u_o 与 u_i 相位_____。
   A. 相同　　　　　　　　　　B. 相反
   C. 相差 90°　　　　　　　　D 相差 270°

5. 在共射、共集、共基三种基本组态放大器中,电压放大倍数小于1的是_____组态。
   A. 共射放大器　　　　　　　　B. 共集放大器
   C. 共基放大器　　　　　　　　C. 不确定

6. 对于 NPN 组成的基本共射放大器,若静态工作点 Q 进入饱和区,则输出电压将_____。
   A. 正半波削波　　　　　　　　B. 负半波削波
   C. 双向削波　　　　　　　　　D. 不削波

7. 如题 2.1 图所示放大器,当用直流电压表测得 $U_{CE} \approx U_{CC}$ 时,有可能是因为____,测得 $U_{CE} \approx 0$ 时,有可能是因为_____。

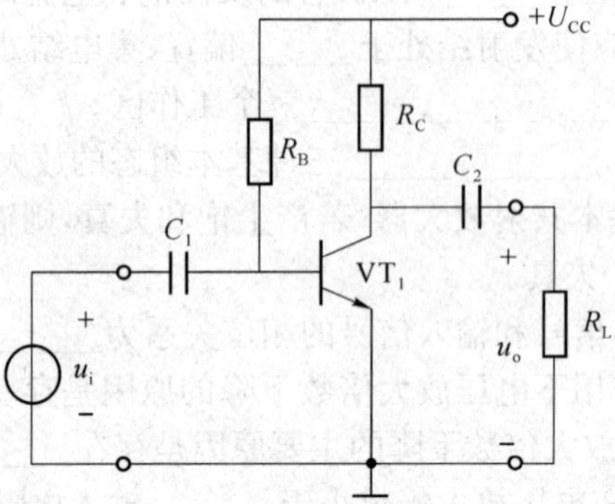

题 2.1 图

　　A. R_B 开路　　　　　　　　B. R_C 开路
　　C. R_B 短路　　　　　　　　D. R_B 过小

8. 对于题 2.1 图所示放大器,当 $U_{CC}=12\text{ V}$, $R_C=2\text{ k}\Omega$,集电极电流 I_C 计算值为 1 mA。用直流电压表测时 $U_{CE}=8\text{ V}$,这说明_____。
   A. 电路工作正常　　　　　　　B. 三极管工作不正常
   C. 电容 C_1 短路　　　　　　　D. 电容 C_2 短路

9. 对于题 2.1 图所示放大器中,若其他电路参数不变,仅当 R_B 增大时,U_{CEQ} 将_____;若仅当 R_C 减小时,U_{CEQ} 将_____。
   A. 增大　　　B. 减小　　　C. 不变　　　D 不确定

10. 对于题 2.1 图所示放大器中,输入电压 u_i 为余弦信号,若输入耦合电容 C_1 短路,则该电路_____。
    A. 正常放大　　　　　　　　　B. 出现饱和失真
    C. 出现截止失真　　　　　　　D. 不确定

11. 某放大器无耦合电容。利用单一频率的余弦信号进行测试,测试结果是:低频增益为 A_u,提高输入信号频率,频率 f_1 时信号增益为 $A_u/\sqrt{2}$,频率 f_2 时信号增益为 $1/2A_u$,频率 f_3 时信号增益为 $0.1A_u$。电路的通频带宽为_____。
    A. f_1　　　B. f_2　　　C. f_3

12. 多级放大器与组成它的各个单级放大电路相比,其通频带_____。
    A. 变宽　　　　　　　　　　　B. 变窄

C. 不变　　　　　　　　　　　　D. 与各单级放大电路无关

13. 最适宜作功放末级的电路是_____。
   A. 甲类功率放大器　　　　　　B. 乙类功率放大器
   C. 甲乙类互补对称输出功率放大器　D. OTL 功率放大器

14. OTL 功率放大器，在理想情况下电路最大输出功率为_____。

   A. $\dfrac{U_{CC}^2}{2R_L}$　　　　　　　　B. $\dfrac{U_{CC}^2}{4R_L}$

   C. $\dfrac{U_{CC}^2}{R_L}$　　　　　　　　D. $\dfrac{U_{CC}^2}{8R_L}$

15. OTL 功率放大器，若最大输出功率为 1 W，则选用的功放管集电极最大耗散功率应大于_____。
   A. 1 W　　　B. 0.77 W　　　C. 0.5 W　　　D. 0.2 W

三、分析判断题

1. 已知两只三极管的电流放大系数 β 分别为 50 和 100，现测得放大电路中这两只管子两个电极的电流如题 2.2 图所示。分别求另一电极的电流，标出其实际方向，并在圆圈中画出管子。

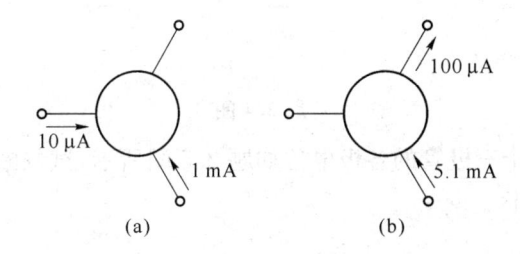

题 2.2 图

2. 测得放大电路中六只晶体管的直流电位如题 2.3 图所示。在圆圈中画出管子，并分别说明它们是硅管还是锗管。

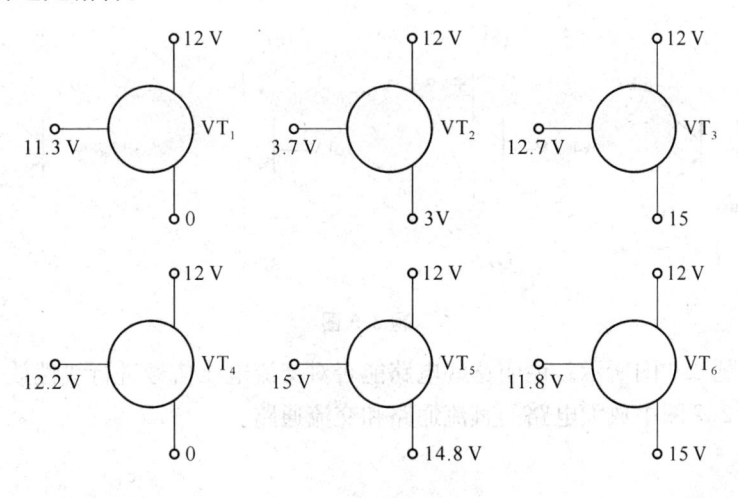

题 2.3 图

3. 分别判断题 2.4 图所示各电路中晶体管是否有可能工作在放大状态。

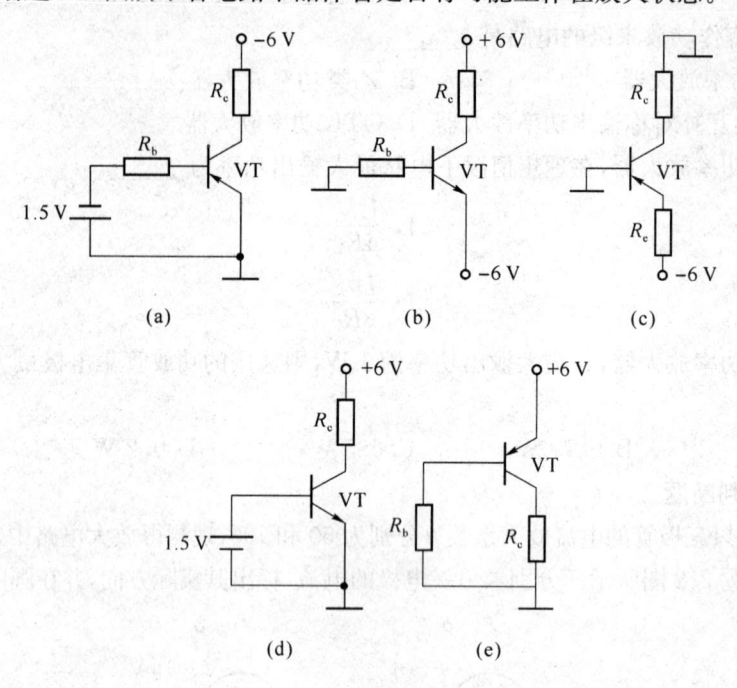

题 2.4 图

4. 测得某电路中几个三极管的各极电位如题 2.5 图所示，试判断各个三极管分别工作在截止区、放大区还是饱和区。

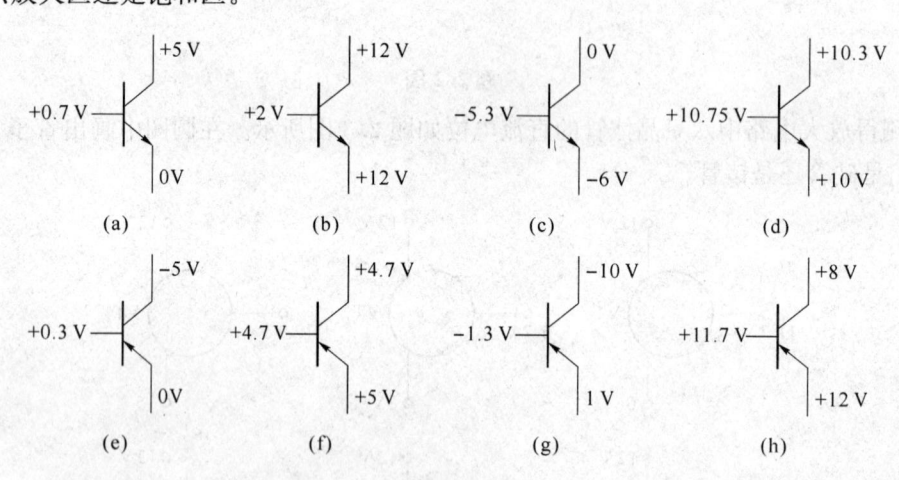

题 2.5 图

5. 电路如题 2.6 图所示。说明这些电路能否对交流电压信号进行线性放大，为什么？
6. 画出题 2.7 图中放大电路的直流通路和交流通路。

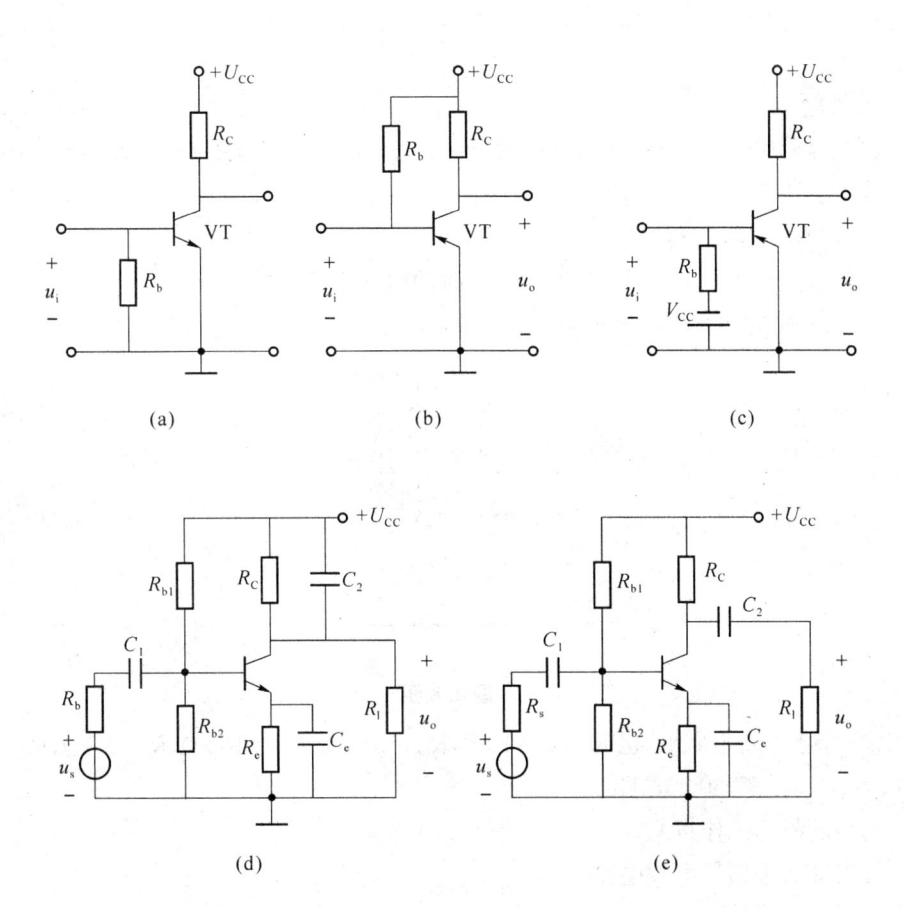

题 2.6 图

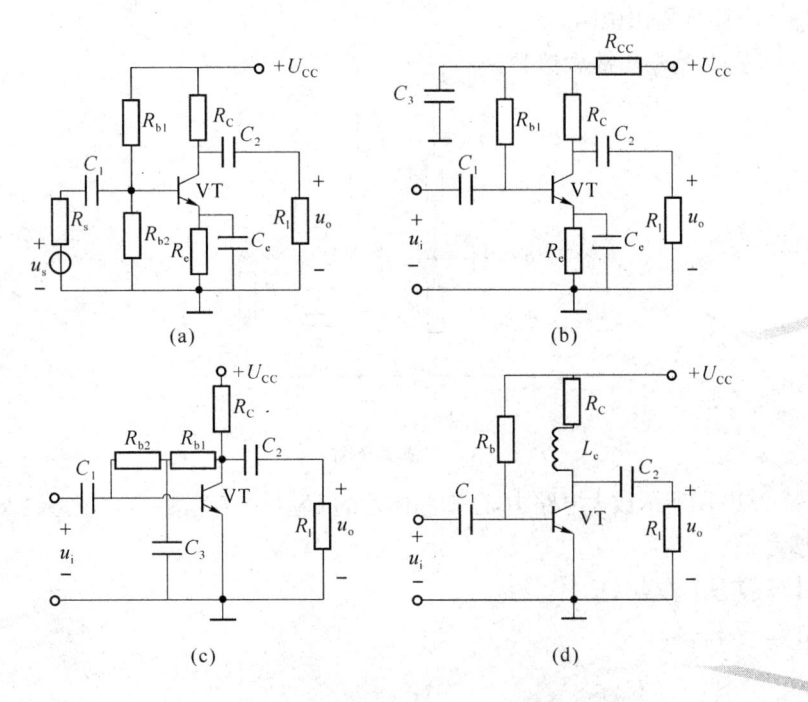

题 2.7 图

四、计算题

1. 放大电路如题 2.8 图所示。已知 $U_{CC}=3\ V, U_{BE}=0.7\ V, R_c=3\ k\Omega, R_b=150\ k\Omega$，三极管的 $r_{be}=2\ k\Omega, \beta=50$，试求：

(1) 估算直流工作点 Q。

(2) 估算放大电路的输入电阻和 $R_L=\infty$ 时的电压增益 A_u。

(3) 若 $R_L=4\ k\Omega$ 时，求电压增益 A_u。

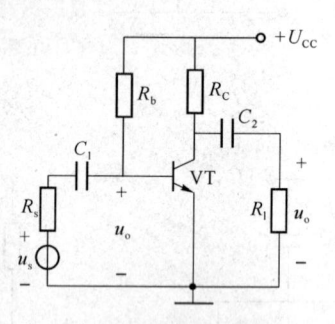

题 2.8 图

2. 电路如题 2.9 图所示。已知 $U_{CC}=12\ V, R_{b1}=51\ k\Omega, R_{b2}=10\ k\Omega, R_c=3\ k\Omega, R_e=1\ k\Omega$，三极管的 $r_{be}=0.7\ k\Omega, \beta=30$。试求：

(1) 电路的静态工作点 Q。

(2) 画出交流小信号等效电路。

(3) 电压放大倍数。

(4) 输入电阻和输出电阻。

(5) C_E 开路时的电压放大倍数。

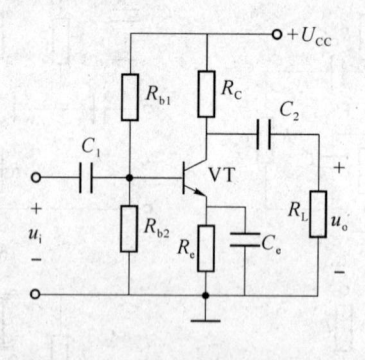

题 2.9 图

3. 在题 2.10 图所示放大电路中，已知晶体管的 $U_{BE}=0.7\ V, \beta=100, r_{be}=1\ k\Omega, R_S=200\ \Omega$，各电容足够大。

(1) 计算静态工作点 Q。

(2) 计算 r_i、r_o、A_u。

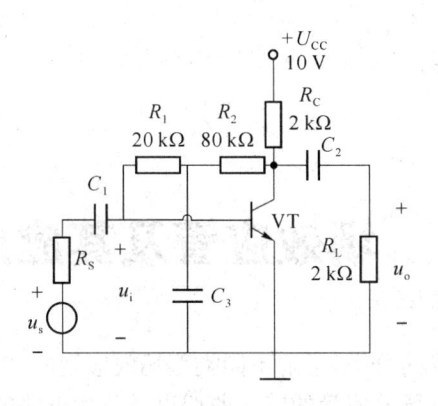

题 2.10 图

4. 射极输出器如题 2.11 图所示。已知 $R_{b1}=51\text{ k}\Omega$,$R_{b2}=20\text{ k}\Omega$,$R_e=2\text{ k}\Omega$,$R_L=2\text{ k}\Omega$,三极管的 $\beta=100$,$r_{be}=2\text{ k}\Omega$,$U_{BE}=0.7\text{ V}$,$U_{CC}=12\text{ V}$。

(1) 计算电路的静态工作点 Q。

(2) 计算 r_i、r_o、A_u。

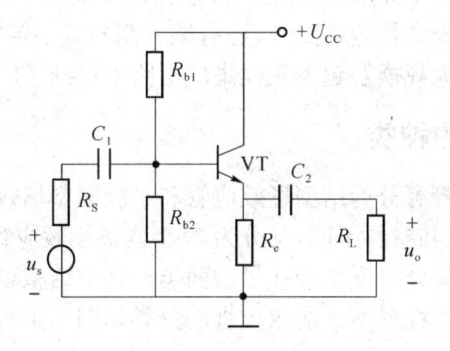

题 2.11 图

5. 如题 2.12 图所示电路,已知 $U_{CC}=20\text{ V}$,$R_L=8\text{ }\Omega$,不计 VT_1 和 VT_2 管的饱和管压降,若输入信号为正弦波,其有效值 u_i 为 10 V。

(1) 求电路的输出功率、管耗、直流电源供给的功率和效率。

(2) 管耗最大时,电路的输出功率和效率各为多少?

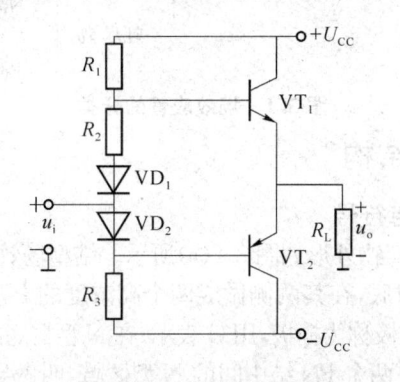

题 2.12 图

第 3 章 场效应管及其应用

知识目标:掌握场效应管的分类,了解不同类型场效应管的结构和工作原理。

技能目标:熟练掌握各种场效应管的特性曲线以及放大电路的结构及功能特点,能够准确判断场效应管的极性及好坏,熟悉场效应管的一些实际应用。

3.1 场效应管的识别

场效应管简称 FET,是一种利用输入电压控制输出电流的半导体器件。场效应管除了具有体积小、重量轻、耗电省、寿命长等特点外,还有输入阻抗高、噪声低、热稳定性好、功耗小等独特优势,因此场效应管在大规模及超大规模集成电路中得到了广泛的应用。

3.1.1 场效应管的种类

根据结构不同,场效应管可分为结型场效应管和绝缘栅型场效应管。

根据场效应管制造工艺和材料不同,又分为 N 型沟道场效应管和 P 型沟道场效应管。

根据工作方式的不同,又分增强型和耗尽型两类。其中结型场效应管全为耗尽型,绝缘栅型场效应管既有增强型,也有耗尽型。场效应管的分类如图 3.1 所示。

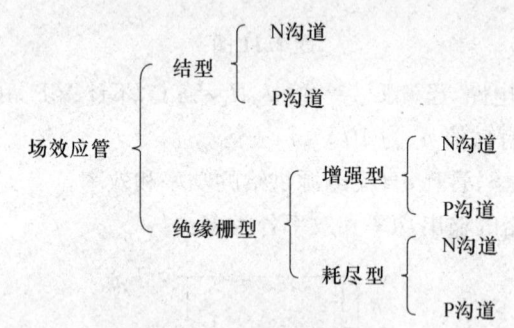

图 3.1 场效应管的分类

3.1.2 场效应管的结构

1. 结型场效应管的结构与符号

结型场效应管简称 JFET,实物外形如图 3.2(a)所示。结型场效应管的内部结构如图 3.2(b)所示,它是用一块 N 型半导体作衬底,在其两侧做成两个高浓度的 P 型区,形成两个 PN 结。将两边的 P 型区连在一起,引出一个电极称为栅极,用 G 表示;在 N 型衬底的两端各引出一个电极,分别叫做漏极和源极,用 D 和 S 表示。两个 PN 结中间的 N 型区域,叫做导电沟道,它是漏极和源极之间的电流通道。电路符号如图 3.2(c)所示。由于 N 沟道两侧对称,所以漏极 D 和源极 S 两极可以互换使用。

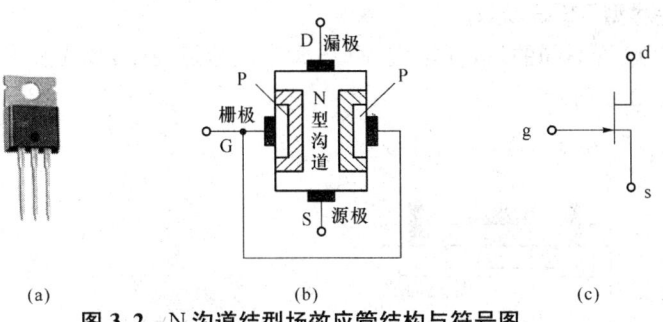

图 3.2　N 沟道结型场效应管结构与符号图
(a) 实物图；(b) 结构图；(c) 电路符号

若在 P 型硅两侧各扩散一个高浓度的 N 型区,形成两个 PN 结。漏极和源极之间是由 P 型半导体构成的导电沟道,就称为 P 沟道结型场效应管。如图 3.3 所示。

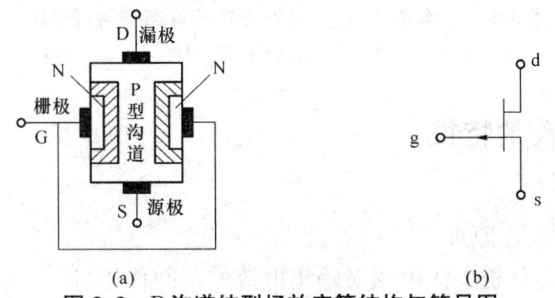

图 3.3　P 沟道结型场效应管结构与符号图
(a) 结构图；(b) 电路符号

2. 绝缘栅型场效应管的结构与符号

绝缘栅型场效应管是由金属(Metal),氧化物(Oxide)和半导体(Semiconductor)组成,故简称 MOS 场效应管。N 沟道 MOS 场效应管简称 NMOS,P 沟道 MOS 场效应管简称 PMOS。

1) N 沟道增强型 MOS 场效应管

图 3.4(a)所示为 N 沟道增强型 MOS 场效应管的结构示意图。它是将一块掺杂浓度较低的 P 型半导体作为衬底,通过扩散工艺形成两个高掺杂浓度的 N 型区,并引出两个电极分别为漏极 D 和源极 S。在 P 型半导体表面上覆盖一层 SiO_2 的绝缘层,在 SiO_2 的表面再覆盖一层金属铝的薄层,同时引出一个电极为栅极 G。此时栅极与漏极、源极之间都是绝缘的,故称为绝缘栅场效应管。电路符号如图 3.4(b)所示。

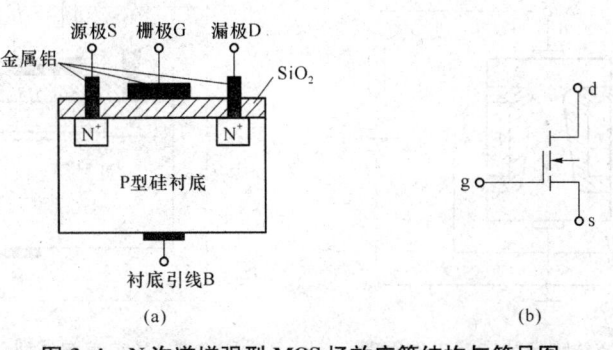

图 3.4　N 沟道增强型 MOS 场效应管结构与符号图
(a) 结构图；(b) 电路符号

2) N沟道耗尽型MOS场效应管

与增强型MOS管不同的是,耗尽型MOS管在制造过程中,预先在SiO₂绝缘层中掺入大量的正离子,如图3.5所示。

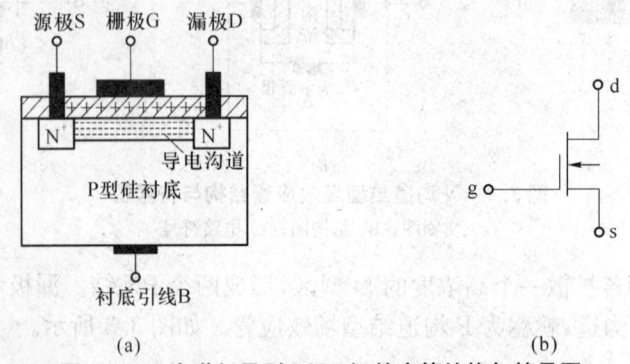

图3.5 N沟道耗尽型MOS场效应管结构与符号图
(a)结构图;(b)电路符号

3.1.3 场效应管的特性

1. 工作原理

1) 结型场效应管的工作原理

研究场效应管主要是分析输入电压对输出电流的控制作用,以N沟道结型场效应管为例进行分析,如图3.6所示,当在S和D之间加上电压u_{DS}时,在S和D极之间形成电流i_D。为保证该管有较高的输入电阻,通常在G和S极之间加的是反向偏置电压u_{GS}。

当G、S两极间电压u_{GS}改变时,沟道两侧耗尽层的宽度也随之改变。由于沟道宽度的变化,导致沟道电阻值的变化,从而实现了利用外加电压(输入电压)u_{GS}控制导电沟道电流(漏极电流)i_D的目的。

2) 绝缘栅型场效应管的工作原理

(1) N沟道增强型MOS管。工作原理如图3.7所示。工作时栅源间加正向电压u_{GS},漏源间加正向电压u_{DS}。并将源极与衬底相连,衬底是电路中的最低电位。

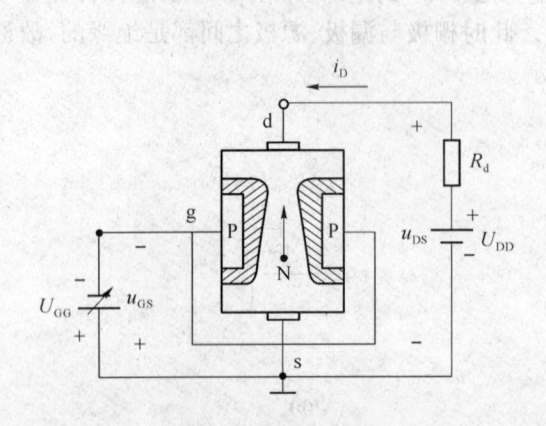

图3.6 N沟道结型场效应管工作原理 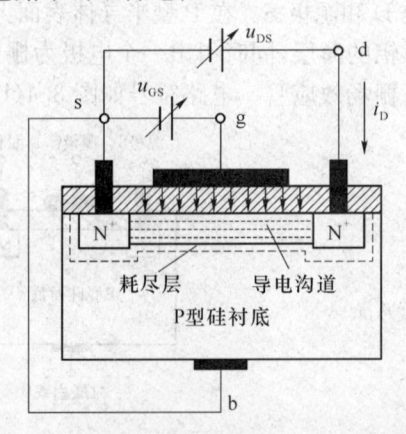　　图3.7 N沟道增强型MOS管的工作原理

增强型 MOS 管在漏源之间没有导电沟道,这是因为此时漏极与衬底、源极之间为两个反向串联的 PN 结。当漏源之间加正向电压 u_{DS} 时,漏极与衬底之间的 PN 结呈反向偏置,所以漏源之间没有导电沟道,漏极电流 $i_D=0$。

当 u_{GS} 逐渐增大(即 $u_{GS}>0$ 时),在栅极与衬底之间产生一个垂直于半导体表面,由栅极 G 指向衬底的电场。这个电场的作用是排斥空穴,吸引电子,形成耗尽层。当栅极电压 u_{GS} 继续增大到一定程度时,垂直电场可吸引足够多的电子,穿过耗尽层到达半导体最表层,从而形成以自由电子为主体的导电薄层,称为反型层。反型层使漏极 D 与源极 S 之间形成一条导电沟道,当加上漏源电压 u_{DS} 后,就会发现有漏极电流 i_D 流过。刚刚开始出现漏极电流 i_D 时所对应的栅源电压 u_{GS} 称为 MOS 管的开启电压,用 U_T 表示。

也就是说,当 $u_{GS}<U_T$ 时,导电沟道消失,$i_D=0$。而只有当 $u_{GS} \geqslant U_T$ 时,才能形成导电沟道,并产生漏极电流 i_D。

(2) N 沟道耗尽型 MOS 管。原理图如 3.8 所示。N 沟道耗尽型 MOS 管在制造时,在 SiO_2 绝缘层中掺入大量的正离子。由于这些正离子的存在,使得 $u_{GS}=0$ 时,就有垂直电场进入半导体,并吸引自由电子到半导体的表层而形成 N 型导电沟道,此时若加上正向电压 u_{DS},便会有漏极电流 i_D 产生。

当 $u_{GS}>0$ 时,u_{GS} 在栅极 G 和衬底之间形成电场,与绝缘层中的正离子形成的电场方向相同,使导电沟道变宽,在 u_{DS} 的作用下,i_D 也较大。

当 $u_{GS}>0$ 时,即栅源极间加负电压,u_{GS} 形成的电场就削弱了正离子所产生的电场,使得沟道变窄,i_D 减小,当 u_{GS} 到达某一负值时,导电沟道完全被夹断,此时的栅源电压 u_{GS} 称为夹断电压 U_P。MOS 管就是利用栅源电压 u_{GS} 产生的电场强度的大小来改变导电沟道的宽窄,从而控制漏极电流 i_D 的有无和大小。

2. 特性曲线

1) 结型场效应管的特性曲线

(1) 输出特性。

图 3.9 为 N 沟道结型场效应管输出特性曲线。以 u_{GS} 为参变量时,漏极电流 i_D 与漏源电压 u_{DS} 之间的关系,称为输出特性,即

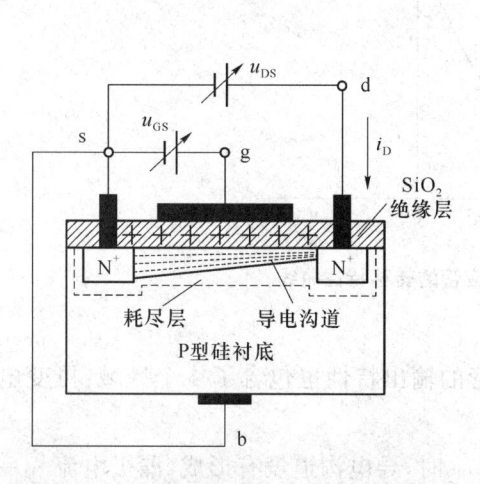

图 3.8 N 沟道耗尽型 MOS 管的工作原理

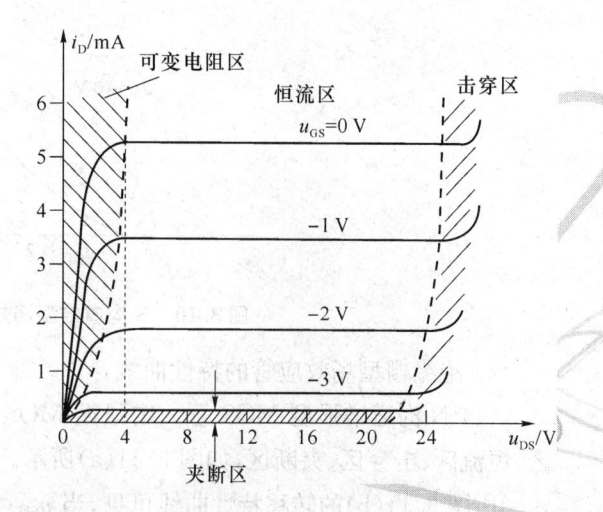

图 3.9 N 沟道结型场效应管输出特性曲线

$$i_D = f(u_{DS})|_{u_{GS}=常数} \tag{3-1}$$

根据工作情况,输出特性可划分为4个区域,即:可变电阻区、恒流区、击穿区和夹断区。

① 可变电阻区。固定 u_{GS} 时,i_D 随 u_{DS} 的增大而线性上升,相当于线性电阻;改变 u_{GS} 时,特性曲线的斜率发生变化,相当于电阻的阻值改变。u_{GS} 增大,相应的电阻增大。因此在此区域,场效应管可以看作一个受 u_{GS} 控制的可变电阻,即漏源电阻 R_{DS}。场效应管工作在这个区域是导通的,相当于三极管的饱和区,在数字电路中用其作闭合的开关。

② 恒流区。i_D 基本不随 u_{DS} 的变化而变化,仅取决于 u_{GS} 的值,输出特性曲线趋于水平,故称为恒流区。此时场效应管的 i_D 受控于 u_{GS},当组成场效应管放大电路时,为防止出现非线性失真,应使工作点设置在此区域内。

③ 击穿区。当 u_{DS} 增加到一定值时,漏极电流 i_D 将急剧增大,反向偏置的 PN 结被击穿,此时管子不能正常工作,甚至会烧坏。

④ 夹断区。该区域内,导电沟道被耗尽层"全夹断",由于耗尽层电阻极大,漏极电流 i_D 近似为零。类似于三极管的截止区,当场效应管用做开关器件时,会工作在这个区域,这时相当于开关断开。

(2) 转移特性。

图 3.10 为 N 沟道结型场效应管的转移特性曲线。当漏源电压 u_{DS} 保持不变时,漏极电流 i_D 和栅源电压 u_{GS} 的关系称为转移特性,即

$$i_D = f(u_{GS})|_{u_{DS}=常数} \tag{3-2}$$

由图可见,$u_{GS}=0$ 时,导电沟道最宽,此时漏极电流 i_D 最大,称为饱和漏极电流,用 I_{DSS} 表示。随着 $|u_{GS}|$ 增大,PN 结上反向电压也逐渐增大,耗尽层不断加宽,导电沟道变窄,所以 i_D 逐渐减小,当 $u_{GS}=U_P$ 时,沟道全部夹断,$i_D=0$,U_P 称为夹断电压。

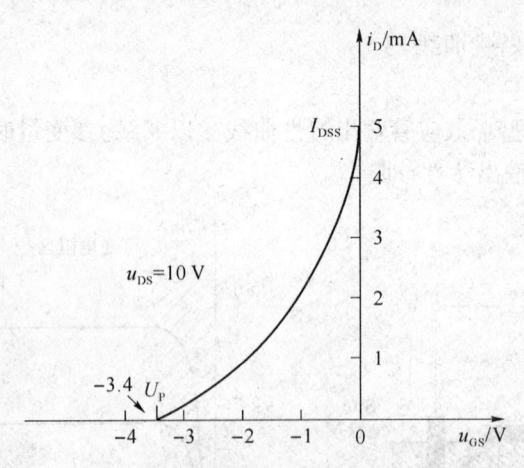

图 3.10 N 沟道结型场效应管的转移特性曲线

2) 绝缘栅型场效应管的特性曲线

(1) N 沟道增强型 MOS 管。增强型 MOS 管的输出特性也包含了 4 个区域:可变电阻区、恒流区、击穿区、夹断区,如图 3.11(a)所示。

由图 3.11(b)的转移特性曲线可见,当 $u_{GS} < U_T$ 时,导电沟道没有形成,漏极电流 $i_D = 0$。当 $u_{GS} = U_T$ 时,开始形成导电沟道。当 $u_{GS} > U_T$ 时,导电沟道随着 u_{GS} 的增大而变宽,漏极电

流 i_D 增大。

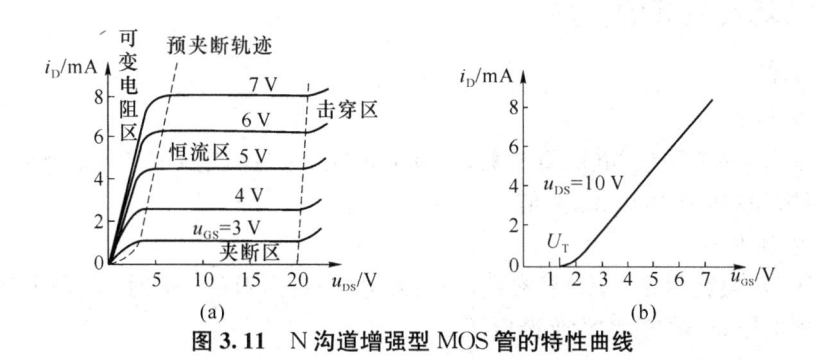

图 3.11 N 沟道增强型 MOS 管的特性曲线
(a) 输出特性；(b) 转移特性

(2) N 沟道耗尽型 MOS 管。N 沟道耗尽型 MOS 管的特性曲线如图 3.12 所示。当 $u_{GS}<0$ 时，它将削弱正离子所形成的电场，导电沟道变窄，漏极电流 i_D 减小。当 $u_{GS}>0$ 时，垂直电场增强，导电沟道变宽，漏极电流 i_D 增大。当 $u_{GS}=U_P$ 时，导电沟道全夹断，此时 $i_D=0$，称这时的 u_{GS} 为夹断电压，仍用 U_P 表示。

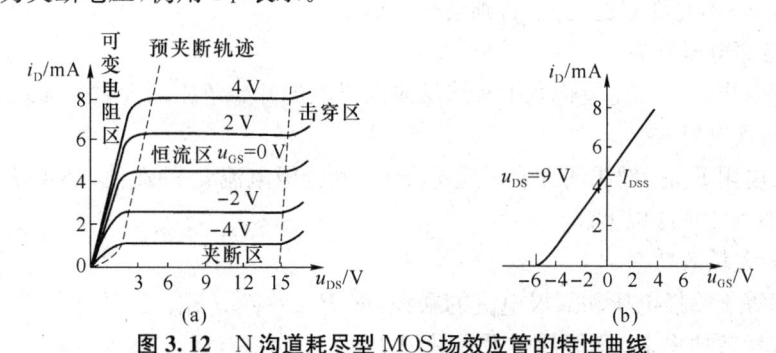

图 3.12 N 沟道耗尽型 MOS 场效应管的特性曲线
(a) 输出特性；(b) 转移特性

3. 测试

1) 结型场效应管

结型场效应管可用万用表判别其管脚和性能的优劣。

(1) 管脚的判别：首先确定栅极，将万用表置 $R\times 1K$ 或 $R\times 100$ 挡，用黑表棒接假设的栅极，再用红表棒分别接另外两脚。若测得的阻值小，黑、红表棒对调后阻值很大，则假设的栅极正确，并知它是 N 沟道场效应管，反之为 P 沟道场效应管。其次确定源极和漏极，对于结型场效应管，由于漏、源极是对称的，可以互换，因此，剩余的两只管脚中任何一只都可以作为源极或漏极。

(2) 质量判定：把万用表置 $R\times 1K$ 或 $R\times 100$ 挡，红、黑两表棒分别交替接源极和漏极，阻值均小；随后将黑表棒接栅极，红表棒分别接源极和漏极，对 N 沟道管阻值应很小，对 P 沟道阻值应很大；再将红、黑表棒对调，测得的数值相反，这样的管子基本上是好的。否则要么击穿，要么断路。

2) 绝缘栅型场效应管

由于绝缘栅型(MOS)场效应管输入阻抗极高，不宜用万用表测量，必须用测试仪测量，而且测试仪必须良好接地，测试结束后应先短接各电极，以防外来感应电势将栅极击穿。

3.1.4 场效应管的参数

1. 主要参数

1) 开启电压 U_T

开启电压 U_T 是增强型 MOS 管参数，当漏源电压 u_{DS} 为固定一值时，漏极 i_D 产生微小电流，此时需要施加的栅源电压 u_{GS} 的值，称为开启电压 U_T。

2) 夹断电压 U_P

夹断电压 U_P 是耗尽型 MOS 管参数，当漏源电压 u_{DS} 为固定一值时，漏极电流 i_D 为零，此时施加的栅源电压 u_{GS} 的值，称为夹断电压 U_P。

3) 饱和漏极电流 I_{DSS}

饱和漏极电流 I_{DSS} 是耗尽型 MOS 管参数，是指当漏源电压 u_{DS} 为固定一值时，栅源电压 $u_{GS}=0$ 时的漏极电流称为饱和漏极电流 I_{DSS}。

4) 漏源击穿电压 $U_{(BR)DS}$

漏源击穿电压 $U_{(BR)DS}$ 是指发生雪崩击穿时，i_D 开始急剧上升时的 u_{DS} 值。使用时，漏源之间的外加电压 u_{DS} 不允许超过此值，否则会烧坏管子。

5) 栅源击穿电压 $U_{(BR)GS}$

栅源击穿电压 $U_{(BR)GS}$ 是指输入 PN 结反向栅极电流开始急剧增大时的 u_{GS} 值。

6) 直流输入电阻 R_{GS}

直流输入电阻 R_{GS} 指栅源间加有一定电压 u_{GS} 和栅极电流 i_G 的比值。MOS 管的直流输入电阻很大，一般在 $10^7 \Omega$ 以上。

7) 漏极最大耗散功率 P_{DM}

耗散功率等于漏极电压和漏极电流的乘积，即 $P_{DM}=u_{DS} \cdot i_D$。这些耗散功率会使管子温度升高，因此，耗散功率 P_D 不能超过最大数值 P_{DM}。

8) 低频跨导 g_m

低频跨导 g_m 是指在 u_{DS} 一定时，漏极电流 i_D 与 u_{GS} 的变化量之比，即

$$g_m = \frac{\partial i_D}{\partial u_{GS}} \bigg|_{u_{DS}=常数} \tag{3-3}$$

低频跨导 g_m 的单位是 mS(毫西门子)，反映了栅极电压对漏极电流的控制能力，是衡量场效应管放大能力的重要参数。跨导越大，管子的放大能力越好。

2. 场效应管与三极管的比较

场效应管是一种与三极管在构造和工作原理上完全不同的另一类半导体器件。两种管子的比较如表 3.1 所示。

表3.1 场效应管与三极管的比较

项目	场效应管	三极管
导电特点	利用多子导电，称单极型器件	利用多子和少子导电，称双极型器件
控制方式	电压控制电流型器件，由 u_{GS} 控制 i_D	电流控制电流型器件，由 i_B 控制 i_C
输出特性	可变电阻区、恒流区、击穿区、夹断区	饱和区、放大区、截止区

续表

项目	场效应管	三极管
输入电阻	高、$R_{GS}=10^7 \sim 10^{15}\ \Omega$	低、$r_{be}=10^2 \sim 10^4\ \Omega$
类型	结型：N 沟道、P 沟道 绝缘栅型：$\begin{cases}耗尽型\ N\ 沟道、P\ 沟道\\ 增强型\ N\ 沟道、P\ 沟道\end{cases}$	硅：NPN、PNP 锗：NPN、PNP
特点	不容易受温度等外界条件影响，d 和 s 能互换	易受温度辐射等外界影响，噪声大，e 和 c 不能互换
使用场合	作受控可变电阻，放大或电子开关 • 放大：工作在恒流区 • 电子开关：可变电阻及夹断区	放大或电子开关 • 放大：工作在放大区 • 电子开关：饱和及截止区
制造工艺	成本低，集成度高	较复杂

3. 场效应管的命名

场效应管的型号，现行有两种命名方法。

一种是与双极型三极管相同，第三位字母表示结构类型，J 代表结型场效应管，O 代表绝缘栅型场效应管。第二位字母代表材料，D 是 N 沟道，C 是 P 沟道，例如 3DJ6D 是结型 N 沟道场效应管，如图 3.13 所示。

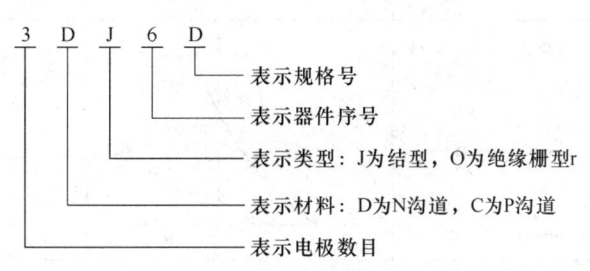

```
3 D J 6 D
          └── 表示规格号
        └──── 表示器件序号
      └────── 表示类型：J为结型，O为绝缘栅型r
    └──────── 表示材料：D为N沟道，C为P沟道
  └────────── 表示电极数目
```

图 3.13　场效应管的命名方法（1）

第二种命名方法是国际通用的标注，CS 代表场效应管，×× 以数字代表型号的序号，♯ 用字母代表同一型号中的不同规格，例如 CS14A、CS45G 等。如图 3.14 所示。

```
C S × × D
          └── 用字母代表同一型号中的不同规格
        └──── 用数字代表型号的序号
      └────── 代表场效应管
```

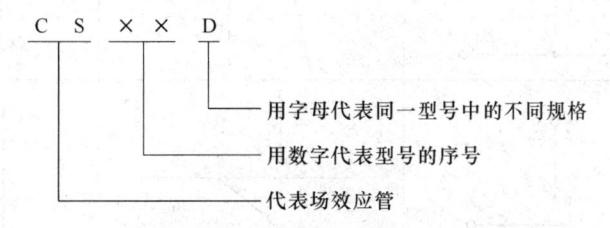

图 3.14　场效应管的命名方法（2）

为便于比较，将各种场效应管的符号和特性曲线列于表 3.2 中。

表 3.2 各种场效应管的符号和特性曲线对比表

类型	符号和极性	转移特性	输出特性
结型 N 沟道			
结型 P 沟道			
增强型 NMOS			
耗尽型 NMOS			
增强型 PMOS			
耗尽型 PMOS			

3.2 场效应管的应用

场效应管具有输入阻抗大、噪声小、静态功耗小和动态范围大等特点,因此在电子电路中得到了广泛应用。在放大电路中,根据交流通路中输入回路、输出回路所用公共端的不同,可把场效应管分成共源极、共漏极和共栅极三种基本组态,如图 3.15 所示。本书主要介绍常用的共源极和共漏极两种放大电路。

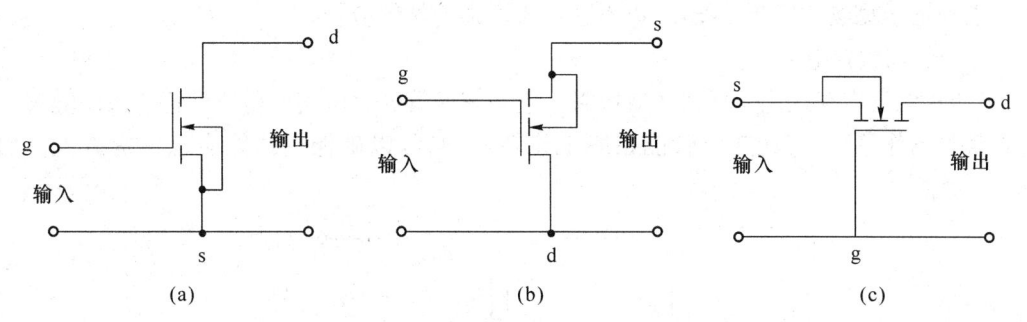

图 3.15 场效应管放大电路三种基本组态
(a) 共源极;(b) 共漏极;(c) 共栅极

3.2.1 共源极放大电路

1. 静态分析

为使场效应管不失真地放大信号,必须给其加一定的偏置电压,建立合适稳定的工作点。场效应管是电压控制器件,它需要合适的栅源电压 u_{GS}。常用的偏置电路有如下两种:

1) 自给偏压电路

N 沟道结型场效应管的自给偏压电路如图 3.16(a) 所示。N 沟道绝缘栅耗尽型场效应管的自偏压电路如图 3.16(b) 所示。

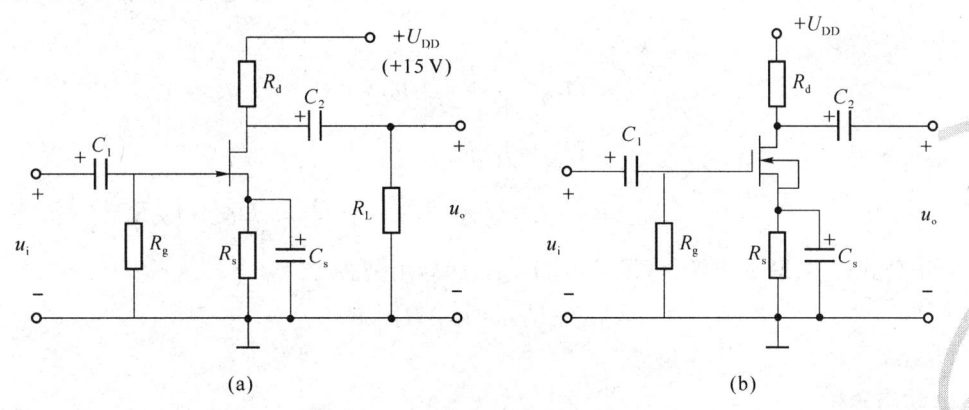

图 3.16 场效应管自给偏压电路
(a) N 沟道结型管放大电路;(b) N 沟道耗尽型 MOS 管放大电路

因为栅极静态电流 $I_{GQ}=0$,所以栅极静态电位 $U_{GQ}=0$。因此,栅源之间的静态电压为

$$U_{GSQ}=U_{GQ}-U_{SQ}=-I_{DQ}R_s \tag{3-4}$$

R_s 具有稳定工作点的作用，R_s 越大，静态工作点越低，反之亦然。通常使工作点在恒流区。通过下列关系式可求得工作点上的有关电流和电压：

$$I_D = I_{DSS}\left(1 - \frac{U_{GS}}{U_P}\right)^2 \tag{3-5}$$

联立求解以上两式，可得 I_{DQ} 和 U_{GSQ}，然后由下式求得 U_{DSQ}

$$U_{DSQ} = U_{DD} - I_{DQ}(R_d + R_s) \tag{3-6}$$

这种偏置电路只适用于结型场效应管和耗尽型绝缘栅场效应管。因为这种偏置电路静态时，不能使增强型场效应管工作，所以不适用于增强型场效应管。

2) 分压式偏置电路

分压式偏置电路适用于任何场效应管。它和三极管放大电路一样要设置合适的静态工作点，在信号的作用下，使场效应管能始终工作在饱和区，以确保电路能实现正常放大。如图 3.17 所示。

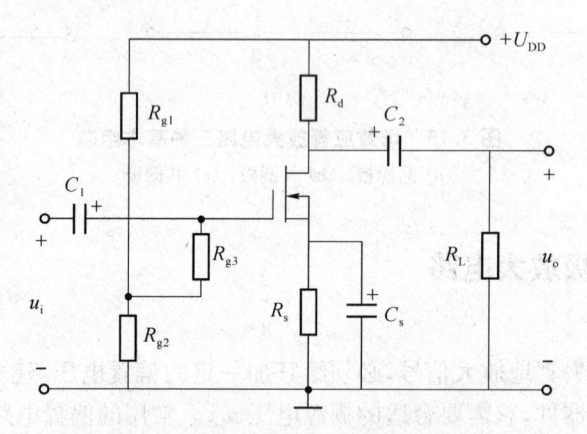

图 3.17 场效应管分压式偏置电路

栅极电阻 R_{g3} 是为提高输入电阻而设置的，对静态工作点不产生影响。因为场效应管栅源间电阻极高，根本没有栅极电流流过电阻 R_g。所以栅极电位为电源 U_{DD} 在 R_{g1}、R_{g2} 上的分压，所以有：

$$U_{GQ} = \frac{R_{g2}}{R_{g1} + R_{g2}} U_{DD}$$

又

$$U_{SQ} = I_{DQ} R_s$$

所以

$$U_{GSQ} = U_{GQ} - U_{SQ} = \frac{R_{g2}}{R_{g1} + R_{g2}} U_{DD} - I_{DQ} R_s \tag{3-7}$$

再由公式(3-4)联立求解，可得 I_{DQ} 和 U_{GSQ}，然后由公式

$$U_{DSQ} = U_{DD} - I_{DQ}(R_d + R_s) \tag{3-8}$$

求得 U_{DSQ}。

2. 动态分析

如果输入信号是低频小信号，且场效应管工作在恒流区时，也可以和三极管一样利用微变等效电路来进行动态分析。如图 3.18 所示为共源极接法下场效应管的微变等效电路。

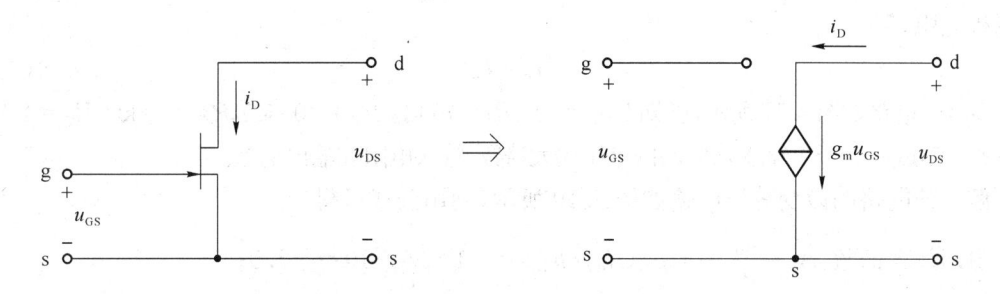

图 3.18　场效应管的微变等效电路

输入端因栅极电流几乎为零,可看成一个阻值极高的 R_{GS},通常视为开路。

输出端的漏极电流 i_D 主要受栅极电压 u_{GS} 的控制,当有输入信号时,$i_D = g_m u_{GS}$。所以输出回路可以等效为一个受电压控制的电流源。

下面利用微变等效电路分析一下图 3.19 中共源极放大电路的电压放大倍数 A_u、输入电阻 r_i 和输出电阻 r_o,如图 3.19 所示。

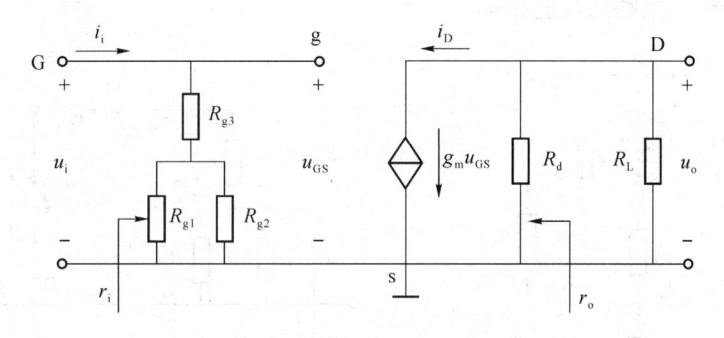

图 3.19　共源放大器的微变等效电路

1) 电压放大倍数 A_u

由图 3.19 可知　　$u_o = -i_D(R_d /\!/ R_L) = -g_m u_{GS}(R_d /\!/ R_L)$

$$u_i = u_{GS}$$

由此可推导出电压放大倍数的表达式为

$$A_u = \frac{u_o}{u_i} = -\frac{i_d(R_d /\!/ R_L)}{u_{gs}} = -\frac{g_m u_{GS} R'_L}{u_{GS}} = -g_m R'_L$$

即　　　　　　　　　　　$A_u = -g_m R'_L$　　　　　　　　　　(3-9)

式(3-9)表明场效应管共源放大电路的放大倍数 A_u 与跨导 g_m 成正比,且输出电压与输入电压反相。

2) 输入电阻 r_i

$$r_i = R_{g3} + (R_{g1} /\!/ R_{g2})　　　　　　(3-10)$$

由(3-10)可知,场效应管共源放大电路的输入电阻,主要由偏置电阻 R_G 决定,通常 r_i 很大。

3) 输出电阻 r_o

从场效应管的漏极特性可知,当场效应管工作在恒流区时,受影响较小,即漏源之间的电阻很大。所以可采用与三极管共射放大电路类似的方法来计算其输出电阻,其值就等于外接的漏极电阻。

$$r_o = R_d \tag{3-11}$$

例1 电路如图3.17所示,已知$U_{DD}=5\text{ V}$,$R_d=10\text{ k}\Omega$,$R_{g1}=100\text{ k}\Omega$,$R_{g2}=40\text{ k}\Omega$,$R_{g3}=2\text{ M}\Omega$,$R_L=10\text{ k}\Omega$,$g_m=1\text{ mS}$。试求该电路的电压放大倍数、输入电阻和输出电阻。

解 该电路的微变等效电路如图3.19所示,利用公式可得

电压放大倍数:$A_u = \dfrac{u_o}{u_i} = -g_m(R_d // R_L) = -1 \times 30 // 10 = -7.5$;

输入电阻:$r_i = R_{g3} + (R_{g1} // R_{g2}) = 2.028\text{ M}\Omega$;

输出电阻:$r_o = R_d = 10\text{ k}\Omega$。

3.2.2 共漏极放大电路——源极输出器

共漏极放大电路又称源极输出器,如图3.20(a)所示。它具有输入电阻高、输出电阻低、电压放大倍数小于1的特点,常用作电路的输入、输出级。图3.20(b)为源极输出器的等效电路。下面简要分析该电路的性能指标。

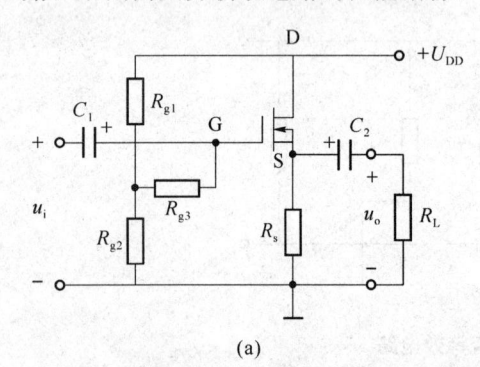

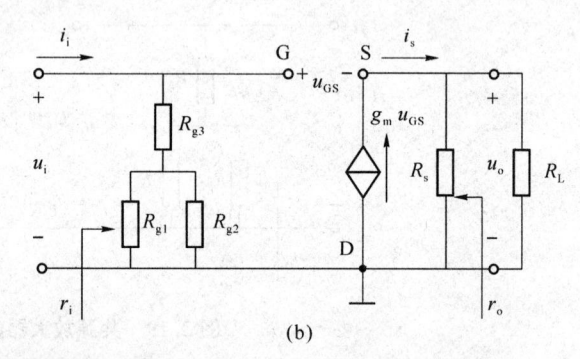

图3.20 共漏极放大电路
(a) 基本电路;(b) 等效电路

1. 电压放大倍数 A_u

由图3.20(b)可知 $u_o = i_d(R_s // R_L) = g_m u_{GS} R_L'$

$$u_i = u_{GS} + u_o = u_{GS} + g_m u_{GS}(R_s // R_L) = u_{GS}(1 + g_m R_L')$$

其中 $R_L' = R_s // R_L$

由此可推导出电压放大倍数的表达式为

$$A_u = \dfrac{u_o}{u_i} = \dfrac{g_m R_L'}{1 + g_m R_L'} \leqslant 1 \tag{3-12}$$

2. 输入电阻 r_i

$$r_i = (R_{g1} // R_{g2}) + R_{g3} \approx R_{g3} \tag{3-13}$$

3. 输出电阻 r_o

按共射放大电路的方法求输出电阻。即令3.20(b)中的输入端短路($u_i=0$),在输出端外加一交流电压u_o可得,如图3.21所示,可求出

输出电阻为 $r_o = R_s // \dfrac{u_o}{i_s}$

其中
$$\frac{u_o}{i_s}=\frac{u_o}{-g_m u_{GS}}=\frac{u_o}{-g_m(-u_o)}=\frac{1}{g_m}$$

则
$$r_o = R_s // \frac{1}{g_m} \tag{3-14}$$

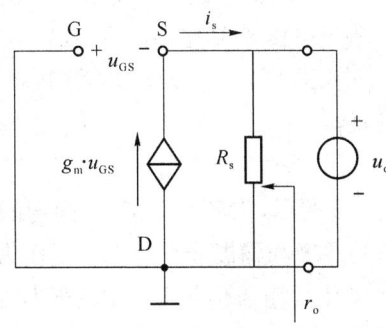

图 3.21 输出电阻 r_o 电路

3.2.3 COMS 电路

MOS 集成逻辑门是采用 MOS 管(绝缘栅场效应管)作为开关元件的数字集成电路。它具有工艺简单、集成度高、抗干扰能力强、功耗低等优点,所以 MOS 集成门的发展十分迅速。MOS 门有 PMOS、NMOS、CMOS 三种类型,PMOS 电路工作速度低且采用负电压;NMOS 电路工作速度比 PMOS 电路要高、集成度高,但带负载能力较弱;CMOS 电路又称互补 MOS 电路,它突出的优点是静态功耗低、抗干扰能力强、工作稳定性好、开关速度高,是性能较好且应用较广泛的一种电路。

1. CMOS 反相器

CMOS 反相器如图 3.22(a)所示。图中驱动管 VT_1 是 NMOS 型,负载管 VT_2 是 PMOS 型,它们的栅极相连作为反相器的输入;漏极相连作为反相器的输出。VT_2 的源极接至正电源 U_{DD},VT_1 的源极接至电源的负端,且使电源 U_{DD} 大于或等于两管的开启电压绝对值之和。

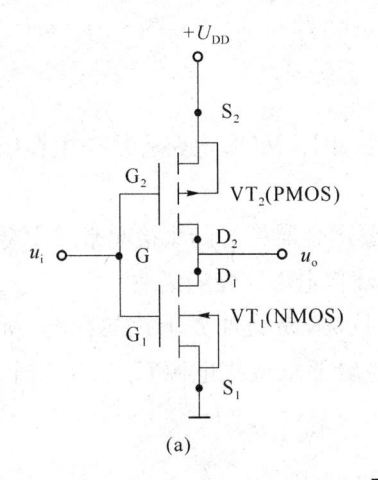

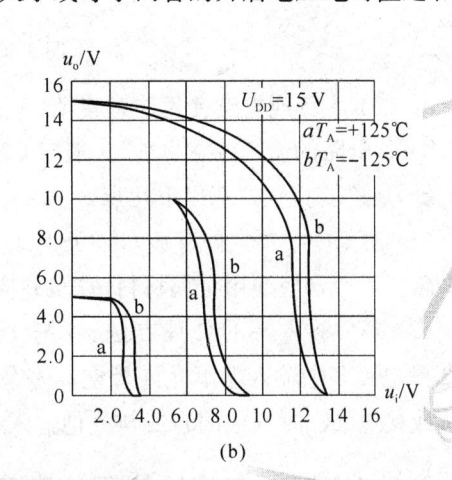

图 3.22 CMOS 反相器原理

(a) 反相器;(b) 电压传输特性

反相器工作原理如下：当输入电压 $u_i=0$ 时，VT_1 截止，VT_2 导通，VT_1 截止电阻 $r_{1反}=500\ \text{M}\Omega$，$VT_2$ 导通电阻 $r_{D2}=750\ \Omega$，所以输出电压 $u_o=U_{DD}$；当输入电压 $u_i=U_{DD}$ 时，VT_1 导通，VT_2 截止，$r_{D1反}=750\ \Omega$，$r_{2反}=500\ \text{M}\Omega$，输出电压 $u_o=0$。由此看出该电路通过输入输出实现反相功能。

图 3.22(b)为 CMOS 管反相器电压传输特性(分别画出了电源电压 U_{DD} 为 5 V，10 V 和 15 V 的三条曲线)。从曲线中可看出，CMOS 电路对漏极源电压变化的适应性很强，一般允许变化范围为 3～18 V。电源利用率极高，输出电压最大为 $u_{oH}=U_{DD}$，最小为 $u_{oL}=0$ V。它具有较好的温度稳定性。抗干扰容限一般优于 40% 的 U_{DD}。且抗干扰容限跟随 U_{DD} 增高而加大。当 $U_{DD}=5$ V 时，CMOS 电路可以和 TTL 电路兼容。

2. CMOS 传输门

传输门的电路和符号如图 3.23 所示，PMOS、NMOS 两管的栅极 G 分别接互补的控制信号 C 和 $\overline{C}$，P 沟道和 N 沟道两管的源极和漏极分别连在一起作为传输门的输入端和输出端。

当控制信号 $C=1(U_{DD})(\overline{C}=0)$ 时，输入信号 U_1 接近于 U_{DD}，则 $U_{GS1}=-U_{DD}$，故 VT_1 截止，VT_2 导通；如输入信号 U_1 接近 0，则 VT_1 导通，VT_2 截止；如果 U_1 接近 $U_{DD}/2$，则 VT_1、VT_2 同时导通。所以，传输门相当于接通的开关，通过不同的管子连续向输出端传送信号。

反之，当 $C=0(\overline{C}=1)$ 时，只要 U_1 在 $0\sim U_{DD}$ 之间，则 VT_1、VT_2 都截止，传输门相当于断开的开关。

因为 MOS 管的结构是对称的，源极和漏极可以互换使用。所以 CMOS 传输门具有双向性，又称双向开关，用 TG 表示。

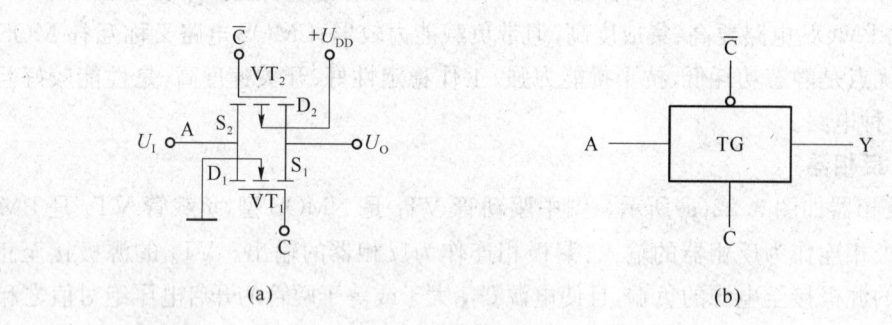

图 3.23 CMOS 传输门

3. CMOS 集成电路使用注意事项

TTL 电路的使用注意事项，一般对 CMOS 电路也适用。因 CMOS 电路容易产生栅极击穿问题，所以要特别注意以下几点：

(1) 避免静电损失。存放 CMOS 电路不能用塑料袋，要用金属将管脚短接起来或用金属盒屏蔽。工作台应当用金属材料覆盖，并应良好接地。焊接时，电烙铁壳应接地。

(2) 多余输入端的处理方法。CMOS 电路的输入阻抗高，易受外界干扰的影响，所以 CMOS 电路多余输入端不允许悬空。多余输入端应根据逻辑要求或接电源 U_{DD}(与非门、与门)，或接地(或非门、或门)，或与其他输入端连接。

3.2.4 场效应管的使用注意事项

(1) 在使用场效应管时，要注意漏源电压 u_{DS}，漏源电流 i_D，栅源电压 u_{GS} 及耗散功率等值不能超过最大允许值。

(2) 场效应管从结构上看漏源两极是对称的,可以互换使用,但有些产品制作时已将衬底和源极在内部连在一起,这时漏源两极不能对换使用。

(3) 结型场效应管的栅源电压 u_{GS} 不能加正向电压,因为它工作在反偏状态。通常各极在开路状态下保存。

(4) 绝缘栅型场效应管的栅源两极绝不允许悬空,因为栅源两极如果有感应电荷,就很难泄放,电荷积累会使电压升高,而使栅极绝缘层击穿,造成管子损坏。因此要在栅源两极之间绝对保持直流通路,保存时务必用金属导线将三个电极短接起来。在焊接时,烙铁应有良好的接地,并在烙铁断开电源后再焊接栅极,以避免交流感应将栅极击穿,并按 S→D→G 极的顺序焊好之后,再去掉各极的金属短接线。

(5) 注意各极电压的极性不要接错。

本 章 小 结

1. 场效应管是一种电压控制器件,它是利用栅源电压来控制漏极电流的。

2. 由于结型场效应管的栅源间是一个反偏的 PN 结,MOS 管栅源之间是绝缘的,故输入电阻非常大。

3. 转移特性是漏极电流与栅源电压之间的变化关系,它反映了栅源电压对漏极电流的控制能力。输出特性表示以栅源电压为参变量时的漏极电流与漏源电压之间变化关系,它分为可变电阻区、恒流区和击穿区三个区域,放大时工作在恒流区。

4. 利用场效应管栅源电压能够控制漏极电流的特点可以实现信号放大。

5. 在 MOS 数字集成电路中,CMOS 电路是重点。由于 MOS 管具有功耗小、输入阻抗高、集成度高等优点,在数字集成电路中逐渐被广泛采用。

目 标 测 试

一、填空题

1. 场效应管是一种_____控制器件,它是利用栅源电压来控制_____的。

2. 由于结型场效应管的栅、源间是一个_____的 PN 结,MOS 管栅、源极之间是_____的,故输入电阻非常大。

3. 转移特性是漏极电流与栅源电压之间的变化关系,它反映了栅源电压对漏极电流的_____能力。输出特性表示以栅源电压为参变量时的漏极电流与漏源电压之间的变化关系,它分为_____、_____、_____、_____等四个区域,放大时工作在恒流区。

4. 利用场效应管栅源电压能够控制漏极电流的特点可以实现信号放大。场效应管放大电路有_____、共漏、共栅三种组态。

二、选择题

1. 场效应晶体管是用_____控制漏极电流的。

A. 栅源电流　　　B. 栅源电压　　　C. 漏源电流　　　D. 漏源电压

2. 结型场效应管发生预夹断后,管子_____。

A. 关断　　　　　B. 进入恒流区　　C. 进入饱和区　　D. 可变电阻区

3. 场效应管的低频跨导 g_m 是_____。

A. 常数　　　　　B. 不是常数　　　C. 栅源电压有关　D. 栅源电压无关

4. 场效应管靠_____导电。

A. 一种载流子　　B. 两种载流子　　C. 电子　　　　　D. 空穴

5. 分压式电路中的栅极电阻 R_G 一般阻值很大,目的是_____。

A. 设置合适的静态工作点　　　　B. 减小栅极电流
C. 提高电路的电压放大倍数　　　D. 提高电路的输入电阻

6. 源极跟随器(共漏极放大器)的输出电阻与_____有关。

A. 管子跨导 g_m　B. 源极电阻 R_s　C. 管子跨导 g_m 和源极电阻 R_s

7. 某场效应管的 I_{DSS} 为 6 mA,而 I_{DQ} 自漏极流出,大小为 8 mA,则该管是_____。

A. P 沟道结型管　　　　　　　　B. N 沟道结型管
C. 增强型 PMOS 管　　　　　　　D. 耗尽型 PMOS 管
E. 增强型 NMOS 管　　　　　　　F. 耗尽型 NMOS 管

三、分析题

1. 结型场效应管哪两个管脚可以互换使用,为什么?
2. 结型场效应管的 u_{GS} 为什么必须是反偏电压?
3. 画出 N 沟道增强型 MOS 管,P 沟道增强型 MOS 管的转移特性,并加以解释。
4. 已知题 3.1 图所示中各场效应管工作在恒流区,请将管子类型、电源 U_{DD} 的极性(+、−)、u_{GS} 的极性(>0,≥0,<0,≤0,任意)分别填写在表格中。

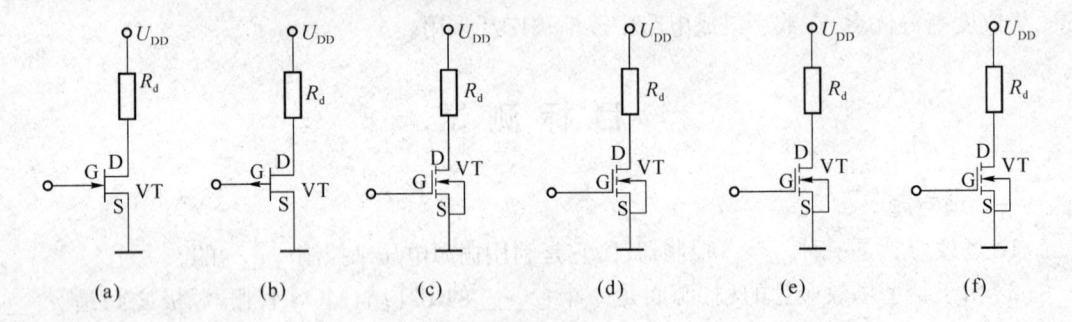

题 3.1 图

图号\项目	(a)	(b)	(c)	(d)	(e)	(f)
沟道类型						
增强型或耗尽型						
电源 U_{DD} 极性						
u_{GS} 极性						

5. 试分析如题 3.2 图所示各电路能否正常放大,并说明理由。

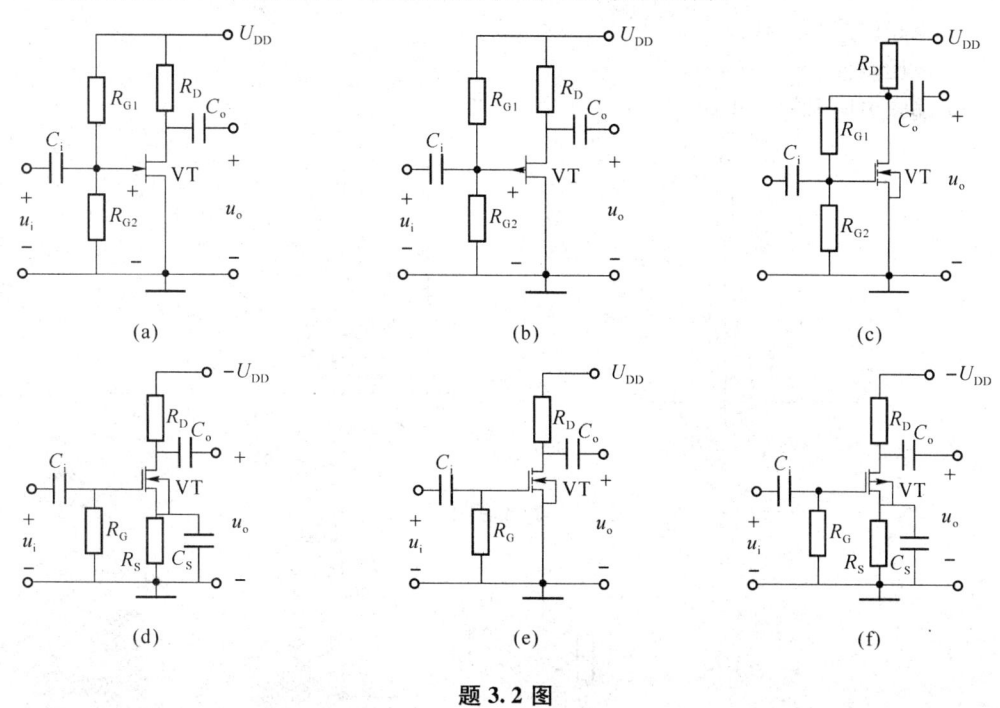

题 3.2 图

四、计算题

1. 电路如题 3.3 图所示,$U_{DD}=24$ V,所用场效应管为 N 沟道耗尽型,其参数 $I_{DSS}=0.9$ mA,$U_P=0.4$ V,跨导 $g_m=1.5$ mA/V。电路参数 $R_{G1}=200$ kΩ,$R_{G2}=64$ kΩ,$R_G=1$ MΩ,$R_D=R_S=R_L=10$ kΩ。试求:

(1) 静态工作点。
(2) 电压放大倍数。
(3) 输入电阻和输出电阻。

2. 电路参数如题 3.4 图所示,场效应管的 $U_P=0.1$ V,$I_{DSS}=0.5$ mA,r_{ds} 为无穷大。试求:

(1) 静态工作点。
(2) 电压增益 A_u。
(3) 输入电阻和输出电阻。

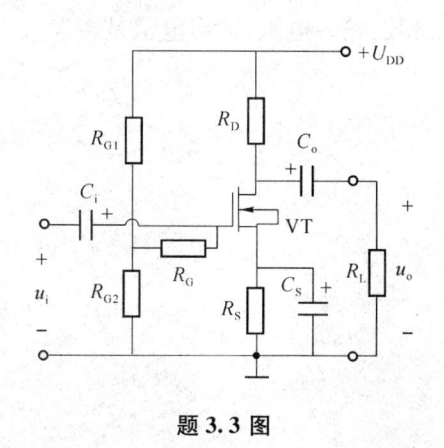

题 3.3 图

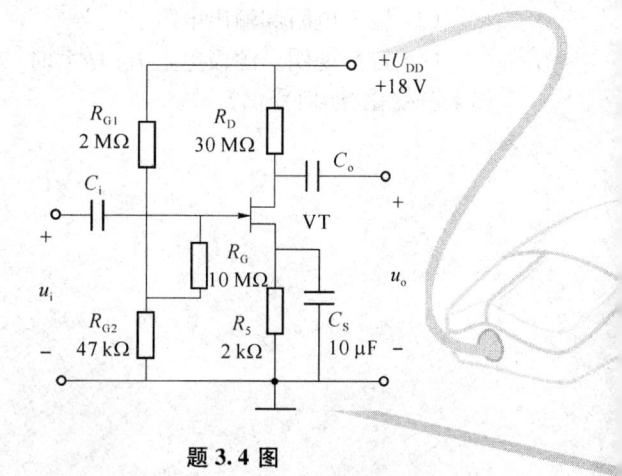

题 3.4 图

3. 电路如题 3.5 图(a)所示,MOS 管的转移特性如题 3.5 图(b)所示。试求:
(1) 电路的静态工作点。
(2) 电压增益。
(3) 输入电阻和输出电阻。

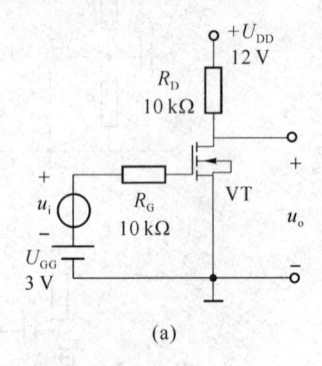

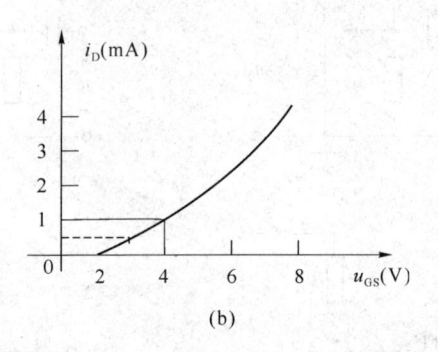

题 3.5 图

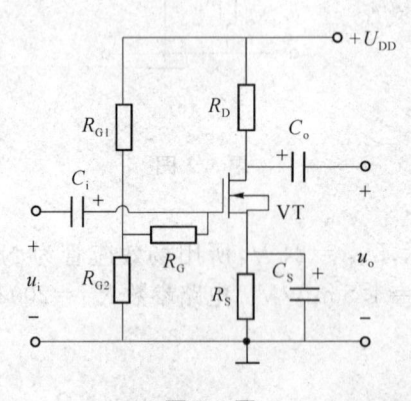

题 3.6 图

4. 电路如题 3.6 图所示,$U_{DD}=18$ V,所用场效应管为 N 沟道耗尽型,其跨导 $g_m=2$ mA/V。电路参数 $R_{G1}=2.2$ MΩ,$R_{G2}=51$ kΩ,$R_G=10$ MΩ,$R_S=2$ kΩ,$R_D=33$ kΩ。试求:
(1) 电压放大倍数。
(2) 若接上负载电阻 $R_L=100$ kΩ,求电压放大倍数。
(3) 输入电阻和输出电阻。
(4) 定性说明当源极电阻 R_S 增大时,电压放大倍数、输入电阻、输出电阻是否发生变化?如果有变化,如何变化?

第 4 章

晶闸管及其应用

知识目标:了解晶闸管单向导电的性能,熟悉可控硅的整流、调速、逆变、无触点开关等特性,掌握晶闸管的触发电路。

技能目标:掌握晶闸管构成各种整流电路的方法及其应用。

4.1 晶闸管的识别

晶闸管又称可控硅,是晶体闸流管的简称(也称为SCR)。它具有普通二极管的单向导电特性,但正向导通必须在控制信号触发下才能产生,利用其可控的单向导电特性,可以方便地实现可控整流、交流调速、逆变和无触点开关等。它具有效率高、控制特性好、寿命长、体积小、容量大、使用方便等优点。

4.1.1 晶闸管的结构

晶闸管的结构示意图、符号图如图 4.1 所示。它由 PNPN 四层半导体构成,中间形成三个 PN 结 J_1、J_2、J_3。它有三个极:从 P_1 层引出阳极 A,从 N_2 层引出阴极 K,从 P_2 层引出控制极 G。图 4.1(a)是晶闸管内部结构示意图,图 4.1(b)是晶闸管符号图。

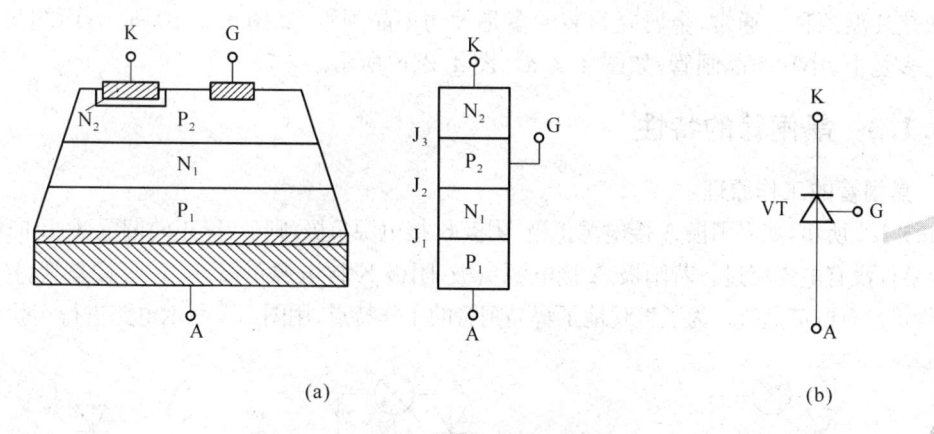

图 4.1 晶闸管结构示意图、符号图

晶闸管的外形图如图 4.2 所示。其中图 4.2(a)为螺旋式晶闸管(多为中功率管),图 4.2(b)为平板式晶闸管(多为中大功率管),图 4.2(c)为压模塑封式晶闸管(一般为小功率管)。

(a)　　　　　　(b)　　　　　　(c)

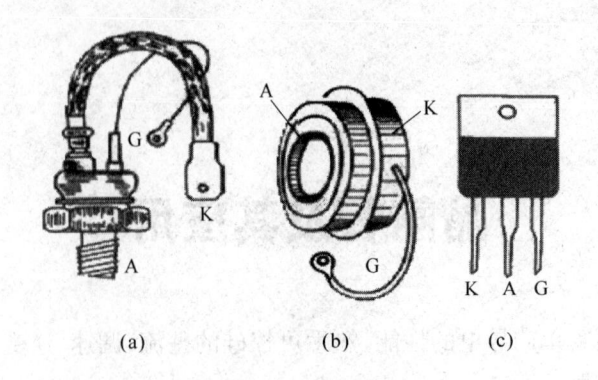

图 4.2　晶闸管外形图

4.1.2　晶闸管的种类

晶闸管具有硅整流器件的特性,能在高电压、大电流条件下工作,且其工作过程可以控制。因此,晶闸管被广泛应用于可控整流、交流调压、无触点电子开关、逆变及变频等电子电路中,所以晶闸管种类很多。

1. 按工作方式分类

晶闸管按其关断、导通及控制的工作方式可分为普通晶闸管、双向晶闸管、逆导晶闸管、门极可关断晶闸管(GTO)、BTG 晶闸管、温控晶闸管和光控晶闸管等多种。

2. 按工作速度分类

晶闸管按其关断的工作速度分为普通晶闸管和快速(高频)晶闸管。

3. 按封装形式分类

晶闸管按其封装形式可分为金属封装晶闸管、塑封晶闸管和陶瓷封装晶闸管三种类型。其中,金属封装晶闸管又分为螺栓形、平板形、圆壳形等多种;塑封晶闸管又分为带散热片型和不带散热片型两种。通常,金属壳封装的多是大功率晶闸管,如图 4.2(b)所示;而塑封或陶瓷封装的多是中、小功率晶闸管,如图 4.2(a)、图 4.2(c)所示。

4.1.3　晶闸管的特性

1. 晶闸管的工作原理

如图 4.1 所示,如果阳极 A 接电源正极,阴极 K 接电源负极,则 J_1、J_3 正向偏置,J_2 反向偏置,所以整个器件没有电流流过。若阳极 A 接电源负极,阴极 K 接电源正极,J_1、J_3 反向偏置,J_2 正向偏置,器件仍没有电流通过。为了直观地了解晶闸管的工作特点,用图 4.3 所示电路进行实验。

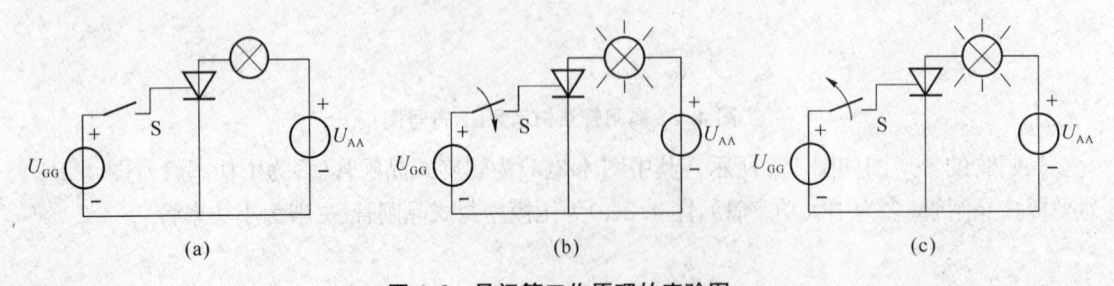

(a)　　　　　　(b)　　　　　　(c)

图 4.3　晶闸管工作原理的实验图

图 4.3 中晶闸管阳极 A、阴极 K、灯泡和电源 U_{AA} 构成的回路称作主电路,控制极 G、阴极 K、开关 S 和电源 U_{GG} 构成的回路称作触发电路。

首先,晶闸管阳极 A 经灯泡接到电源正端,如图 4.3(a)所示,阴极接电源负端,控制极不加电压,这时灯不亮,说明晶闸管没有导通。然后,合上开关 S,控制极加上正极性电压,于是灯泡亮,说明晶闸管已导通,如图 4.3(b)所示。最后将开关 S 打开,切断控制极回路,发现灯仍亮着,说明晶闸管维持导通,如图 4.3(c)所示。

假若图 4.3(b)中,控制极加的是负极性电压,则无论阳极 A 加的是正极性电压还是负极性电压,灯泡都不亮,说明晶闸管不能导通。

假若图 4.3(b)中,控制极加的是正极性电压,而阳极加的是负极性电压,灯泡也不会亮,说明晶闸管也不能导通。

为了说明上述现象,可以把晶闸管等效成一个 NPN 型三极管 VT_1 和 PNP 型三极管 VT_2 组成的电路,如图 4.4 所示。

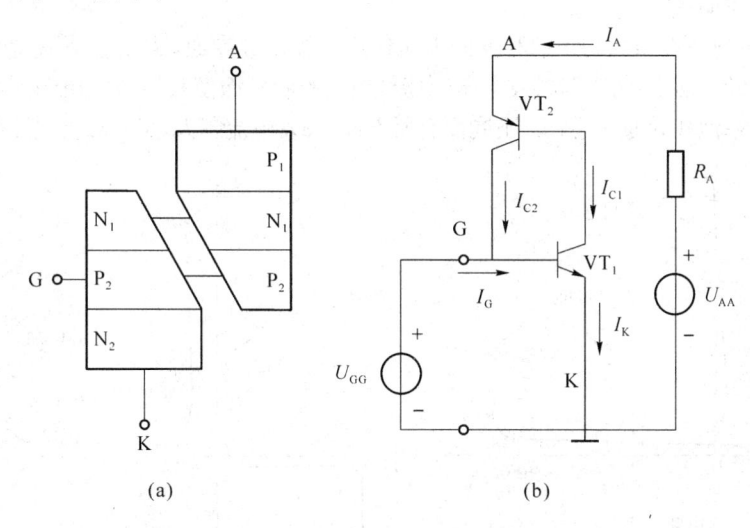

图 4.4 晶闸管导通形成的原理图

晶闸管加上正向阳极电压 U_{AK} 时,三极管 VT_1 和 VT_2 都承受正常工作的集射电压,如果再加上正向触发电压 U_{GK},VT_2 具备放大条件而导通,流入 VT_2 的基极电流 I_G 被放大后产生集电极电流 $\beta_2 I_G$,它又作为输入 VT_1 的基极电流,经 VT_1 放大后产生 VT_1 的集电极电流 $\beta_1\beta_2 I_G$,这个电流又反馈到 VT_2 的基极,再一次得到放大,如此循环很快两个管子都饱和导通。导通后管压降接近于零,电源电压几乎全部加在回路的负载上,晶闸管的电流就等于负载电流。

从图 4.4(b)中,可发现电流 $\beta_1\beta_2 I_G$ 完全取代了开始的触发电流 I_G,这时,即使控制电压 U_{GK} 消失,晶闸管仍能继续保持导通。电流 I_G 仅仅起到触发的作用,它无法关断晶闸管。这就是晶闸管与普通三极管的不同之处。

如果在正向阳极电压 U_{AK} 作用下,没有施加触发电压 U_{GK},或者 U_{GK} 极性接反,VT_2 没有起始触发电流 I_G,晶闸管也不会导通。如果阳极电压反接,此时 VT_1 和 VT_2 都截止,晶闸管也不会导通。如果阴、阳间电压等于零,VT_2 发射极无偏置,晶闸管就会关断。

综上所述,可得出晶闸管导通具备的条件即:阳极加正极性电压,控制极加适当的正极性电压,二者缺一不可。

值得注意的是,晶闸管导通后,控制极就会失去作用。要使其关断,必须把正向阳极电压降低到一定数值或者在晶闸管阳、阴极间施加反向电压,使流过晶闸管的电流小于维持电流。

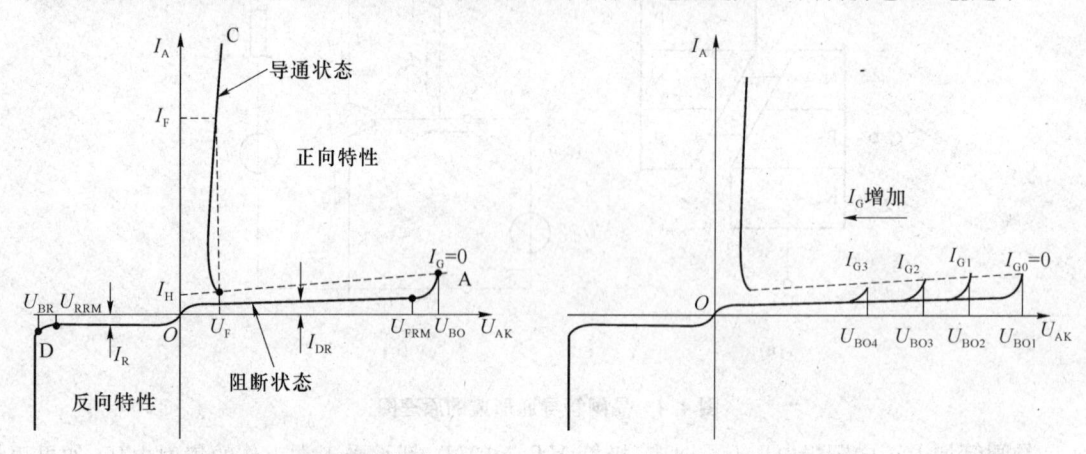

2. 晶闸管的伏安特性

晶闸管的伏安特性曲线即阳极和阴极间电压U_{AK}与阳极电流I_A的关系曲线,如图4.5所示。

1) 正向特性

晶闸管阳极和阴极间加上正向电压,控制极不加电压,J_1、J_3结处于正向偏置,J_2结处于反向偏置,所以晶闸管只流过很小的正向漏电流I_{DR},此时晶闸管阳极和阴极间呈现很大的电阻,处于"正向阻断状态"。当正向电压上升到转折电压(又称正向不重复峰值电压)U_{BO}时,J_2结被击穿,漏电流突然增加,晶闸管由阻断状态突然转变为导通状态,其导通后降为U_F。

2) 反向特性

晶闸管加反向电压时,J_1、J_3结处于反向偏置,J_2结处于正向偏置,晶闸管只流过很小反向漏电流I_R,如图4.5中的OD段。此段特性与一般二极管的反向特性相似,晶闸管此时处于反向阻断状态。当反向电压增加到反向转折电压U_{BR}时,反向电流急剧增加,使晶闸管反向导通,并造成永久性损坏。

必须指出,晶闸管在很大的正向和反向电压作用下被击穿导通,实际上是不允许的,通常应使晶闸管在正向阻断状态下,将正向触发电压(电流)加到控制极而使其导通。由图4.6可见,晶闸管的正向伏安特性在饱和导通前,因I_G不同而有所不同,触发电流越大,正向转折电压U_{BO}越小。

图 4.5 晶闸管的伏安特性   图 4.6 加控制极电流后的伏安特性

3. 晶闸管的测试

1) 极别检测

普通晶闸管有三个PN结,以及三个引脚分别是阳极A、阴极K、控制极G,可以通过万用表对其进行检测。首先,用万用表(指针式)电阻$R×1$或$R×10$挡;其次用两表笔测量任意两引脚间正反向电阻直至找出读数为数十欧姆的一对引脚,因为阴极K、控制极G之间是一个PN结,它的反向电阻不是很大,所以当电阻读数小时的黑表笔接的极就是P即控制极G,红表笔接的是N即阴极K,第三个极就是阳极A;其余检测情况电阻值均为无穷大。

2) 好坏检测

(1) 在检测出晶闸管三个极的基础上,万用表的红表笔仍接阴极K,同时将黑表笔接已判断出的阳极A,此时万用表指针应不动,接近无穷大,否则万用表指针发生偏转,说明该晶闸管已击穿损坏。

(2) 再用短接线瞬间短接阳极A和控制极G(或用万用表黑表笔同时接阳极A和控制极),即给控制极G加上正极性触发信号,此时万用表指针应发生偏转,阻值读数为10欧姆左右,表明晶闸管能触发导通。如果此时去掉阳极 A 和控制极 G 间的短接线(即断开黑表笔与控制极 G 间的连接),万用表的指针仍能保持原来的阻值不变,表明晶闸管去掉控制极信号后能保持导通状态,否则阻值变为无穷大,表明晶闸管性能不良或损坏。

(3) 如果三个极之间都是导通的,电阻为零,则该晶闸管已击穿损坏。

4.1.4 晶闸管的参数

1. 晶闸管的主要参数

晶闸管的主要参数如图 4.5 所示。

1) 断态(正向)重复峰值电压 U_{FRM}

在额定结温(100 A 以上为 15℃,50 A 以下为 100℃)、控制极断路和晶闸管正向阻断的条件下,允许重复加在阳极和阴极间的最大正向峰值电压。

2) 反向重复峰值电压 U_{RRM}

在额定的结温和控制极断路的情况下,允许重复加在阳极和阴极间的反向峰值电压。

3) 通态平均电流 I_F

在环境温度不大于 40℃和标准散热条件下,元件能连续通过的工频正弦半波电流的平均值,称为通态平均电流,简称正向电流。通常所说多少安的晶闸管就是指这个电流。

4) 通态平均电压 U_F

在额定通态平均电流时晶闸管 U_{AK} 的平均值(习惯称为导通时管压降),约为 0.1~1.2 V,这个电压愈小,器件的耗散功率也愈小。

5) 维持电流 I_H

在室温和控制极开路时,能维持晶闸管导通状态所需的最小阳极电流,约为几十到一百毫安。

6) 控制极触发电压 U_G 和触发电流 I_G

在室温下,阳极和阴极间加 6 V 正向电压,能使晶闸管完全导通所需的最小控制电压和电流分别为 U_G 和 I_G。一般 U_G 为 1.5 V,I_G 为几十到几百毫安。

2. 晶闸管的型号

国家标准规定,普通晶闸管型号的格式为

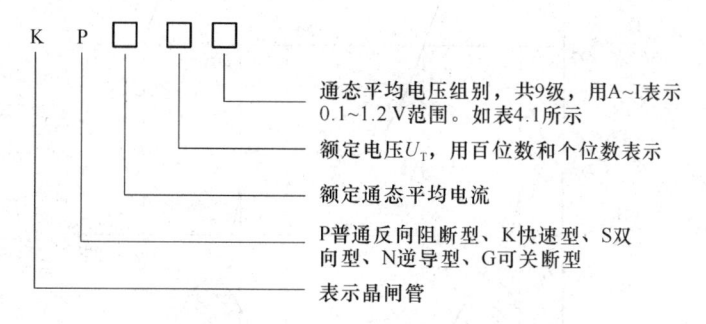

```
K P □ □ □
          └─ 通态平均电压组别,共9级,用A~I表示
             0.1~1.2 V范围。如表4.1所示
          └─ 额定电压 U_T,用百位数和个位数表示
          └─ 额定通态平均电流
          └─ P普通反向阻断型、K快速型、S双
             向型、N逆导型、G可关断型
          └─ 表示晶闸管
```

表 4.1 晶闸管元件通态平均电流

组　　别	A	B	C	D	E
通态平均电压/V	U_F≤0.4	0.4<U_F≤0.5	0.5<U_F≤0.6	0.6<U_F≤0.7	0.7<U_F≤0.8
组　　别	F	G	H	I	
通态平均电压/V	0.8<U_F≤0.9	0.9<U_F≤1.0	1.0<U_F≤1.1	1.1<U_F≤1.2	

4.2 晶闸管的应用

4.2.1 可控整流电路

可控整流电路就是将交流电变成电压大小可调的直流电路。它在直流电动机调速、电解、电镀、大功率直流稳压电源、充电机等方面有广泛的用途。

1. 单相半波可控整流电路

用晶闸管替代单相半波整流电路中的二极管就构成了单相半波可控整流电路,如图4.7所示。

1) 工作原理

当交流电压 u 输入后,在正半周内,晶闸管承受正向电压,如果在 t_1 时刻给控制极加入一个适当的正向触发电压脉冲 u_G,晶闸管就会导通,于是负载上就会得到如图4.7(d)所示的单向脉动电压 u_O,并有相应电流流过。当交流电压 u 经过零值时,流过晶闸管的电流小于维持电流,晶闸管便自动关断。当交流电压 u 进入负半周时,晶闸管因承受反向电压而保持关断状态。

当输入交流电压 u 的第二个周期来到后,在相应的 t_2 时刻加入触发脉冲,于是晶闸管又导通,负载上就得到有规律的直流电压输出。电路各处的电压波形如图4.7所示。

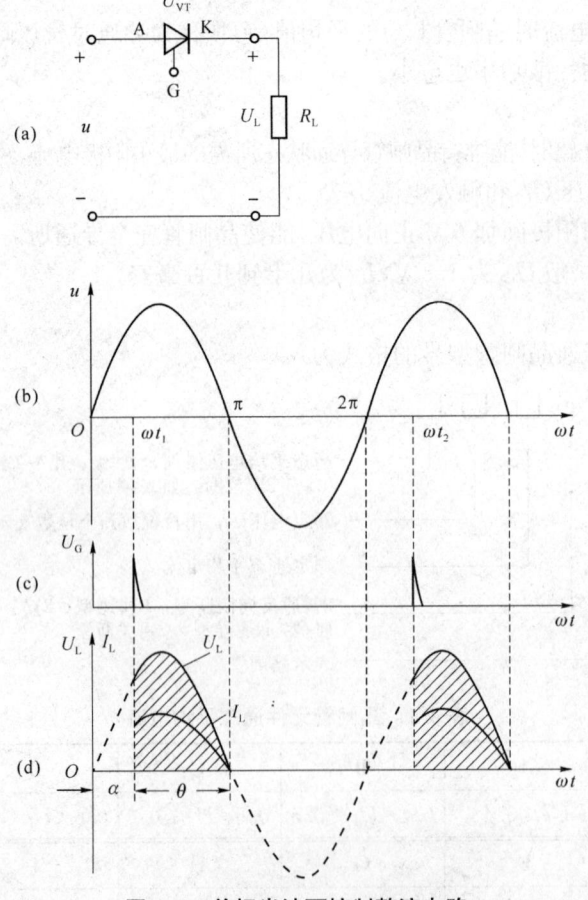

图 4.7 单相半波可控制整流电路
(a) 电路;(b) 输入电压波形;(c) 控制极电压波形;(d) 输出电压波形

如果在晶闸管承受正向电压期间,改变控制极触发电压 u_G 加入的时刻(称为触发脉冲的移相),则负载上得到的直流电压波形和大小也会随之改变,这样就实现了对输出电压的调节。

2) 控制角 α 与导通角 θ

晶闸管在正向阳、阴极电压下,半个周期内,不导通的范围称为控制角,用"α"表示;导通的范围称为导通角,用"θ"表示,如图 4.7(d)所示。单相半波可控整流的 α 和 θ 变化范围为 $0\sim180°$,并且 $\alpha+\theta=180°$。

3) 输出电压和电流

由图 4.7(d)的输出电压波形可求得输出电压的平均值为

$$U_O = \frac{1}{2\pi}\int_\alpha^\pi \sqrt{2}U\sin\omega t\, d\omega t = 0.45U\frac{1+\cos\alpha}{2} \tag{4-1}$$

当控制角 $\alpha=0°$ 时,成为半波整流电路。

负载上流过的平均电流为

$$I_O = U_O/R_L \tag{4-2}$$

4) 晶闸管承受的最大正、反向电压

由图 4.7 可知,当控制角 $\alpha\geqslant 90°$ 时,晶闸管在正、负半周中所承受的正向和反向截止电压的最大值,可能达到输入交流电压的峰值,如果交流输入电压 $U=220\text{ V}$,则承受的峰值电压为 $\sqrt{2}U=311\text{ V}$,再考虑 $2\sim3$ 倍的安全系数,则要选额定电压为 600 V 以上的晶闸管。

例 1 单相半波可控整流电路直接由交流电网 220 V 供电。要求输出的直流平均电压在 $50\sim92$ V 之间可调,试求控制角 α 的可调范围?

解 由式(4-1) $U_O=0.45U_2\dfrac{1+\cos\alpha}{2}$ 知:

$$U_O=50\text{ V},\cos\alpha=\frac{2\times50}{0.45\times220}-1\approx 0$$

$$\alpha=90°$$

$$U_O=92\text{ V},\cos\alpha=\frac{2\times50}{0.45\times220}-1\approx 0.85$$

$$\alpha=30°$$

故 α 的可调范围是 $30°\sim90°$。

5) 电感性负载

电路如图 4.8 所示,当变压器次级的电压 u_2 为正半周时,晶闸管控制极未加触发脉冲,其处于正向阻断状态,负载电压 $u_O=0$,晶闸管承受正向电压 $u_T=u_2$。在 $\alpha=\omega t_1$ 时,控制极加触发脉冲,晶闸管被触发导通。输出电压 u_O 突然由 0 上升至接近于 u_2。但由于电感中的反电动势 e_L 的阻碍作用,负载的电流不能突变,而只能逐渐变大,在 u_O 达到最大值后又逐渐减小时,I_O 却继续增大,但增大速度变慢,当 I_O 开始下降,电感中产生的自感电动势方向为上负下正,阻碍电流减小。在 $\omega t=\pi$ 时,$u_2=0$,电感的自感电动势使晶闸管承受正向电压,而继续导通,I_O 继续减小。在 u_2 的负半周,只要反电动势大于 u_2,晶闸管仍导通,负载两端电压 u_O 仍等于 u_2,I_O 一直减小,当 I_O 小于晶闸管维持电流 I_H 时,晶闸管关断,输出电压由负值突然到 0。波形如图 4.8(b)所示。

从图 4.8(b)可见,晶闸管的导通角 θ 将大于 $(\pi-\alpha)$,在 α 一定的条件下,电感 L 愈大,晶闸管维持导通时间愈长,负电压也愈大,输出电压的平均值也就愈小。因此半波可控整流电路带电感性负载时,必须采取适当的措施以避免在负载上出现负电压。

(a)

(b)

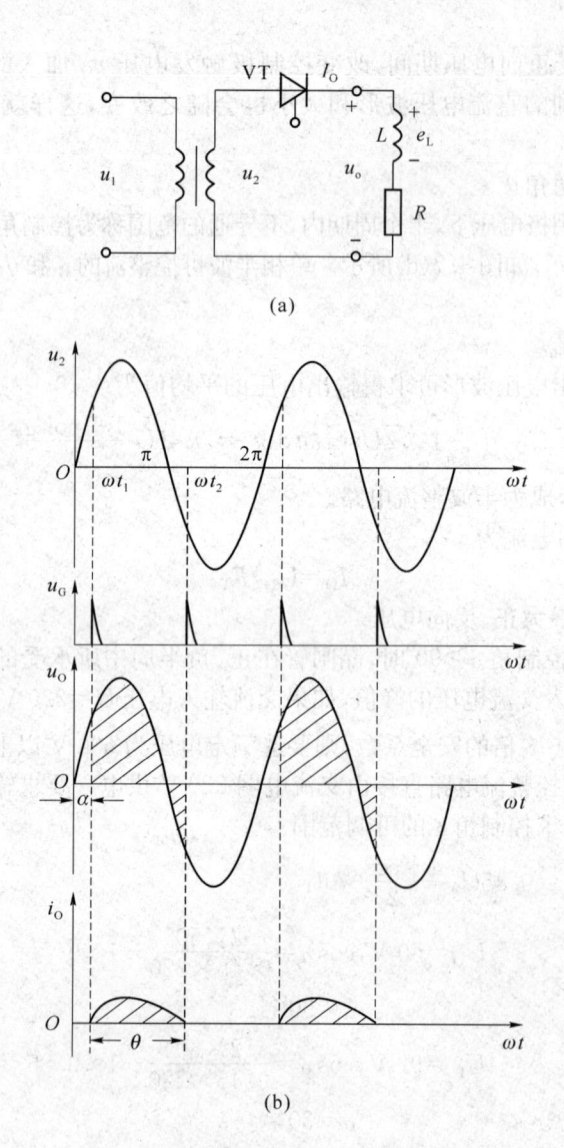

图 4.8　电感性负载单相半波可控电流

为了克服以上缺点,关键是要在 u_2 过零时,使晶闸管关断。解决的办法是在负载两端并联一个二极管 VD,极性如图 4.9 所示。在 u_2 由正经过零变为负时,由于电感中的感应电势,使二极管 VD 随即导通,一方面 u_2 通过二极管给晶闸管中加上反向电压,促使晶闸管及时关断;另一方面,二极管又为负载上由自感电动势所维持的电流提供一条继续流通的路径。因此,通常把这个二极管叫做续流二极管。在续流期间,负载的端电压等于二极管的正向电压,其值近似等于零,从而避免产生负载两端出现负电压。

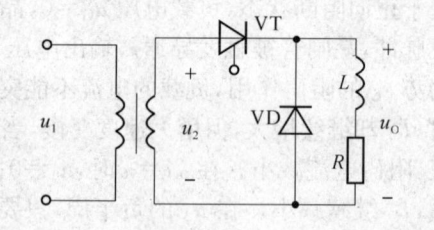

图 4.9　并入续流二极管电路

2. 单相桥式半控整流电路

1) 组成及原理

由两个晶闸管和两个二极管组成的单相桥式半控整流电路,如图 4.10 所示。其工作原理如下：

在交流电压 u_2 的正半周中，设 a 点为正，b 点为负。晶闸管 VT_1 处于正向电压之下，VT_2 处于反向电压之下。在触发脉冲到来时，VT_1 触发导通，电流从 a→VT_1→R_L→VD_2→b 端。若忽略 VT_1，VD_2 的正向压降，负载电压 u_o 与变压器次级电压 u_2 相等，极性为上正下负。

在交流电压 u_2 经过零值时，晶闸管 VT_1 因阳极电流小于维持电流而自行关断。在 u_2 为负半周时，VT_1 承受反向电压，VT_2 承受正向电压，可在 u_G 触发下导通。电流路径为 b 端→VT_2→R_L→VD_1→a 端。负载电压大小和极性与 u_2 在正半周时相同。在 u_2 的第二个周期内，电路将重复第一个周期的变化，其波形如图 4.11 所示。

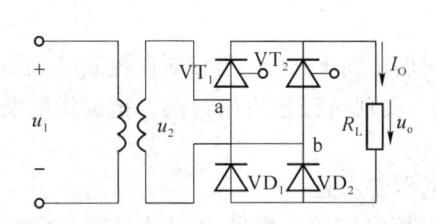

图 4.10 桥式半控整流电路

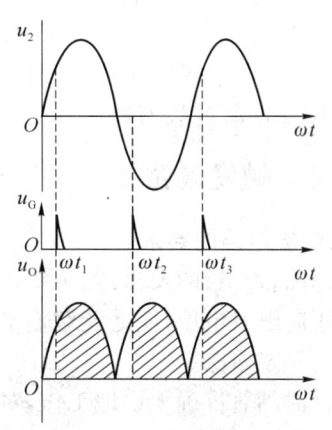

图 4.11 桥式半控整流电路波形

2) 输出电压 U_O 的计算

对照图 4.7(d) 和图 4.11 可见，单相桥式半控整流电路的直流输出电压平均值为单相半波的两倍，即

$$U_O = 0.9 U_2 \frac{1+\cos\alpha}{2} \qquad (4-3)$$
$$= 0.45 U_2 (1+\cos\alpha)$$

电压可调范围是 $0 \sim 0.9 U_2$。

输出电流的平均值为

$$I_O = \frac{U_O}{R_L} = \frac{0.9 U_2}{R_L} \times \frac{1+\cos\alpha}{2} \qquad (4-4)$$

3) 晶闸管和二极管上承受的最大正向、反向电压

由图 4.11 可以看出，当控制角 $\alpha \geq 90°$ 时，两只晶闸管的正反向电压为 $\sqrt{2} U_2$，二极管 VD_1、VD_2 上承受的最大反向电压也是 $\sqrt{2} U_2$，流过每个晶闸管和二极管电流的平均值等于负载电流的一半。

$$I_T = \frac{1}{2} I_O \qquad (4-5)$$

例 2 负载为纯电阻的单相桥式半控整流电路，输出直流电压 $U_O = 0 \sim 60$ V，直流电流 $I_O = 0 \sim 10$ A，试求：

(1) 电源变压器次级电压的有效值；
(2) 选择晶闸管。

解 (1) 设晶闸管导通角 θ 接近于 180°时得到最大输出电压。即 $\alpha = 0°$ 时，$U_O = 60$ V，

$U_2=60/0.9≈67$ V。考虑到导通角总是达不到180°及整流器件上的压降因素,交流电压应取比计算值高的10%,即 $U_2≈75$ V。

(2) 通过晶闸管的平均电流:

$$I_T=0.5I_O=0.5×10=5 \text{ (A)}$$

晶闸管承受的最大反向电压和可能承受的最大正向电压均为

$$U_M=\sqrt{2}U_2=\sqrt{2}×75=106 \text{ (V)}$$

因考虑要留有余量,则应选晶闸管的额定正向平均电流为

$$I_N=(1.5～2)I_T=(1.5～2)×5=(7.5～10) \text{ (A)}$$

额定电压:

$$U_{RRM}=(1.5～2)U_M=(157.3～210)(V)$$

可选 KP10-2 的晶闸管。

4.2.2 触发电路

1. 对触发电路的要求

根据晶闸管导通的要求,除了要在阳极和阴极间加正向电压外,还必须在控制极和阴极间加合适的正向触发电压,使之能对输出电压进行调节,实现可控整流的目的。把提供触发信号的电路称为触发电路。

为保证晶闸管准确无误地工作,对触发电路的基本要求是:

(1) 输出的触发脉冲应有一定的移相范围,对单相可控整流电路电阻性负载与大电感负载(接有续流二极管)的电路,其移相范围均为180°。

(2) 触发电压必须与晶闸管的阳极电压同步。

(3) 触发脉冲应有足够的电压幅度(一般4～10 V)和功率(一般为0.5～2 W)。

(4) 触发脉冲必须有一定的宽度,其脉宽不能低于 6 μs,一般为 20～50 μs。

触发电路的种类很多,有阻容移相式触发电路、三极管、集成电路触发电路、单结晶体管触发电路等。

2. 单结晶体管触发电路

1) 单结晶体管的结构

单结晶体管的外形像普通三极管一样有三个电极,但其内部却只有一个 PN 结。这个 PN 结在一块 N 型基片的一侧引出一个电极,称发射极 e。而另一侧的两端各引出一个电极,分别称为第一基极 b_1 与第二基极 b_2,如图 4.12(a)所示。因为只有一个 PN 结和两个基极,故称单结晶体管或称双基极晶体管。图 4.12(b)是它的电路符号,图 4.12(c)是它的等效电路,VD 表示 PN 结,R_{b2} 表示 b_2 至 PN 结之间的电阻,R_{b1} 是 b_1 至 PN 结之间的电阻。

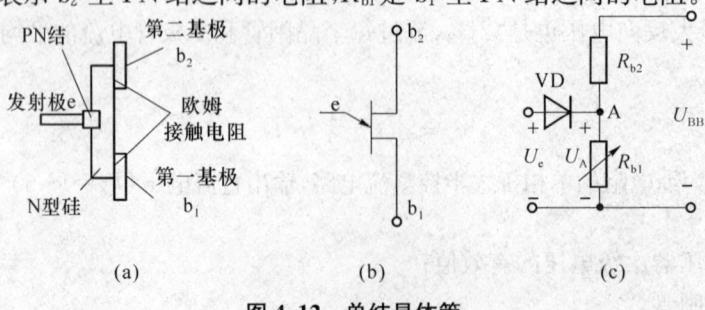

图 4.12 单结晶体管
(a) 结构;(b) 符号;(c) 等效电路

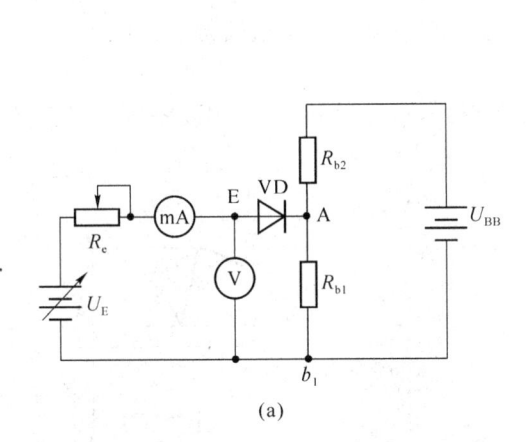

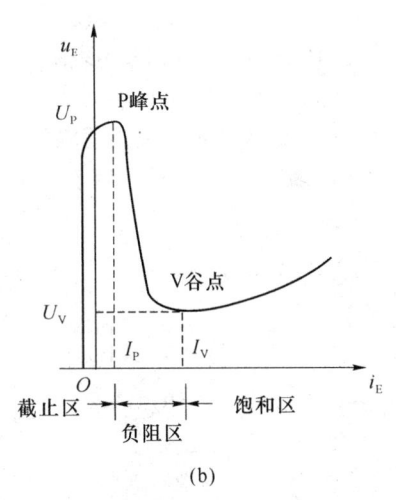

2) 单结晶体管的伏安特性

单结晶体管的伏安特性曲线如图 4.13(b)所示。曲线分为三个区域：

(1) 截止区 OP 段：u_E 由零开始增加，当 E 点电位小于 A 点电位时，VD 反偏而截止，只有很小反向电流流过发射极，器件处于截止状态，如图 4.13(b)中 P 点左侧部分所示曲线。

(2) 负阻区 PV 段：u_E 继续增大，当 E 点达到图 4.13(b) 的 P 点时，由于 $U_P = \eta U_{BB} + U_D$（式中 $\eta = \dfrac{R_{b1}}{R_{b1} + R_{b2}}$），二极管 VD 开始正偏而导通。$i_E$ 电流也开始增加，i_E 的增加使 R_{b1} 阻值减小，于是 U_{BB} 在 A 点压降 $\eta = \dfrac{R_{b1}}{R_{b1} + R_{b2}} U_{BB}$ 也随之减小，使二极管的正向偏压增加，i_E 更大。i_E 的增加又促使 R_{b1} 进一步减小，这个正反馈过程使 i_E 迅速增加，A 点电位急剧下降，这个过程称为触发。由于 PN 结的正向压降随 i_E 的增加而变化不大，E 点电位就要随 A 点电位的下降而下降，一直到达最低点 V。

图 4.13 单结晶体管的伏安特性
(a) 测试电路；(b) 伏安特性曲线

U_P 电位最高，称峰点电压，而相应的电流称为峰点电流 I_P。由以上分析可知峰点电流是 VD 刚刚导通时的电流所以 I_P 是很小的，需要指出的是峰点的电压 U_P 不是固定值，它与单结晶体管分压比 η 及外加电压 U_{BB} 有关。η 大，则 U_P 大；U_{BB} 大，U_P 也大。

V 点是曲线的最低点，称谷点，V 点所对应的电压与电流分别称为谷点电压和谷点电流。

在 PV 段，电压下降，电流上升，呈现负阻特性，这一区间称为负阻区。

(3) 饱和区：过谷点后，i_E 增加，R_{b1} 值不再下降，E 点电位随 i_E 的增加而逐渐上升。对应于谷点以右的这段区域是 E 点电位低，i_E 大，相当于单结晶体管处于饱和导通状态，称为饱和区。

由以上分析可知单结晶体管有以下特点：

① 截止区的发射极电流很小，发射极 e 视为开路。

② 发射极电位 E 点电位到达峰点电压 U_P 值时，单结晶体管导通，i_E 急剧增加，E 点电位下降。单结晶体管具有负阻特性。

③ 单结晶体管导通后，当发射极电位低于谷点电压时，单结晶体管立即转为截止状态。

3) 单结晶体管的主要参数

除峰值电压 U_P 和谷点电压 U_V 外，单结晶体管还有一个重要参数就是分压比 η。从图 4.13(a)可知，当 b_1、b_2 间加有电压 U_{BB} 后，在等效电路中若不计 PN 结压降 U_D，则 A 点电压为

$$U_A = U_{BB}\frac{R_{b1}}{R_{b1}+R_{b2}} = \eta \cdot U_{BB} \approx U_P \tag{4-6}$$

式中，η 称为分压比，一般为 0.3～0.9。

4）单结晶体管的型号及管脚识别

常用的单结晶体管有 BT31(100 mW)、BT33(330 mW)、BT35(500 mW) 和 5S2 等。B 表示半导体，T 表示特种管，3 表示三个电极，第二个数字表示耗散功率。这些管子的外形见图 4.14 所示。

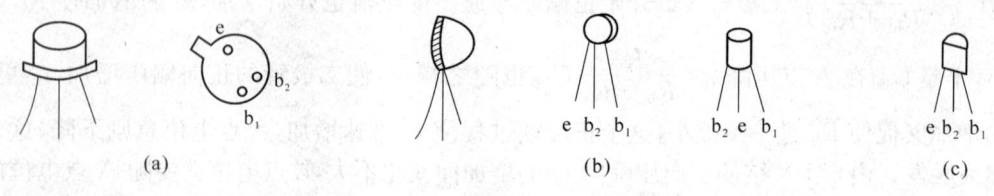

图 4.14 各种单结晶体管型号和管脚顺序
(a) BT31 型；(b) BT33、BT35 型；(c) 5S2 型

根据 PN 结原理，可用万用表来识别 e、b_1 和 b_2。e 对 b_1 的正向电阻比 e 对 b_2 的正向电阻稍大些，这样便可区别出 b_1 和 b_2 两个电极。而 b_1 和 b_2 之间的直流电阻，一般约为 3～10 kΩ。

3. 单结晶体管的自激振荡电路

利用单结晶体管的负阻特性可构成自激振荡电路，产生控制脉冲，用以触发晶闸管，如图 4.15 所示。

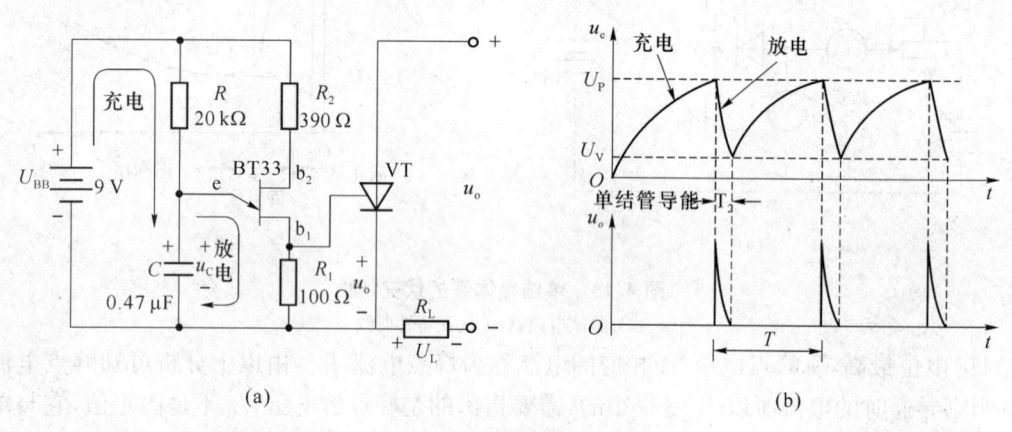

图 4.15 单结管振荡电路及波形
(a) 电路；(b) 波形

图 4.15 所示电路中，当接通电源 U_{BB} 后，电容 C 就开始充电，u_c 按指数曲线上升。当 $u_c < U_P$ 时，单结管的发射极电流 $I_E \approx 0$，所以 R_1 两端没有脉冲输出。当 u_c 上升到 $u_c \geq U_P$ 时，I_E 上升，单结管导通，于是电容器上电压 u_c 就迅速地通过 R_1 放电，故 R_1 输出一个脉冲去触发晶闸管。放电结果使 u_c 下降，到 $u_c \leq U_V$（谷点电压）时，单结管便又截止，$I_E = 0$，R_1 上触发脉冲消失。接着 U_0 又向电容 C 充电，重复上述过程。单结管自激振荡输出的触发脉冲波形如图 4.15(b) 所示。若充电电阻 R_1 用可变电阻取代，则晶闸管得到的是频率可调的尖脉冲。

4. 单结晶体管的同步触发电路

要使每个周期输出电压的平均值相同，就必须使触发电路产生的触发脉冲与电网电压通过一定的方式联系起来，即实现触发电路与主回路的同步。

图 4.16 是一个具有触发电路的单相桥式可控整流电路。图中的下半部分为主回路，上半部分是单结晶体管触发电路。

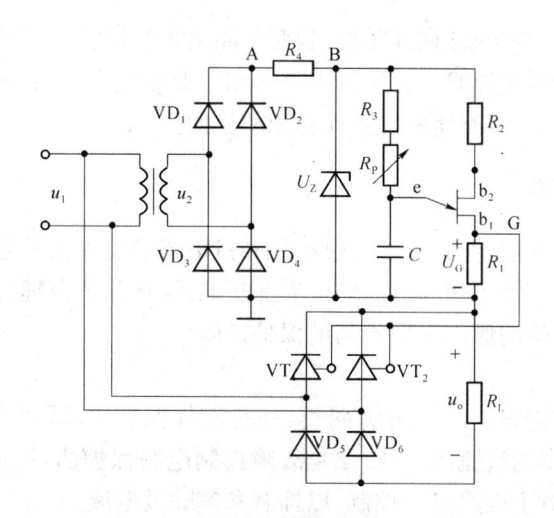

图 4.16 单结晶体管同步触发电路

图 4.16 中，变压器 T 称为同步变压器，其初级绕组与主电路接在同一交流电源上。次级电压与主电路交流电源电压频率相同。通过桥式整流，再经稳压管削波而得到梯形波电压，此电压作为单结晶体管的电源电压，即 U_{BB}。当交流电源电压瞬时值过零时，U_{BB} 也为零，电容 C 通过 E、B 和 R_1 迅速放电，使 $u_C=0$，即电容 C 能在主电路晶闸管开始承受正向电压时从零开始充电，保证了触发电路与主电路严格同步。电路中各点波形如图 4.17 所示。

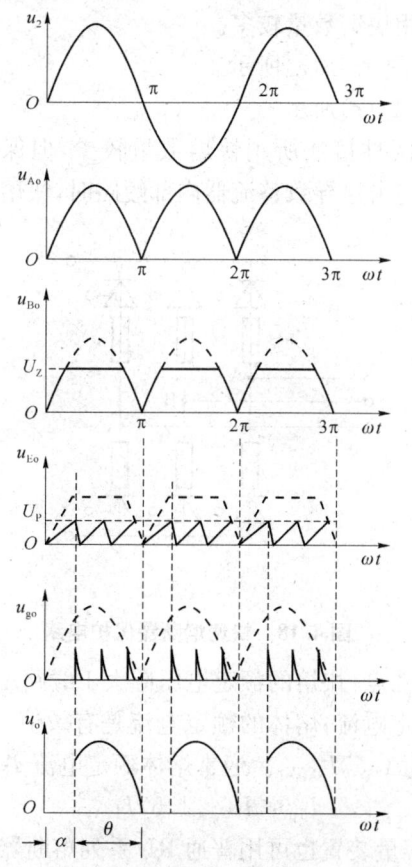

图 4.17 单结晶体管同步触发电路波形图

触发脉冲电压从 R_1 两端取出后同时加到两个晶闸管的控制极,但只能使其中阳极承受正向电压的那一只晶闸管触发导通。在实际中可利用改变充电电阻 R_p 来改变电容的充电时间常数,从而达到改变控制角 α 而使触发脉冲移相的目的。

4.2.3 保护电路

晶闸管虽然有很多优点,但是它承受过电压和过电流的能力比较差,很短时间的过电压和过电流就会把器件损坏。为了使器件能够可靠地长期运行,除了合理选择晶闸管器件外,必须针对过电压和过电流发生的原因采取恰当的保护措施。

1. 过电流保护

晶闸管的过电流保护方法一般分为两类:一是器件保护法,即直接在电路中接入保护器件,以吸收或消除电路中的过流或过压;二是故障控制电路保护法,即通过检测电路取出过电流信号,经过控制电路对主电路进行控制,以抑制和消除过电流。

1) 快速熔断器保护

熔断器是最简单有效的保护元件,针对晶闸管热容量小、过流能力差的特点,专门为保护大功率半导体变流元件而制造了快速熔断器,简称快熔。在通常的短路过流时,熔断时间小于 20 ms,能保证在晶闸管损坏之前快速切断短路故障。

快熔的接法一般有三种:

(1) 接入桥臂与晶闸管串联,如图 4.18(b)所示。这时流过快熔的电流就是流过晶闸管的电流,其保护直接可靠,但所用快熔数量较多。

(2) 接在交流输入端,如图 4.18(a)所示。

(3) 接入直流侧,如图 4.18(c)所示。

图 4.18(a)、图 4.18(c)两种接法所用快熔数量较少,但保护效果相对差一些。例如图 4.18(c)的接法,当晶闸管反向击穿导致整流器内部短路时,快熔就不能起到过电流保护作用。

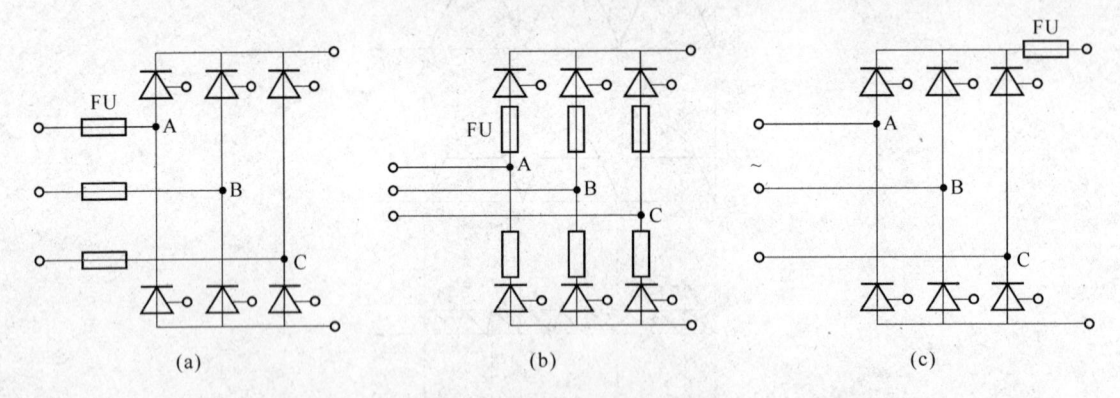

图 4.18 快速熔断器保护电路

选择快熔时要考虑以下几点:快熔的额定电压应大于线路正常工作电压;快熔的额定电流应大于或等于内部熔体的额定电流;熔体的额定电流是有效值,而晶闸管的额定电流 $I_{T(AV)}$ 是正弦半波平均值,其有效值为 $1.57 I_{T(AV)}$。通常熔体额定电流 I_{FU} 的选择应满足:

$$I_{Tm} < I_{FU} < 1.57 I_{T(AV)} \tag{4-7}$$

在实际选用中,对于小容量装置也可用普通 RL 系列熔断器代替,这时熔体的额定电流要相应减小,一般不要小于整流元件额定电流值的 2/3。

2) 过电流继电器保护

过电流继电器可设在变流电路的交流侧或直流侧。发生过电流保障时继电器动作,跳开交流电源开关,故障电流被切断。由于过电流继电器开关动作时间较长,为 0.2 s 左右,所以不能直接保护晶闸管元件,它主要用来切断交流电源,以防止故障电流的扩大。

3) 直流快速开关保护

在容量大、要求高、经常容易短路的场合,可采用直流快速开关作直流侧过载与短路保护。这种快速开关经特殊设计,它的开关动作时间只有 2 ms,全部断弧时间仅 25~30 ms,当直流侧短路时,快速开关为 DS 系列。

另外,电子电路作为过流保护,具有反应速度快、电路设计和安装方法灵活等优点。其过流信号可以从电路各个不同部位取出。抑制过电流可以通过主电路本身的控制能力进行反馈控制,而且过电流保护动作以后,不需要更换元件就可重新投入工作,所以这种过电流保护法能取得较好的实际效果。

晶闸管的各种过电流保护,其作用范围是不相同的,应协调配合。可根据交流电路的运行特点,适当选择几种过电流保护措施,以取得过电流保护的最佳效果。

2. 过电压保护

晶闸管的过电压能力极差,当元件承受的反向电压超过其反向击穿电压时,即使时间很短,也会造成元件反向击穿损坏。晶闸管电路引起过电压的原因主要是电路中的电感元件。从能量观点分析,过电压的实质是由于电路中电感元件储存的能量瞬时耗散不畅通。保护器件的主要作用是提供耗散通道,以缓冲能量的耗散速度。晶闸管通常采用的几种保护措施如图 4.19 所示。实际应用时,可根据具体情况,选择其中一部分保护措施。

通常交流侧操作过电压都是瞬时的尖峰电压,常用的过电压保护方法是并接阻容吸收电路。由于直流侧过电压能量较大,一般采用压敏电阻或硒堆保护。

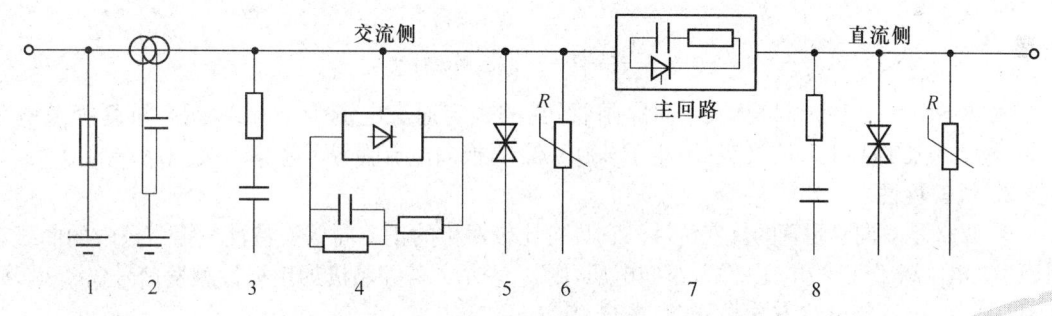

图 4.19 晶闸管装置可能采用的过电压保护

1—避雷针;2—接地电容;3—阻容吸引;4—整流式电容;
5—硒堆;6—亚敏电阻;7—晶闸管泄能;8—元件侧阻容

4.2.4 双向晶闸管

1. 结构与符号

双向晶闸管和普通晶闸管一样,从外型上看也有塑料封装型、螺栓型和平板压接型等几种不同的结构。塑料封装型元件的电流容量一般只有几安培。目前台灯调光、家用风扇调速多用此种型式。螺栓型元件可做到几十安培。大功率双向晶闸管元件都是平板压接型结构。

双向晶闸管元件的核心部分,是集成在一块硅单晶片上,相当于具有公共门极(又称控制极)的一对反并联普通晶闸管,其结构如图 4.20 所示。其中 N_4 区和 P_1 区的表面用金属膜连通,构成双向晶闸管的一个主电极。此电极的引出线称主端子,用 T_1 表示,N_2 区和 P_2 区也用金属膜连通后引出接线端子,也称主端子,用 T_2 表示。N_3 区和 P_2 区的一部分用金属膜连通后引出接线端子称为公共门极,用 G 表示。

从外部看双向晶闸管有三个引出端,应注意门极和 T_2 是从元件的同一侧引出的。元件的另一侧只有一个引出端即 T_1,其电路符号如图 4.21 所示。

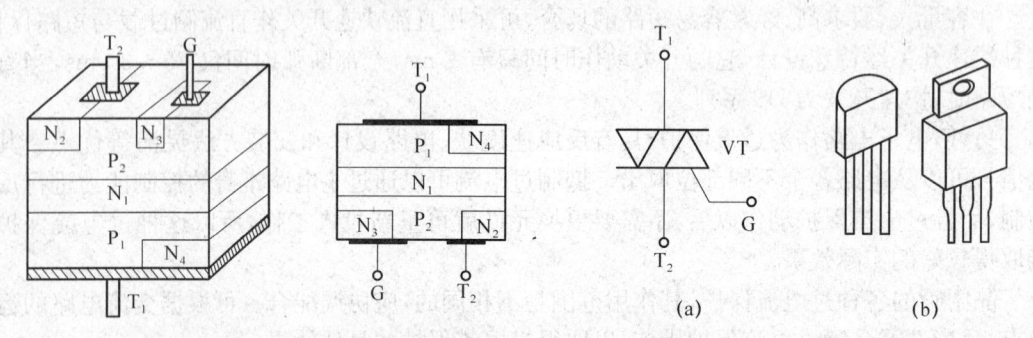

图 4.20 双向晶闸管结构图

图 4.21 双向晶闸管符号
(a) 符号;(b) 外形

根据 JB2173—70 标准,国产双向晶闸管的型号命名及其含义如下:

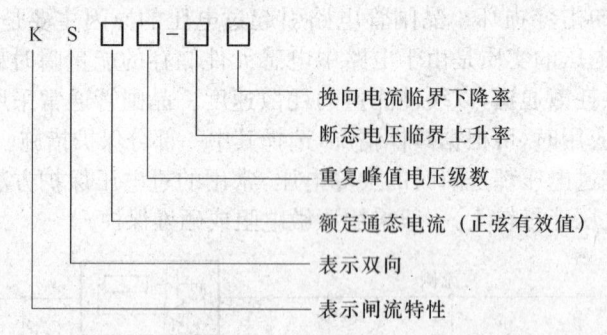

```
K S □□-□□
         │  │
         │  └── 换向电流临界下降率
         └──── 断态电压临界上升率
    └───────── 重复峰值电压级数
    └───────── 额定通态电流(正弦有效值)
  └─────────── 表示双向
  └─────────── 表示闸流特性
```

例如 KS100-10-21 表示双向晶闸管,它的额定通态电流为 100 A,断态重复峰值电压 10 V,断态电压临界上升率 2 级(不小于 200 V/μs),换向电流临界下降率 1 级(不小于 1 A/μs)。

2. 伏安特性

图 4.22 是双向晶闸管的伏安特性。它具有比较对称的正反向伏安特性。第一象限的曲线表明,T_2 极电压高于 T_1 极电压,称为正向电压,用 u_{21} 表示。若控制极加正极性触发信号($i_G>0$),则晶闸管被触发导通,电流方向是从 T_2 流向 T_1。第三象限的曲线表明 T_1 极的电压高于 T_2 极电压,称为反向电压,用 u_{12} 表示。若控制极加负极性触发信号($i_G<0$),则晶闸管也被触发,电流方向是从 T_1 流向 T_2。由此可见,双向晶闸管只用一个控制极,就可以控制它的正向导通和反向导通。双向晶闸管的 T_1 和 T_2 称为两个主电极,无所谓阳极和阴极之分。双向晶闸管不管它的控制极电压极性如何,它都可能被触发导通,这个特点是普通晶闸管所没有的。

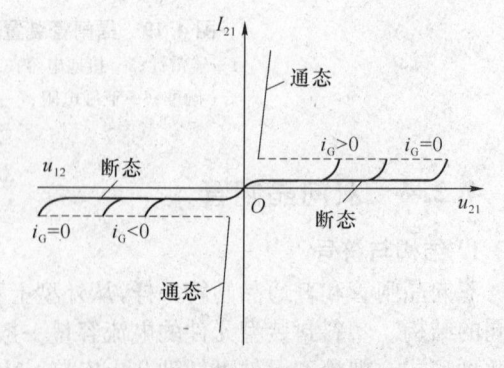

图 4.22 双向晶闸管的伏安特性

3. 触发方式

双向晶闸管主端子在不同极性下都具有导通和阻断能力。门极电压相对于主端子 T_2，无论正、负都有可能控制晶闸管导通。因此按门极极性和主端子极性的组合有四种触发方式：

I_+ 触发方式：主端子电压 T_1 为正，T_2 为负。门极电压 G 为正，T_2 为负。特性曲线在第 I 象限。

I_- 触发方式：主端子电压 T_1 为正，T_2 为负。门极电压 G 为负，T_2 为正，特性曲线在第 I 象限。

III_+ 触发方式：主端子电压 T_1 为负，T_2 为正。门极电压 G 为正，T_2 为负，特性曲线在第 III 象限。

III_- 触发方式：主端子电压 T_1 为负，T_2 为正。门极也压 G 为负，T_2 为正，特性曲线在第 III 象限。

双向可控硅 T_1 与 T_2 之间，无论所加电压极性是正向还是反向，只要控制极 G 和 T_1 间加有正负极性不同的触发电压，就可触发导通呈低阻状态。此时 T_1、T_2 间压降也约 1V。双向可控硅一旦导通，即使失去触发电压，也能继续保持导通状态。只有当 T_1、T_2 电流减小，小于维持电流或 T_1、T_2 间当电压极性改变且没有触发电压时，双向可控硅才关断，此时只有重新加触发电压方可导通。

4. 检测方法

1) 极别检测

选万用表电阻 $R×1$ 或 $R×10$ 挡，用红黑两表笔分别测任意两引脚正、反向电阻，若测的任意一引脚与其他两引脚均不通，阻值为无穷大，则此引脚就是主电极 T_2，再测另外两个引脚间的正、反向阻值，若一组值为较小阻值时，该组黑表笔所接的引脚为主电极 T_1，红表笔所接的引脚为门极 G。

2) 好坏检测

(1) 万用表电阻 $R×1$ 或 $R×10$ 挡，将黑表笔接已确定了的主电极 T_2，红表笔接主电极 T_1，测试其正、反向阻值，以及主电极 T_2 与门极 G 的正、反向阻值，此时万用表的阻值应为无穷大。否则，说明晶闸管电极间已经损坏。

(2) 万用表电阻 $R×1$ 或 $R×10$ 挡，测试主电极 T_1 与门极 G 间的正、反向阻值，正常其阻值均在几十和一百欧姆之间，否则阻值为无穷大，说明晶闸管已经开路损坏。

(3) 对小功率双向晶闸管，用万用表电阻 $R×1$ 挡，将黑表笔接主电极 T_2，红表笔接 T_1，然后将 T_2 与门极 G 短接，即给 G 极加上正极性触发信号，若测得的阻值由无穷大变为十几欧姆，说明晶闸管已触发导通；反之，交换万用表红黑表笔所接的电极，同样将 T_2 与门极 G 短接，即给 G 极加上负极性触发信号，若测得的阻值由无穷大变为十几欧姆，说明晶闸管也被触发导通；如果晶闸管导通后断开门极 G，T_1、T_2 极间维持导通，说明晶闸管有触发导通能力。否则阻值变为无穷大，说明双向晶闸管性能不良或已损坏。如果给门极 G 加上正、负极性触发信号，晶闸管仍不导通，说明晶闸管无触发导通能力，已损坏。

对于中、大功率双向晶闸管，用万用表电阻 $R×1$ 挡测量时，需在黑表笔上串接 3 节 1.5V 的干电池。

5. 典型触发电路

由于正、负触发脉冲都能使双向晶闸管导通，因此触发电路就相当简单。

1) 单结晶体管触发电路

图 4.23 是由单结晶体管组成的触发电路。因 4.23 中，R_L 是负载，整个触发电路与晶闸管并联。单结晶体管导通时，电源经桥式整流及稳压得到梯形同步电压，供给单结晶体管触发电路。在电源的正、负半周发生负向脉冲触发双向晶体管，属于Ⅰ－、Ⅲ－触发方式。当双向晶闸管导通时，触发电路两端因只有双向晶闸管的管压降而停止工作。当电源过零时，双向晶闸管阻断，触发电路电压恢复正常。因此，每半个周期只能产生一个脉冲，改变 R_C 可以调整正、负半周的控制角，达到交流调压的目的。

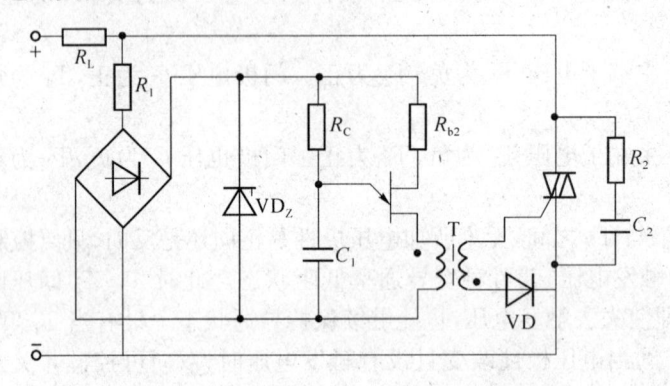

图 4.23 双向晶闸管的单结晶体管触发电路

2) 调光台灯控制电路

图 4.24 所示电路为双向晶闸管在调光台灯中的应用电路。图中 VD 是一只双向触发二极管，它的符号如图 4.25 所示。

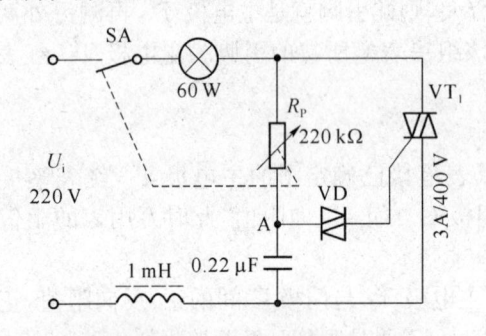

图 4.24 调光台灯控制电路　　　　图 4.25 双向触发二极管

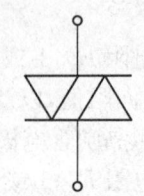

双向触发二极管的两个 PN 结是对称的，因此具有对称的击穿特性，击穿电压为 20～40 V。当双向二极管两端的电压低于某值时，是高阻截止状态。其两端电压超过触发电压时，通过它的电流急剧上升，两端电压则下降。双向二极管体积小，使用寿命长，工作可靠，成本低，能承受较大的脉冲电流。目前广泛地应用在双向晶闸管的触发电路中。

在图 4.24 所示电路中，合上开关 SA，电源电压 U_i 经过由 R_P 与 C 组成的移相电路使 A 点的电压波形如图 4.26 所示。在电源的正半周，当 U_A 电位上升到双向触发二极管正向转折电压 u_{BO1} 时，双向触发二极管突然转折导通，从而使双向晶闸管触发导通。在 VT_1 导通后，将触发电路短路。在电源电压过零瞬间，双向晶闸管自行关断。

在电源负半周，电容 C 反向充电。当电位下降到双向触发二极管的负向转折电压 U_{BO2} 时，双向触发二极管突然反向导通。只要改变 R_P 阻值便可改变电容 C 的充电时间常数，从而改变正负半周控制角 α 的大小,以在负载上得到不同的输出电压。

图 4.24 中的电感 L 用于消除高次谐波对电网的影响。

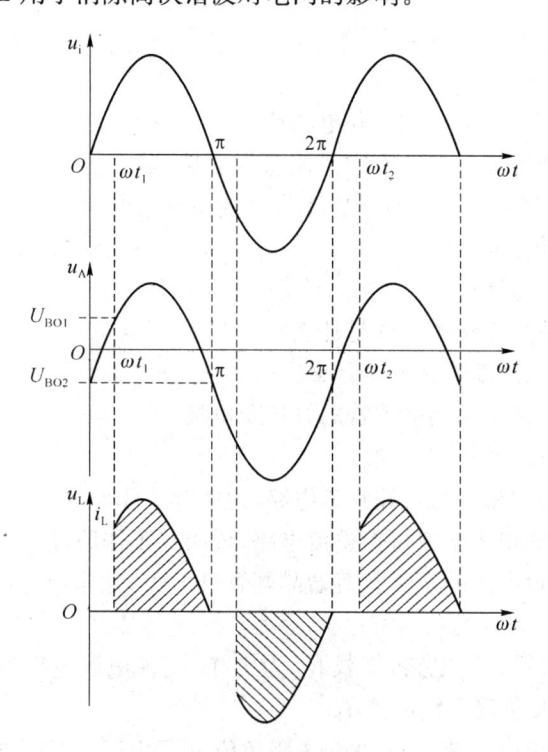

图 4.26 调光台灯控制电路各点的波形

本 章 小 结

晶闸管(又称可控硅)与二极管的相同点是单向导电,但其正向导通的条件是必须在控制信号触发下才能发生,因此在可控整流、调速、逆变、无触点开关等方面有极大的用途。

利用晶闸管可构成各种整流电路,其中有单相或三相整流电路、半波、全波、桥式整流电路、全控、半控整流电路,而这些电路的正常工作离不开触发电路。

本章还介绍了一种新型可控整流元件——双向晶闸管。它使用方便,触发电路简单,作为整流元件有极广泛的应用场合。

目 标 测 试

一、填空题

1. 晶闸管有____个极,分别是____极,用____表示;____极,用____表示;____极,用____表示。

2. 双向晶闸管有_____种触发方式,分别是_____,一般选用_____种。

3. 晶闸管有____种保护措施,是_____。

4. 型号 KP 代表_____晶闸管,型号 KS 代表_____晶闸管。

5. 晶闸管的导通角 θ 与控制角 α 的关系是_____。

6. 晶闸管按其封装形式可分为_____、_____、_____三种形式。

二、简答题

1. 画出单向晶闸管的结构示意图和电路符号。

2. 晶闸管导通的条件是什么?单向晶闸管导通后,除去控制极电压,为什么还能继续导通?维持单向晶闸管导通的条件是什么?怎样才能由导通变为关断?

3. 何谓晶闸管的维持电流?

4. 晶闸管对触发电路有什么要求?

5. 单结晶体管导通及关断的条件是什么?

6. 双向晶闸管导通、阻断的条件是什么?

7. 如何用万用表来初步判别晶闸管的好坏及电极。

8. 比较双向与单向晶闸管的异同。

9. 画出带阻负载的单相半波可控整流电路,说明其工作原理。

10. 画出带阻负载的单相全波可控整流电路,说明其工作原理。

11. 双向晶闸管额定电流的定义和普通晶闸管(KP 型)额定电流的定义有何不同?

三、计算题

1. 有一单相半波可控整流电路,负载 R_L 为 10 Ω,交流电源电压为 220 V,控制角 $\alpha=60°$,求输出电压平均值 U_o 及负载平均电流 I_L。

2. 单相桥式可控整流电路,带 75 Ω 的纯电阻负载,电源电压 220 V,计算当控制角在 60°~120°范围内调节时,输出电压的调节范围。

第 5 章

集成运算放大器及其应用

知识目标：了解集成运放的电路组成，熟悉集成运放的特性、分类及选择。认识集成运放的两个工作区及对应的外部条件，掌握集成运放在不同工作区的分析方法。了解反馈极性、类型，及其负反馈对放大器性能的影响。掌握常用运算放大器、电压比较器的电路特性、分析方法及其应用。认识正弦振荡器、信号发生器的电路特性及工作过程。

技能目标：能准确识别常用的集成运放，掌握集成运放的手册查阅方法、使用条件和保护措施。具备分析、测试集成运放构成的负反馈放大器、运算放大器、电压比较器、正弦波振荡器的基本技能。

5.1 集成运算放大器识别

集成运算放大器简称为集成运放，是具有很高放大倍数的集成电路（集成电路是将整个电路元件制作在一个硅片上的电路单元），通常结合反馈网络共同组成具有特定功能的电路，用途十分广泛。

5.1.1 集成运算放大器的组成

集成运算放大器是由多级基本放大器直接耦合而成的高放大倍数放大器，其构成由输入级、中间级、输出级和偏置电路四部分组成，内部方框图如图 5.1 所示。

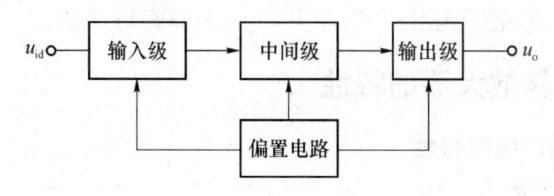

图 5.1 集成运放内部组成方框图

常见的集成运算放大器主要有金属圆壳式和塑封双列直插式两种，如图 5.2 所示。

集成运算放大器是一个多端器件，其符号如图 5.3 所示。两个输入端中"＋"为同相输入端，当信号由此端输入时，输出信号和输入信号同相，电压用 u_+ 表示；"－"为反相输入端，当信号由此端输入时，输出信号和输入信号反相，电压用 u_- 表示。输出端的"＋"表示输出电压的极性，输出为 u_o。

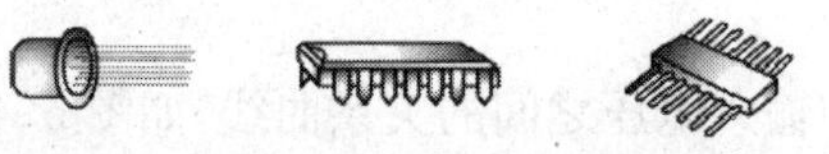

图 5.2 常见集成运放外形与管脚排列 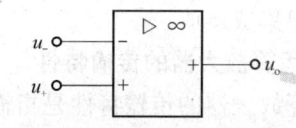　　**图 5.3 集成运算放大器的符号**

5.1.2 集成运算放大器的种类

1. 集成运算放大器的分类

集成运算放大器的种类很多,分类方法也不尽相同。按其用途分类可分为通用型及专用型两大类;按其供电电源分类可分为双电源集成运算放大器和单电源集成运算放大器两类;按其制作工艺分类可分为双极型集成运算放大器、单极型集成运算放大器和双极-单极兼容型集成运算放大器三类;按运放集成在一个芯片中的数目可分为单运放、双运放、三运放和四运放四类。

2. 集成运算放大器的命名方法

集成运算放大器的型号一般由五大部分组成,如 GB 3430—82、CF0741CT 等。下面以 CF0741CT 为例说明各部分的命名含义。

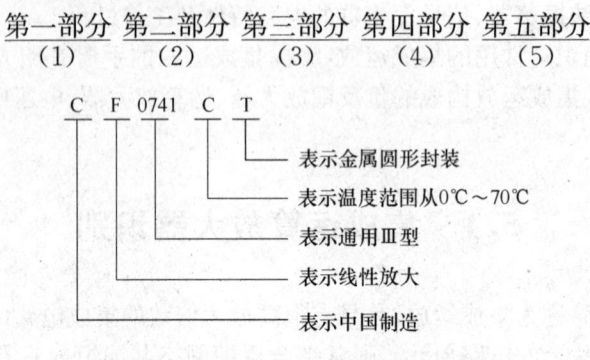

```
第一部分 第二部分 第三部分 第四部分 第五部分
  (1)     (2)     (3)     (4)     (5)

   C   F   0741   C   T
                      └── 表示金属圆形封装
                  └────── 表示温度范围从0℃~70℃
           └───────────── 表示通用Ⅲ型
       └───────────────── 表示线性放大
   └───────────────────── 表示中国制造
```

第一部分由字母组成,表示产地代号。"C"代表中国制造。
第二部分由字母组成,表示类型代号。"F"代表线性放大。
第三部分由数字组成,表示系列和品种代号。"0741"代表通用Ⅲ型。
第四部分由字母组成,表示工作温度范围。"C"代表 0℃~70℃。
第五部分由字母组成,表示封装形式。"T"代表金属圆形封装。

5.1.3 集成运算放大器的特性

1. 集成运算放大器的理想特性

(1) 开环电压放大倍数 $A_{ud} \to \infty$;
(2) 输入电阻 $r_{id} \to \infty$;
(3) 输出电阻 $r_o \to 0$。

集成运算放大器具有"二大一小"的特点,即:放大倍数大、输入电阻大、输出电阻小。

尽管理想集成运放不存在,但由于集成运放制造工艺的提高,各项性能指标都在不断提高,如现在常用的集成运放其开环电压放大倍数可达 $10^5 \sim 10^7$,输入电阻从几十千欧到几十兆欧,输出电阻很小,仅为几十欧姆。因此,在分析集成运放的应用电路时,一般可将实际的集成运放看成理想集成运放。

2. 集成运算放大器的传输特性

集成运算放大器的传输特性是指输出电压和输入电压之间的关系曲线,如图 5.4 所示。

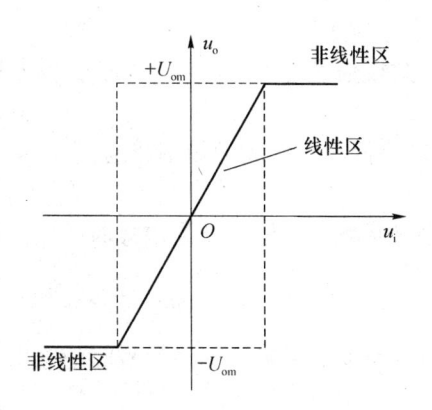

图 5.4　集成运放的传输特性

（1）线性区：当集成运放工作在线性区时，输出电压在有限值之间变化，由于 $A_{ud} \rightarrow \infty$，分析可得：

$$u_+ \approx u_-$$

即：同相端和反相端电压几乎相等，因此可认为两个输入端虚假短路，简称"虚短"。

又由于输入电阻 $r_{id} \rightarrow \infty$，分析可得：

$$i_+ = i_- \approx 0$$

即：同相端和反相端的电流几乎为零，因此可认为两个输入端虚假断路，简称"虚断"。同相端和反相端任意一端接地，其另一端也相当于接地，称为虚假接地，简称"虚地"。

（2）非线性区：当集成运放工作在非线性区时，输出电压只有两种状态，即：正向饱和电压 $+U_{om}$ 和反向饱和电压 $-U_{om}$。

当同相端电压大于反相端电压，即 $u_+ > u_-$ 时，　$u_o = +U_{om}$

当反相端电压大于同相端电压，即 $u_+ < u_-$ 时，　$u_o = -U_{om}$

在非线性区集成运放不存在"虚短"现象，但有 $i_+ = i_- \approx 0$，"虚断"仍然存在。

5.1.4　集成运算放大器的参数

1. 输入失调电压 U_{io}

U_{io} 是指在输入电压为零，输出电压不为零（其输出端存在剩余直流电压）时，为了使输出电压为零，加在输入端的补偿电压。U_{io} 一般为 $\pm(1\sim 10)$ mV。U_{io} 越小越好。

2. 输入失调电流 I_{io}

I_{io} 是指输出电压为零时，两个输入端的静态电流的差值，也是两个输入端所加的补偿电流。I_{io} 一般为 1 nA～1 μA。I_{io} 越小越好。

3. 输入偏置电流 I_{id}

I_{id} 是指输出电压为零时，两个输入端的静态电流的平均值。I_{id} 一般为 1 nA～0.1 μA。

4. 开环差模电压放大倍数 A_{ud}

A_{ud} 是指集成运算放大器在开环（只有集成运算放大器自身）情况下，输出电压和输入差模（两个输入端输入大小相等、极性相反的信号）电压的比值。A_{ud} 一般为 $10^5 \sim 10^7$。

5. 共模抑制比 K_{CMR}

K_{CMR} 是指开环差模电压放大倍数 A_{ud} 和共模（两个输入端输入大小相等、极性相同的信号)电压放大倍数的比值。K_{CMR}一般为$10^4 \sim 10^8$。

因差模信号是有用信号,共模信号是无用信号,故K_{CMR}越大越好。

6. 开环带宽 BW

BW是指A_{ud}随频率升高,下降0.707时的频率范围。

7. 输入电阻 r_{id}

r_{id}是指集成运算放大器在开环状态下输入差模信号时的输入电阻。r_{id}一般为$10^5 \sim 10^6 \Omega$。r_{id}越大越好。

8. 输出电阻 r_o

r_o是指集成运算放大器在开环状态下输入差模信号时的输出电阻。r_o一般为$10^2 \sim 10^3 \Omega$。r_o越小越好。

5.1.5 集成运算放大器的选择

1. 集成运算的选用

集成运算放大器的选用,应根据以下几方面的要求进行选择。

(1) 信号源的性质:根据信号源是电压源还是电流源、内阻大小、输入信号的幅值及频率的变化范围等,选择输入电阻r_{id}、开环带宽等参数。

(2) 负载的性质:根据负载电阻的大小,选择输出电压和输出电流的幅值等参数。对于容性负载或感性负载,还要考虑它们对频率参数的影响。

(3) 精度要求:根据对模拟信号的处理,如放大、运算等,确定精度要求,选择开环差模电压放大倍数A_{ud}、失调电压U_{io}、失调电流I_{io}等参数。

(4) 环境条件:根据环境温度的变化范围,可正确选择运放的失调电压及失调电流的温漂参数;根据所能提供的电源,选择运放的电源电压;根据对功耗有无限制,选择功耗等等。

根据上述分析就可以通过查阅手册等手段选择某一型号的集成运放了。不过,从性能价格比方面考虑,应尽量采用通用型运放,只有在通用型运放不满足应用要求时才采用专用型运放。

2. 使用时的准备工作

1) 集成运放的外引脚(管脚)

目前集成运放的常见封装方式有金属壳封装和双列直插式封装,而且以后者居多。双列直插式有8、10、12、14、16管脚等种类,虽然它们的外引线排列日趋标准化,但各制造厂仍略有区别。因此,使用运放前必须查阅有关手册,辨认管脚,以便正确连线。

2) 参数测量

使用运放之前需用简易测试法判断其好坏,例如用万用表中间挡("$\times 100 \Omega$"或"$\times 1 k\Omega$"挡,避免电流或电压过大)对照管脚测试有无短路和断路现象。必要时还可采用测试设备测量运放的主要参数。

3) 调零或调整偏置电压

由于失调电压及失调电流的存在,输入为零时输出一般不为零。对于内部无自动稳零措施的运放需外加调零电路,使之在零输入时输出为零。

对于单电源供电的运放,有时还需在输入端加直流偏置电压,设置合适的静态输出电压,以便能放大正、负两个方向的变化信号。

4) 消除自激振荡

为防止电路产生自激振荡,应在运放的电源端加上去耦电容。有的集成运放还需外接频

率补偿电容 C,应注意接入合适容量的电容。

3. 集成运放的保护

1) 输入端保护

当输入端所加的电压过高时会损坏集成运放,可在输入端加入两个反向并联的二极管,将输入电压限制在二极管的正向压降以内。

2) 输出端保护

为了防止输出电压过大,可利用稳压管来保护,在输入端和输出端串联一个双向稳压管,将输出电压限制在稳压管的稳压值 U_Z 的范围内。

3) 电源保护

为了防止正负电源接反,可用二极管保护,若电源接错,二极管反向截止,集成运放上无电压。

5.2 集成运算放大器的应用

集成运放有线性和非线性两个工作区域,外接不同性质的反馈网络可使集成运放工作在不同的区域,构成运算放大器、电压比较器、振荡器等。它们是构成电子仪器、设备的单元电路。

5.2.1 负反馈放大器及其测试

我们所学习的几种放大器虽然能对输入信号有放大作用,但其性能指标不够稳定,其原因是放大器在工作时,要受到环境温度、电源电压、负载变化等诸多因素的影响,为了改善放大器的性能,在实际放大器中一般要引入负反馈提高放大器的性能。负反馈在放大器中应用十分广泛。

1. 反馈的基础知识

1) 反馈的概念

在电路中,将放大电路输出量(电压或电流)的一部分或全部,通过某些元件或网络(称为反馈网络),反向送回到输入端,来影响原输入量(电压或电流)的过程称为反馈。

2) 反馈放大器

带有反馈的放大器称为反馈放大器,其组成如图 5.5 所示。反馈放大器由 A 基本放大器和 F 反馈网络两部分组成,构成一个闭环回路。输入信号 x_i(x 可以是电压,也可以是电流)与反馈信号 x_f 相比较(叠加),得到净输入量 x_{id},x_{id} 经 A 基本放大器放大获得输出信号 x_o。若放大器中没有反馈网络,称为开环。

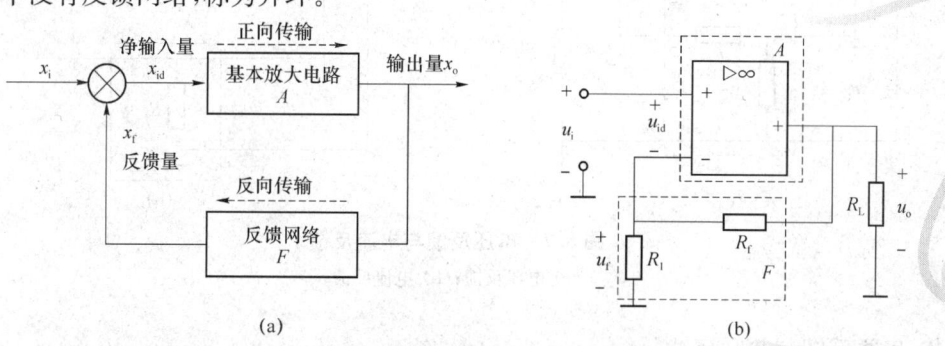

图 5.5 反馈放大器
(a) 反馈放大器组成框图;(b) 反馈放大器

3) 反馈的极性

在反馈放大器中,反馈量使放大器净输入量得到增强($x_{id}>x_i$)的反馈称为正反馈;反馈量使净输入量减弱($x_{id}<x_i$)的反馈称为负反馈。

在集成运放组成的闭环放大器中,如果反馈网络连接到反相输入端,为负反馈,反馈信号和输入信号相位相反,净输入信号减弱,如图 5.6(a)所示。如果反馈网络连接到同相输入端,为正反馈,反馈信号和输入信号相位相同,净输入信号增强,如图 5.6(b)所示。

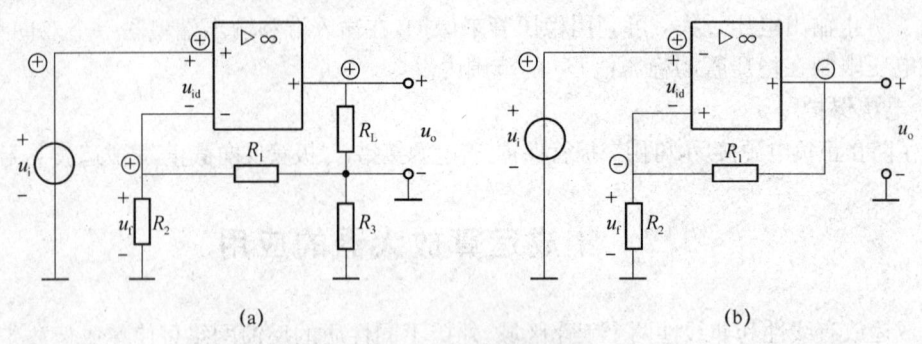

图 5.6 反馈的极性

(a) 负反馈;(b) 正反馈

2. 负反馈放大器的类型

1) 电压反馈与电流反馈

根据反馈量在放大电路输出端的取样方式不同,可分为电压反馈与电流反馈。如图 5.7(a)所示,反馈信号取自输出电压,为电压反馈;如图 5.7(b)所示,反馈信号取自输出电流,则为电流反馈。电压反馈的作用是稳定输出电压,电流反馈的作用是稳定输出电流。判断电压反馈与电流反馈的常用方法有两种,即负载开路法与负载短路法。负载开路法:若负载开路($R_L\to\infty$),有反馈信号($u_f\neq 0$),则为电压反馈;若负载开路($R_L\to\infty$),无反馈信号($u_f=0$),则为电流反馈。负载短路法:若负载短路($R_L\to 0$),无反馈信号($u_f=0$),则为电压反馈;若负载短路($R_L\to 0$),有反馈信号($u_f\neq 0$),则为电流反馈。

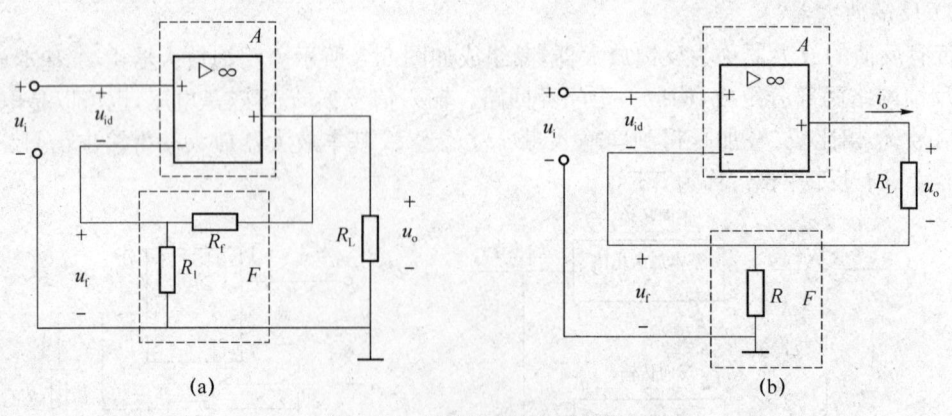

图 5.7 电压反馈与电流反馈

(a) 电压反馈;(b) 电流反馈

2) 串联反馈与并联反馈

根据反馈信号与输入信号在放大电路输入端的叠加方式不同,可分为串联反馈和并联反馈。如图 5.8(a)所示,反馈信号与输入信号串联,为串联反馈;如图 5.8(b)所示,反馈信号与输入信号并联,为并联反馈;串联反馈的作用是增大输入电阻,并联反馈的作用是减小输入电阻。判断串联反馈与并联反馈的常用方法是:若反馈信号与输入信号接在同一输入端,则为并联反馈;若反馈信号与输入信号接在不同输入端,则为串联反馈。

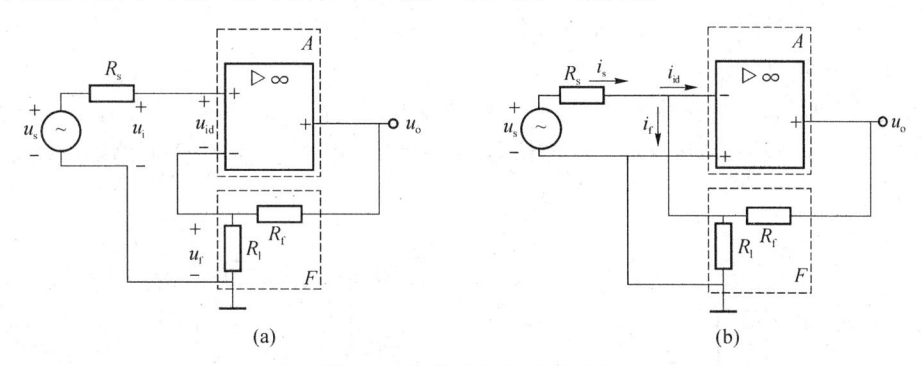

图 5.8 串联反馈与并联反馈

(a) 串联反馈;(b) 并联反馈

3) 负反馈放大器四种组态

负反馈放大器根据输出端的取样方式和输入端的连接方式,可以组成四种不同类型的组态,即:电压串联负反馈、电压并联负反馈、电流串联负反馈、电流并联负反馈。

(1) 电压串联负反馈。

如图 5.9 所示,在电路输入端,反馈信号与输入信号接在不同输入端,为串联反馈;在电路输出端,若负载开路($R_L \rightarrow \infty$),有反馈信号($u_f \neq 0$),为电压反馈,综合可得知电路是电压串联负反馈。电压反馈的重要特性是能稳定输出电压,即利用输出电压本身通过反馈网络来对放大电路起到自动调整作用。在图 5.9 所示的电路中,若负载电阻 R_L 增加引起 u_o 的增加,则电路的自动调节过程如下:

$$R_L \uparrow \rightarrow u_o \uparrow \rightarrow u_f \uparrow \rightarrow u_{id} \downarrow \rightarrow u_o \downarrow$$

(2) 电压并联负反馈。

如图 5.10 所示,在电路输入端,反馈信号与输入信号接在同一输入端,为并联反馈;在电路输出端,若负载开路($R_L \rightarrow \infty$),有反馈信号($u_f \neq 0$),为电压反馈,综合可得知电路是电压并联负反馈。

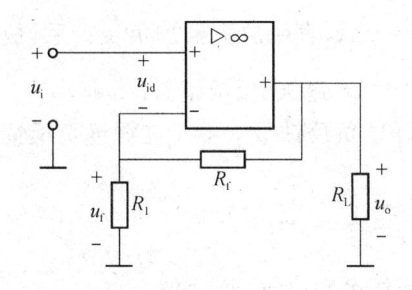

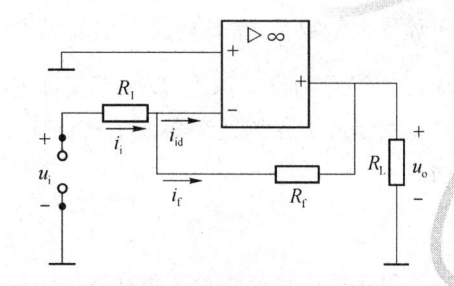

图 5.9 电压串联负反馈电路　　　　　**图 5.10 电压并联负反馈电路**

(3) 电流串联负反馈。

如图 5.11 所示,在电路输入端,反馈信号与输入信号接在不同输入端,为串联反馈;在电

103

路输出端,若负载开路($R_L \to \infty$),无反馈信号($u_f=0$),为电流反馈,综合可得知电路是电流串联负反馈。电流反馈的重要特性是能稳定输出电流。即利用输出电流本身通过反馈网络来对放大器起到自动调整作用。在图 5.11 所示的电路中,若负载电阻 R_L 减小引起 i_o 的增加,则电路的自动调节过程如下:

$$R_L \downarrow \to i_o \uparrow \to u_f \uparrow \to u_{id} \downarrow \to i_o \downarrow$$

(4)电流并联负反馈。

如图 5.12 所示,在电路输入端,反馈信号与输入信号接在同一输入端,为并联反馈;在电路输出端,若负载开路($R_L \to \infty$),无反馈信号($u_f=0$),为电流反馈,综合可得知电路是电流串联负反馈。

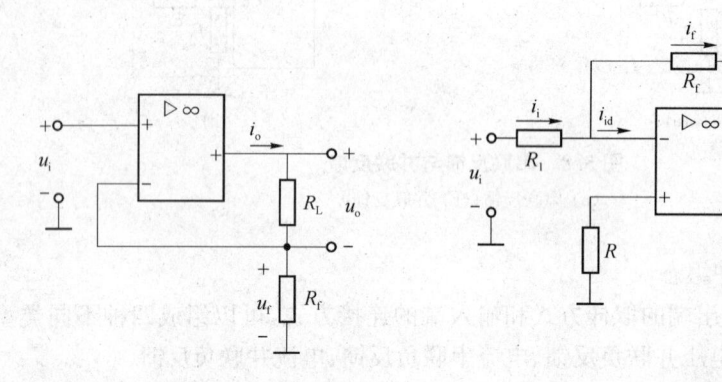

图 5.11 电流串联负反馈电路

图 5.12 电流并联负反馈电路

3. 负反馈放大器的基本关系式

如图 5.13 所示,为负反馈放大器的方框图。根据方框图可得负反馈放大器的基本关系式:

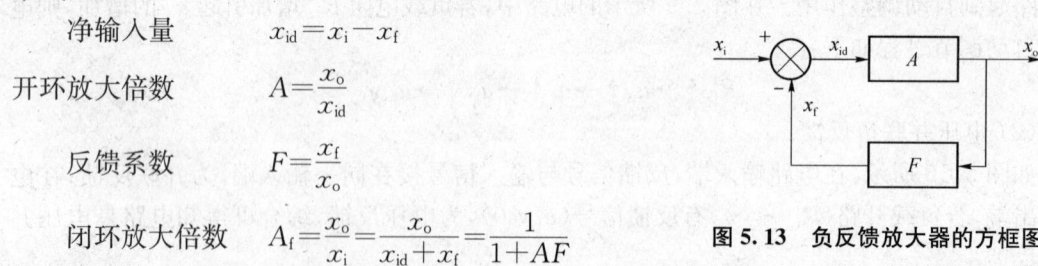

净输入量 $\qquad x_{id}=x_i-x_f$

开环放大倍数 $\qquad A=\dfrac{x_o}{x_{id}}$

反馈系数 $\qquad F=\dfrac{x_f}{x_o}$

闭环放大倍数 $\qquad A_f=\dfrac{x_o}{x_i}=\dfrac{x_o}{x_{id}+x_f}=\dfrac{1}{1+AF}$

图 5.13 负反馈放大器的方框图

闭环放大倍数 A_f 是开环放大倍数 A 的 $\dfrac{1}{1+AF}$,小于 A,表明放大器加负反馈后,放大倍数下降。$1+AF$ 为反馈深度,反映了反馈的强弱,即:$1+AF$ 越大,反馈越深,A_f 越小。

当负反馈放大器的反馈深度 $1+AF \gg 1$ 时,称为深度负反馈放大器。在深度负反馈的情况下,有

$$A_f=\dfrac{1}{1+AF}A \approx \dfrac{A}{AF}=\dfrac{1}{F}$$

这说明在深度负反馈放大器中,放大倍数主要由反馈系数决定,此时有

$$x_i \approx x_f, x_{id} \approx 0$$

这也是深度负反馈的主要特点。

4. 负反馈对放大器性能的影响

放大电路在工作时,因受到工作环境、负载变化等诸多因素的影响,工作状态难以稳定。在放大器中引入负反馈,其主要目的是稳定放大器的工作状态。根据 A_f 与 A 关系可知引入负反馈后,放大器的放大倍数(增益)将下降,也就是说放大器工作的稳定是通过减小放大倍数获得的。

1) 提高增益的稳定性

增益的稳定性用增益的相对变化量来衡量,通过闭环增益的相对变化量 $\left(\dfrac{dA_f}{A_f}\right)$ 与开环增益的相对变化量 $\left(\dfrac{dA}{A}\right)$ 相比较,说明引入负反馈后增益的稳定性的提高。

通过数学推导可得

$$\frac{dA_f}{A_f} = \frac{1}{1+AF} \frac{dA}{A}$$

$$\frac{dA_f}{A_f} < \frac{dA}{A}$$

即 $\dfrac{dA_f}{A_f}$ 是 $\dfrac{dA}{A}$ 的 $\dfrac{1}{1+AF}$,表明闭环增益的稳定性比开环增益的稳定性提高了 $(1+AF)$ 倍。

2) 减小非线性失真

在如图 5.14 所示的演示电路中,信号发生器输入频率为 1 kHz,峰值电压为 1 V 的正弦波。将开关 S 断开(开环),用示波器观察输出波形,可看到输出波形明显地失真,如 5.14 图中输出波形(a)。将开关 S 闭合(闭环),观察输出波形,可看到失真波形明显地改善,如图 5.14 中的波形(b)。其原因是:在开环放大器中,由于开环增益很大,使放大器工作在非线性区,输出波形为双向失真波形。开关闭合后,电路加上了负反馈,电路增益减小,放大器工作在线性区,输出波形为标准的正弦波。即负反馈能减小非线性失真。可以证明,引入负反馈后,其非线性失真减小了 $(1+AF)$ 倍。

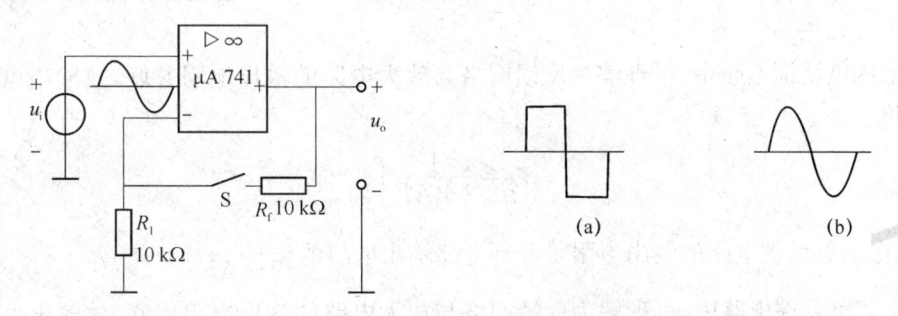

图 5.14 非线性失真演示电路与输出波形

3) 扩展通频带

在阻容耦合放大器中,输入信号在低频区和高频区时,其放大倍数均会下降,如图 5.15 所示。由于负反馈具有稳定增益的作用,所以在低频区和高频区放大倍数下降的速度将变慢,相当于通频带变宽。可以证明,引入负反馈后,通频带扩展为原来的 $(1+AF)$ 倍。

4) 改变输入电阻和输出电阻

(1) 对输入电阻的影响。

负反馈对输入电阻的影响,取决于反馈网络在输入端的连接方式是串联还是并联,而与输出端取样方式无关。

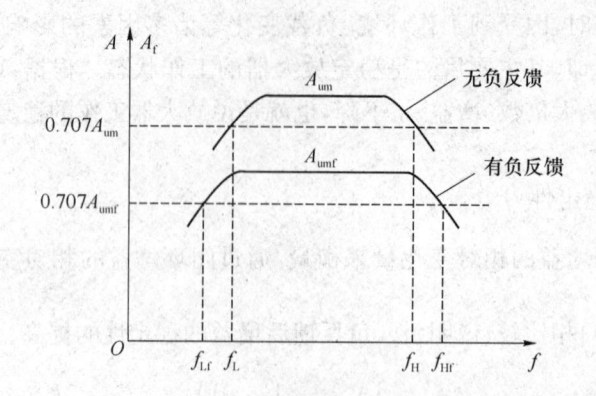

图 5.15 开环与闭环的幅频特性

在串联负反馈电路中，反馈网络与放大电路的输入电阻串联，故输入电阻增大。分析可得：

$$r_{if}=(1+AF)r_i$$

即：串联负反馈电路的输入电阻是开环电路输入电阻的 $(1+AF)$ 倍。

在并联负反馈电路中，反馈网络与放大电路的输入电阻并联，故输入电阻减小。分析可得：

$$r_{if}=\frac{1}{1+AF}r_i$$

即：并联负反馈电路的输入电阻是开环电路输入电阻的 $\left(\frac{1}{1+AF}\right)$。

（2）对输出电阻的影响。

负反馈对输出电阻的影响，取决于反馈取样方式是电压还是电流，而与反馈网络在输入端的连接方式无关。

在电压负反馈电路中，可理解为反馈网络与放大电路的输出电阻并联，故输出电阻减小。分析可得：

$$r_{of}=\frac{1}{1+AF}r_o$$

即：电压负反馈电路的输出电阻是开环电路输出电阻的 $\left(\frac{1}{1+AF}\right)$。

在电流负反馈电路中，可理解为反馈网络与放大电路的输出电阻串联，故输出电阻增大。分析可得：

$$r_{of}=(1+AF)r_o$$

即：电流负反馈电路的输出电阻是开环电路输出电阻的 $(1+AF)$ 倍。

5. 负反馈放大器测试

（1）测试要求：按测试程序完成测试内容。

（2）测试设备：电路综合实验台、万用表、毫伏表、信号发生器、双踪示波器。

（3）测试电路：如图 5.16 所示。

（4）测试程序：

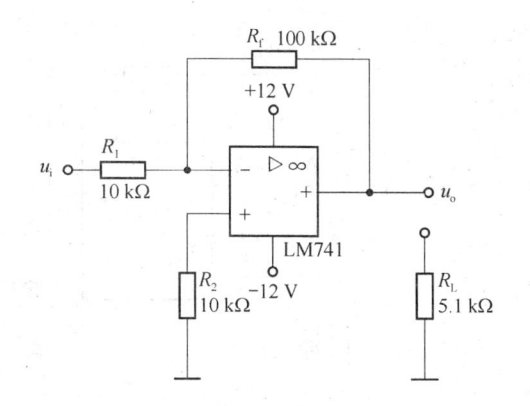

图 5.16 负反馈放大器测试电路

① 负反馈放大器放大倍数的测试。

• 调节信号发生器,输出频率为 1 kHz,有效值为 50 mV(用毫伏表测量)的正弦波信号,将其加至实验电路的输入端。

• 用示波器同时观察输入、输出信号的波形,用毫伏表测量输入信号 u_i _____,输出信号 u_o _____,计算空载闭环电压放大倍数 A_{uf} _____。

• 接入负载电阻 R_L,观察输出信号的变化,测量输入信号 u_i _____,输出信号 u_o _____,计算带载闭环电压放大倍数 A_{uf} _____。

• 保持输入信号和负载不变,断开反馈电阻 R_f,观察输出波形的变化,并分析波形变化的原因。

② 负反馈放大器频率特性测试。

• 保持输出信号频率为 1 kHz,适当调节 u_i 幅度,用示波器观察,使输出端得到最大不失真正弦波。

• 保持输入信号幅度不变,逐步增加频率,使输出端波形幅值减小为原来的 70%,测得 f_H _____,逐渐减小输入信号频率,测得 f_L _____,计算通频带 BW _____。

• 接通反馈电阻 R_f(闭环),重复上述步骤,测量并记录负反馈放大器的 f_H _____ 和 f_L _____。

• 根据测试结果,比较开环和闭环时放大器的幅频特性。

5.2.2 运算放大器及其测试

基本运算放大器是集成运算放大器的线性应用,由于集成运算放大器的开环放大倍数很大,为保证集成运算放大器工作在线性区,基本运算放大器必须是深度负反馈放大器。集成运算放大器构成的基本运算放大器可实现比例运算、加减法运算、微积分运算等数学运算功能。

1. 比例运算放大器

1) 反相输入比例运算放大器

如图 5.17 所示为反相输入比例运算放大器。分析可知:反相输入比例运算放大器是电压并联负反馈放大器,集成运算放大器工作在线性区。为了保证集成运算放大器处在平衡对称的工作状态,同相输入端加平衡电阻 R_2,使得反相端与同相端外接电阻相等,即 $R_2=R_1 /\!/ R_f$。

根据"虚短" $u_+ \approx u_-$,"虚断" $i_+ = i_- \approx 0$,可得 $u_A = u_+ \approx u_- = 0$,A 点为"虚地"点,$i_1 = i_f$。则有

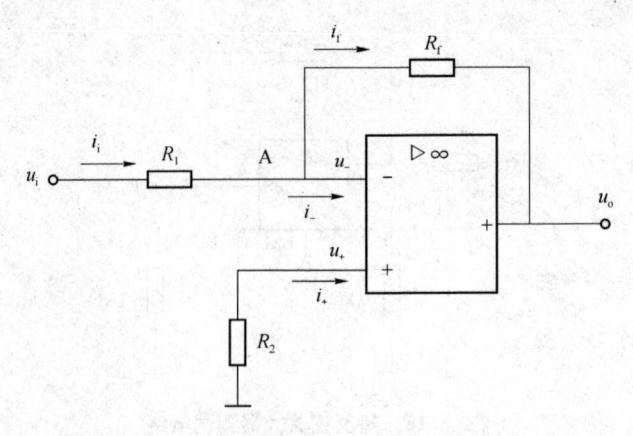

图 5.17 反相输入比例运算放大器

因为
$$i_i = \frac{u_i}{R_1}, \quad i_f = \frac{0-u_o}{R_f} = -\frac{u_o}{R_f}$$

所以
$$\frac{u_i}{R_1} = -\frac{u_o}{R_f}$$

即
$$A_{uf} = \frac{u_o}{u_i} = -\frac{R_f}{R_1}$$

或
$$u_o = -\frac{R_f}{R_1} u_i$$

输出电压与输入电压成比例关系,且相位相反。放大倍数和负载无关,具有稳定的放大能力。

当 $R_1 = R_f = R$ 时,$u_o = -u_i$,输入电压与输出电压大小相等,相位相反,称为反相器。

由于反相输入比例运算放大器是深度电压并联负反馈,所以

输入电阻为
$$r_{if} = R_1 + \frac{r_i}{1+AF} \approx R_1$$

输出电阻为
$$r_{of} = \frac{r_o}{1+AF} \approx 0$$

2) 同相输入比例运算放大器

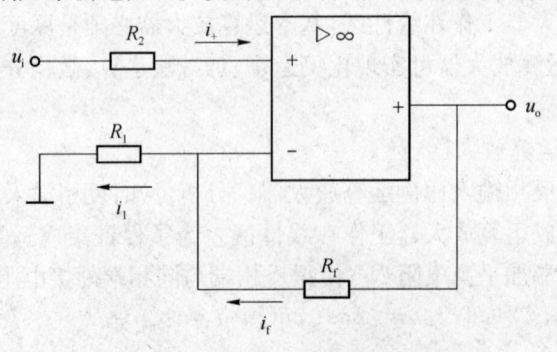

如图 5.18 所示为同相输入比例运算放大器。分析可知:同相输入比例运算放大器是电压串联负反馈放大器,集成运算放大器工作在线性区。为了保证集成运算放大器处在平衡对称的工作状态,同相输入端加平衡电阻 R_2,使得反相端与同相端外接电阻相等,即 $R_2 = R_1 /\!/ R_f$。

图 5.18 同相输入比例运算放大器

根据"虚短"$u_+ \approx u_-$,"虚断"$i_+ = i_- \approx 0$,可得 $u_i = u_+ \approx u_-$,$i_1 = i_f$。则有

因为
$$i_1 = \frac{0-u_-}{R_1} = -\frac{u_i}{R_1}, \quad i_f = \frac{0-u_o}{R_f + R_1} = -\frac{u_o}{R_f + R_1}$$

所以
$$-\frac{u_i}{R_1} = -\frac{u_o}{R_f + R_1}$$

即
$$A_{uf} = \frac{u_o}{u_i} = 1 + \frac{R_f}{R_1}$$

或
$$u_o = (1 + \frac{R_f}{R_1})u_i$$

输出电压与输入电压成比例关系,且相位相同。放大倍数和负载无关,具有稳定的放大能力。

当 $R_f = 0$ 或 $R_1 \to \infty$ 时,$u_o = u_i$,即输出电压与输入电压大小相等,相位相同,称为电压跟随器。

由于同相输入比例运算放大器是深度电压串联负反馈,所以,输入电阻为
$$r_{if} = (1+AF)r_i$$

输出电阻为
$$r_{of} = \frac{r_o}{1+AF} \approx 0$$

2. 加法运算放大器

1) 反相加法运算放大器

如图 5.19(a)所示,在反相比例运算放大器中增加若干个输入端,构成反相加法运算放大器。R_4 为平衡电阻,$R_4 = R_1 // R_2 // \cdots // R_n // R_f$。

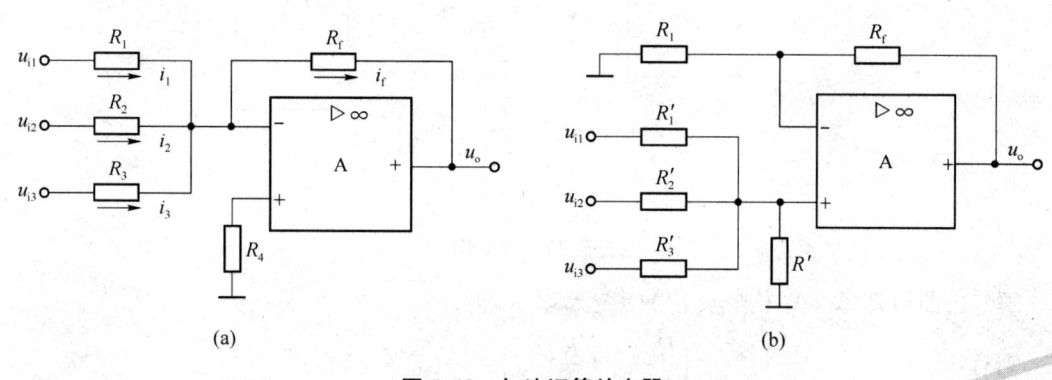

(a)

(b)

图 5.19 加法运算放大器

(a) 反相加法运算放大器;(b) 同相加法运算放大器

根据"虚断"的概念可得:
$$i_f = i_i$$
$$i_i = i_1 + i_2 + i_3$$

再根据"虚地"的概念可得
$$i_1 = \frac{u_{i1}}{R_1}, \quad i_2 = \frac{u_{i2}}{R_2}, \quad i_3 = \frac{u_{i3}}{R_3}$$

则有
$$u_o = -R_f i_f = -R_f(\frac{u_{i1}}{R_1} + \frac{u_{i2}}{R_2} + \frac{u_{i3}}{R_3})$$

实现了各信号按比例进行加法运算。

当取 $R_1 = R_2 = R_3 = R_f$,则 $u_o = -(u_{i1} + u_{i2} + u_{i3})$,实现了各输入信号的反相相加。

2) 同相加法运算放大器

如图 5.19(b)所示,在同相比例运算放大器中增加若干个输入端,构成同相加法运算放大器。

根据"虚断"$i_+ \approx 0$,可得:

$$\frac{u_{i1}-u_+}{R'_1}+\frac{u_{i2}-u_+}{R'_2}+\frac{u_{i3}-u_+}{R'_3}=\frac{u_+}{R'}$$

整理上式可得:

$$u_+=\frac{R_+}{R'_1}u_{i1}+\frac{R_+}{R'_2}u_{i2}+\frac{R_+}{R'_3}u_{i3}$$

其中:

$$R_+=R'_1 // R'_2 // R'_3 // R'$$

再根据"虚短"$u_+ = u_-$,可得:

$$u_o=\left(1+\frac{R_f}{R_1}\right)u_-=\left(1+\frac{R_f}{R_1}\right)u_+$$

$$=\left(1+\frac{R_f}{R_1}\right)\left(\frac{R_+}{R'_1}u_{i1}+\frac{R_+}{R'_2}u_{i2}+\frac{R_+}{R'_3}u_{i3}\right)$$

实现了各信号按比例进行加法运算。

例1 根据如图例 5.20 所示电路,实现以下运算关系:

$$u_o=0.2u_{i1}-10u_{i2}+1.3u_{i3}$$

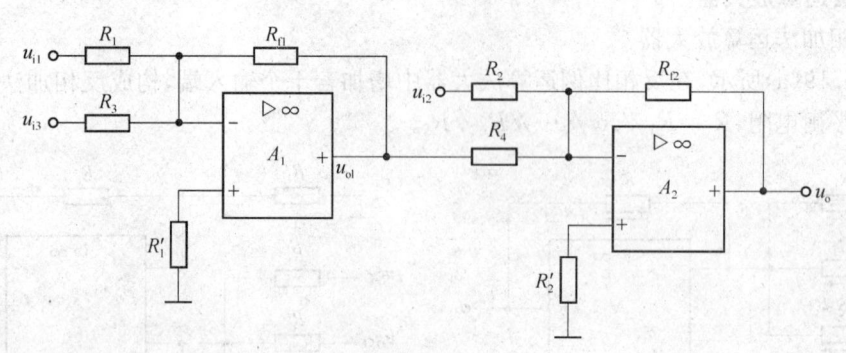

图 5.20 例 1 图

解 由图可知 A_1、A_2 构成反相加法运算放大器

则有:

$$u_o=-\left(\frac{R_{f2}}{R_4}u_{o1}+\frac{R_{f2}}{R_2}u_{i2}\right)=-(u_{o1}+10u_{i2})$$

$$u_{o1}=-\left(\frac{R_{f1}}{R_1}u_{i1}+\frac{R_{f1}}{R_3}u_{i3}\right)=-(0.2u_{i1}+1.3u_{i3})$$

比较得:

$$\frac{R_{f1}}{R_1}=0.2,\quad \frac{R_{f1}}{R_3}=1.3,\quad \frac{R_{f2}}{R_4}=1,\quad \frac{R_{f2}}{R_2}=10$$

选 $R_{f1}=20$ kΩ,得:$R_1=100$ kΩ,$R_3=15.4$ kΩ;

选 $R_{f2}=100$ kΩ,得:$R_4=100$ kΩ,$R_2=10$ kΩ。

$R'_1=R_1 // R_3 // R_{f1}=8$ kΩ

$R'_2=R_2 // R_4 // R_{f2}=8.3$ kΩ

3. 减法运算放大器

能实现减法运算的放大器如图 5.21(a)所示。当减法运算的放大器的 $u_{i1}=0$ 时,为反相比例运算放大器,如图 5.21(b)所示;当减法运算的放大器的 $u_{i2}=0$ 时,为同相比例运算放大器,如图 5.21(c)所示,即减法运算的放大器是二者的叠加电路。

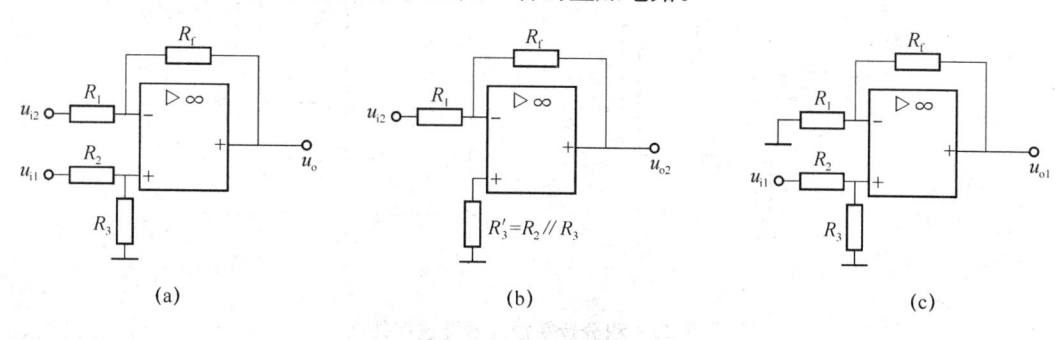

图 5.21 减法运算放大器

反相比例运算放大器,输出电压 $\quad u_{o2}=-\dfrac{R_f}{R_1}u_{i2}$

同相比例运算放大器,输出电压 $\quad u_+=\dfrac{R_3}{R_2+R_3}u_{i1}$

$$u_{o1}=\left(1+\dfrac{R_f}{R_1}\right)u_+$$

$$u_{o1}=\left(1+\dfrac{R_f}{R_1}\right)\left(\dfrac{R_3}{R_2+R_3}\right)u_{i1}$$

则减法运算放大器输出电压

$$u_o=u_{o1}+u_{o2}=-\dfrac{R_f}{R_1}u_{i2}+\left(1+\dfrac{R_f}{R_1}\right)\left(\dfrac{R_3}{R_2+R_3}\right)u_{i1}$$

$$=\left(1+\dfrac{R_f}{R_1}\right)\left(\dfrac{R_3}{R_2+R_3}\right)u_{i1}-\dfrac{R_f}{R_1}u_{i2}$$

当取 $R_1=R_2=R_3=R_f$,则 $u_o=u_{i1}-u_{i2}$,实现了输入信号相减。

4. 微积分运算放大器

1) 积分运算放大器

如图 5.22(a)所示,为反相积分运算放大器。根据"虚短"$u_+\approx u_-$,"虚断"$i_+=i_-\approx 0$,可得 $u_A=u_-\approx u_+=0$,A 点为"虚地"点,$i_R=i_C$。即 u_i 以电流 $i_C=u_i/R$ 对电容 C 充电,设电容 C 的初始电压为零,则有

$$u_o=-\dfrac{1}{C}\int i_C dt=-\dfrac{1}{C}\int \dfrac{u_i}{R}dt=-\dfrac{1}{RC}\int u_i dt$$

表明:输出电压为输入电压对时间的积分,且相位相反。

当 u_i 为常量时,有

$$u_o=-\dfrac{u_i}{RC}t$$

显然,输出电压与时间呈线性关系,输出电压的高低反映了时间的长短。

积分运算放大器的主要作用是实现波形转换。如图 5.22(b)所示,可将矩形波转换成三角波。

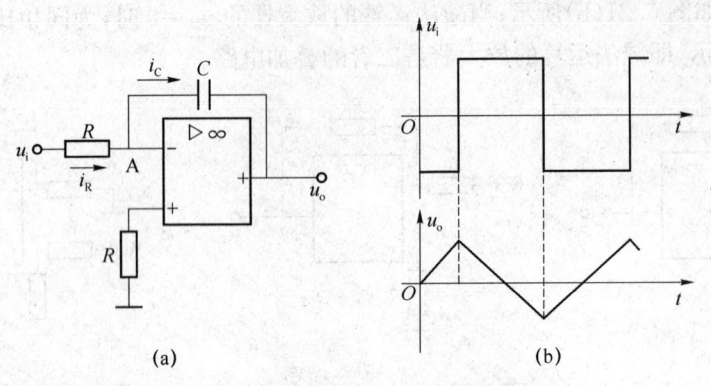

图 5.22　积分运算放大器及波形转换

(a) 积分运算放大器；(b) 波形转换图

2) 微分放大器

将积分放大器中的 R 和 C 互换，就可得到微分运算放大器，如图 5.23(a) 所示。根据"虚短" $u_+ \approx u_-$，"虚断" $i_+ = i_- \approx 0$，可得 $u_A = u_+ \approx u_- = 0$，A 点为"虚地"点，$i_R = i_C$。设电容 C 的初始电压为零，则有

$$i_C = i_R = C\frac{\mathrm{d}u_i}{\mathrm{d}t}$$

$$u_o = -i_R R = -RC\frac{\mathrm{d}u_i}{\mathrm{d}t}$$

表明：输出电压为输入电压对时间的微分，且相位相反。

微分运算放大器的主要作用，是在输入信号突变时，输出尖脉冲电压，如图 5.23(b) 所示。

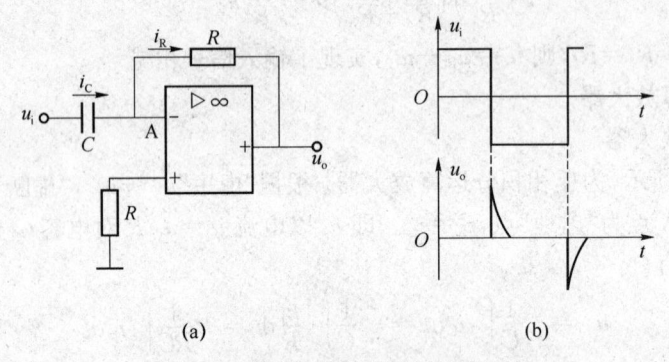

图 5.23　微分运算放大器及波形转换

(a) 微分运算放大器；(b) 波形转换图

5. 运算放大器测试

(1) 测试要求：按测试程序完成测试内容。

(2) 测试设备：电路综合实验台、万用表、毫伏表、信号发生器、双踪示波器。

(3) 测试程序：

① 反相比例放大器的测试。

- 反相比例运算放大器如图 5.24 所示，按图连接电路，组成反相比例运算放大器。

- 调节信号发生器,使其产生频率为 1 kHz,有效值为 200 mV(用毫伏表测量)的正弦波信号,将其加至实验电路的输入端。
- 用示波器观察,用毫伏表测量 $u_i=$ _____ 和 $u_o=$ _____,判断 u_i 与 u_o 的相位关系,并计算电压放大倍数 $A_{uf}=$ _____。

② 同相比例放大器的测试。

- 同相比例运算放大器如图 5.25 所示,按图连接电路,组成同相比例运算放大器。

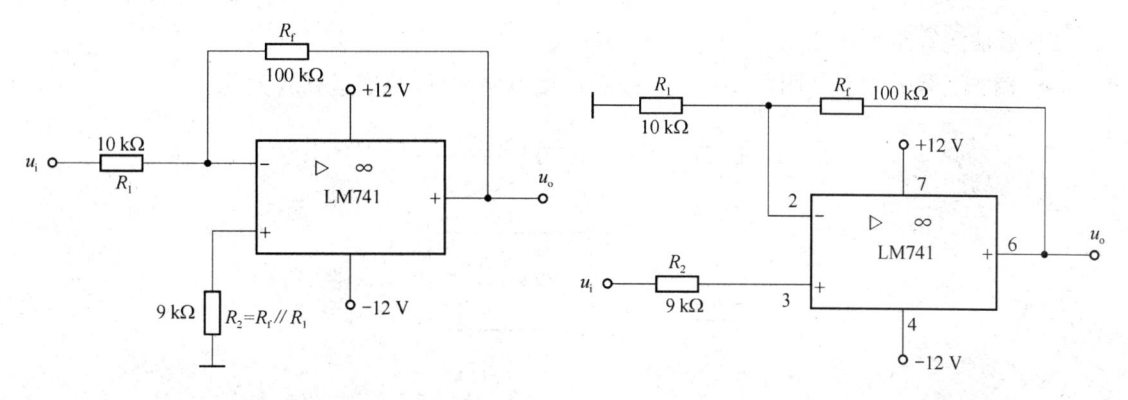

图 5.24　反相比例放大器测试电路　　　图 5.25　同相比例放大器测试电路

- 调节信号发生器,使其产生频率为 1 kHz,有效值为 200 mV(用毫伏表测量)的正弦波信号,将其加至实验电路的输入端。
- 用示波器观察、用毫伏表测量 $u_i=$ _____ 和 $u_o=$ _____,判断 u_i 与 u_o 的相位关系,并计算电压放大倍数 $A_{uf}=$ _____。

③ 加法运算放大器测试。

- 反相输入加法运算放大器如图 5.26 所示,按图连接电路,组成反相输入加法运算放大器。

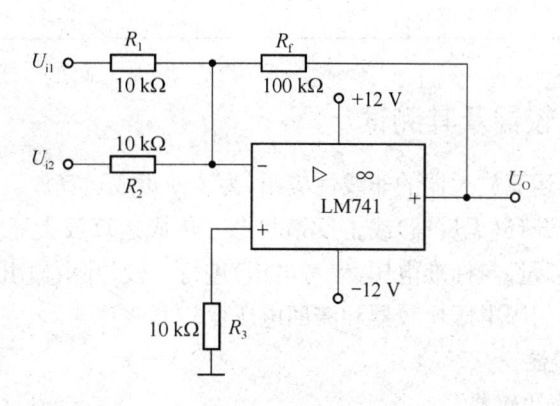

图 5.26　反相输入加法运算放大器测试电路

- 按照表 5.1 的要求,输入不同直流电压,用万用表直流挡测量输出电压,测试结果填入表中。

表 5.1　加法运算放大器测试结果

输入电压		输出电压		
U_{i1}	U_{i2}	测试值	理论估算	误差
0.3 V	−0.3 V			
0.2 V	0.2 V			

④ 减法运算放大器测试。

• 减法运算放大器如图 5.27 所示，按图连接电路，组成减法运算放大器。

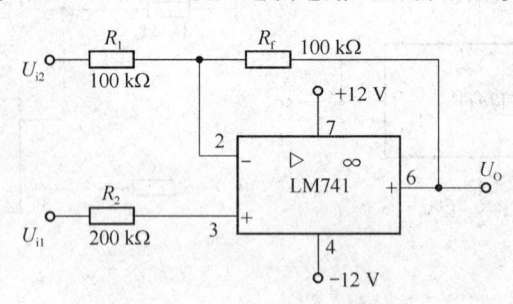

图 5.27　减法运算放大器测试电路

• 检查无误，接通电源，按照表 5.2 的要求，输入不同直流电压，用万用表测量输出电压，测试结果填入表中。

表 5.2　减法运算放大器测试结果

输入电压		输出电压		
U_{i1}	U_{i2}	测试值	理论估算	误差
0.3 V	−0.3 V			
0.2 V	0.2 V			

5.2.3　电压比较器及其测试

电压比较器是集成运算放大器的非线性应用，为了使集成运算放大器工作在非线性区，集成运算放大器必须处于开环（无反馈）或正反馈状态。集成运算放大器构成的电压比较器，其功能是将输入电压（模拟量）与标准电压（参考电压）进行比较，并由输出的高、低电平表示比较结果。电压比较器有单门限电压比较器和滞回电压比较器两种。

1. 单门限电压比较器

1) 反相单门限电压比较器

如图 5.28(a)所示，集成运算放大器必须处于开环状态，工作在非线性区。反相输出端的输入电压 u_i 与同相输入端的参考电压 U_{REF} 相比较，根据集成运算放大器在非线性区的工作特性，可得

$$u_i > U_{REF} \quad 即\ u_+ < u_-\ 时, u_o = -U_{om}（低电平）$$

$$u_i < U_{REF} \quad 即\ u_+ > u_-\ 时, u_o = +U_{om}（高电平）$$

其传输特性如图 5.28(d)所示。

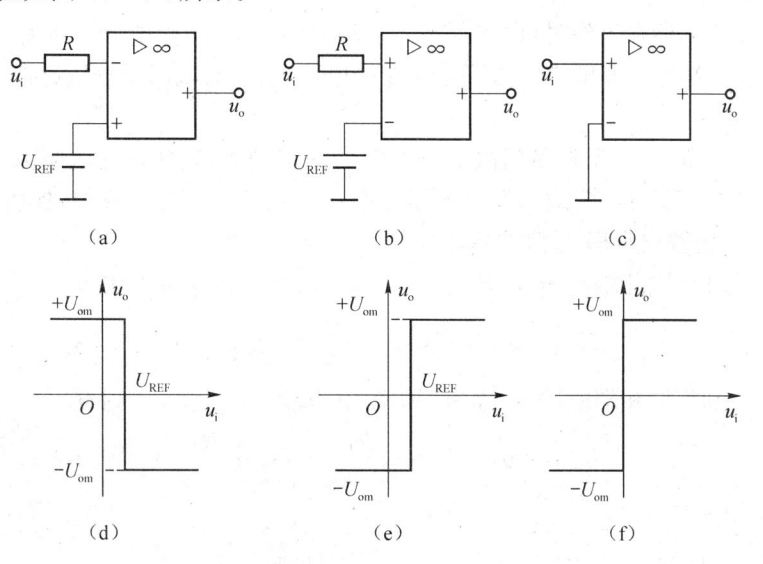

图 5.28 单门限电压比较器电路与传输特性

2) 同相单门限电压比较器

如图 5.28(b)所示,同相输出端的输入电压 u_i 与反相输入端的参考电压 U_{REF} 相比较,则有

$$u_i > U_{REF} \quad 即 \ u_+ > u_- \ 时, u_o = +U_{om}(高电平)$$
$$u_i < U_{REF} \quad 即 \ u_+ < u_- \ 时, u_o = -U_{om}(低电平)$$

其传输特性如图 5.28(e)所示。

3) 过零电压比较器

如图 5.28(c)所示的电路为过零电压比较器,其参考电压 U_{REF} 为零。当输入电压为零时,输出电压发生突变,传输特性如图 5.28(f)所示。过零电压比较器可将输入的正弦波转换成矩形波,如图 5.29 所示。

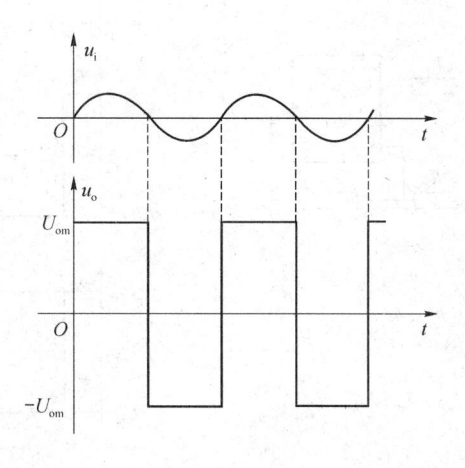

图 5.29 过零电压比较器波形转换

2. 滞回电压比较器

单门限电压比较器在工作时,由于只有一个翻转电压,若门限电压附近有干扰信号,就会导致输出电压错误翻转。其解决方法是采用滞回电压比较器(双门限电压比较器)。

1) 电路组成

如图 5.30(a) 所示,在反相单门限电压比较器的基础上,增加反馈电阻 R_f,反馈电阻 R_f 接同相输入端,即为正反馈,集成运算放大器工作在非线性区。分析可知,集成运算放大器同相输入端电压 u_+ 是输出电压 u_o 和参考电压 u_{REF} 的叠加。

当 $u_o = +U_{om}$ 时,同相端电压 u_+ 称为上门限电压,用 U_{TH1} 表示,则有

$$U_{TH1} = u_+ = U_{REF}\frac{R_f}{R_f+R_2} + U_{om}\frac{R_2}{R_2+R_f}$$

当 $u_o = -U_{om}$ 时,同相端电压 u_+ 称为下门限电压,用 U_{TH2} 表示,则有

$$U_{TH2} = u_+ = U_{REF}\frac{R_f}{R_f+R_2} - U_{om}\frac{R_2}{R_2+R_f}$$

若 $U_{REF} = 0$,则有

$$U_{TH1} = u_+ = +U_{om}\frac{R_2}{R_2+R_f}$$

$$U_{TH2} = u_+ = -U_{om}\frac{R_2}{R_2+R_f}$$

可见:上门限电压 U_{TH1} 大于下门限电压 U_{TH2}。

2) 传输特性

滞回比较器的传输特性如图 5.30(b)所示。当输入电压 u_i 从零开始增加时,电路输出正向饱和电压 $+U_{om}$,此时 $u_+ = U_{TH1}$。u_i 增大到上门限电压 U_{TH1} 时,输出电压翻转,输出反向饱和电压 $-U_{om}$。此时 $u_+ = U_{TH2}$,u_i 继续增加,输出电压保持不变,仍为 $-U_{om}$。

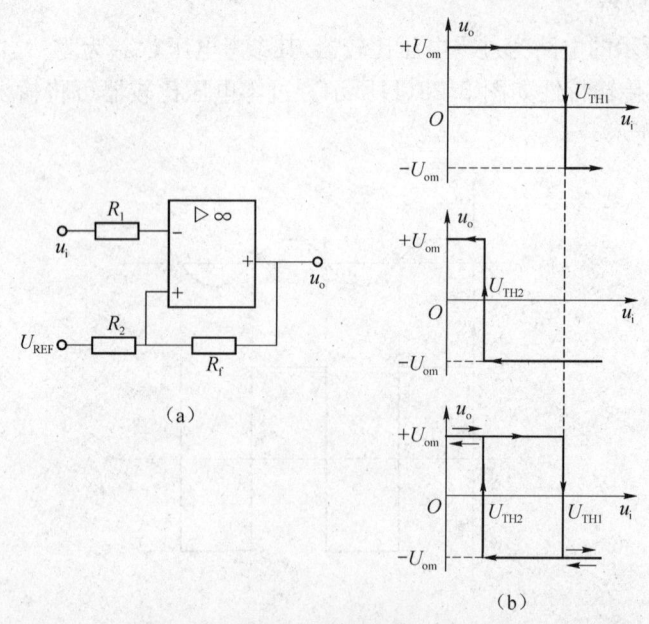

图 5.30 滞回比较器电路与传输特性
(a) 滞回比较器电路;(b) 传输特性

当输入电压 u_i 从峰值开始下降时,降到上门限电压 U_{TH1} 时,输出电压不翻转,只有降到下门限电压 U_{TH2} 时,输出电压翻转,输出正向饱和电压 $+U_{om}$。

可以看出,滞回比较器的传输特性具有滞回特性。

3) 回差电压 ΔU_{TH}

上门限电压 U_{TH1} 与下门限电压 U_{TH2} 之差称为回差电压,用 ΔU_{TH} 表示,则有

$$\Delta U_{TH} = U_{TH1} - U_{TH2} = 2U_{om}\frac{R_2}{R_2+R_f}$$

回差电压的存在,极大地提高了电路的抗干扰能力。只要干扰信号的峰值小于半个回差电压,比较器就不会因为干扰而误翻转。回差电压越大,抗干扰能力越强。

3. 电压比较器的测试

(1) 测试要求:按测试程序完成测试内容。

(2) 测试设备:电路综合实验台、万用表、毫伏表、信号发生器、双踪示波器。

(3) 测试程序:

① 单门限电压比较器的波形测试。

• 单门限电压比较器测试电路如图 5.31 所示,调节信号发生器,输出频率为 500 Hz,有效值为 1 V 的正弦波信号,将其加至实验电路的输入端。

• 用示波器同时观察 u_i 和 u_o 的对应波形。

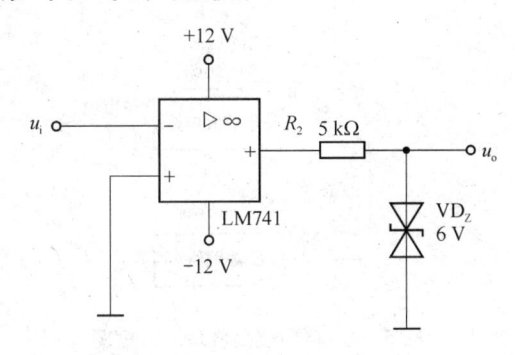

图 5.31 单门限电压比较器测试电路

② 滞回电压比较器的传输特性测试。

• 滞回电压比较器测试电路如图 5.32 所示,输入端接入 $u_i = +5$ V 的可调直流电压。

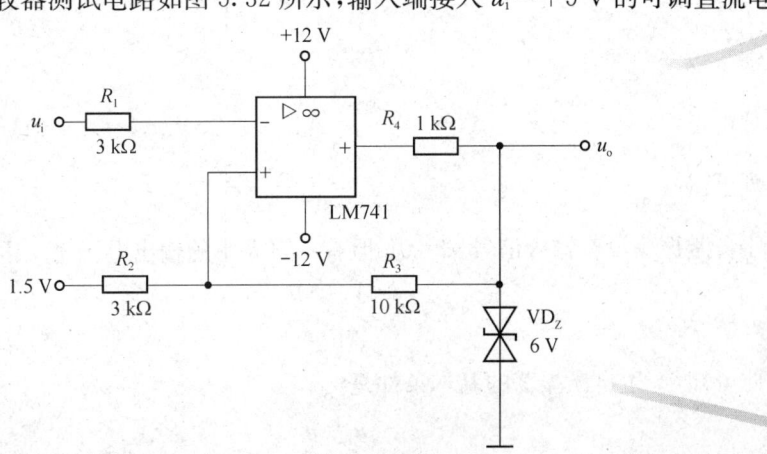

图 5.32 滞回电压比较器测试电路

- 调整输入电压的大小,用万用表直流电压挡(选择 10 V 量程)观察输出端电压,测出 $U_{omax}=$_____,$U_{omin}=$_____;
- u_o 由 U_{omax} 减小到 U_{omin} 时,测量 u_i 的临界值=_____。
- u_o 由 U_{omin} 上升到 U_{omax} 时,测量 u_i 的临界值=_____。
- 依据测试数据,绘制出滞回电压比较器的传输特性曲线。
- 调节信号发生器,输出频率 500 Hz,有效值为 1 V 的正弦波信号,将其加至实验电路的输入端。
- 用示波器同时观察 u_i 和 u_o 的对应波形。

5.2.4 正弦波振荡器及其测试

不需要外加激励信号,电路就能产生输出信号的电路称为信号发生器或波形振荡器。其中能产生正弦波输出信号的电路称为正弦波振荡器。

1. 正弦波振荡器基础

1) 自激振荡条件

正弦振荡器能产生输出正弦波信号,是基于自激振荡原理。自激振荡原理的方框图如图 5.33 所示,正弦振荡器是由放大器集成运算放大器 A 和正反馈网络 F 组成的正反馈闭环电路。根据方框图可得:

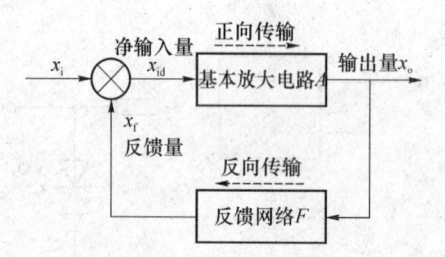

图 5.33 自激振荡原理的方框图

净输入量　　　　　　　　　$x_{id}=x_i+x_f$

放大倍数　　　　　　　　　$A=\dfrac{x_o}{x_{id}}$

反馈系数　　　　　　　　　$F=\dfrac{x_f}{x_o}$

综合可得　　　　　　　　　$x_o=Ax_{id}=A(x_i+x_f)=Ax_i+AFx_o$

整理可得　　　　　　　　　$x_o=\dfrac{A}{1-AF}x_i$

由于自激振荡没有输入信号 $x_i=0$,但有一定大小的输出电压 x_o,因此必须有:
$$1-AF=0$$
即
$$AF=1$$
由此可知,产生自激振荡的基本条件是
$$u_i=u_f$$
表明:

(1) 自激振荡的幅度条件：u_f 与 u_i 大小相等。
(2) 自激振荡的相位条件：u_f 与 u_i 相位相同。

2) 自激振荡的形成

自激振荡器，其振荡产生的起始信号来自于电路中的各种起伏和外来扰动，例如电路接通电源瞬间的电冲击、电子器件的噪声电压等都可以作为振荡产生的起始信号。这些电信号中含丰富的频率成分，经选频网络选出某频率的信号输送至放大器放大，经正反馈网络后再放大……反复循环，输出信号幅度急剧增大。当输出信号达到一定幅度后，稳幅电路使输出幅度减小，维持一个相对稳定的振幅，最后建立和形成稳定的波形输出。在振荡建立的初期，反馈信号大于输入信号，反馈信号不断被放大，使振幅持续增大。当振荡建立后，反馈信号等于输入信号，使建立起来的振荡维持下去。

3) 正弦振荡器的组成

从以上分析可知，在正弦振荡器中，为了输出确定频率的正弦波信号，电路中要有选频网络；为了使输出电压幅度保持稳定，电路中要有稳幅电路。所以正弦振荡器由放大器、正反馈网络、选频网络、稳幅电路等四部分组成。

(1) 放大器。

作用是对选择出来的某一频率的信号进行放大，保证电路起振，使电路有一定幅度的输出电压，一般多采用同相比例放大器。

(2) 正反馈网络。

作用是将输出信号反馈到输入端，实现输入信号反复放大，使电路的输入信号等于反馈信号，一般正反馈网络由 R、L 和 C 按需要组成。

(3) 选频网络。

作用是选出指定频率的信号，使电路产生单一频率的正弦波振荡，常用的有 RC 串、并联网络、LC 并联网络和石英晶体谐振器等。

(4) 稳幅电路。

作用是使输出信号幅值稳定，一般多采用二极管限幅电路。

实用正弦振荡器一般将选频网络与正反馈网络合为一个网络。

2. RC 正弦波振荡器

RC 正弦波振荡器有多种类型，常用的 RC 串、并联振荡器，又称为文氏电桥振荡器。RC 正弦波振荡器电路如图 5.34 所示，集成运算放大器 A 与电阻 R_f、R_1 构成的负反馈网路组成同相比例放大器，RC 串、并网络为选频网络，同时构成正反馈网路，二极管 VD_1、VD_2 与 R_2 构成稳幅电路。

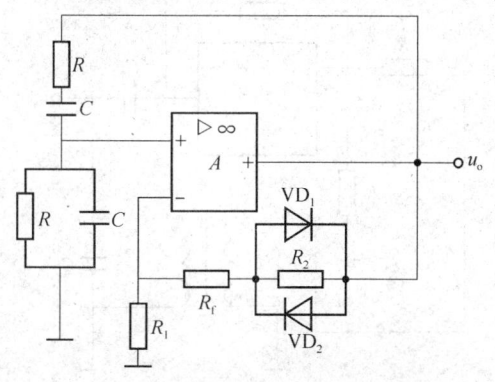

图 5.34 RC 文氏电桥正弦波振荡器

分析及实验证明，RC 串、并联网络具有选频特性，并且，当输入信号的频率与 RC 串、并网络的固有频率相等时，即：

$$f=f_0=\frac{1}{2\pi RC}$$

此时，正反馈信号 u_f 与输入信号 u_i 相位相同，满足自激振荡的相位条件。又由于 RC 串、并网络，在 $f=f_0$ 时正反馈信号 u_f 有最大值，并有

$$u_f=\frac{u_o}{3}$$

即：正反馈系数
$$F=\frac{1}{3}$$

因此要求同相比例放大器的 $A_{uf}\geqslant 3$，则 $AF=1$，正反馈信号 u_f 与输入信号 u_i 大小相等，满足自激振荡的幅度条件。同相比例放大器放大倍数为

$$A_{uf}=1+\frac{R_f}{R_1}$$

可知，只要 $R_f\geqslant 2R_1$，电路就能实现自激振荡。

稳幅电路中，二极管 VD_1、VD_2 反向并联再与 R_2 并联，然后串接在负反馈网络中，无论在输出振荡信号的正半周还是负半周，VD_1、VD_2 必有一个处于导通状态。当输出振荡信号的幅度增大时，二极管的正向电阻减小，电路的放大倍数减小，输出振荡信号的幅度随之下降，实现了自动稳幅。至此，电路输出稳定的振荡信号。

文氏电桥振荡器具有性能稳定、结构简单的优点，但只能产生低频（1 MHz 以下）振荡信号。

3. LC 正弦波振荡器

LC 正弦波振荡器是以 LC 并联回路为选频网络，用来产生的高频（1 MHz 以上）信号的正弦波振荡器。可分为变压器反馈式 LC 正弦波振荡器、电感反馈式 LC 正弦波振荡器、电容反馈式 LC 正弦波振荡器。

（1）变压器反馈式 LC 正弦波振荡器。

变压器反馈式 LC 正弦波振荡器如图 5.35 所示，集成运算放大器 A 与电阻 R_f、R_1 构成的负反馈网络组成同相比例放大器，同时 R_f 具有稳幅作用，L_1 与 C_2 的并联网络为选频网络，L_2 是反馈线圈。分析电路图可知，反馈信号是变压器线圈 L_1 和 L_2 的相互耦合，由反馈线圈 L_2 送入输入端，构成正反馈网络。

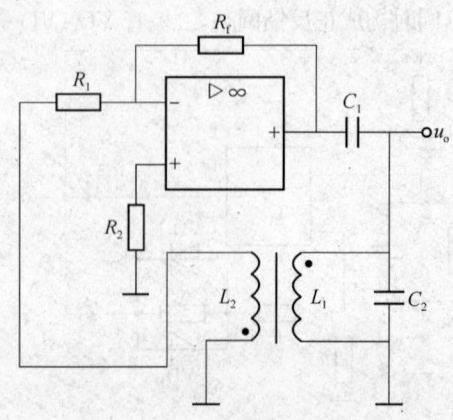

图 5.35　变压器反馈式 LC 正弦波振荡器

分析及实验证明，LC 并联网络具有选频特性，并且，当输入信号的频率与 LC 并联网络的固有频率相等时，即：

$$f=f_0=\frac{1}{2\pi\sqrt{L_1C_2}}$$

此时，由图中 L_1 和 L_2 的同名端可知，从 L_2 两端取出的反馈信号为正反馈信号，正反馈信号 u_f 与输入信号 u_i 相位相同，满足自激振荡的相位条件。

又因为同相比例放大器放大倍数为

$$A_{uf}=1+\frac{R_f}{R_1}$$

所以只要适当选取 R_f 和 R_1，就能保证 $AF=1$，正反馈信号 u_f 与输入信号 u_i 大小相等，满足自激振荡的幅度条件。

变压器反馈式 LC 正弦波振荡器，具有容易起振、便于实现阻抗匹配、调频方便的优点，但输出波形不理想。

(2) 电感反馈式 LC 正弦波振荡器。

电感反馈式 LC 正弦波振荡器如图 5.36 所示，集成运算放大器 A 与电阻 R_f、R_1 构成的负反馈网路组成同相比例放大器，同时 R_f 具有稳幅作用，等效电感 L 与 C_2 的并联网络为选频网路，LC 并联网络中电感线圈的三个点 a、b、c 分别与集成运算放大器 A 的两个输出端和输出端相连，又称之为电感三点式。

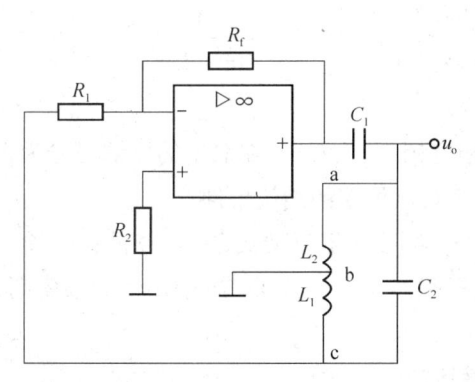

图 5.36 电感反馈式 LC 正弦波振荡器

分析及实验证明，LC 并联网络具有选频特性，并且，当输入信号的频率与 LC 并联网络的固有频率相等时，即：

$$f=f_0=\frac{1}{2\pi\sqrt{LC_2}}$$

其中，$L=L_1+L_2+2M$，M 为 L_1 与 L_2 的互感系数。

此时，图中 a、c 两点的相位相反，从 L_1 两端取出的反馈信号为正反馈信号，正反馈信号 u_f 与输入信号 u_i 相位相同，满足自激振荡的相位条件。

自激振荡的幅度条件，分析同变压器反馈式 LC 正弦波振荡器。

电感反馈式 LC 正弦波振荡器，具有容易起振、输出信号幅度大、调频方便的优点，但输出波形不理想。

(3) 电容反馈式 LC 正弦波振荡器。

电容反馈式 LC 正弦波振荡器如图 5.37 所示，集成运算放大器 A 与电阻 R_f、R_1 构成的负反馈网络组成同相比例放大器，同时 R_f 具有稳幅作用，L 与等效 C 的并联网络为选频网络，LC 并联网络中 C_2 与 C_3 串联支路的三个点 a、b、c 分别与集成运算放大器 A 的两个输出端和输出端相连，又称之为电容三点式。

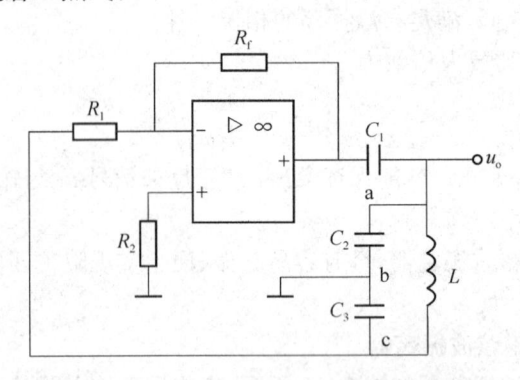

图 5.37　电容反馈式 LC 正弦波振荡器

分析及实验证明，LR 并联网络具有选频特性，并且，当输入信号的频率与 LC 并联网络的固有频率相等时，即：

$$f=f_0=\frac{1}{2\pi\sqrt{LC}}$$

其中，$C=C_2C_3/(C_2+C_3)$。

此时，图中 a、c 两点的相位相反，从 C_2 两端取出的反馈信号为正反馈信号，正反馈信号 u_f 与输入信号 u_i 相位相同，满足自激振荡的相位条件。

自激振荡的幅度条件，分析同变压器反馈式 LC 正弦波振荡器。

电容反馈式 LC 正弦波振荡器，具有容易起振、输出信号频率高、输出波形较好，但调频不方便。

4. 石英晶体正弦波振荡器

1) 石英晶体谐振器

将二氧化硅晶体按一定的方向切割成很薄的晶片，再在晶片的两个表面涂覆银层并作为两极引出管脚，加以封装，即成为石英晶体谐振器，简称石英晶体。石英晶体的结构、电路符号和晶体产品外形如图 5.38 所示，其中(a)所示的是石英晶体结构，(b)为电路符号，(c)是几种产品的外形。

它是利用具有压电效应的石英晶体片制成的。晶振的工作原理基于晶片的压电效应(晶片两面加上不同极性的电压时，晶片的产生几何形变，此现象即为压电效应)。当晶片两面加上交变电压时，晶片将随着交变信号的变化而产生机械振动，同时机械振动又产生交变电压。当交变电压的频率与晶片的固有频率(只与晶片几何尺寸相关)相等时，机械振动最强，电信号幅度最大，此现象称为压电谐振。石英谐振器的压电谐振特性，与 LC 并联网络的谐振现象十分类似，因此可将石英谐振器等效 LC 并联网络，作为正弦波振荡器的选频网络。石英晶体谐振器的等效电路如图 5.39 所示。

(a)　　　(b)　　　(c)

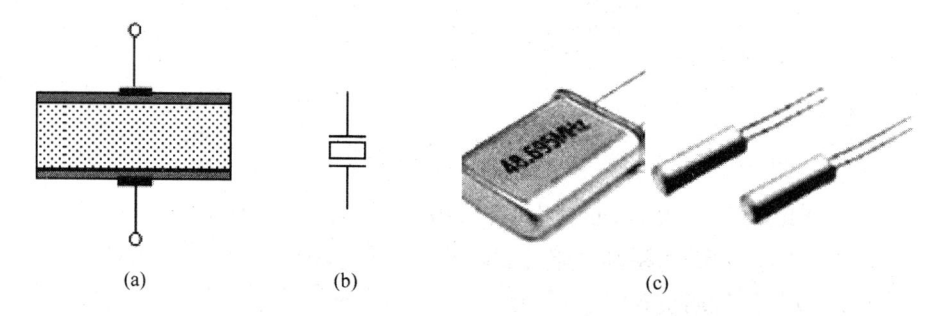

图 5.38　石英晶体的结构、电路符号和外形

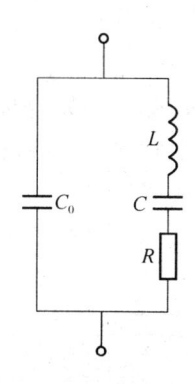

图 5.39　石英晶体谐振器的等效电路

其中，C_0——静态等效电容，几皮法至几十皮法；

C——弹性惯性的等效电容 $10^{-2} \sim 10^{-4}$ pF；

L——机械振动惯性等效电感 几十毫亨至几百亨；

R——振动时摩擦等效电阻，其值很小，几十欧姆以下，常可忽略。

由图可知，石英晶体谐振器的等效电路是两个 LC 支路，即：L、C、R 组成的串联支路和 C_0 与 L、C、R 串联支路组成的并联支路。

石英晶体谐振器的电抗-频率特性如图 5.40 所示。由图可知，石英晶体谐振器也具有两个谐振频率（固有频率），即：L、C、R 串联支路发生串联谐振的串联谐振频率 f_s 和 C_0 与 L、C、R 串联支路组成的并联支路发生并联谐振的并联谐振频率 f_p。

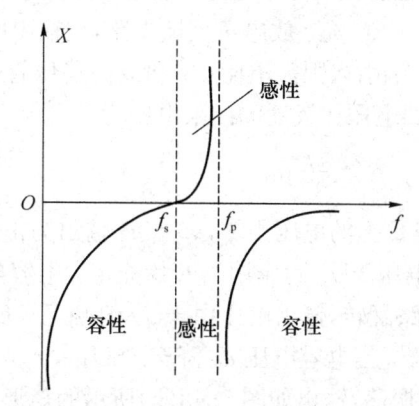

图 5.40　石英晶体谐振器的电抗-频率特性

123

$$f_s = \frac{1}{2\pi\sqrt{LC}}$$

$$f_p = \frac{1}{2\pi\sqrt{L\dfrac{CC_0}{C+C_0}}}$$

当 $f=f_s$，产生串联谐振，$X=0$ 呈纯电阻性，相当于一个小电阻；

当 $f=f_p$ 产生并联谐振时，呈纯电阻性，相当于一个大电阻；

当 $f<f_s$，$X<0$ 呈容性阻抗；

当 $f>f_p$，$X<0$ 呈容性阻抗；

当 $f_s<f<f_p$，$X>0$ 呈感性阻抗。

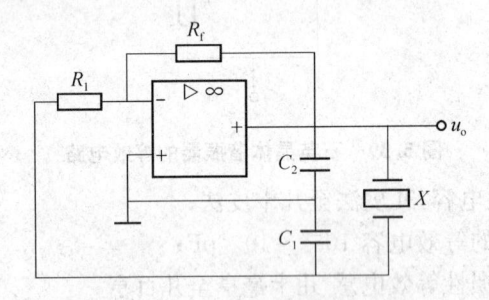

2) 石英晶体正弦波振荡器

石英晶体正弦波振荡器如图 5.41 所示，当石英晶体工作频率在 f_s 和 f_p 之间时，石英晶体相当于一个电感元件，将其和 C_1、C_2 串联支路并联，构成类似电容三点式振荡电路。其工作原理与电容反馈式 LC 正弦波振荡器相似。

石英晶体正弦波振荡器的突出特点是具有极高的频率稳定性。

图 5.41 石英晶体正弦波振荡器

5. 非正弦信号发生器

非正弦波振荡器是指可以产生非正弦周期性变化波形的电路，如矩形波、三角波、锯齿波等。

1) 矩形波振荡器

图 5.42(a) 是一种能产生矩形波的基本电路，也称为方波振荡器。由图可见，它是在滞回电压比较器的基础上，增加一条 RC 充、放电负反馈支路，把输出电压经 R、C 反馈到集成运放的反相端。在集成运放的输出端引入限流电阻 R_3 和双向稳压管 VD_Z 组成的双向限幅电路，使得输出电压 $u_o = \pm U_Z$。滞回电压比较器的门限电压为

$$\pm U_{TH} = \pm \frac{R_2}{R_1+R_2} U_Z$$

设在刚接通电源时，电容 C 上的电压为零，$u_- < u_+$ 输出为正饱和电压 $+U_Z$，同相端的电压为 $+U_{TH}$。电容 C 在输出电压 $+U_Z$ 的作用下开始充电，电容电压 u_C 开始升高，当充电电压 u_C 升至 $+U_{TH}$，$u_- > u_+$ 电路翻转，输出电压由 $+U_Z$ 值翻至 $-U_Z$，同相端电压变为 $-U_{TH}$，电容 C 开始放电，u_C 开始下降，当电容电压 u_C 降至 $-U_{TH}$，$u_- < u_+$ 输出电压又从 $-U_Z$ 翻转到 $+U_Z$。如此循环不已，产生振荡，输出如图 5.42(b) 所示的矩形波。

(a)　　　　　　　　　　　　　　　　　　(b)

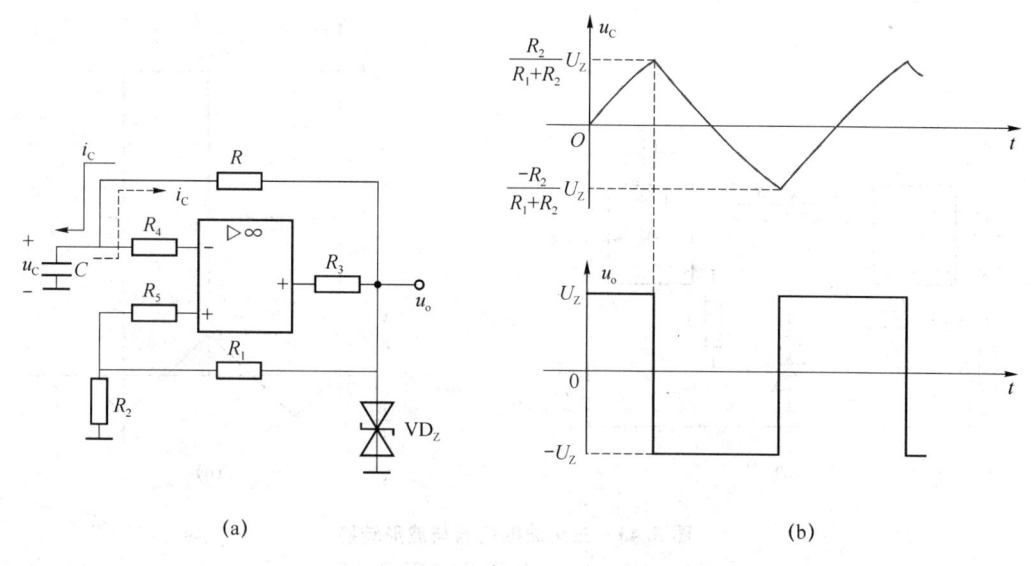

图 5.42　矩形波振荡器与波形转换
(a) 矩形波振荡器；(b) 波形图

电路输出的矩形波电压的周期取决于充、放电的 RC 时间常数。可以证明，当 $R_1=R_2$ 时，其周期为 $T\approx 2.2RC$，则振荡频率为

$$f=\frac{1}{2.2RC}$$

改变 RC 值就可以调节矩形波的频率。

2) 三角波振荡器

三角波振荡器的基本电路如图 5.43(a)所示。集成运放 A_2 构成反相积分运算放大器，集成运放 A_1 构成滞回电压比较器，其反相端接地（$u_-=0$），同相端的输入信号是 A_1 和 A_2 的反馈信号的叠加，则有

$$u_+=u_{o1}\frac{R_2}{R_1+R_2}+u_o\frac{R_1}{R_1+R_2}$$

由于 $u_-=0$，所以 $u_+>0$ 时，$u_{o1}=+U_Z$；$u_+<0$ 时，$u_{o1}=-U_Z$ 则有

$$u_+=u_o\frac{R_1}{R_1+R_2}\pm\frac{R_2}{R_1+R_2}U_Z$$

令 $u_+=u_-=0$，滞回电压比较器的门限电压为

$$\pm U_{TH}=\pm\frac{R_2}{R_1}U_Z$$

在电源刚接通时，假设电容器初始电压为零，集成运放 A_1 输出电压 $u_{o1}=+U_Z$，积分器输入为 $+U_Z$，电容 C 开始充电，输出电压 u_o 开始下降，u_+ 也随之下降，当 u_o 下降到 $-U_{TH}$ 时，$u_+=0$，集成运放 A_1 翻转，集成运放 A_1 的输出电压 $u_{o1}=-U_Z$。

当 $u_{o1}=-U_Z$ 时，积分器输入负电压，输出电压 u_o 开始上升，u_+ 值也随之上升，当 u_o 上升到 $+U_{TH}$ 时，$u_+=0$，集成运放 A_1 翻转，集成运放 A_1 的输出电压 $u_{o1}=-U_Z$。如此循环不已，产生振荡，集成运放 A_2 输出如图 5.43(b)所示的三角波。可以证明其频率为

$$f=\frac{R_1}{4R_2R_3C}$$

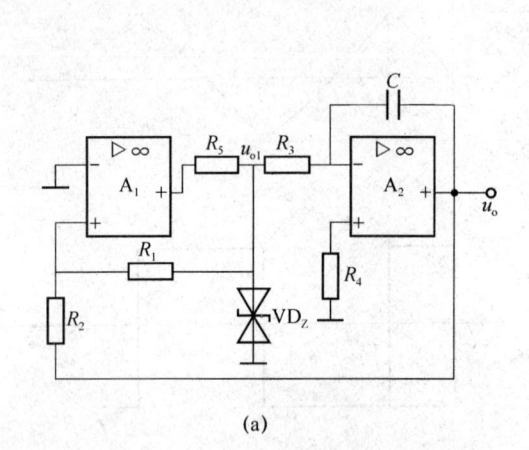

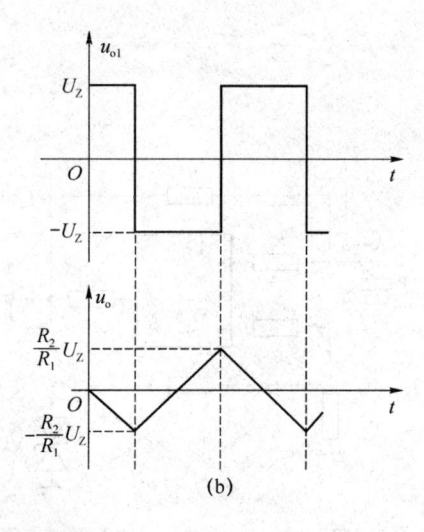

图 5.43　三角波振荡器与波形转换
(a) 三角波振荡器；(b) 波形图

改变 R_1、R_2、R_3 值就可以调节三角波的频率。

3) 锯齿波振荡器

锯齿波振荡器基本电路如图 5.44(a)所示。在三角波振荡器的基础上，集成运放 A_2 的反相输入电阻 R_3 上并联由二极管 VD_1 和电阻 R_5 组成的支路，这样积分器的正向积分和反向积分的速度明显不同，当 $u_{o1} = -U_Z$ 时，VD_1 反偏截止，正向积分的时间常数为 R_3C；当 $u_{o1} = +U_Z$ 时，VD_1 正偏导通，负向积分常数为 $(R_3 /\!/ R_5)C$，若取 $R_5 \ll R_3$，则负向积分时间小于正向积分时间，形成如图 5.44(b)所示的锯齿波。

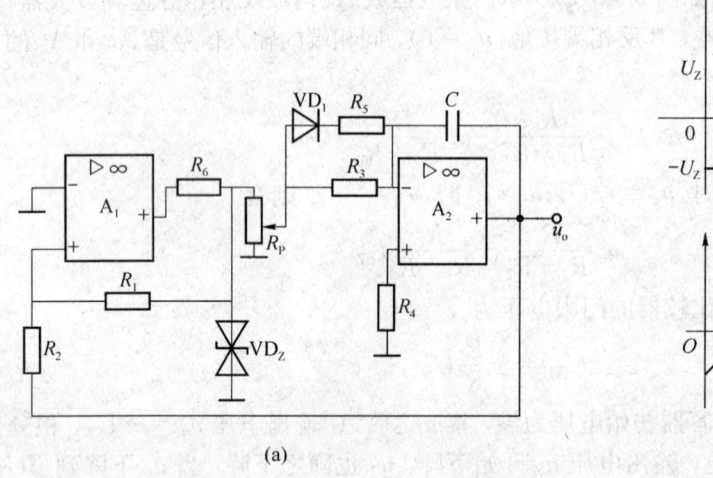

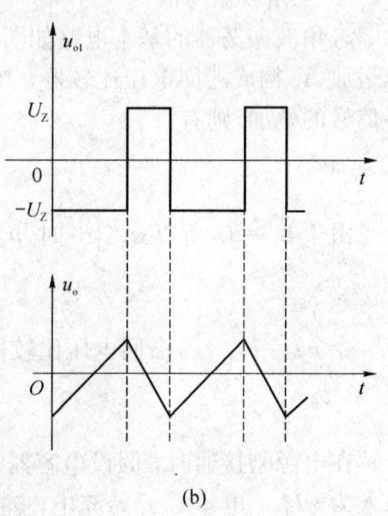

图 5.44　锯齿波振荡器与波形转换
(a) 锯齿波振荡器；(b) 波形图

6. 正弦波振荡器的测试

(1) 测试要求：按测试程序完成测试内容。

(2) 测试设备：电路综合实验台、万用表、毫伏表、信号发生器、双踪示波器。

(3) 测试程序：

① RC 串并联网络的幅频特性的测试。

• RC 串并联选频网络测试电路如图 5.45 所示，调节信号发生器，使其输出频率为 1 kHz，有效值为 3 V 的正弦波信号，将其作为输入信号 u_a 加至 RC 串并联选频网络的 A 点。

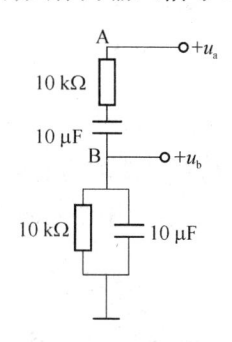

图 5.45　RC 串并联选频网络测试电路

• 用示波器同时观察 u_a 和 u_b 的波形。
• 调节 A 点输入信号的频率(参考范围 1 Hz～30 kHz)，用毫伏表观测 B 点输出电压有效值的变化规律，测量当 B 点输出电压最大时输入信号的频率 $f_0=$ _____。

② RC 正弦振荡器的振荡频率测试。

• RC 正弦波振荡测试电路如图 5.46 所示，用示波器观察振荡器输出端波形，调整 R_W 使输出波形不失真。

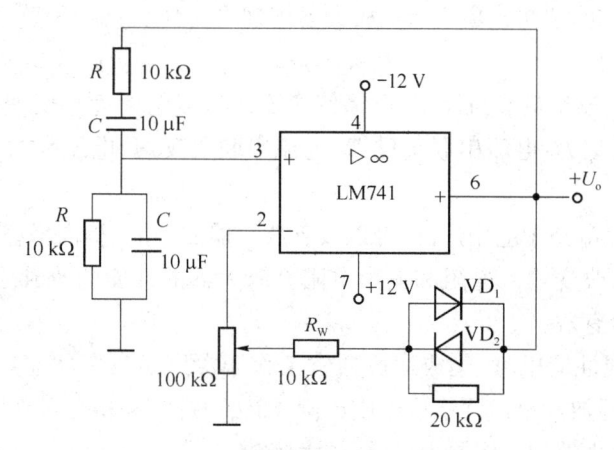

图 5.46　RC 正弦波振荡器测试电路

• 用示波器测量振荡频率 $f=$ _____。
• 改变选频网络 R 的值，用示波器测量振荡频率 $f=$ _____。
• 将 VD_1 和 VD_2 从电路中断开，观察输出波形。若 u_o 无明显变化可调节 R_W，配合 VD_1 和 VD_2 的接入与断开反复观察波形变化。

5.2.5　集成运放的应用及测试

1. 目的

集成运放的应用与测试的目的，就是让学习者掌握函数信号发生器的设计方法，学会集成运放选取；稳压二极管、电容器、电位器、电阻的参数计算和选择；学会电路的焊接、组装；学会集成运放应用电路的调试和测试方法。

2. 内容

选择合适的集成运放、稳压二极管、电位器及其他元器件，设计一个频率范围 20～1 000 Hz，输出电压：正弦波 $U_{PP}>5$ V、方波 $U_{PP}<18$ V；三角波 $U_{PP}=9$ V 的正弦波—方波—三角波函数信号发生器。

3. 要求

按函数信号发生器设计方法设计出符合要求的电路，选择合适的元器件画出测试电路，并进行功能测试，写出测试报告。按设计要求选择相应的器件画出测试电路，并进行功能测试，写出测试报告。

本 章 小 结

1. 集成运算放大器是高增益的直接耦合放大器，它是由输入级、中间级、输出级、偏置电路四部分组成。其主要特点是开环增益很高、输入电阻很大、输出电阻很小。集成运放有线性和非线性两个工作区域，外接不同性质的反馈网络可使集成运放工作在不同的工作区域，构成不同性质的电路。

2. 集成运算放大器在使用前，要查阅有关手册，辨认管脚，参数测量，调零或调整偏置电压等准备工作。使用时，要防止集成运算放大器出现有过压、过流、短路和电源极性接反等现象，采取预防措施。

3. 反馈的实质是输出量参与控制，反馈使净输入量减弱的为负反馈，使净输入量增强的为正反馈。反馈的类型为：电压串联负反馈、电流串联负反馈、电压串联负反馈、电压并联负反馈。

4. 负反馈在实际电路中应用广泛，可以改善放大器的性能：提高增益的稳定性、减小非线性失真、扩展通频带、改变输入电阻和输出电阻。放大器的性能的改善是以牺牲增益为代价的，且反馈愈深，愈为有益。

5. 集成运放在线性应用时，集成运放通常工作于深度负反馈状态，两输入端存在着"虚短"和"虚断"。集成运放和反馈网络可组成比例、加法、减法、微积分运算放大器。应用"虚短"和"虚断"分析运算放大器的工作原理，计算放大倍数。

6. 集成运放在非线性应用时，可组成电压比较器，电压比较器有单门限电压比较器和滞回电压比较器两种。单门限电压比较器有一个门限电压，抗干扰能力差，而滞回比较器有上、下两门限电压，具有一定的抗干扰能力。

7. 正弦波振荡器能产生输出正弦波信号，是基于自激振荡原理。正弦波振荡器要产生自激振荡，必须同时满足相位平衡条件和振幅平衡条件。正弦波振荡器由放大电路、选频网络、正反馈网络、稳幅电路组成。

8. 根据选频网络不同，可分为 RC 振荡器、LC 振荡器和石英晶体振荡器。RC 振荡器用于产生低频信号；LC 振荡器可分为变压器反馈式、电容反馈式和电感反馈式，用于产生高频信号；石英晶体振荡器的频率稳定性很高。

9. 非正弦波振荡器是可以产生非正弦周期性变化波形的电路,非正弦波信号发生器中的集成运放一般工作在非线性区。非正弦波振荡器一般可产生矩形波、三角波、锯齿波,通常由滞回比较器、积分放大器等组成。

目 标 测 试

一、填空题

1. 为了稳定静态工作点,应引入_____负反馈,为了改善电路动态技术指标,应引入_____负反馈。
2. 已知开环放大倍数 $A=100$,反馈系数 F 为 0.1,则闭环电压放大倍数 $A_f=$_____。
3. 当反馈量与放大电路的输入量的极性_____,因而使_____减小的反馈称为_____。
4. 负反馈有四种基本组态,它们分别是_____、_____、_____、_____。
5. 在放大电路中,为稳定输出电压,提高输入电阻,应引入_____负反馈;为稳定输出电流,降低输入电阻,应引入_____负反馈。
6. 在集成运放构成的运算电路中,集成运放均工作在_____区,其存在两个特点:即_____和_____。
7. _____比例运算电路中,集成运放反相输入端为虚地,而_____比例运算电路中,集成运放两输入端电位均等于输入电压。
8. 在集成运放构成的电压比较器电路中,集成运放一般工作在_____区,在电路结构中,运放常处于_____或_____状态。
9. 当比较器输出电压跳变时,相应的输入电压通常称为_____,电压比较器是一种常用的_____电路。
10. 滞回比较器的主要特点是电路具有_____特性,因而_____较好。
11. 振荡电路输入端未加任何信号,但有_____。
12. 正弦波振荡电路除了有放大电路和反馈网络,还应有_____和_____。
13. RC 正弦波振荡电路的选频网络由_____和_____元件组成。
14. 将矩形波_____即可得到三角波。

二、选择题

1. 通用型集成运放适用于放大_____。
   A. 高频信号　　　B. 低频信号　　　C. 中频信号　　　D. 任何频率信号
2. 集成运放制造工艺使得同类半导体管的_____。
   A. 指标参数准确　　B. 参数不受温度影响　　　C. 参数一致性好
3. 为增大电压放大倍数,集成运放的中间级多采用_____。
   A. 共射放大器　　B. 共集放大器　　C. 共基放大器　　D. 没有要求
4. 当负载变化时,要使输出电流稳定不变并要提高输入电阻,应引入的负反馈是_____。
   A. 电压串联　　　B. 电流串联　　　C. 电压并联　　　D. 电流并联
5. 引入负反馈后,电路性能得不到改善的是_____。
   A. 提高放大倍数稳定性　　　　　　B. 展宽通频带
   C. 抑制输入信号中混入的干扰　　　D. 减小放大电路产生的非线性失真

6. 集成运放构成的同相比例运算放大器实际是一个负反馈电路,它是_____。
   A. 电压串联　　　B. 电压并联　　　C. 电流串联　　　D. 电流并联
7. 集成运算构成的反相比例、同相比例、减法三种运算放大器中,均存在_____。
   A. 虚断,虚地　　B. 虚断,虚短　　C. 虚地,虚短　　D. 虚地,虚联
8. 集成运放构成同相比例运算放大器时,反相端输入电压为_____;同相端输入电压为_____。
   A. u_i　　　　B. 0　　　　C. $\dfrac{R_f}{R_1}u_i$　　　　D. $\dfrac{R_1}{R_2}u_i$
9. _____比例运算放大器的比例系数大于1;_____比例运算放大器的比例系数小于0。
   A. 同相　　　　B. 反相　　　　C. A 与 B 都可以　　　D. A 与 B 都不可以
10. 振荡器中其振荡频率特别稳定的是_____。
    A. RC 振荡电路　　B. LC 振荡电路　　C. 石英晶体振荡电路
11. RC 桥式正弦波振荡器由两部分电路组成,即 RC 串并联选频网络和_____。
    A. 基本共射放大电路　　　　B. 基本共集放大电路
    C. 反相比例运算电路　　　　D. 同相比例运算电路
12. 振荡器的输出信号最初是由_____而来的。
    A. 基本放大器　　B. 选频网络　　C. 干扰或噪声
13. RC 桥式正弦波振荡器中,R_f 与 R_1 的关系为_____。
    A. $R_f > 2R_1$　　B. $R_f > 3R_1$　　C. $R_f = 2R_1$　　D. $R_f = 3R_1$
14. RC 桥式正弦波振荡器的振荡频率 $f_0 =$ _____。
    A. $1/RC$　　　B. $1/2\pi RC$　　　C. $1/\sqrt{RC}$　　　D. $1/2\pi\sqrt{RC}$
15. 有关石英振荡器频率个数的正确说法是_____。
    A. 1 个谐振频率　　B. 2 个谐振频率　　C. 3 个谐振频率　　D. 不确定

三、分析判断题

1. 题 5.1 图中各放大电路是否引入了反馈。如果引入,判断是正反馈还是负反馈?假设所有电容对交流信号均可视为短路。

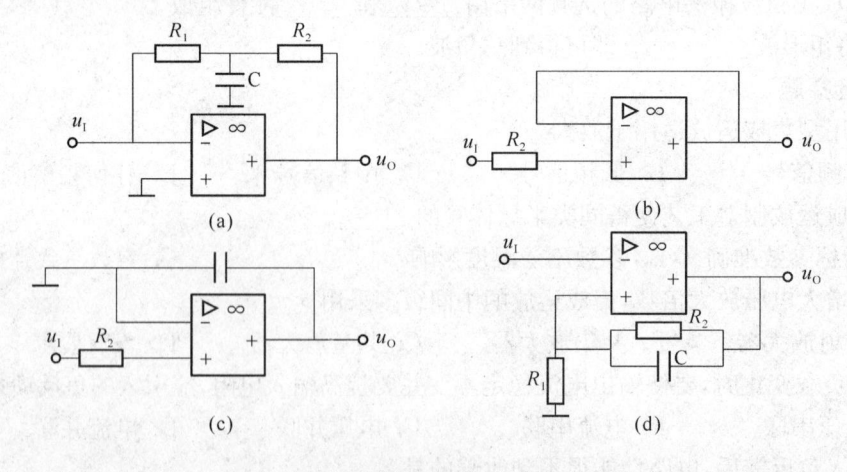

题 5.1 图

2. 判断题 5.2 图所示电路各级的反馈极性及类型。

(a)   (b)

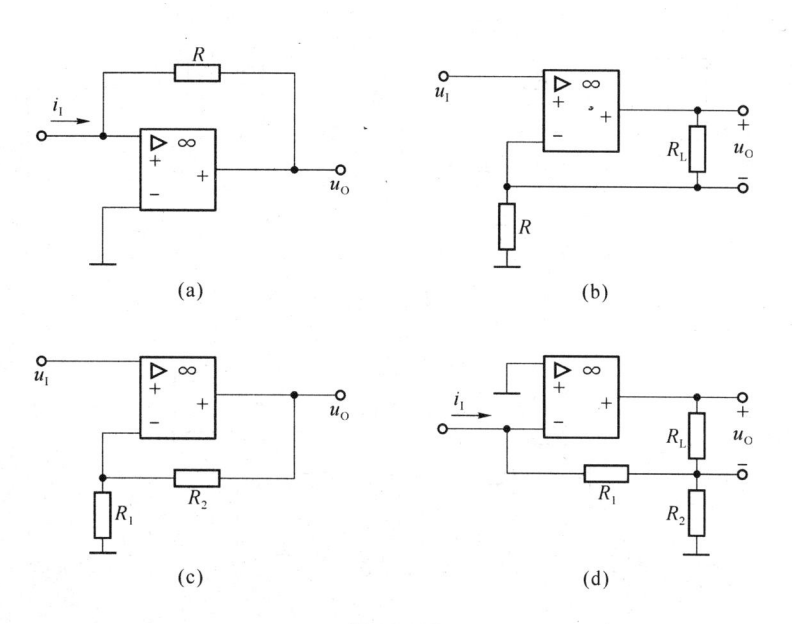

(c)   (d)

题 5.2 图

3. 根据题 5.3 图所示电路，分析电路组成。

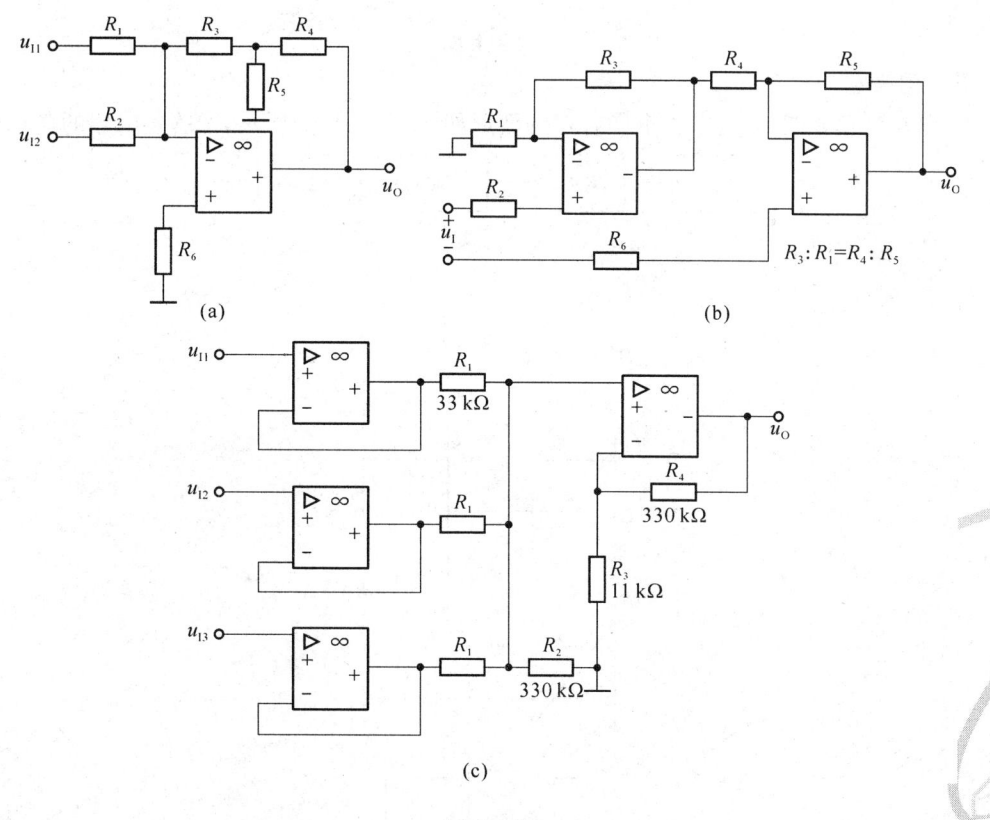

(a)   (b)

(c)

题 5.3 图

4. 试分别画出题 5.4 图所示各电路的电压传输特性。

5. 电路如题 5.5 图所示，已知集成运放的最大输出电压幅值为 $\pm 12\text{ V}$，U_I 的数值在 u_{O1} 的峰峰值之间。若 $U_I = 2.5\text{ V}$，画出 u_{O1}、u_{O2} 和 u_{O3} 的波形。

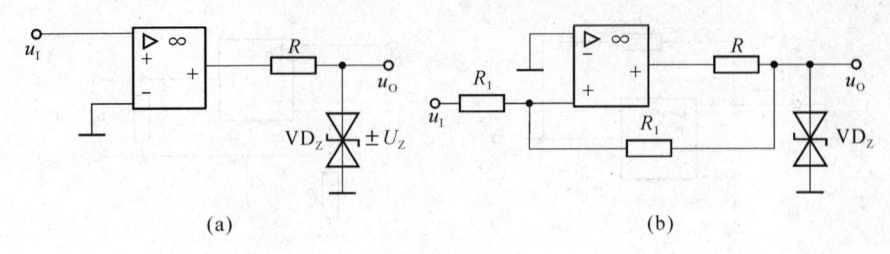

题 5.4 图

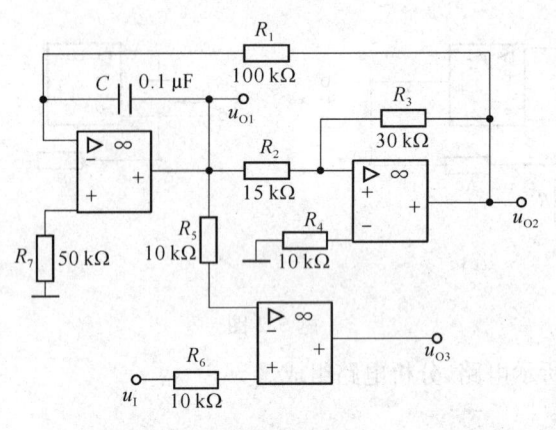

题 5.5 图

四、问答题

1. 已知题 5.6 图(a)所示方框图各点的波形如题 5.6 图(b)所示,回答各电路的名称。

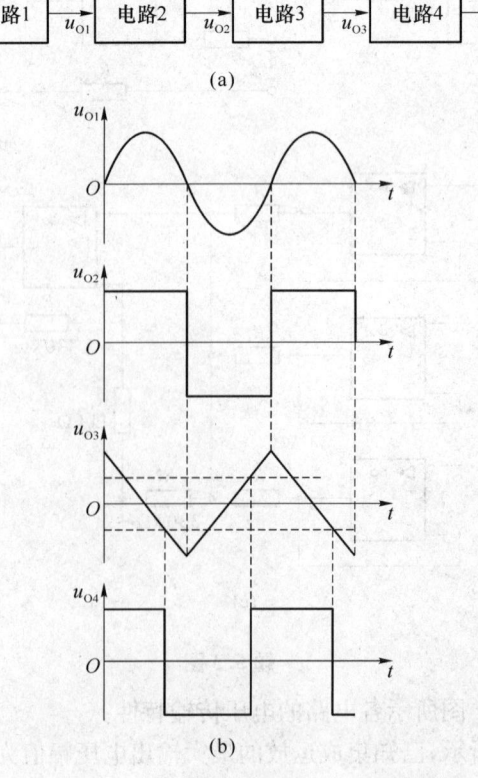

(a)

(b)

题 5.6 图

2. 如题 5.7 图所示的电路,试回答:
(1) 为使电路产生正弦波振荡,标出集成运放的"＋"和"－"。
(2) 说明电路是哪种正弦波振荡电路?
(3) 若 R_1 短路,则电路将产生什么现象?
(4) 若 R_1 断路,则电路将产生什么现象?
(5) 若 R_f 短路,则电路将产生什么现象?
(6) 若 R_f 断路,则电路将产生什么现象?

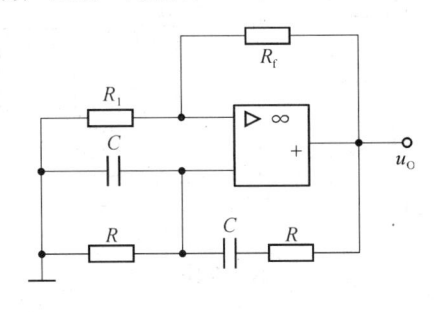

题 5.7 图

五、计算题

1. 试求题 5.8 图所示各电路的输出电压与输入电压的运算关系式。

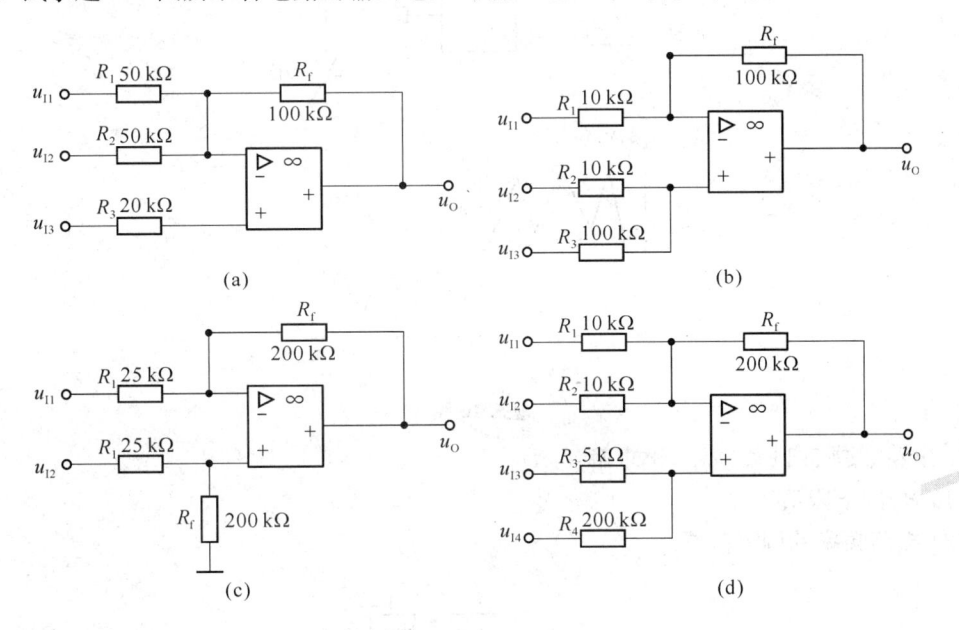

题 5.8 图

2. 如图题 5.9 所示电路中,已知 $u_1=0.1$ V、$u_2=0.6$ V。
(1) 说明 A_1、A_2、A_3 各构成何种运算电路?
(2) 计算电路中的 u_{O1}、u_{O2}、u_{O3}。

3. 假设在题 5.10 图所示的滞回电压比较器中,比较器的最大输出电压为 $\pm U_Z = \pm 6$ V,参考电压 $U_R = 9$ V,电路中各电阻的阻值为:$R_2 = 20$ kΩ,$R_f = 30$ kΩ,$R_1 = 12$ kΩ。

(1) 试估计两个门限电压 U_{TH1} 和 U_{TH2} 以及门限宽度 ΔU_{TH}；

(2) 画出滞回比较器的传输特性；

(3) 当输入如图波形时，画出滞回比较器的输出波形。

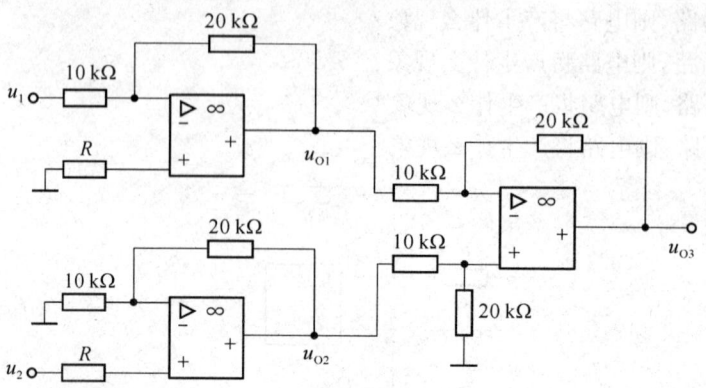

题 5.9 图

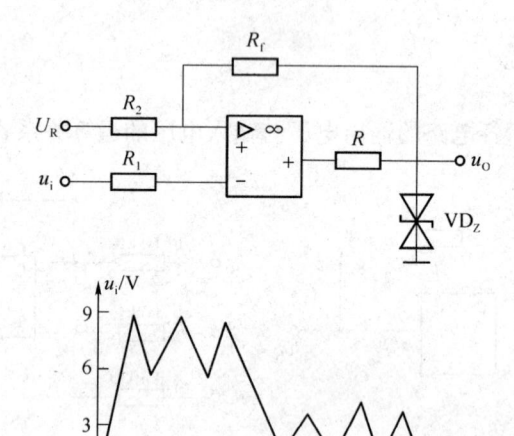

题 5.10 图

4. 电路如题 5.11 图所示，试求解：

(1) R'_W 的下限值；

(2) 振荡频率的调节范围。

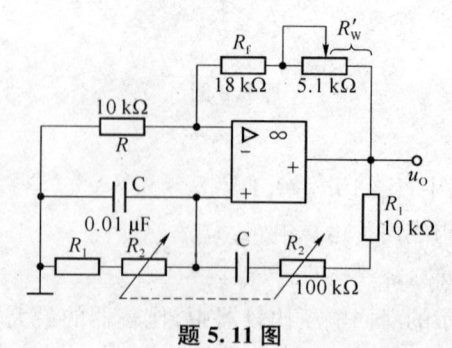

题 5.11 图

第 6 章

逻辑门及其应用

知识目标:熟悉逻辑门电路的功能及其应用,以及 TTL 门电路与 CMOS 门电路的使用注意事项和二者之间的接口电路,掌握组合逻辑电路的分析、设计方法,以及译码器、选择器的逻辑功能和应用,正确判断组合逻辑电路的竞争和冒险。

技能目标:掌握组合电路的分析、设计方法,学会用逻辑门、译码器、选择器实现逻辑功能,学会测试逻辑门及其应用电路的功能,学会正确选择实现功能的集成芯片。

6.1 逻辑门的识别

逻辑门是数字电路的基本单元电路,它是由二极管、三极管、场效应管、电阻等元件构成的,用来实现逻辑运算关系的电子电路。如果将若干个逻辑门制作在一个硅片上就构成了集成逻辑门,又称集成门。集成门是最基本的数字集成电路。

6.1.1 逻辑门的种类

1. 按集成度分

数字集成电路有小规模(用 SSI 表示,每个硅片上有数十个逻辑门)、中规模(MSI,每片有数百个逻辑门)、大规模(LSI,每片数千个逻辑门)和超大规模(VLSI,每片数目大于 1 万),目前已有特大规模 ULSI 和巨大规模 GSI 的集成电路。

2. 按应用范围分

集成电路有通用型和专用型两类。通用型是指已被定型的标准化、系列化的产品,适用于各种各样功能的数字电路。专用型是指为某种特殊用途专门设计,具有特定的复杂而完整功能的数字集成电路,如:计算机中的存储器芯片(RAM、ROM)、微处理器芯片(CPU)及语音芯片等。

3. 按所用器件分

数字集成电路有双极型和单极型。双极型是由三极管作为开关实现逻辑功能的,其开关速度快,频率高,信号传输延迟时间短,但制造工艺较复杂。单极型是由场效应管作为开关实现逻辑功能的,其输入阻抗高,功耗小,工艺简单,集成度高,易于大规模集成生产。常用的是 TTL 电路和 CMOS 电路。

4. 按外形分

集成电路按外形可分为圆形(金属外壳晶体管封装型,一般适用于大功率)、扁平型(稳定性好,体积小)和双列直插型三类,如图 6.1 所示。

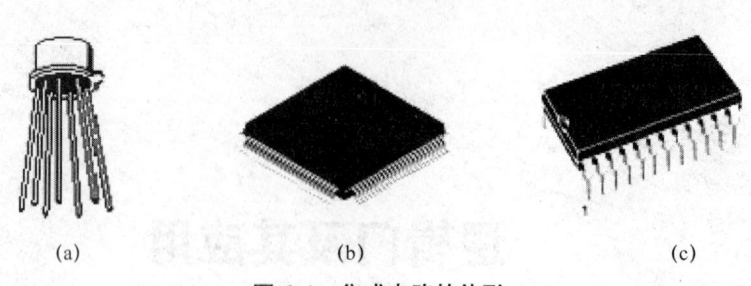

图 6.1　集成电路的外形
(a) 圆形；(b) 扁平型；(c) 双列直插式

6.1.2　逻辑运算关系

在数字电路中，输入信号是"条件"，输出信号是"结果"，因此输入、输出之间存在一定的因果关系称其为逻辑关系。

最基本的逻辑运算关系有三种，分别是与逻辑关系、或逻辑关系、非逻辑关系。各种关系均可以用五种方式来描述，即逻辑表达式、逻辑符号、真值表、波形图（时序图）、卡诺图。

1. 与逻辑

只有决定事物结果的所有条件全部满足时，结果才会产生的，这种逻辑运算关系称为与逻辑。

（1）与逻辑模型电路图，如图 6.2 所示。图中 A、B 为两个串联开关，Y 为灯，从图中可知只有当两个开关全都接通（闭合）时，灯才会亮，否则灯灭。用开关控制灯亮和灭的关系如表 6.1 所示。从表中可知，输入条件和输出结果满足与逻辑关系。

如果用数字"1"来表示灯亮和开关闭合，用数字"0"表示灯灭和开关断开，则可得到如表 6.2 所示的满足与逻辑关系输入逻辑变量各种取值组合和相应输出函数值的与逻辑真值表。

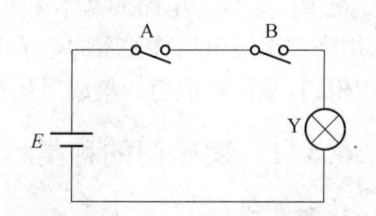

图 6.2　与逻辑模型电路图

（2）真值表是从模型电路中抽象出来用数字电子技术二值量表示的逻辑关系表，表中的取值"0、1"表示条件和结果的逻辑状态，不是对应的数值大小，已经没有实质概念，只是两变量的逻辑关系表，故称为真值表。表中输入部分 AB 有四个组合项，即 $4=2^2$ 或 $N=2^n$ 项。其中 n 是输入变量的个数，N 是按照十进制的顺序，二进制的形式排列而成的组合项数（二进制参看附录 A）。若是两变量的与逻辑，其输入就有 2^2 项组合；若是三变量的与逻辑，则输入有 2^3 项组合，真值表如表 6.3 所示。

表 6.1　与逻辑关系表

A	B	Y
断	断	灭
断	通	灭
通	断	灭
通	通	亮

表 6.2　与逻辑真值表

A	B	Y
0	0	0
0	1	0
1	0	0
1	1	1

表 6.3　三变量与逻辑真值表

A	B	C	Y
0	0	0	0
0	0	1	0
0	1	0	0
0	1	1	0
1	0	0	0
1	0	1	0
1	1	0	0
1	1	1	1

(3) 与逻辑的逻辑表达式。与逻辑也称"逻辑乘",其逻辑表达式为:
$$Y = A \cdot B (Y = A \cdot B \cdot C)$$
或 $$Y = AB (Y = ABC) \quad (" \cdot "号可省略)$$

与逻辑的运算规律为:输入有 0 输出得 0,只有输入全 1 输出才得 1。即有 0 得 0,全 1 得 1。

(4) 与逻辑的逻辑符号如图 6.3 所示。

(5) 与逻辑的波形图(又称时序图)是指与逻辑输入输出逻辑变量随时间变化而对应的关系变化曲线图,如图 6.4 所示,该图直观地描述了任意时刻输入与输出之间的对应关系以及变化的情况。

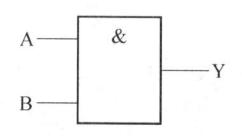

图 6.3 与逻辑符号

(6) 卡诺图。两变量逻辑关系的卡诺图,如图 6.5 所示。

卡诺图:按相邻性原则排列的最小项的方格图。

最小项:在 n 个输入变量的逻辑函数中,如果一个乘积项包含 n 个变量,而且每个变量以原变量或反变量的形式出现且仅出现一次,那么该乘积项称为函数的一个最小项。对 n 个输入变量的逻辑函数来说,共有 2^n 个最小项。

例如:在输入为两变量 A、B 的与逻辑中,其输入有四个组合,分别是 00、01、10、11。如果"1"用原变量表示,"0"用反变量表示,组成的四个乘积项是 $\overline{A}\,\overline{B}$、$\overline{A}B$、$A\overline{B}$、$AB$,根据最小项的定义,它们均是两变量逻辑函数 Y=F(A,B) 的最小项,而根据定义 $A\overline{A}B$、B、$A(A+B)$ 不是最小项。

最小项通常用 m_i 表示,下标 i 即最小项编号,用十进制数表示,如图 6.5 所示。

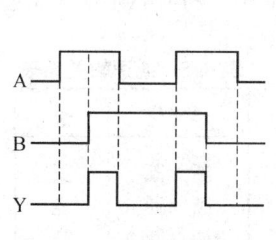

图 6.4 与逻辑波形图

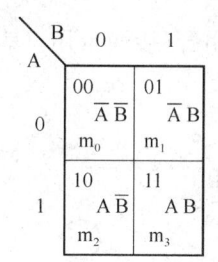

图 6.5 两变量卡诺图

编号的方法是先将最小项的原变量用 1、反变量用 0 表示,构成二进制数;将此二进制转换成相应的十进制数,就是该最小项的编号。按此原则,三个变量逻辑关系的最小项及编号如表 6.4 所示。

表 6.4 最小项及编号表

最小项	变量取值 A B C	最小项编号
$\overline{A}\ \overline{B}\ \overline{C}$	0 0 0	m_0
$\overline{A}\ \overline{B}\ C$	0 0 1	m_1
$\overline{A}\ B\ \overline{C}$	0 1 0	m_2
$\overline{A}\ B\ C$	0 1 1	m_3
$A\ \overline{B}\ \overline{C}$	1 0 0	m_4
$A\ \overline{B}\ C$	1 0 1	m_5
$A\ B\ \overline{C}$	1 1 0	m_6
$A\ B\ C$	1 1 1	m_7

相邻性:卡诺图中的最小项既要满足几何相邻,又要满足逻辑相邻。
几何相邻:就是在卡诺图中对称于水平或垂直中心线的最小项满足几何相邻。
逻辑相邻:满足几何相邻的最小项,只有一个变量相反,其余变量相同,符合逻辑相邻,如图6.5所示。

与逻辑的卡诺图,如图6.6所示。将与逻辑的结果,按对应最小项的位置填入方格内,就得到与逻辑的卡诺图。

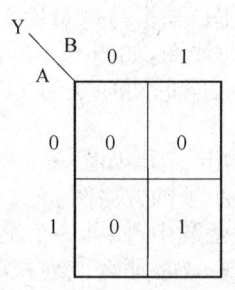

图6.6 与逻辑卡诺图

2. 或逻辑

当产生事物结果的多个条件中,只要有一个或一个以上条件满足,结果就能发生的,这种逻辑运算关系称为或逻辑。或逻辑模型电路如图6.7所示,图中,A、B为两个并联开关,Y为灯,用开关控制灯亮和灭的关系如表6.5所示,从表中可知,只要两个开关有一个接通,灯就会亮,因此满足或逻辑关系。

若用1来表示灯亮和开关闭合(接通),用0表示灯灭和开关断开,则可得或逻辑的真值表,如表6.6所示。

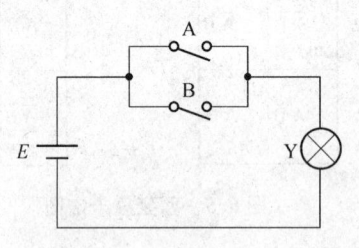

图6.7 或逻辑模型电路图

表6.5 或逻辑关系表

A	B	Y
断	断	灭
断	通	亮
通	断	亮
通	通	亮

或运算也称"逻辑加",或运算的逻辑表达式为:
$$Y = A + B$$

或逻辑运算的规律为:有1得1,全0得0。
或逻辑的逻辑符号,如图6.8所示。

表6.6 或逻辑真值表

A	B	Y
0	0	0
0	1	1
1	0	1
1	1	1

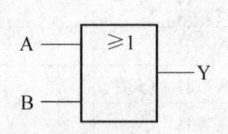

图6.8 或逻辑符号

或逻辑的波形图,如图 6.9 所示。
或逻辑的卡诺图,如图 6.10 所示。

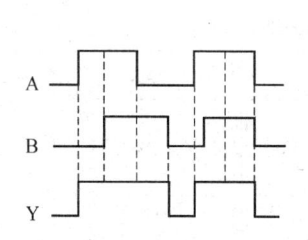

图 6.9　或逻辑波形图

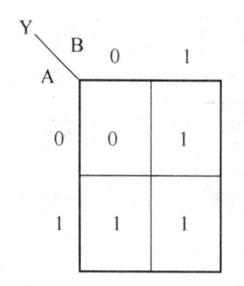

图 6.10　或逻辑的卡诺图

3. 非逻辑

决定事情的结果总是和条件呈相反状态,这种逻辑关系称为非逻辑。非逻辑的模型电路如图 6.11 所示,A 为开关,Y 为灯,开关控制灯亮和灭的关系如表 6.7 所示,从表中可知,如果开关 A 闭合,灯就灭,开关 A 断开,灯就亮,因此其电路满足非逻辑关系。

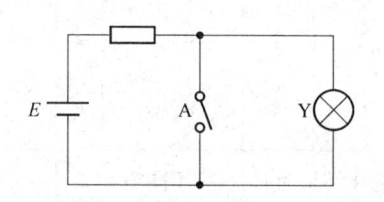

图 6.11　非逻辑模型电路图

表 6.7　非逻辑的关系表

A	Y
通	灭
断	亮

如果用 1 来表示灯亮和开关闭合,用 0 表示灯灭和开关断开,则可得到非逻辑真值表如表 6.8 所示。

非逻辑运算也称"反运算"。其逻辑表达式为:

$$Y=\overline{A}$$

非逻辑运算的规律:始终相反。
非逻辑的逻辑符号如图 6.12 所示,波形图如图 6.13 所示,卡诺图如图 6.14 所示。

表 6.8　非逻辑的真值表

A	Y
0	1
1	0

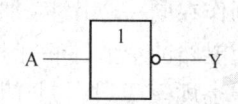

图 6.12　非逻辑符号

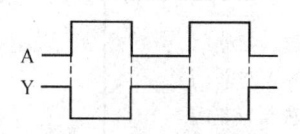

图 6.13　非逻辑波形图

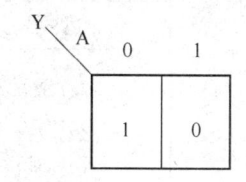

图 6.14　非逻辑卡诺图

4. 常见的几种复合逻辑关系

与、或、非运算是逻辑代数中最基本的三种运算，任何复杂的逻辑关系都可以通过与、或、非组合而成。几种常见的复合逻辑关系如表 6.9 所示。

表 6.9 常见的几种逻辑关系

逻辑名称	与非	或非	与或非	异或	同或（异或非）
逻辑表达式	$Y=\overline{AB}$	$Y=\overline{A+B}$	$Y=\overline{AB+CD}$	$Y=A\oplus B$	$Y=A\odot B$
逻辑符号	A、B —[&]— Y	A、B —[≥1]— Y	A,B,C,D —[& ≥]— Y	A、B —[=1]— Y	A、B —[=1]— Y
真值表	A B Y 0 0 1 0 1 1 1 0 1 1 1 0	A B Y 0 0 1 0 1 0 1 0 0 1 1 0	A B C D Y 0 0 0 0 1 0 0 0 1 1 … 1 1 1 1 0	A B Y 0 0 0 0 1 1 1 0 1 1 1 0	A B Y 0 0 1 0 1 0 1 0 0 1 1 1
逻辑运算规律	有 0 得 1 全 1 得 0	有 1 得 0 全 0 得 1	与项为 1 结果为 0 其余输出全为 1	不同为 1 相同为 0	不同为 0 相同为 1

6.1.3 TTL 逻辑门

实现逻辑运算关系的电子电路叫门电路，有 TTL 和 CMOS 两类集成逻辑门电路。

1. TTL 集成门电路

TTL 集成门电路由双极型三极管构成，它的特点是速度快，抗静电能力强，集成度低，功耗大，目前广泛应用于中、小规模集成电路。常用的是 TTL 与非门，它是将若干个门电路，经集成工艺制作在同一芯片上，加上封装，引出管脚，便可构成 TTL 集成门电路组件。根据其内部包含门电路的个数、同一门输入端个数、电路的工作速度、功耗等，又可分为多种型号。

常用中小规模 TTL 与非门电路的型号及功能如表 6.10 所示。实际应用中，可根据电路需要选用不同的型号。

表 6.10 常用 TTL 门电路型号

型号	逻辑功能
74LS00	四—2 输入与非门
74LS10	三—3 输入与非门
74LS20	双—4 输入与非门
74LS30	8 输入与非门

如图 6.15 所示为 74LS00、74LS20 管脚排列示意图。

```
     +Ucc 4B  4A  4Y  3B  3A  3Y                    +Ucc 2D  2C  NC  2B  2A  2Y
      14  13  12  11  10  9   8                      14  13  12  11  10  9   8

                 74LS00                                        74LS20

       1   2   3   4   5   6   7                      1   2   3   4   5   6   7
      1A  1B  1Y  2A  2B  2Y  GND                    1A  1B  NC  1C  1D  1Y  GND
                 (a)                                              (b)
```

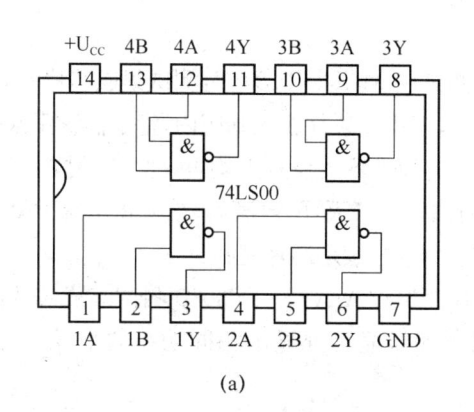

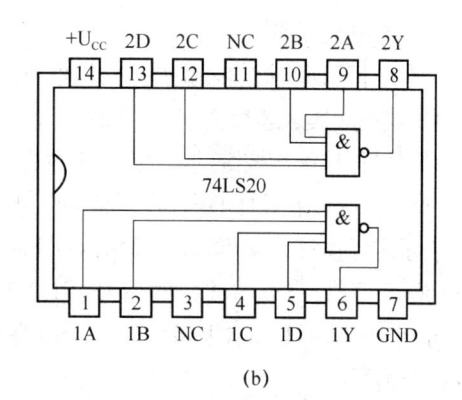

图 6.15 管脚排列示意图

从图 6.15 可知，74LS00 由四个 2 输入与非门构成，它有 14 个管脚，其中 GND、$+U_{CC}$ 管脚为接地端和电源端，电源电压是 5 伏，管脚 1A,1B;2A,2B;3A,3B 和 4A,4B 分别为四个与非门的输入端，管脚 1Y、2Y、3Y 和 4Y 分别为它们的输出端。74LS20 由两个 4 输入与非门构成。

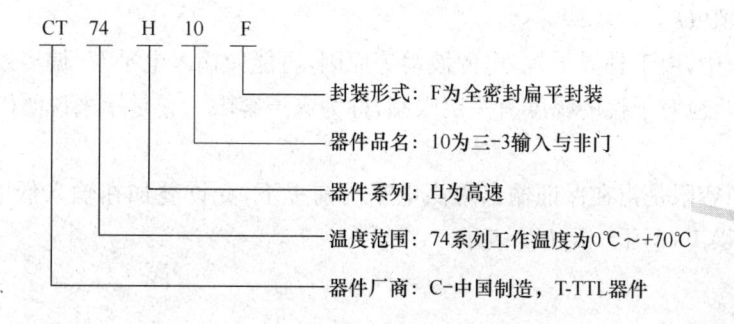

2. TTL 集成门的型号

为便于互换及通用，我国 TTL 门电路产品型号的命名与国际通用美国得克萨斯(TEXAS)所规定的电路品种、电参数、封装等一致。TTL 集成门型号的命名如下：

TTL 集成门器件的型号由五部分组成，其符号和意义如表 6.11 所示。常用数字集成电路一览表见附录 B。

表 6.11 TTL 集成门器件型号的组成及其意义

第1部分		第2部分		第3部分		第4部分		第5部分	
器件厂商		工作温度符号范围		器件系列		器件品种		封装形式	
符号	意义	符号	意义	符号	意义	符号	意义	符号	意义
CT	中国制造的TTL类	54	−55 ℃～+125 ℃	H	标准	阿拉伯数字	器件功能	W	陶瓷扁平
				S	高速			B	塑封扁平
SN	美国TEXAS公司	74	0 ℃～+70 ℃	LS	肖特基			F	全密封扁平
				AS	低功耗肖特基			D	陶瓷双列直插
				ALS	先进肖特基			P	塑料双列直插
					先进低功耗肖特基			J	黑陶瓷双列直插
				FAS	快速肖特基				

例如：

CT 74 H 10 F

- 封装形式：F 为全密封扁平封装
- 器件品名：10 为三-3 输入与非门
- 器件系列：H 为高速
- 温度范围：74 系列工作温度为 0 ℃～+70 ℃
- 器件厂商：C-中国制造，T-TTL 器件

3. TTL集成门的测试

(1) 测试TTL集成与非门的好坏:用集成芯片测试仪MATE-TC3 000,测试集成芯片的好坏,首先将测试仪插放集成芯片基座的手柄置于垂直位置,把集成芯片放入基座内,将手柄置于水平位置把芯片锁住,再将键盘按键的类型键F1放在TTL或CMOS的位置上均可,把F2健按下至ON位,输入998N,测试指示灯闪烁,显示屏显示FFF,测试指示灯灭,两声滴后,结果指示灯FALL亮(红色),表示芯片损坏;一声滴后结果指示灯PASS亮(绿色),表示芯片完好。

(2) 测试TTL集成与非门的型号:用集成芯片测试仪MATE-TC3000测试集成芯片的型号方法同上,当一声滴后结果指示灯PASS亮(绿色)时,显示屏显示相同功能的型号,一声滴声对应一个型号。

(3) 测试TTL集成与非门的功能:根据与非门的功能特点"有0得1、全1得0",将集成芯片74LS00插入矩阵实验板中,将有标记(凹槽)的一侧放在左边,无标记的一侧放在右边,管脚依次按逆时针方向顺序排列,如图6.15所示。将与非门输入A、B接数据开关(电平控制开关),输出Y接电平指示灯,14管脚接电源+5 V,7管脚接地。如图6.16所示,按照真值表输入组合AB从00~11改变输入端的状态,观察电平指示灯的状态(灯亮为1,灯灭为0)。

输入输出的1、0,是TTL与非门的高低电平,在数字电路中,通常用开关的接通与断开来实现电路的高、低电位两种状态,将高电位称为高电平,用"1"来表示;低电位称为低电平,用"0"来表示。

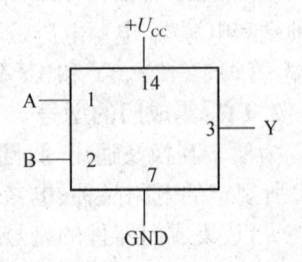

图6.16 与非门逻辑功能测试

4. TTL集成门的参数

(1) 电源电压U_{CC}:TTL集成与非门正常工作的电源电压为+5 V。

(2) 输入高电平U_{IH}和输出低电平U_{IL}:一般$U_{IH}=3.6$ V,$U_{IL}=0$ V。

(3) 输出高电平U_{OH}和输出低电平U_{OL}:一般产品规定$U_{OH}\geq 2.4$ V,$U_{OL}<0.4$ V。

(4) 阈值电压U_{th}(也称门槛电压):TTL与非门输出由低电平向高电平转换需要的最小电压。一般TTL与非门的$U_{th}\approx 1.4$ V。如图6.18所示。

(5) 关门电平U_{OFF}和开门电平U_{ON}:

保证输出电平为额定高电平(2.7 V左右)时,允许输入低电平的最大值,称为关门电平U_{OFF}。通常$U_{OFF}\approx 1$ V,一般产品要求$U_{OFF}\geq 0.8$ V。

保证输出电平达到额定低电平(0.3 V)时,允许输入高电平的最小值,称为开门电平U_{ON}。通常$U_{ON}\approx 1.4$ V,一般产品要求$U_{ON}\leq 1.8$ V。

(6) 噪声容限U_{NL}、U_{NH}。

在实际应用中,由于外界干扰、电源波动等原因,可能使输入电平U_I偏离规定值。为了保证电路可靠工作,应对干扰的幅度有一定限制,称为噪声容限。它是用来说明门电路抗干扰能力的参数。

低电平噪声容限是指在保证输出为高电平的前提下,允许叠加在输入低电平U_{IL}上的最大正向干扰(或噪声)电压。用U_{NL}表示

$$U_{NL}=U_{OFF}-U_{IL}$$

高电平噪声容限是指在保证输出为低电平的前提下,允许叠加在输入高电平 U_{IH} 上的最大负向干扰(或噪声)电压。用 U_{NH} 表示

$$U_{NH}=U_{IH}-U_{ON}$$

(7) 输入短路电流 I_{IS}。

当某一输入端 $U_I=0$ 时,流经这个输入端的电流称为输入短路电流 I_{IS}。输入短路电流的典型值约为 -1.5 mA。

(8) 输入漏电流 I_{IH}。

当 $U_I > U_{th}$ 时,流经输入端的电流称为输入漏电流 I_{IH}。其值很小,约为 10 μA。

(9) 扇出系数 N。

扇出系数是以同一型号的与非门作为负载时,一个与非门能够驱动同类与非门的最大数目。通常 $N \geqslant 8$。

(10) 平均延时时间 t_{pd}。

平均延迟时间指输出信号滞后于输入信号的时间,它是表示开关速度的参数。如图 6.17 所示。从输入波形上升沿的中点到输出波形下降沿中点之间的时间称为导通延迟时间 t_{PHL};从输入波形下降沿的中点到输出波形上升沿的中点之间的时间称为截止延迟时间 t_{PLH},所以 TTL 与非门平均延时时间为

$$t_{pd}=\frac{1}{2}(t_{PHL}+t_{PLH})$$

一般,TTL 与非门 t_{pd} 在 3~40 ns。

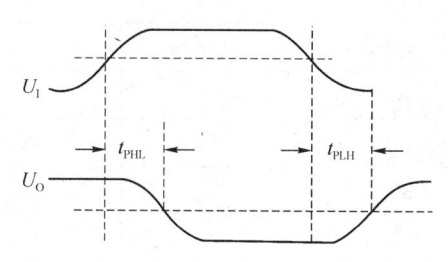

图 6.17 平均延迟时间

5. TTL 集成门的特性

1) TTL 与非电压传输特性

TTL 与非门电压传输特性是表示输出电压 U_O 随输入电压 U_I 变化的一条曲线,其测试电路及电压传输特性曲线如图 6.18 所示。

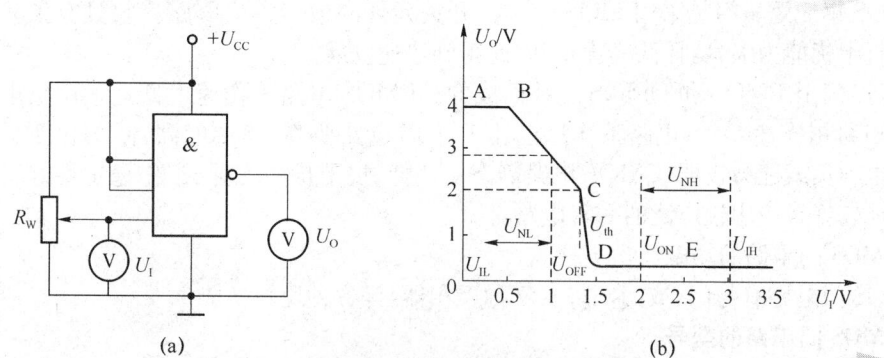

图 6.18 TTL 与非门电压传输特性
(a)测试电路;(b)传输特性

电压传输特性大致分为四段。

(1) AB 段称截止区:与非门处于截止状态,U_O≈3.6 V 为高电平。

(2) BC 段称线性区:输出 U_O 基本上随 U_I 的增加而线性减小。

(3) CD 段称转折区:随 U_I 的增加输出 U_O 为低电平。

(4) DE 段称饱和区:与非门处于饱和状态,输出为低电平。

2) 主要性能指标

TTL 集成电路种类很多,目前国家标准的常用的集成门电路有 CT54/74(普通)、CT54/74H(高速)、CT54/74S(肖特基)、CT54/74LS(低功耗)等四个系列,其主要性能指标如表 6.12 所示。

在 TTL 集成门电路中,无论是哪一种系列,只要器件品名相同,那么器件功能就相同,只是性能不同。例如 74LS00 与 7400 两个集成门电路,都是 2 输入的与非门,但是其性能是有区别的。在实际应用中可根据需要选择使用。

表 6.12 TTL 各系列集成门电路主要性能指标

电路型号 参数名称	CT74 系列	CT74H 系列	CT74S 系列	CT74LS 系列
电源电压(V)	5	5	5	5
$U_{OH(MIN)}$(V)	2.4	2.4	2.5	2.5
$U_{OL(MAX)}$(V)	0.4	0.4	0.5	0.5
逻辑摆幅(V)	3.3	3.3	3.4	3.4
每门功耗(mW)	10	22	19	2
每门传输延时(ns)	10	6	3	9.5
最高工作频率(MH_Z)	35	50	125	45
扇出系数	10	10	10	20
抗干扰能力	一般	一般	好	好

6.1.4 CMOS 逻辑门

1. CMOS 逻辑门的特点

CMOS 集成逻辑门是采用 MOS 管作为开关元件的数字集成电路。它具有工艺简单、集成度高、抗干扰能力强、功耗低等优点,因此得到快速发展。

CMOS 门由 PMOS 和 NMOS 互补而成的。PMOS 电路工作速度低且采用负电压,不便与 TTL 电路相连;NMOS 电路工作速度比 PMOS 电路要高、集成度高、便于和 TTL 电路相连,但带电容负载能力较弱;CMOS 电路静态功耗低、抗干扰能力强、工作稳定性好、开关速度高,是性能较好且应用较广泛的一种电路。

2. CMOS 门电路的功能

CMOS 门电路有与门、或门、非门(又称反相器)等各种逻辑功能。

3. CMOS 门电路的型号

CMOS 逻辑门器件常用的有 4000 系列、74C×× 系列两种。

4000 系列 CMOS 器件型号组成及意义,如表 6.13 所示,国外对应产品的代号如表 6.14 所示。

表 6.13　CMOS 器件型号的组成及其意义

第 1 部分		第 2 部分		第 3 部分		第 4 部分	
产品制造单位		器件系列		器件品种		工作温度范围	
符号	意义	符号	意义	符号	意义	符号	意义
CC CD TC	中国制造的 CMOS 类型 美国无线电公司产品 日本东芝公司产品	40 45 145	系列符号	阿拉伯数字	器件功能	C E R M	0 ℃~70 ℃ -40 ℃~85 ℃ -55 ℃~85 ℃ -55 ℃~125 ℃

表 6.14　国外公司 CMOS 产品代号

国别	公司名称	简称	型号前缀
美国	美国无线电公司 摩托罗拉公司 国家半导体公司 得克萨斯仪器公司	RCA MOTA NSC TI	CD×× MC×× CD×× TP××
日本	东芝公司 日立公司 富士通公司	TOSJ	TC×× HD×× MB××
荷兰	飞利浦公司		HFE××
加拿大	密特尔公司		MD××

例如：

```
            CC 40 30 R
                     └── 温度范围：R 系列工作温度为-55 ℃~85 ℃
                  └───── 器件品种：30 为四-2 输入异或门
               └──────── 器件系列：4000 系列
            └─────────── 器件厂商：C-中国制造，C-CMOS 器件
```

74C××系列有普通 74C××系列、高速 74HC××、74HCT××系列及先进的 74AC××、74ACT××系列，其中 74HCT××和 74ACT××系列可直接与 TTL 相兼容。它们的功能及管脚设置与 TTL74 系列保持一致。此系列器件型号组成及意义参照表 6.10。常用集成 CMOS 逻辑门见附录 B。

6.2　逻辑门的应用

6.2.1　组合逻辑电路分析与设计

数字电路是用于传递、加工和处理数字信号的电子电路，数字信号是在时间和数值上都离散的信号。如数字钟、数字万用表、数字频率计、数字温度计等都是由数字电路组成的。

数字电路有组合逻辑电路和时序逻辑电路。组合逻辑电路没有记忆功能,其输出信号的状态只与当时输入信号状态的组合有关,而与电路前一时刻的输出信号状态无关,简称组合电路。逻辑门就是最基本的组合电路,如与非门的功能就是"有 0 得 1、全 1 得 0"。常见的有编码器、译码器、数据选择器等都是典型的组合电路器件。时序逻辑电路具有记忆功能,其输出信号的状态不仅和当时的输入信号状态的组合有关,而且与电路前一时刻输出信号的状态有关,简称时序电路。如触发器、计数器、寄存器等都是典型的时序逻辑电路。

组合逻辑电路的特点:
(1) 输出、输入之间没有反馈延迟通路。
(2) 电路中不含记忆元件。

1. 组合电路分析

组合电路分析的目的:确定已知电路的逻辑功能,并检查原电路是否合理。

组合电路的分析步骤为:
(1) 根据已知的逻辑图从输入到输出逐级写出逻辑函数表达式。
(2) 利用公式法化简逻辑表达式。
(3) 列真值表,确定其逻辑功能。
(4) 检查已知电路是否合理并优化。

例 1 分析如图 6.19 所示逻辑电路的功能。

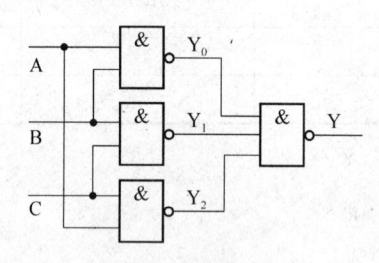

图 6.19 组合电路

解 (1) 写逻辑表达式:从输入端逐级写各个逻辑门的逻辑关系。从图 6.19 中可得:

$$Y_0 = \overline{AB}$$
$$Y_1 = \overline{BC}$$
$$Y_2 = \overline{AC}$$
$$Y = \overline{Y_0 \cdot Y_1 \cdot Y_2} = \overline{\overline{AB} \cdot \overline{BC} \cdot \overline{AC}}$$

(2) 化简:用逻辑代数法化简。

逻辑代数法化简与普通代数一样,用公式、定理、定律进行转换,使逻辑表达式化简为最简与或表达式,相应的基本定律如表 6.15 所示。这些定律可直接利用真值表证明,如果等式两边的真值表相同,则等式成立。

表 6.15 逻辑代数的基本定律

定律名称	逻辑与	逻辑或
1. 0—1 律	$A \cdot 1 = A$ $A \cdot 0 = 0$	$A + 0 = A$ $A + 1 = 1$
2. 交换律	$A \cdot B = B \cdot A$	$A + B = B + A$
3. 结合律	$A \cdot (B \cdot C) = (A \cdot B) \cdot C$	$A + (B + C) = (A + B) + C$
4. 分配律	$A \cdot (B + C) = A \cdot B + A \cdot C$	$A + (B \cdot C) = (A + B) \cdot (A + C)$
5. 互补律	$A \cdot \bar{A} = 0$	$\bar{A} + A = 1$
6. 重叠律	$A \cdot A = A$	$A + A = A$
7. 还原律	$\bar{\bar{A}} = A$	$\overline{A + B} = \bar{A} \cdot \bar{B}$
8. 反演律(摩根定律)	$\overline{AB} = \bar{A} + \bar{B}$	
9. 吸收律	$A \cdot (A + B) = A$ $(A + B)(A + \bar{B}) = A$ $A(\bar{A} + B) = AB$	$A + AB = A$ $AB + A\bar{B} = A$ $A + \bar{A}B = A + B$
10. 隐含律	$(\bar{A} + B)(A + C)(B + C + D)$ $= (\bar{A} + B)(A + C)$ $(\bar{A} + B)(A + C)(B + C)$ $= (\bar{A} + B)(A + C)$	$AB + \bar{A}C + BCD = AB + \bar{A}C$ $AB + \bar{A}C + BC = AB + \bar{A}C$

对例 1 写出的逻辑表达式，利用反演律及还原律进行化简：

$Y = \overline{Y_0 \cdot Y_1 \cdot Y_2} = \overline{\overline{AB} \cdot \overline{BC} \cdot \overline{AC}}$

$\quad = \overline{\overline{AB}} + \overline{\overline{BC}} + \overline{\overline{AC}}$

$\quad = AB + BC + AC$

(3) 列真值表，确定其逻辑功能。

① 逻辑关系五种表述的相互转换，以或关系为例，如表 6.6 或关系的真值表、以及或关系的卡诺图如图 6.10 所示，可知真值表的输入输出的对应项与卡诺图中的最小项一一对应。如果把最小项或卡诺图中为"1"的项，写成与或表达式，即 $Y = \bar{A}B + A\bar{B} + AB$，这是逻辑关系的最小项与或式(也称逻辑关系的标准式)。如果用逻辑代数的结合律、互补率、吸收率进行化简可得：

$Y = \bar{A}B + A\bar{B} + AB$

$\quad = \bar{A}B + A(\bar{B} + B)$

$\quad = \bar{A}B + A$

$\quad = (\bar{A} + A)(B + A)$

$\quad = A + B$

此式与或关系的表达式一致，所以将逻辑表达式中每个与项乘上所缺变量的互补式，即可转换成最小项的与或式(标准式)，就可以直接转换成真值表或卡诺图。

② 如本例所得逻辑表达式为 $Y = AB + BC + AC$，将其转换成标准式为：

$Y = AB + BC + AC$

$\quad = AB(C + \bar{C}) + BC(A + \bar{A}) + AC(B + \bar{B})$

$\quad = ABC + AB\bar{C} + ABC + \bar{A}BC + ABC + A\bar{B}C$

$\quad = ABC + AB\bar{C} + \bar{A}BC + A\bar{B}C$

$= m_3 + m_5 + m_6 + m_7$

将其表达式中有的最小项在真值表或卡诺图中写"1",没有的最小项写"0",如表6.16、图6.20所示。从而实现逻辑表达方式的相互转换。也可以将从逻辑图写出的逻辑表达式 Y=AB+BC+AC 直接填入卡诺图,即将满足每一与项条件的最小项填1,否则写0。如满足 AB 的两个最小项是 m_6、m_7,其所对应的小方格写1,依次类推把满足 BC、AC 的最小项写1,就得到与图6.20所示相同的卡诺图。

Y\BC	00	01	11	10
0	0	0	1	0
1	0	1	1	1

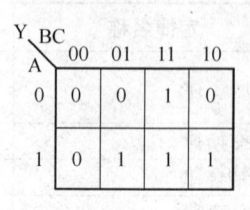

图6.20 例1的卡诺图

从表6.16中可知,输入多数为"1"时,输出就为"1",否则为"0";从电路结构来看无反馈回路和记忆元件,其电路是组合逻辑电路,并能实现三人多数表决功能。

(4) 检查已知电路是否合理并优化。

从逻辑表达式看已经是最简与或式,从功能实现的器件选择上看用 TTL 与非门是最方便最经济的,故原电路不需修改。

2. 组合电路设计

组合电路设计的目的是根据功能要求设计最佳电路。

组合电路的设计步骤分为:

(1) 根据设计要求,确定输入、输出变量的个数及其含义。

(2) 根据逻辑功能要求列出相应的真值表。

(3) 根据真值表进行化简得到逻辑表达式。

(4) 根据要求及表达式画出逻辑图。

(5) 根据逻辑图选择实现功能的元器件。

例2 设计一个一位二进制的全加器。

(1) 全加器是既包括加数与被加数,又包括低位进位的加法运算,结果有本位的和及向高位的进位。

(2) 二进制加法的运算规律是逢二进一,取值为"0、1"。

解

(1) 确定输入输出变量。

根据设计要求,全加器输入三个变量,本位的加数 A_i、B_i、低位进位 C_{i-1},输出两个变量,本位的和 S_i、向高位的进位 C_i,取值为"0、1"。

(2) 列真值表:按照逢二进一的运算规律,得到如表6.17所示真值表。

表6.16 例1的真值表

输入 A B C	输出 Y
0 0 0	0
0 0 1	0
0 1 0	0
0 1 1	1
1 0 0	0
1 0 1	1
1 1 0	1
1 1 1	1

表6.17 例2的真值表

输入 A_i B_i C_{i-1}	输出 S_i C_i
0 0 0	0 0
0 0 1	1 0
0 1 0	1 0
0 1 1	0 1
1 0 0	1 0
1 0 1	0 1
1 1 0	0 1
1 1 1	1 1

(3) 化简:用代数法或卡诺图化简。

用代数法化简,将真值表直接转换成最小项与或式(标准式),则有

$$S_i = \overline{A_i}\,\overline{B_i}C_{i-1} + \overline{A_i}B_i\,\overline{C_{i-1}} + A_i\,\overline{B_i}\,\overline{C_{i-1}} + A_iB_iC_{i-1}$$
$$= m_1 + m_2 + m_4 + m_7$$
$$C_i = \overline{A_i}B_iC_{i-1} + A_i\,\overline{B_i}C_{i-1} + A_iB_i\,\overline{C_{i-1}} + A_iB_iC_{i-1}$$
$$= m_3 + m_5 + m_6 + m_7$$

如果不化简直接用标准式实现功能,其逻辑图如图 6.21 所示。从图 6.21 图中可知,直接用标准式实现逻辑功能虽然所使用的逻辑门的种类和个数不多,但感觉电路很复杂。所以要将其标准式化简为最简与或表达式。

① 用定律化简:

$$S_i = \overline{A_i}\,\overline{B_i}C_{i-1} + \overline{A_i}B_i\,\overline{C_{i-1}} + A_i\,\overline{B_i}\,\overline{C_{i-1}} + A_iB_iC_{i-1}$$
$$= (\overline{A_i}\,\overline{B_i} + A_iB_i)C_{i-1} + (\overline{A_i}B_i + A_i\,\overline{B_i})\overline{C_{i-1}}$$
$$= \overline{A_i \oplus B_i} \cdot C_{i-1} + A_i \oplus B_i \cdot \overline{C_{i-1}}$$
$$= A_i \oplus B_i \oplus C_{i-1}$$
$$C_i = \overline{A_i}B_iC_{i-1} + A_i\,\overline{B_i}C_{i-1} + A_iB_i\,\overline{C_{i-1}} + A_iB_iC_{i-1}$$
$$= m_3 + m_5 + m_6 + m_7$$
$$= A_iB_i + B_iC_{i-1} + A_iC_{i-1}$$

实现化简结果的逻辑图,如图 6.22 所示。

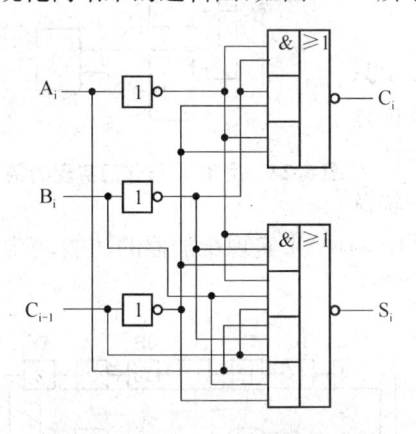

图 6.21 全加器逻辑图　　　　图 6.22 例 2 的逻辑图

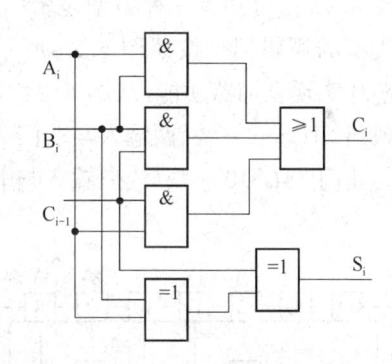

② 用卡诺图化简(详见附录 A):将真值表填入卡诺图,如图 6.23 所示。

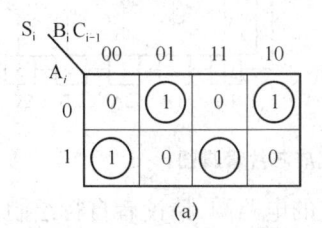

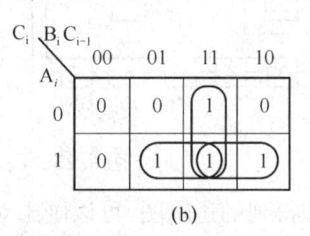

图 6.23 例 2 的卡诺图
(a)全加器的和;(b)全加器的进位

用卡诺图化简,首先在卡诺图内画卡诺圈,将满足相邻性原则为"1"的小方格(最小项),只能按一条路径圈的1个、两个、四个、2^n个小方格圈在一起,每个卡诺圈必须有一个从来都没有被圈过的"1","1"可以重复使用,圈"1"得到的是原变量结果(原函数),圈"0"得到是反变量的结果(反函数)。每个最小项有n个最小项与之相邻(n是输入变量的个数);其次,再按"消去不同、保留相同"的方法得到化简的表达式。即在一个卡诺圈内,每个最小项之间只要状态不同就消去该变量,否则保留变量。有几个卡诺圈就有几个与项,如图6.23所示可得:

$$C_i = A_iB_i + B_iC_{i-1} + A_iC_{i-1}$$

此结果与代数法化简结果相同,但结果判断和得出上,卡诺图更简捷。

而全加器和的卡诺图,虽然有四个最小项为"1",但它们互不相邻,只能自身相圈,这叫独立圈,不能消去任何变量,每个卡诺圈写出的与项就是最小项,所以其结果与标准式相同,全加器的和用代数法更方便。

(4) 根据要求及表达式画逻辑图。按照卡诺图化简出的结果画出逻辑图与图6.22基本相同。如果把与或关系利用还原率及反演律转换成与非与非式,用TTL与非门实现,所用的逻辑门种类就更简单,如图6.24所示。

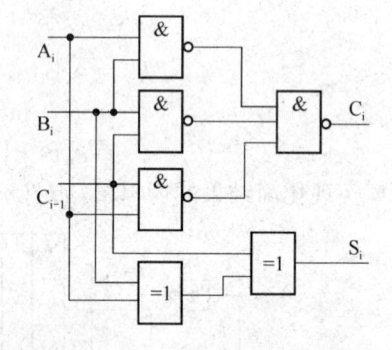

(5) 根据逻辑图选择实现功能的元器件。

从图6.22中可知有三种类型逻辑门,图6.24中只有两种类型的逻辑门。按照图6.24所示逻辑图,选择相应的芯片实现全加器功能,从图6.24中可知,应选两输入异或门74LS86一块、两输入与非门74LS00一块及

图6.24 用TTL与非门实现的例2逻辑图

三输入与非门74LS10一块(或三输入与非门74LS10两块)来实现全加器的功能,管脚图如图6.25所示。

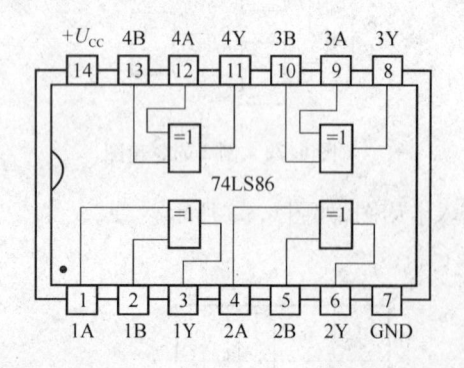

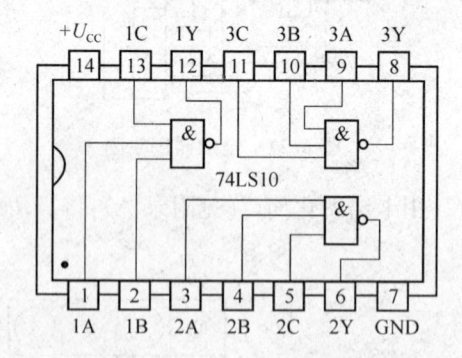

图6.25 例2集成芯片管脚图

根据管脚图和得到的逻辑图,可以画出对应的电路图,请读者自行绘制。

从图6.25中看出,芯片74LS10是三输入的与非门,而实现全加器的逻辑门都是两输入,所以就存在TTL与非门多余端的处理问题。在实际应用中,有实现加法功能的集成芯片74LS183,逻辑符号、管脚排列图如图6.26所示。

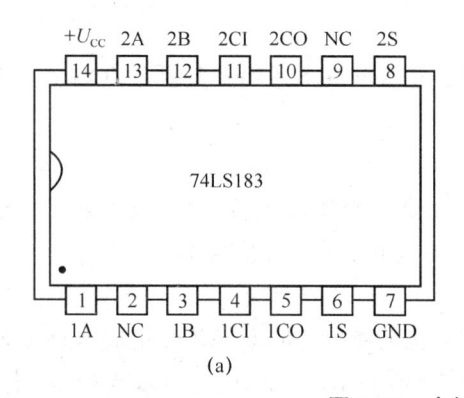

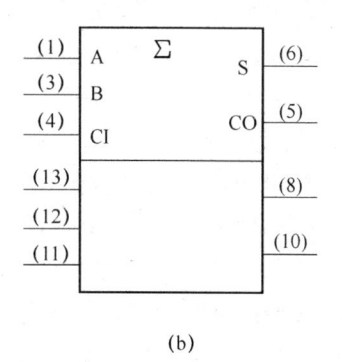

图 6.26 全加器集成芯片
(a) 管脚排列图；(b) 符号图

6.2.2 集成门电路使用注意事项

集成逻辑门分为 TTL 和 CMOS 两种。

1. TTL 集成门电路在使用时应注意的事项

(1) 电源电压(U_{CC})应满足在标准值 5 V+10% 的范围内。
(2) TTL 电路的输出端所接负载，不能超过规定的扇出系数。
(3) 注意 TTL 门多余输入端的处理方法
① 与非门：
与非门多余输入端的三种处理方法如图 6.27 所示。

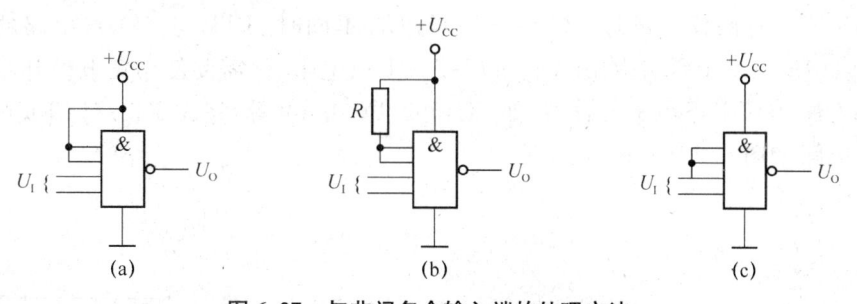

图 6.27 与非门多余输入端的处理方法
(a) 接电源；(b) 通过 R 接电源；(c) 与有用输入端并联

② 或非门：
或非门多余输入端的三种处理方法如图 6.28 所示。

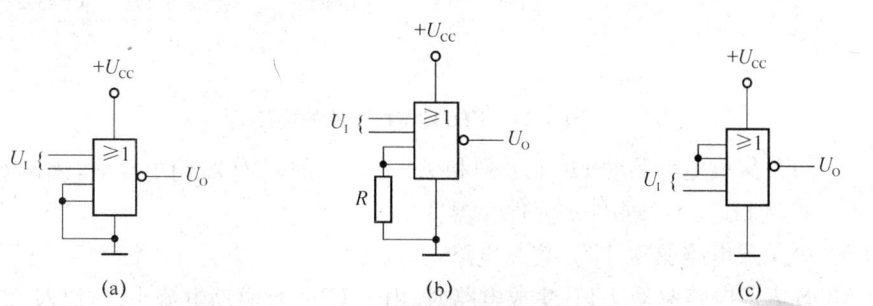

图 6.28 或非门多余输入端的处理方法
(a) 接地；(b) 通过 R 接地；(c) 与有用输入端并联

2. CMOS 集成电路使用注意事项

CMOS 集成电路与 TTL 集成电路的使用注意事项基本适用。但因 CMOS 集成电路容易产生栅极击穿问题,所以要特别注意以下几点:

1) 避免静电损失

存放 CMOS 集成电路不能用塑料袋,而要用金属将管脚短接起来,或用金属盒屏蔽。工作台应当用金属材料覆盖,并应良好接地。焊接时,电烙铁外壳应接地。

2) 多余输入端的处理方法

CMOS 集成电路的输入阻抗高,易受外界干扰的影响,所以 CMOS 集成电路多余输入端不允许悬空。多余输入端应根据逻辑要求或接电源 U_{DD}(与非门、与门),或接地(或非门、或门),或与其他输入端连接。

3. CMOS 集成电路与 TTL 集成电路的连接

CMOS 集成电路虽然有很多优点,但在大电流、超高速和噪声环境较恶劣的场所使用时,可能要和双极型电路相配用。两种不同类型器件连接时,首先遇到的一个问题是输入、输出电平、负载能力等参数不同的问题,即"接口"问题。

1) TTL 集成电路驱动 CMOS 集成电路

(1) 当 TTL 集成电路驱动 4000 系列和 HC 系列 CMOS 时,如电源电压 U_{CC} 与 U_{DD} 均为 5 V 时,TTL 与 CMOS 集成电路的连接如图 6.29(a)所示。在电源电压 $U_{DD}=5$ V 时,CMOS 集成电路的输入高电平的下限值为 3.5 V,而 TTL 集成电路的输出高电平的下限值为 2.4 V,显然 CMOS 和 TTL 集成电路不能直接相连。此时通过上拉电阻 R 将 TTL 输出电平抬高来实现这两种电路的连接。如 U_{CC} 与 U_{DD} 不同时,TTL 与 CMOS 电路的连接方法如图 6.29(b)所示。TTL 的输出端仍可以接一上拉电阻,但需要使用集电极开路门。另外还可采用专用的 CMOS 电平转移器(如 CC4502、CC40109 等)完成 TTL 对 CMOS 集成电路的接口。电路如图 6.29(c)。

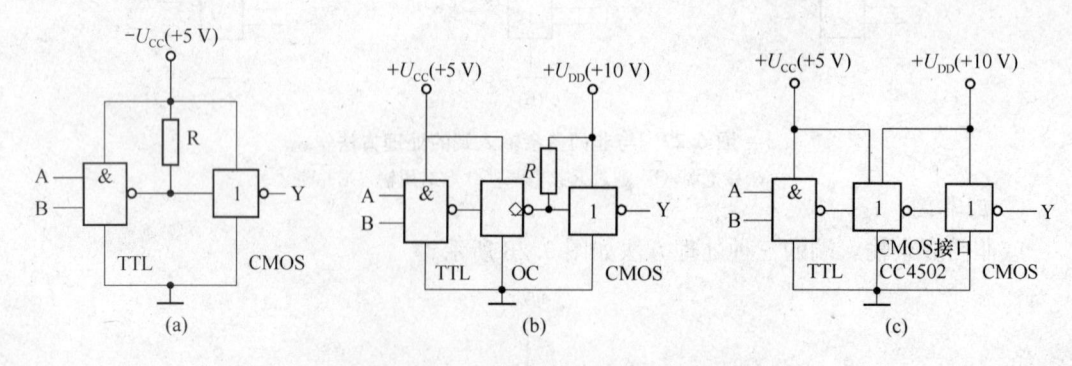

图 6.29 TTL-CMOS 电路的接口

(2) 当 TTL 集成电路驱动 HCT 系列和 ACT 系列的 CMOS 门电路时,因两类电路性能兼容,故可以直接相连,不需要外加元件和器件。

2) CMOS 集成电路驱动 TTL 集成电路

当 CMOS 集成电路驱动 TTL 集成电路时,由于 CMOS 驱动电流小,所以对 TTL 集成电路的驱动能力有限。为实现 CMOS 和 TTL 集成电路的连接,可经过 CMOS"接口"电路(如 CMOS 缓冲器 CC4049 等),如图 6.30 所示。

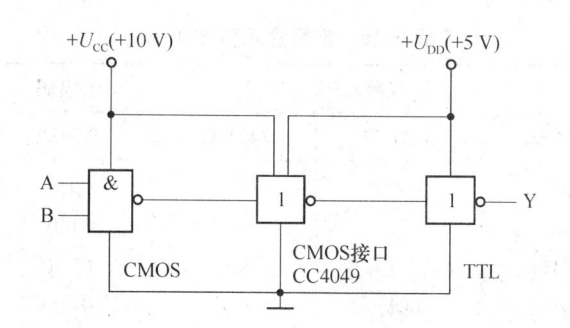

图 6.30 CMOS-TTL 电路的接口

6.2.3 编码器及其测试

实现编码功能的数字电路称为编码器。编码就是将特定含义的输入信号(文字、数字、符号)转换成二进制代码的过程。

1. 编码器的种类

(1) 按照编码方式不同,编码器可分为普通编码器和优先编码器。

普通编码器是指在任何时刻编码器只能对其中一个输入信号进行编码,即输入的 N 个信号是互相排斥的,任何时刻只有一个输入信号有效。

优先编码器是当多个输入端同时有信号时,电路只对其中优先级别较高的信号进行编码。因此在编码时必须根据轻重缓急,规定好输入信号的优先级别。常用的优先编码器有 10 线－4 线和 8 线－3 线两种。

(2) 按照输出代码种类不同,编码器可分为二进制和非二进制编码器。

二进制编码器是指需要编码的输入信号个数 N 与输出二进制代码的位数 n 满足 $N=2^n$ 时,此电路称为二进制编码器。若编码器输入为四个信号,输出为两位代码,则称为 4 线－2 线编码器(或 4/2 线编码器)。常见的编码器有 8 线－3 线,16 线－4 线等等。

非二进制编码器是指输入信息个数 N 与输出二进制代码的位数 n 不满足 $N=2^n$ 的编码器。用四位二进制代码表示一位十进制数的编码电路,也称 10 线－4 线编码器。如 10 线－4 线编码器,就是二-十进制编码器,即用四位二进制代码表示一位十进制数。四位二进制代码共有 16 种组合状态,而 0～9 共 10 个数字只用其中 10 个状态,所以二-十进制编码方案很多。最常见是 8421 BCD 码编码器。

(3) BCD 码。

二-十进制码(简称 BCD 码),指的是用四位二进制数来表示一位十进制数 0～9。由于四位二进制数码可以表示 16 种不同的组合状态,若用来表示 1 位十进制数时,只需选用其中 10 种组合(有效组合),其他六种组合是无效的。按选取方式的不同,可以得到如表 6.18 所示常用的几种 BCD 编码。

表 6.18 常用的几种 BCD 码

十进制	有权码			无权码	负权码
	8421 码	5421 码	2421 码	余三码	631－1 码
0	0000	0000	0000	0011	0000
1	0001	0001	0001	0100	0010
2	0010	0010	0010	0101	0101
3	0011	0011	0011	0110	0100
4	0100	0100	0100	0111	0110
5	0101	1000	1011	1000	1001
6	0110	1001	1100	1001	1000
7	0111	1010	1101	1010	1010
8	1000	1011	1110	1011	1101
9	1001	1100	1111	1100	1100

在二-十进制编码中一般分为有权码和无权码两大类。8421BCD 码是常用的 BCD 码,它是一种有权码,8421 就是指这种码中各位的权分别为 8、4、2、1。余 3 码是无权码,余 3 码是由 8421 码加 3 后得到的。BCD 码的表示方法也很简单,就是将十进制数的各位数字分别用四位二进制数码表示出来。例如:

$$(92.65)_{10} = (10010010.01100101)_{8421BCD}$$
$$(10010110.0101)_{8421BCD} = (96.5)_{10}$$

2. 编码器的功能

编码器最常见的是集成优先编码器。常用的集成优先编码器型号 10 线－4 线的有 54/74147、54/74LS147,8 线－3 线为 54/74148、54/74LS148。

74LS148 是 8 线－3 线优先编码器,如图 6.31 所示,图中 $\overline{I_0} \sim \overline{I_7}$ 为输入信号端,$\overline{S}$ 是使能输入端,$\overline{Y_0} \sim \overline{Y_2}$ 三个输出端,$\overline{Y_S}$ 和 $\overline{Y_{EX}}$ 是用于功能扩展的输出端。其功能如表 6.19 所示。

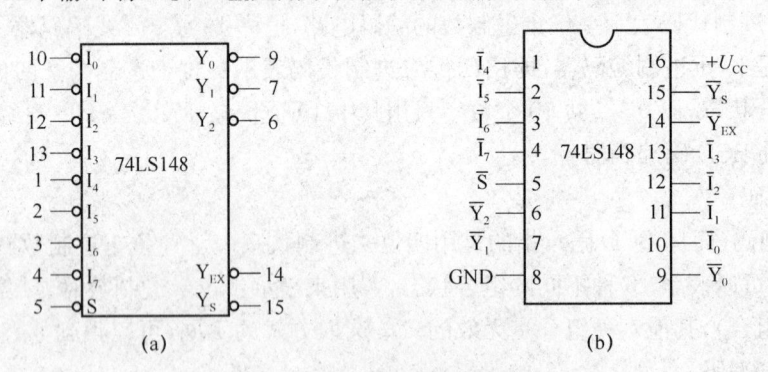

图 6.31 74LS148 优先编码器
(a)符号图;(b)管脚图

表 6.19　优先编码器 74LS148 功能表

输入使能	输入								输出			扩展输出	输出使能
$\overline{S}$	$\overline{I_7}$	$\overline{I_6}$	$\overline{I_5}$	$\overline{I_4}$	$\overline{I_3}$	$\overline{I_2}$	$\overline{I_1}$	$\overline{I_0}$	$\overline{Y_2}$	$\overline{Y_1}$	$\overline{Y_0}$	$\overline{Y_{EX}}$	$\overline{Y_S}$
1	×	×	×	×	×	×	×	×	1	1	1	1	1
0	1	1	1	1	1	1	1	1	1	1	1	1	0
0	0	×	×	×	×	×	×	×	0	0	0	0	1
0	1	0	×	×	×	×	×	×	0	0	1	0	1
0	1	1	0	×	×	×	×	×	0	1	0	0	1
0	1	1	1	0	×	×	×	×	0	1	1	0	1
0	1	1	1	1	0	×	×	×	1	0	0	0	1
0	1	1	1	1	1	0	×	×	1	0	1	0	1
0	1	1	1	1	1	1	0	×	1	1	0	0	1
0	1	1	1	1	1	1	1	0	1	1	1	0	1

在表 6.19 中，输入 $\overline{I_0} \sim \overline{I_7}$ 低电平有效，$\overline{I_7}$ 为最高优先级，$\overline{I_0}$ 为最低优先级，×表示无论状态是 0 还是 1 都不起作用。即只要 $\overline{I_7}=0$，不管其他输入是 0 还是 1，输出只对 $\overline{I_7}$ 进行编码（反码）$\overline{Y_2}\ \overline{Y_1}\ \overline{Y_0}=000$。

$\overline{S}$ 为使能输入端，只有当 $\overline{S}=0$ 时编码器工作，$\overline{S}=1$ 时编码器不工作。

$\overline{Y_S}$ 为使能输出端，当 $\overline{S}=0$ 允许工作时，如果 $\overline{I_0} \sim \overline{I_7}$ 端有信号则输入 $\overline{Y_S}=1$，若 $\overline{I_0} \sim \overline{I_7}$ 端无信号输入，那么 $\overline{Y_S}=0$。

$\overline{Y_{EX}}$ 为扩展输出端，当 $\overline{S}=0$ 时，只要有编码信号，$\overline{Y_{EX}}$ 就是低电平。

3. 编码器的测试

1）功能测试

将集成芯片 74LS148 插在逻辑试验仪的矩阵板上，将试验仪逻辑电平控制开关与芯片信号输入端、输入使能端相连，将芯片的各种输出接在试验仪输出电平测试端，按照表 6.19 进行功能验证。

2）功能扩展

利用 74LS148 扩展输出端可以实现多级连接进行功能扩展，即用两块 74LS148 可以扩展成为一个 16 线－4 线(16/4 线)优先编码器，如图 6.32 所示。

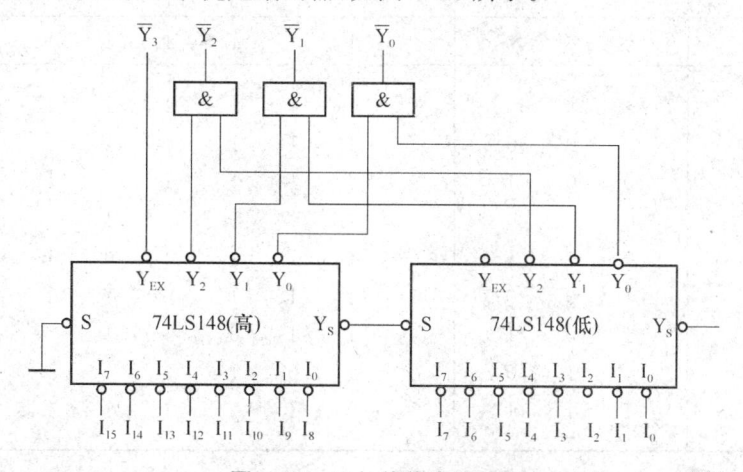

图 6.32　16/4 线优先编码器

从图 6.32 中分析可以看出,高位片 $\overline{S_1}=0$ 允许 $\overline{I_8}\sim\overline{I_{15}}$ 编码,$Y_{S1}=1$,$\overline{S_2}=1$,则高位片编码,低位片进制编码。但若 $\overline{I_8}\sim\overline{I_{15}}$ 都是高电平,即均无编码请求时,则 $Y_{S1}=0$ 允许低位片对输入 $\overline{I_0}\sim\overline{I_7}$ 编码。显然,高位片的编码级别优先于低位片,利用使能输入、输出端可以扩展编码器的功能。

按照功能测试的方法同样可以验证图 6.32 所示电路的功能。请读者自行测试。

6.2.4 译码器及其测试

译码是编码的逆过程,即将输入的每一组二进制代码"翻译"即"译码还原"成为一个特定的输出信息。实现译码功能的数字电路称为译码器。

1. 译码器的种类

(1) 按用途分:译码器分为变量译码器和显示译码器。

(2) 按进制分:译码器有二进制译码器和非二进制译码器。

二进制译码器就是指输入二进制代码的位数 n 与译码还原出信息的个数 N,满足 $N=2^n$ 的对应关系,否则就是非二进制译码器。

(3) 显示译码器按材料分为荧光、发光二极管、液晶显示译码器;按显示内容分为文字、数字、符号译码器。

2. 变量译码器

1) 变量译码器的功能

变量译码器种类很多。常用的有:TTL 系列中的 54/74HC138、54/74LS138;CMOS 系列中的 54/74HC138、54/74HCT138 等。集成芯片 74LS138 实现 3 线－8 线译码功能,即输入三位二进制数码,输出八个信息。74LS138 的符号图、管脚图如图 6.33 所示,其逻辑功能表如表 6.20 所示。

表 6.20 74LS138 译码器功能表

输入		输入			输出							
E_1	$\overline{E_{2A}}+\overline{E_{2B}}$	A_2	A_1	A_0	$\overline{Y_7}$	$\overline{Y_6}$	$\overline{Y_5}$	$\overline{Y_4}$	$\overline{Y_3}$	$\overline{Y_2}$	$\overline{Y_1}$	$\overline{Y_0}$
×	1	×	×	×	1	1	1	1	1	1	1	1
0	×	×	×	×	1	1	1	1	1	1	1	1
1	0	0	0	0	1	1	1	1	1	1	1	0
1	0	0	0	1	1	1	1	1	1	1	0	1
1	0	0	1	0	1	1	1	1	1	0	1	1
1	0	0	1	1	1	1	1	1	0	1	1	1
1	0	1	0	0	1	1	1	0	1	1	1	1
1	0	1	0	1	1	1	0	1	1	1	1	1
1	0	1	1	0	1	0	1	1	1	1	1	1
1	0	1	1	1	0	1	1	1	1	1	1	1

由功能表 6.20 可知,它能译出三个输入端变量的全部状态。该译码器设置了 E_1,$\overline{E_{2A}}$,$\overline{E_{2B}}$ 三个使能输入端,当 E_1 为 1 且 $\overline{E_{2A}}$ 和 $\overline{E_{2B}}$ 均为 0 时,译码器处于工作状态,否则译码器不工作。

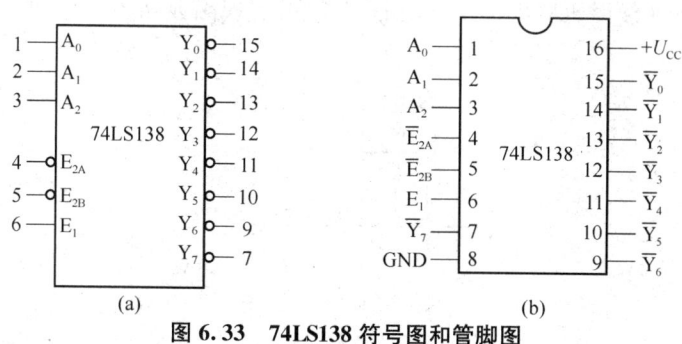

第6章 逻辑门及其应用

图 6.33　74LS138 符号图和管脚图

(a) 符号图；(b) 管脚图

2) 变量译码器应用

(1) 功能测试：将集成芯片 74LS138 插在逻辑试验仪的矩阵板上，将试验仪逻辑电平控制开关与芯片各个输入端相连，将芯片的输出接在试验仪输出电平测试端，按照表 6.20 进行功能验证。

(2) 功能扩展：利用 74LS138 使能端可以实现多级连接进行功能扩展，即用两块 74LS138 可以扩展成为一个 4 线－16 线(4/16 线)变量译码器，如图 6.34 所示。

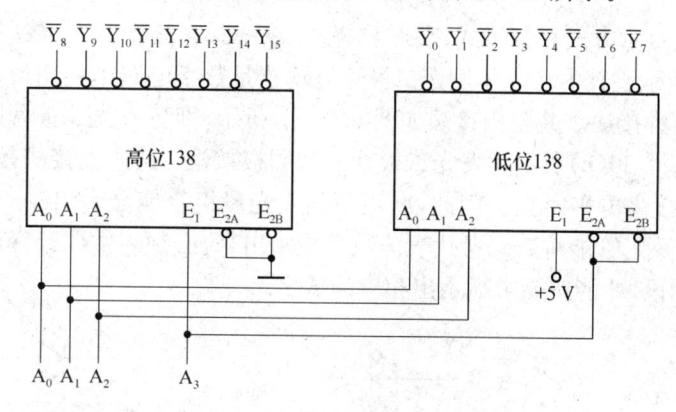

图 6.34　4/16 线变量译码器

利用译码器的使能端作为高位输入端 A_3 如图 6.34 所示，由表 6.20 可知，当 $A_3=0$ 时，低位片 74LS138 工作，对输出 A_2、A_1、A_0 进行译码还原出 $Y_0 \sim Y_7$，则高位禁止工作；当 $A_3=1$ 时，高位片 74LS138 工作，还原出 $Y_8 \sim Y_{15}$，而低位片禁止工作。

(3) 功能应用：用变量译码器可以实现逻辑函数。

由变量译码器可知，它的每个输出端都表示一项最小项，而任何函数都可以写成最小项表达式，利用这个特点，可以用来实现逻辑函数。

例 3　用一个 3 线－8 线译码器实现函数 $Y=\overline{A}\,\overline{B}\,\overline{C}+A\,\overline{B}\,\overline{C}+\overline{A}B\overline{C}$。

解　如表 6.20 所示，当 E_1 接 $+5\,V$，$\overline{E}_{2A}$ 和 $\overline{E}_{2B}$ 接地时，得到各输入端的表达式。

$\overline{Y_0}=\overline{\overline{A_2}\,\overline{A_1}\,\overline{A_0}}$　　$\overline{Y_1}=\overline{\overline{A_2}\,\overline{A_1}\,A_0}$　　$\overline{Y_2}=\overline{\overline{A_2}A_1\,\overline{A_0}}$　　$\overline{Y_3}=\overline{\overline{A_2}A_1A_0}$

$\overline{Y_4}=\overline{A_2\,\overline{A_1}\,\overline{A_0}}$　　$\overline{Y_5}=\overline{A_2\,\overline{A_1}\,A_0}$　　$\overline{Y_6}=\overline{A_2A_1\,\overline{A_0}}$　　$\overline{Y_7}=\overline{A_2A_1A_0}$

若将输入变量 A、B、C 分别代替 A_2、A_1、A_0 则函数可得到：

$Y=\overline{A}\,\overline{B}\,\overline{C}+A\,\overline{B}\,\overline{C}+\overline{A}B\overline{C}$

$=\overline{\overline{\overline{A}\,\overline{B}\,\overline{C}} \cdot \overline{A\,\overline{B}\,\overline{C}} \cdot \overline{\overline{A}B\overline{C}}}$

$=\overline{\overline{Y_0} \cdot \overline{Y_4} \cdot \overline{Y_2}}$

可见，用3线-8线译码器再加一个与非门，就可实现函数如图6.35所示。

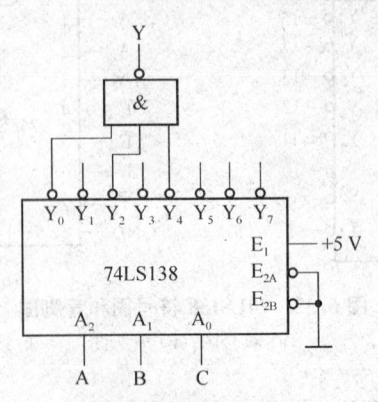

图 6.35 例 3 的逻辑图

3. 显示译码器

常见的显示译码器是数码显示电路，它通常由译码器、驱动器和显示器等部分组成。

1) 显示器件

数码显示器按显示方式有分段式、字形重叠式、点阵式。其中，七段数码显示器应用最普遍，如图 6.36(a)所示。其中半导体发光二极管显示器是数字电路中使用最多的显示器，它有共阳极和共阴极两种接法。共阳极接法如图 6.36(c)所示，即各发光二极管阳极相接，对应极接低电平时亮。图 6.36(b)所示为发光二极管的共阴极接法，共阴极接法是各发光二极管的阴极相接，对应极接高电平时亮。因此，利用不同发光段组合能显示出 0~9 十个数字，如图 6.37 所示，为了使数码管能将数码所代表的数字显示出来，必须将数码经译码器译出，然后经驱动器点亮对应的段，才能按要求显示出相应的数字。

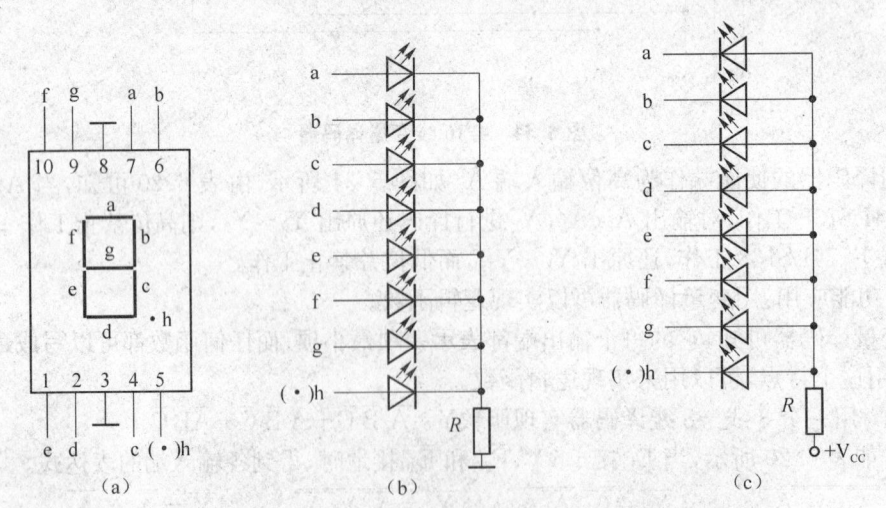

图 6.36 半导体显示器
(a) 管脚排列图；(b) 共阴极接线图；(c) 共阳极接线图

2) 显示译码器功能

(1) 功能测试：如图 6.38 所示为集成显示译码器 74LS48 的管脚排列图，表 6.21 所示为 74LS48 的逻辑功能表，它有 3 个辅助控制端 $\overline{LT}$、$\overline{I_{BR}}$、$\overline{I_B}/\overline{Y_{BR}}$。

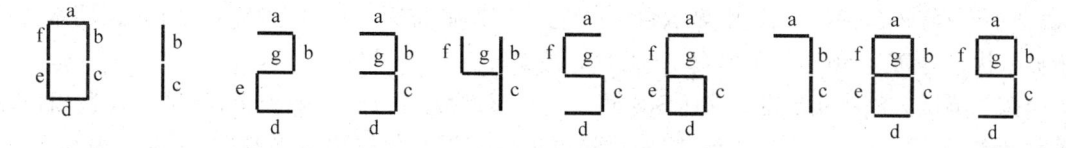

图 6.37 七段数字显示器发光段组合图

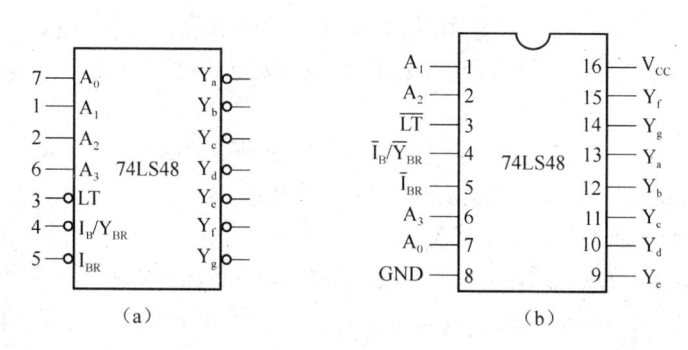

图 6.38 74LS48 管脚排列图

表 6.21 74LS48 显示译码器的功能表

十进制或功能	输入 $\overline{LT}$	$\overline{I_{BR}}$	A_3	A_2	A_1	A_0	$\overline{I_B}/\overline{Y_{BR}}$	输出 Y_a	Y_b	Y_c	Y_d	Y_e	Y_f	Y_g	字形
0	1	1	0	0	0	0	1	1	1	1	1	1	1	0	0
1	1	×	0	0	0	1	1	0	1	1	0	0	0	0	1
2	1	×	0	0	1	0	1	1	1	0	1	1	0	1	2
3	1	×	0	0	1	1	1	1	1	1	1	0	0	1	3
4	1	×	0	1	0	0	1	0	1	1	0	0	1	1	4
5	1	×	0	1	0	1	1	1	0	1	1	0	1	1	5
6	1	×	0	1	1	0	1	0	0	1	1	1	1	1	6
7	1	×	0	1	1	1	1	1	1	1	0	0	0	0	7
8	1	×	1	0	0	0	1	1	1	1	1	1	1	1	8
9	1	×	1	0	0	1	1	1	1	1	0	0	1	1	9
10	1	×	1	0	1	0	1	0	0	0	1	1	0	1	
11	1	×	1	0	1	1	1	0	0	1	1	0	0	1	
12	1	×	1	1	0	0	1	0	1	0	0	0	1	1	
13	1	×	1	1	0	1	1	1	0	0	1	0	1	1	
14	1	×	1	1	1	0	1	0	0	0	1	1	1	1	
15	1	×	1	1	1	1	1	0	0	0	0	0	0	0	全暗
灭灯	×	×	×	×	×	×	0	0	0	0	0	0	0	0	全暗
灭零	1	0	0	0	0	0	0	0	0	0	0	0	0	0	全暗
试灯	0	×	×	×	×	×	1	1	1	1	1	1	1	1	8

$\overline{LT}$ 为试灯输入,当 $\overline{LT}=0$ 时,$\overline{I_B}/\overline{Y_{BR}}=1$ 时,若七段均完好,显示字形"8",说明 74LS48 显示器的完好;当 $\overline{LT}=1$ 时,译码器方可进行译码显示。$\overline{I_{BR}}$ 用来动态灭零,当 $\overline{LT}=1$ 时,且 $\overline{I_{BR}}=0$,输入 $A_3A_2A_1A_0=0000$ 时,则 $\overline{I_B}/\overline{Y_{BR}}=0$ 使数字符的各段熄灭;$\overline{I_B}/\overline{Y_{BR}}$ 为灭灯输入/灭灯输出,当

159

$\overline{I_B}=0$时不管输入如何,数码管不显示数字;$\overline{Y_{BR}}$为控制低位灭零信号,当$\overline{Y_{BR}}=1$时,说明本位处于显示状态;若$\overline{Y_{BR}}=0$,且低位为零,则低位零被熄灭。

按照测试方法将集成芯片74LS48插在逻辑试验仪(台)的矩阵板上,将试验仪逻辑电平控制开关与芯片各个输入端相连,将芯片的输出接在试验仪输出电平测试端,按照表6.21进行功能验证,也可将芯片的输出接在逻辑试验仪的译码显示的输入端直接观察显示字形。

(2) 功能应用:74LS48在实际应用时,如果输入的最低位在连接时悬空,那么最低位相当于始终为"1",译码显示结果就只有奇数;如果最低位接地,就相当于输入低电平"0",显示结果就只有偶数。

例 4 设计一个用七段译码显示器显示字母"H、F、E、O"的电路。

解 按照组合逻辑电路设计方法实现字母显示电路。

1) 确定输入输出变量的个数及其含义

根据所要设计显示的结果数 N=4,可得 $N=2^n$,$4=2^2$,$n=2$ 输入为两个变量 A、B(四种组合分别是 00、01、10、11),输出用七段显示器就由七个输出分别是 Y_a、Y_b、Y_c、Y_e、Y_d、Y_f、Y_g(为"1"时亮显示、为"0"时灭不显示)。

2) 列功能表

输入 A B	输出 Ya Yb Yc Ye Yd Yf Yg	显示结果
0 0	0 1 1 0 1 1 1	H
0 1	1 0 0 0 1 1 1	F
1 0	1 0 0 1 1 1 1	E
1 1	1 1 1 1 1 1 0	O

3) 化简

用卡诺图化简得 $Y_a=A+B$,$Y_b=Y_c=A\odot B$,$Y_e=A$,$Y_d=Y_f=1$,$Y_g=\overline{AB}$。

4) 画逻辑电路图

按化简后的表达式,画出逻辑电路图如图6.39所示。

5) 选择器件

根据功能表、逻辑图,可以选择 2线-4线译码器 74LS155 集成芯片 1块,74LS10、74LS00 集成芯片各 1 块,七段共阴极显示器 1 个。74LS155 及七段显示器的管脚图如图 6.40 所示,功能表如表 6.22 所示。

图 6.39 例 4 的逻辑图 **图 6.40 例 4 的管脚图**

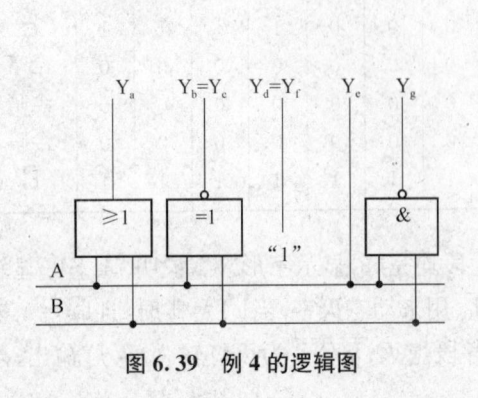

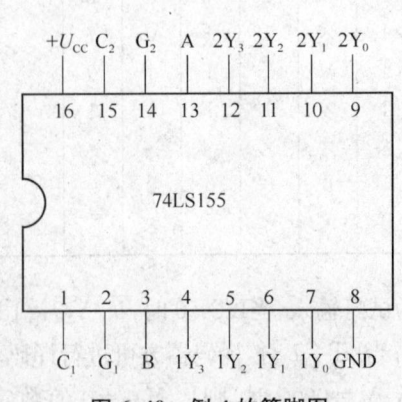

表 6.22 功能表

输入		输出				输入		输出			
译码地址输入	选通输入					译码地址输入	选通输入				
B　A	G_1	C_1	$1Y_0$	$1Y_1$	$1Y_2$	$1Y_3$	B　A	G_2	C_2	$2Y_0$	$2Y_1$	$2Y_2$	$2Y_3$
×　×	1	×	1	1	1	1	×　×	1	×	1	1	1	1
0　0	0	1	0	1	1	1	0　0	0	0	0	1	1	1
0　1	0	1	1	0	1	1	0　1	0	0	1	0	1	1
1　0	0	1	1	1	0	1	1　0	0	0	1	1	0	1
1　1	0	1	1	1	1	0	1　1	0	0	1	1	1	0
×　×	×	0	1	1	1	1	×　×	×	1	1	1	1	1

6) 功能验证

(1) 测试 74LS155 的功能：按照测试方法将集成芯片 74LS155 插在逻辑试验仪(台)的矩阵板上，将试验仪逻辑电平控制开关与芯片各个输入端相连，将芯片的输出接在试验仪输出电平测试端，按照表 6.22 进行功能验证。

(2) 测试设计功能：按照测试方法将集成芯片 74LS155、74LS10、74LS00、七段显示器插在逻辑试验仪(台)的矩阵板上，按照管脚图及逻辑图连接电路，将试验仪逻辑电平控制开关与芯片各个输入端相连，设计功能的输出与七段显示器的输入相连，按照设计功能的功能表进行功能测试，确认显示结果是否与设计吻合。

6.2.5 选择器与分配器

数据选择器按要求从多路输入信号中选择一路信号输出的电子电路。

1. 数据选择器的种类

根据输入端的个数数据选择器分为四选一、八选一、N 选一等多种。

2. 数据选择器的功能

数据选择器的功能相当于单刀多掷开关，如图 6.41 所示。

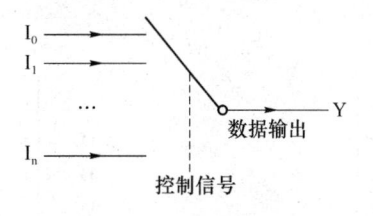

图 6.41 数据选择器示意图

图 6.42 所示是四选一数据选择器的逻辑图、符号图。

其中 A_1、A_0 为控制数据准确传送的地址输入信号，$D_0 \sim D_3$ 是选择数据并行输入信号，通常地址输入信号的位数 n 与数据输入信号的个数 N 满足 $N=2^n$，$\overline{E}$ 为选通端或使能端，低电平有效。当 $\overline{E}=1$ 时，选择器不工作，禁止数据输入；$\overline{E}=0$ 时，选择器正常工作允许数据选择传送。由图 6.42 可得四选一数据选择器输出的逻辑表达式为：

$$Y = (\overline{A_1}\,\overline{A_0}D_0 + \overline{A_1}A_0D_1 + A_1\,\overline{A_0}D_2 + A_1A_0D_3)$$

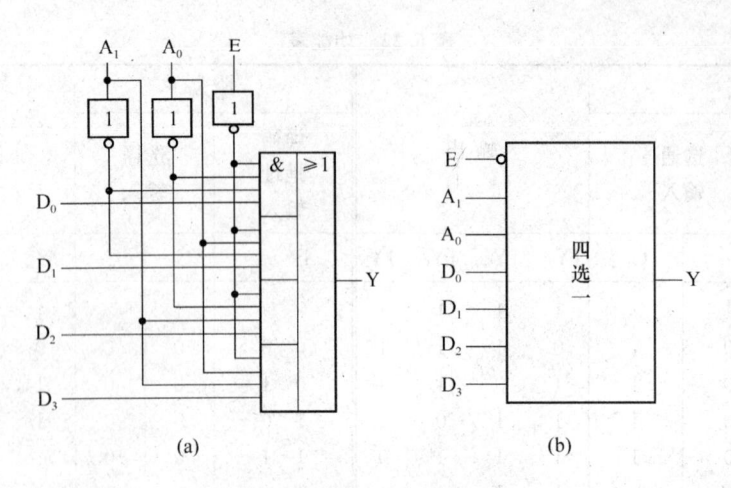

图 6.42　四选一数据选择器
(a) 逻辑图；(b) 符号图

由逻辑表达式可得其功能表如表 6.23 所示。

表 6.23　四选一功能表

输 入			输 出
$\overline{E}$	A_1	A_0	Y
1	×	×	0
0	0	0	D_0
0	0	1	D_1
0	1	0	D_2
0	1	1	D_3

3. 集成数据选择器

1) 集成数据选择器的功能

典型的集成数据选择器型号是 74LS151。如图 6.43 所示是 74LS151 的符号图及管脚排列图。它有 3 个地址端 $A_2 A_1 A_0$，八个数据 $D_0 \sim D_7$ 可选择其一进行传送，两个互补输出端 W 和 $\overline{W}$。其功能表如表 6.24 所示。

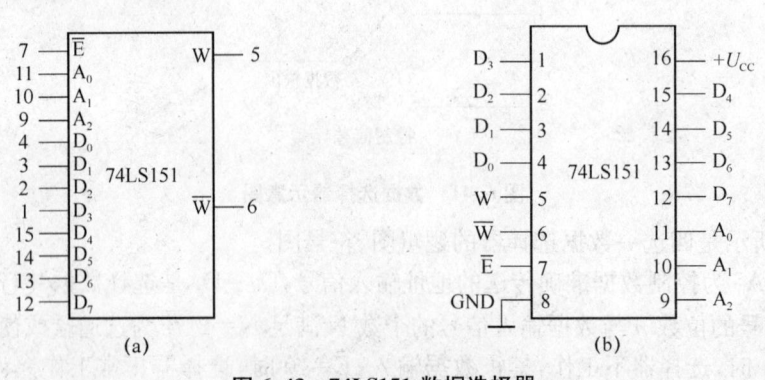

图 6.43　74LS151 数据选择器
(a) 符号图；(b) 管脚图

表 6.24　74LS151 的功能表

$\overline{E}$	A_2	A_1	A_0	W	$\overline{W}$
1	×	×	×	0	1
0	0	0	0	D_0	$\overline{D}_0$
0	0	0	1	D_1	$\overline{D}_1$
0	0	1	0	D_2	$\overline{D}_2$
0	0	1	1	D_3	$\overline{D}_3$
0	1	0	0	D_4	$\overline{D}_4$
0	1	0	1	D_5	$\overline{D}_5$
0	1	1	0	D_6	$\overline{D}_6$
0	1	1	1	D_7	$\overline{D}_7$

2）集成数据选择器的扩展

利用集成数据选择器的使能端可以进行功能扩展。

例5　用两片 74LS151 实现一个 16 选 1 的数据选择器。

解　十六选一的数据选择器的地址输入端有四位。最高位 A_3 的输入可以由两片八选一数据选择器的使能端来实现，低三位地址输入端由两片 74LS151 的地址输入端相连而成，如图 6.44 所示。

在图 6.44 中，当 $A_3=0$ 时，由表 6.24 知，高位芯片不工作，低位芯片工作，根据地址控制信号 $A_3A_2A_1A_0$ 选择低位芯片的数据 $D_0 \sim D_7$ 输出。$A_3=1$ 时，高位芯片工作，选择该芯片的数据 $D_0 \sim D_7$ 作为十六选一选择器的 $D_8 \sim D_{15}$ 进行输出。

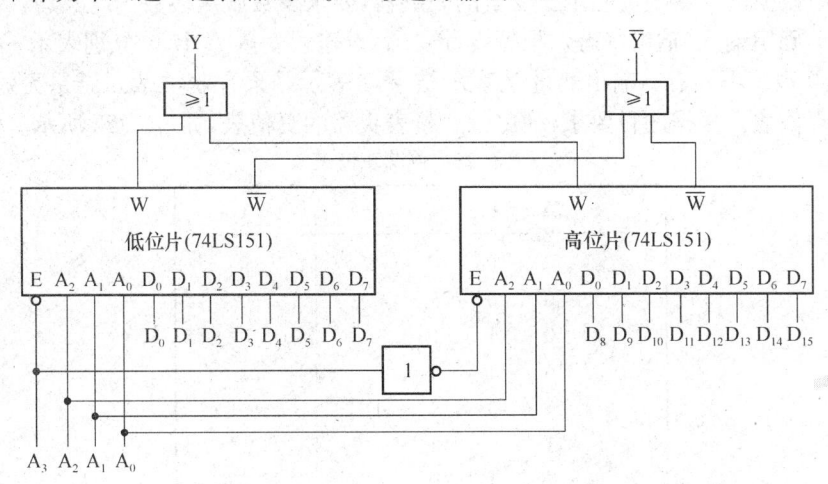

图 6.44　例 5 连接图

3）数据选择器的应用

利用数据选择器，当使能端有效时，将地址输入、数据输入代替逻辑函数中的变量可以实现逻辑函数。

例6　试用八选一数据选择器 74LS151 实现逻辑函数

$$Y = AB\overline{C} + \overline{A}BC + \overline{A}\,\overline{B}$$

解 把逻辑函数变换成最小项表达式：

$$Y = AB\overline{C} + \overline{A}BC + \overline{A}\,\overline{B}$$
$$= AB\overline{C} + \overline{A}BC + \overline{A}\,\overline{B}C + \overline{A}\,\overline{B}\,\overline{C}$$
$$= m_0 + m_1 + m_3 + m_6$$

八选一数据选择器的输出逻辑函数表达式为：

$$Y = \overline{A_2}\,\overline{A_1}\,\overline{A_0}D_0 + \overline{A_2}\,\overline{A_1}A_0D_1 + \overline{A_2}A_1\overline{A_0}D_2 + \overline{A_2}A_1A_0D_3 + A_2\overline{A_1}\,\overline{A_0}D_4 +$$
$$A_2\overline{A_1}A_0D_5 + A_2A_1\overline{A_0}D_6 + A_2A_1A_0D_7$$
$$= m_0D_0 + m_1D_1 + m_2D_2 + m_3D_3 + m_4D_4 + m_5D_5 + m_6D_6 + m_7D_7$$

若将式中 A_2、A_1、A_0 用 A、B、C 来代替，则 $D_0 = D_1 = D_3 = D_6 = 1$，$D_2 = D_4 = D_5 = D_7 = 0$，画出该逻辑函数的逻辑图，如图 6.45 所示。

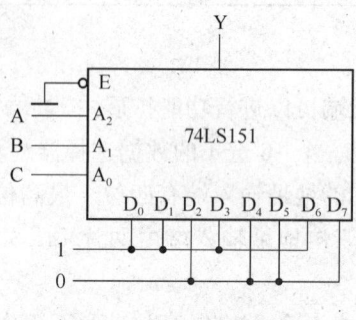

图 6.45 例 6 逻辑图

例 7 用数据选择器实现一个三变量的表决器，要求少数服从多数。

解 (1) 确定输入、输出状态。根据设计要求，设输入变量 A、B、C 分别表示三个表决量，1 表示同意，0 表示不同意。输出变量 Y 表示结果，1 表示结果有效，0 表示结果无效。

(2) 列真值表。根据题目要求，列出三变量表决器的真值表，如表 6.25 所示。

表 6.25 例 7 真值表

A	B	C	Y
0	0	0	0
0	0	1	0
0	1	0	0
0	1	1	1
1	0	0	0
1	0	1	1
1	1	0	1
1	1	1	1

(3) 写逻辑表达式。从真值表写出最小项的标准式

$$Y = \overline{A}BC + A\overline{B}C + AB\overline{C} + ABC = m_3 + m_5 + m_6 + m_7$$

(4) 画出逻辑图。用八选一数据选择器实现该功能，如图 6.46 所示。
如将 $A = A_2$，$B = A_1$，$C = A_0$，则有：$D_3 = D_5 = D_6 = D_7 = 1$、$D_0 = D_1 = D_2 = D_4 = 0$

4. 数据分配器

数据分配器是数据选择器的逆过程，即将一路输入变为多路输出的电路，其作用相当于多

个输出的单刀多掷开关,如图 6.47 所示。

根据输出的个数不同,数据分配器可分为四路分配器、八路分配器等。数据分配器实际上是译码器的特殊应用,如图 6.48 所示是用 74LS138 译码器作为数据分配器的逻辑原理图,其中译码器的 E_1 作为使能端,E_{2A} 接低电平,输入 $A_0 \sim A_2$ 作为地址端,E_{2B} 作为数据输入,从 $Y_0 \sim Y_7$ 分别得到相应的输出。

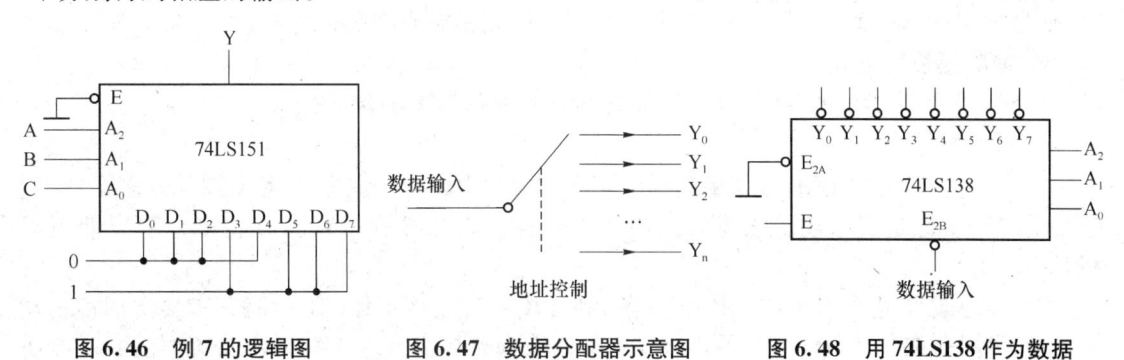

图 6.46　例 7 的逻辑图　　图 6.47　数据分配器示意图　　图 6.48　用 74LS138 作为数据

6.2.6　组合电路的竞争与冒险

1. 竞争与冒险

在组合逻辑电路中,若某个变量通过两条以上途径到达同一逻辑门的输入端,就有可能产生时间差,这种现象就称为竞争。由于竞争,在输出端产生错误结果,这种现象称为冒险。

竞争与冒险现象,如图 6.49 所示,其逻辑表达式 $Y = A \cdot \overline{A}$,按照表达式 Y 输出应始终为"0",由于 $\overline{A}$ 的输出经 D_1 的延迟,到达 D_2 的时间要滞后于 A 的输入,故使 D_2 输出出现一个高电平窄脉冲错误的结果,这就是冒险现象,如图 6.50 所示。

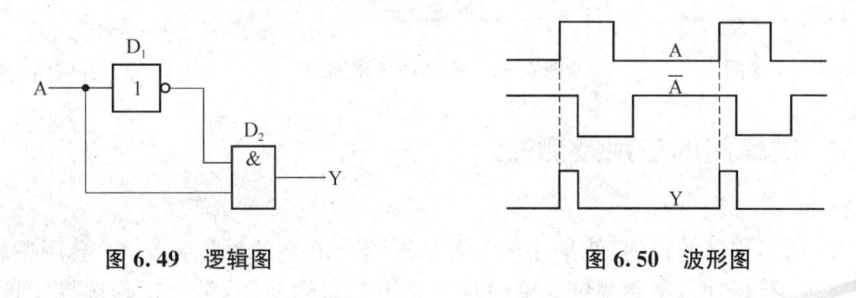

图 6.49　逻辑图　　图 6.50　波形图

2. 冒险的种类

如图 6.50 所示,输出出现高电平窄脉冲错误的结果,这种冒险称为"1"型冒险。一般只要逻辑函数有 $Y = A \cdot \overline{A}$ 这种形式的关系出现,就会产生"1"型冒险。另一种冒险是逻辑函数中有 $Y = A + \overline{A}$ 形式出现,本应该 $Y = A + \overline{A}$ 输出结果始终为"1",如使输出产生低电平窄脉冲,这种冒险称为"0"型冒险。读者可自行分析。

3. 冒险的判断

有冒险必有竞争,有竞争未必有冒险。

1) 代数法

判断是否有冒险可以用代数法。用公式和定律进行代数转换,来判断逻辑关系中是否有 $Y = A \cdot \overline{A}$ 或 $Y = A + \overline{A}$ 形式的关系出现,判断是否有竞争与冒险。

例如 Y＝AC＋B$\bar{C}$,其中 C 有原变量和反变量,改变 A、B 的取值,判断是否出现冒险。当 A＝0、B＝0 时,Y＝0 没有冒险,A＝0、B＝1 时,Y＝$\bar{C}$ 没有冒险,A＝1、B＝0 时,Y＝C 没有冒险,A＝1、B＝1 时,Y＝C＋$\bar{C}$ 有 0 型冒险,因此 Y＝AC＋B$\bar{C}$ 会在 A＝B＝1 时出现"0"型冒险。

2) 卡诺图法

将 Y＝AB＋$\bar{A}$C 填入卡诺图,如图 6.51 所示,当图中的卡诺图相切则有竞争冒险。如圈"1"则为"0"型冒险,而圈"0"则为"1"型冒险,当卡诺圈相交或相离时均无竞争冒险产生。

4. 消除竞争冒险

根据竞争冒险尝试的原因,可以采取以下措施消去竞争冒险现象。

1) 增加多余项

多余项:在卡诺图化简时,如果新画卡诺圈中的"1"都被圈过,这个卡诺圈就是多余圈,对应写出的与项也是多余项。化简时此项就不存在。为消除竞争冒险有些多余项反而可以利用。

例如:与或表达式 Y＝AB＋$\bar{B}$C 中,当 A＝1,C＝1 时,Y＝B＋$\bar{B}$,此时若直接实现逻辑功能电路,可能存在"0"型冒险,如果将该式增加多余项变换为 Y＝AB＋$\bar{B}$C＋AC,如图 6.52 所示当 A＝C＝1 时,Y＝1,即克服了"0"型冒险。

2) 输出端并联电容器

为了消去竞争冒险,在逻辑电路工作速度较慢时,可以在输出端并联一个电容器,如图 6.53 所示,由于加电容会影响电路的工作速度,故电容量的选取要合适,通常靠试验来调试确定。

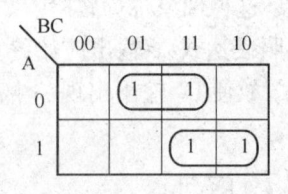

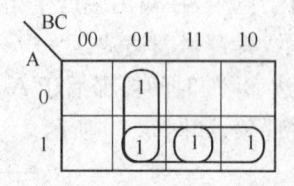

图 6.51　卡诺图　　　图 6.52　多余项卡诺图　　　图 6.53　并联电容电路图

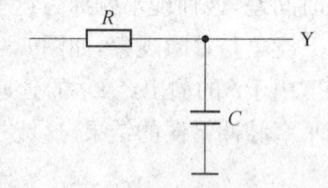

6.2.7　逻辑门的应用及测试

1. 目的

逻辑门应用与测试的目的,就是让学习者掌握组合电路的设计方法,学会用逻辑门、译码器、选择器实现逻辑功能,学会测试逻辑门及其应用电路的功能,学会正确选择实现功能的集成芯片。集成芯片见附录 B。

2. 内容

设计一个十字路口交通灯控制电路,用逻辑门、译码器、选择器等实现。

3. 要求

按组合逻辑电路的设计方法设计出符合功能要求的电路,按设计要求选择相应的器件画出测试电路,并进行功能测试,写出测试报告。

本 章 小 结

1. 集成逻辑门有双极型 TTL 门和单极型 MOS 门两类,TTL 与非门电路在工业控制上应用最广泛,是本章介绍的重点,其他双极型 TTL 门见附件 A。由于 MOS 管具有功耗小、输入阻抗高、集成度高等优点,在数字集成电路中逐渐被广泛采用。

2. 组合逻辑电路的特点是在任何时刻其输出仅取决于该时刻的输入,而与电路前一时刻(原来)的状态无关;它是由若干逻辑门组成,电路中无记忆元件。

3. 组合逻辑电路的分析方法:根据已知逻辑图逐级写出逻辑表达式→用公式定律化简和变换逻辑表达式→根据表达式列出真值表→确定功能。

4. 组合逻辑电路的设计方法:根据功能要求确定设计电路的输入输出变量的个数及含义→根据功能列出真值表→利用卡诺图化简并写出逻辑表达式→根据表达式或设计要求画出逻辑图→根据逻辑图选择实现功能的器件并测试功能是否符合设计要求。

5. 本章着重介绍了集成门的功能及其使用注意事项,以及具有特定功能常用的一些组合逻辑电路,如编码器、译码器、数据选择器和数据分配器、全加器等,介绍了它们的逻辑功能、集成芯片及集成电路的扩展、应用和测试。其中编码器和译码器功能相反,都设有使能控制端,便于多片连接扩展。数据选择器和分配器功能相反,用数据选择器可实现逻辑函数及组合逻辑电路。介绍了组合逻辑电路的竞争与冒险。

目 标 测 试

一、填空题

1. 逻辑代数有三种基本运算,分别是____运算、____运算和____运算。
2. 逻辑运算有五种表示方式,分别是_____、_____、_____、_____、_____。
3. 常用的几种复合运算是_____、_____、_____、_____、_____。
4. 逻辑函数化简常用_____法和_____法。
5. 组合电路的分析方法分_____步,分别是_____
_____。
6. 组合电路的设计方法分_____步,分别是_____
_____。
7. 编码器分_____类,每一类有_____种,分别是_____
_____。
8. 译码器分_____类,分别是_____。
9. 用来表示十进制数的二进制码有_____码、_____码、_____码、_____码等。

二、简答题

1. 写出与、或、非三种逻辑运算的表达式,试列举几种相关的实例。
2. 写出异或、同或逻辑表达式和逻辑符号。
3. 代数化简的难点是什么?
4. 最简与或表达式的标准是什么?
5. 什么是最小项?什么是约束项?什么是多余项?
6. 什么是竞争?什么是冒险?
7. 克服竞争、冒险的方法有哪些?

8. TTL 与非门多余输入端应如何处理？或门、或非门、与或非门多余输入端应任何处理？

9. 什么是"线与"？普通 TTL 门电路为什么不能进行"线与"？

10. 三态门输出有哪三种状态？为保证接至同一母线上的许多三态门电路能够正常工作必要条件是什么？

三、化简题

1. $Y = A\bar{B} + \bar{B}\bar{C}\bar{D} + ABD + \bar{A}BC\bar{D}$。

2. $Y = A\bar{B}C + AC + \bar{A}BC + BC\bar{D}$。

3. $Y_{(A,B,C)} = \sum m(0,2,4,5,6)$。

4. $Y_{(A,B,C,D)} = \sum m(0,1,2,3,4,5,8,10,11,12)$。

5. $Y_{(A,B,C,D)} = \sum m(2,4,6,7,12,15) + \sum d(0,1,3,8,9,11)$。

6. $Y_{(A,B,C,D)} = \sum m(0,1,4,6,9,13) + \sum d(2,3,5,7,11,15)$。

四、计算题

1. 将下列十进制数转换成 8421BCD 码：

   (1) $(68)_{10}$　　　(2) $(326)_{10}$　　　(3) $(18.93)_{10}$

2. 将下列 8421BCD 码转换成十进制数：

   (1) $(10010101)_{8421BCD}$　　　(2) $(01110110)_{8421BCD}$

   (3) $(01011001.0011)_{8421BCD}$

3. 将下列二进制数转换成十进制数：

   (1) $(10110)_2$　　　(2) $(11100.011)_2$

4. 将下列十进制数转换成二进制：

   (1) $(35.25)_{10}$　　　(2) $(56)_{10}$

5. 将下列二进制数转换成十六进制数和八进制数：

   (1) $(101010110)_2$　　　(2) $(110101.011001)_2$

6. 将下列十六进制数转换成二进制：

   (1) $(6D2E)_{16}$　　　(2) $(EF.2B)_{16}$

五、分析题

1. 如题 6.1 图所示电路，试按各图对应的逻辑关系，写出多余输入端的处理方法。

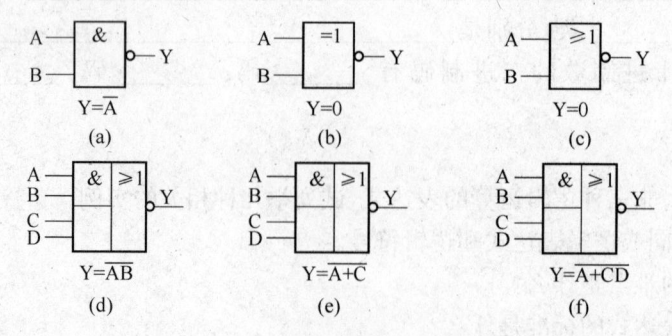

题 6.1 图

2. 试分析题 6.2 图所示组合逻辑电路的逻辑功能。

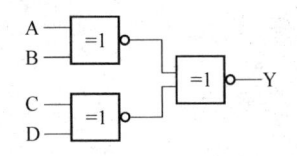

题 6.2 图

3. 试分析题 6.3 图所示组合逻辑电路的逻辑功能,写出函数表达式。

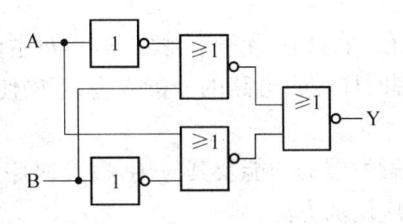

题 6.3 图

六、设计题

1. 试设计一个 8421BCD 码的七段显示译码电路,显示数字 2、4、6、8。
2. 用译码器实现下列逻辑函数,画出连线图。

(1) $Y_1(A,B,C) = \sum m(1,3,5,7)$。

(2) $Y_2(A,B,C,D) = \sum m(2,4,6,9,11,13)$。

3. 试用 74LS151 数据选择器实现逻辑函数。

(1) $Y_1(A,B,C) = \sum m(0,2,5,6)$。

(2) $Y_2 = \overline{A}\overline{B}C + \overline{A}BC + AB\overline{C} + ABC$。

第 7 章

触发器及其应用

知识目标：触发器有双稳态，单稳态，无稳态触发器，本章主要学习双稳态触发器及其各类触发器之间的相互转换。掌握时序逻辑电路的分析方法，正确使用计数器、寄存器等集成芯片进行功能扩展等应用。

技能目标：学会正确使用触发器的功能及其应用，以及时序逻辑电路的分析方法，掌握计数器、寄存器功能测试、扩展、应用的方法。

7.1 触发器的识别

数字电子技术中触发器是很重要的逻辑单元。触发器（Flip Flop，简写为 FF）是具有记忆功能的单元电路，专门用来接收、存储、输出"0、1"代码。它有双稳态、单稳态、无稳态触发器（又称多谐振荡器）。

7.1.1 触发器的结构

双稳态触发器的输出有两个稳定状态 0、1，在外加触发信号的作用下，可以从一个稳定状态转换至另一个稳定状态，但外加信号消失后，触发器的状态保持不变，所以其具有记忆作用，又称存储器，如图 7.1 所示。

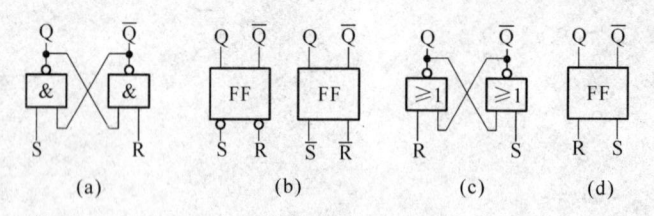

图 7.1 基本 RS 触发器

(a) 与非门；(b) 符号；(c) 或非门；(d) 符号

基本 RS 触发器由门电路构成，是一种最简单的触发器，是构成各种触发器的基础。它由两个与非门（或者或非门）的输入和输出交叉连接而成，两个输入端 R 和 S（又称触发信号端），其中 R 为复位端，当 R 有效时，Q 变为 0，故也称 R 为置"0"端；S 为置位端，当 S 有效时，Q 变为 1，称 S 为置"1"端；还有两个互补输出端 Q 和 $\overline{Q}$，当 Q=1，$\overline{Q}$=0；反之亦然。

7.1.2 触发器的种类

触发器种类很多，在实际应用中可以根据需要选择。

1. 按功能分

双稳态触发器按功能分为 RS、JK、D、T、T′型，如图 7.2 所示。

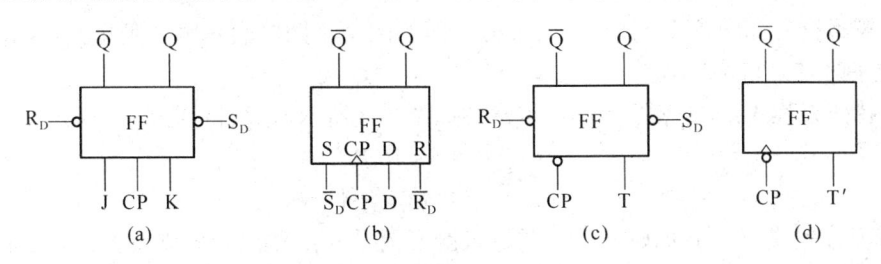

图 7.2 双稳态触发器

(a) JK 触发器；(b) D 触发器；(c) T 触发器；(d) T′触发器

2. 按结构分

双稳态触发器按结构分为基本、同步、主从、维阻、边沿型。

3. 按触发工作方式分

双稳态触发器按触发工作方式分为低电平、高电平、上升沿、下降沿，如图 7.2 所示。

7.1.3 触发器的功能

1. 基本 RS 触发器

触发器的功能可用状态表、状态转换图（或称状态图）、特征方程式及逻辑符号图、波形图（或称时序图）来描述。（下面以与非门构成的基本 RS 触发器为例进行分析。）

（1）状态表：如表 7.1 所示。表中 Q^n 为触发器的原状态（现态），即触发信号输入前的状态；Q^{n+1} 为触发器的新状态（次态），即触发信号输入后的状态。

从表 7.1 中可知：该触发器有置"0"、置"1"功能。R 与 S 均为低电平有效，可使触发器的输出状态转换为相应的 0 或 1。

表 7.1 中 Q^{n+1} 输出的"×"为不定状态，是逻辑函数中的约束项。其有两种情况即 R=S=0，$Q=\bar{Q}=1$，违犯了互补关系；当 RS 由 00 同时变为 11 时，则 $Q(\bar{Q})=1(0)$，或 $Q(\bar{Q})=0(1)$，状态不能确定。

表 7.1 状态表

输入 R S	Q^n	输出 Q^{n+1}	逻辑功能
0 0	0	×	不定
0 0	1	×	不定
0 1	0	0	置0
0 1	1	0	置0
1 0	0	1	置1
1 0	1	1	置1
1 1	0	0	保持不变
1 1	1	1	保持不变

约束项就是在逻辑关系中,不允许、不应该、不可能出现的最小项,用"×或 Φ"来表示,在卡诺图化简时,可以根据化简需要选为"1"或"0",如图 7.3 所示。

(2) 逻辑符号如图 7.1(a、b)所示,方框下面的两个小圆圈表示输入低电平有效。当 R、S 均为低电平时,输出状态不定。

(3) 特征方程式:根据表 7.1 画出卡诺图如图 7.3 所示,化简得如式 7-1 所示特征方程式。

$$Q^{n+1}=\bar{S}+RQ^n$$
$$\bar{R}\cdot\bar{S}=0(约束条件) \tag{7-1}$$

从特征方程式 7-1 可知,Q^{n+1} 不仅与输入触发信号 R、S 的组合状态有关,而且与前一时刻输出状态 Q^n 有关,故触发器具有记忆作用。

(4) 状态转换图(简称状态图):状态转换图是以图形的方式来描述触发器状态转换规律的,如图 7.4 所示。每个触发器只能记存一位二进制代码。所以其输出有两个状态 0 和 1。图中圆圈表示状态的个数,箭头表示状态转换的方向,箭头线上标注的触发信号取值表示状态转换的条件。

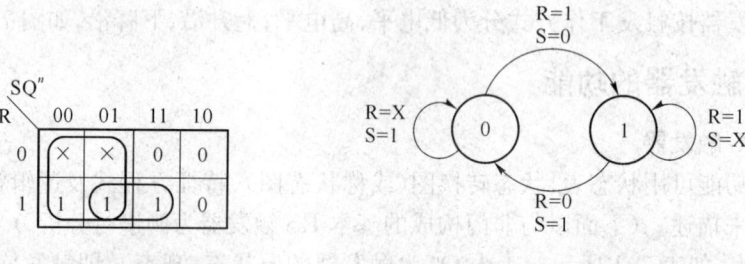

图 7.3 卡诺图　　　图 7.4 状态图

(5) 波形图(简称时序图):如图 7.5 所示,画波形图时,对应一个时间,前者为 Q^n,后者则为 Q^{n+1} 故波形图上只标注 Q 与 $\bar{Q}$,因其有不定状态,则 Q 与 $\bar{Q}$ 要同时画出,画图时应根据功能表来确实各个时间段 Q 与 $\bar{Q}$ 的状态。

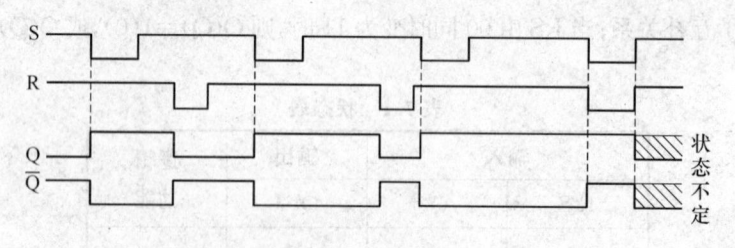

图 7.5 波形图

综上所述,基本 RS 触发器具有如下特点:

(1) 它具有两个稳定状态,分别为 1 和 0,称双稳态触发器。如果没有外加触发信号作用,它将保持原有状态不变,触发器具有记忆作用。在外加触发信号作用下,触发器输出状态才可能发生变化,输出状态直接受输入信号的控制,也称其为直接复位-置位触发器。

(2) 当 R、S 端输入均为低电平时,输出状态不定,即 R=S=0,Q=$\bar{Q}$=1,违犯了互补关系。当 RS 从 00 同时变为 11 时,则 Q($\bar{Q}$)=1(0),Q($\bar{Q}$)=0(1)状态不能确定。

(3) 与非门构成的基本 RS 触发器的功能可简化为如表 7.2 所示。

表 7.2　功能表

R S	Q^{n+1}	功能
0　0	×	不定
0　1	0	置 0
1　0	1	置 1
1　1	Q^n	不变

2. 集成触发器

1) 同步触发器

在数字系统中,常常要求某些触发器按一定节拍同步动作,以取得系统的协调。为此,产生了由时钟信号 CP 控制的触发器(又称钟控触发器),此触发器的输出在 CP 信号有效时才根据输入信号改变状态,故称同步触发器,如图 7.6 所示。

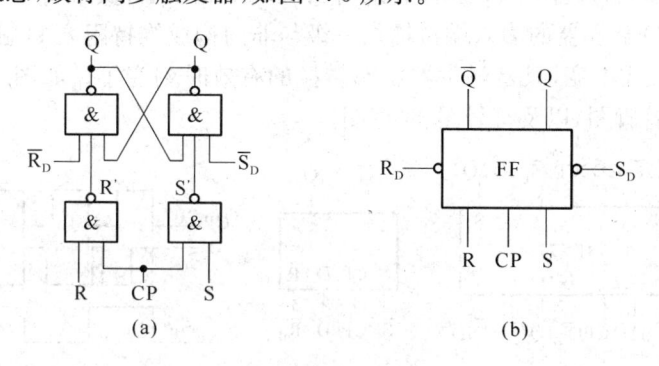

图 7.6　同步 RS 触发器

(a) 逻辑电路图;(b) 逻辑符号

同步 RS 触发器是在时钟脉冲 CP 及触发信号 R、S 均为高电平时有效,触发器状态才能改变,CP 为低电平时输出状态保持不变。其功能如表 7.3 所示。

表 7.3　功能表

CP	R S	Q^{n+1}	功　能
1	0　0	Q^n	保持
1	0　1	1	置"1"
1	1　0	0	置"0"
1	1　1	×	不定
0	×　×	Q^n	保持

从表 7.3 中可知,虽然对触发器增加了时间控制,但其输出的不定状态仍存在,直接影响触发器的工作质量。

2) 集成触发器

(1) D 触发器:同步 RS 触发器利用时钟脉冲控制,实现了输出按一定时间节拍进行状态转换。但是输入信号的取值仍受到限制,RS 不能同时为 1,否则产生不定状态。

如图 7.6 所示,若将 RS 触发器的 R 端与 S 端与非门的输出相连,S 端作为 D 触发器的输入端就构成同步 D 触发器,其特征方程式为 $Q^{n+1}=D$。这样在 CP 脉冲有效时,CP=1 期间输出状态 $Q^{n+1}=D$,随着 D 变化而变化,D 是"1"或"0",输出 Q^{n+1} 就是"1"或"0";CP=0 输出状态 Q^{n+1} 保持不变,所以触发器始终输出两个互补信号。

在实际应用时,同步 D 触发器又会产生空翻现象。即在 CP 脉冲有效期间内,D 触发器的输出状态 Q^{n+1} 会随输入 D 信号的变化而变化多次,如图 7.7 所示。

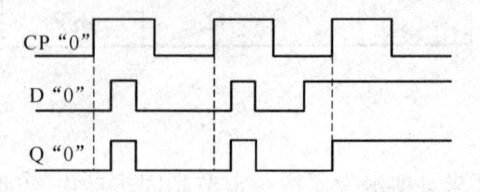

图 7.7 时序图

为了克服同步 D 触发器在 CP 脉冲有效时出现的空翻现象,实现有序有效控制数字电路工作,可以在同步 D 触发器的输入端再增加一级与非门构成维持阻塞 D 触发器,简称维阻 D 触发器,其特征方程式不变,只是触发器状态转换的有效时刻变了。如图 7.8 所示是维阻 D 触发器 74LS74 的管脚图,以及符号图、时序图。

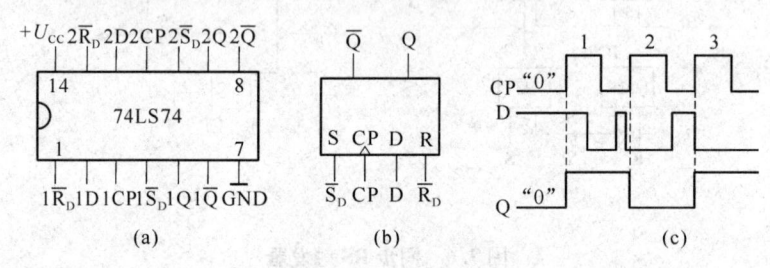

图 7.8 维阻 D 触发器
(a) 管脚图;(b) 符号图;(c) 时序图

从图 7.8(b)中 CP 管脚的标注可知维阻 D 触发器是上升沿到来时有效,从图 7.8(c)中可知,维阻 D 触发器的状态是在 CP 脉冲的上升沿到来时进行状态转换。

(2) JK 触发器:对于 RS 触发器输出的不定状态,可以将 RS 触发器的互补输出引入到其输入端,就构成了同步 JK 触发器,特征方程式为 $Q^{n+1}=J\overline{Q^n}+\overline{K}Q^n$。其逻辑符号图如图 7.9 所示,功能如表 7.4 所示。

表 7.4 功能表

CP	J K	Q^{n+1}	功　能
1	0　0	Q^n	保持
1	0　1	0	置"0"
1	1　0	1	置"1"
1	1　1	$\overline{Q}$	翻转
0	×　×	Q^n	保持

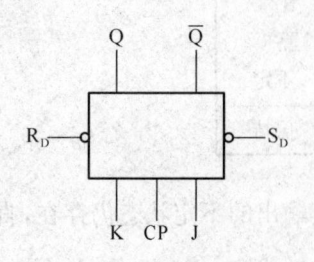

图 7.9 同步 JK 触发器逻辑符号

从表 7.4 中可知,JK 触发器有四种功能:保持、置 0、置 1、翻转(又称计数。即触发器状态翻转的次数与 CP 脉冲的个数相同)。由于 CP 脉冲是高电平有效,其间如果触发器工作在翻转状态,输出状态有可能会在 1、0 之间交替转换,产生振荡现象。

为了消除振荡现象可将两个同步 JK 触发器串联,构成主从 JK 触发器,使两个触发器的 CP 脉冲交替有效工作,即可克服振荡现象。实际中采用的集成 JK 触发器是负边沿触发器 74LS112,其管脚图、逻辑符号图、时序图,如图 7.10 所示。

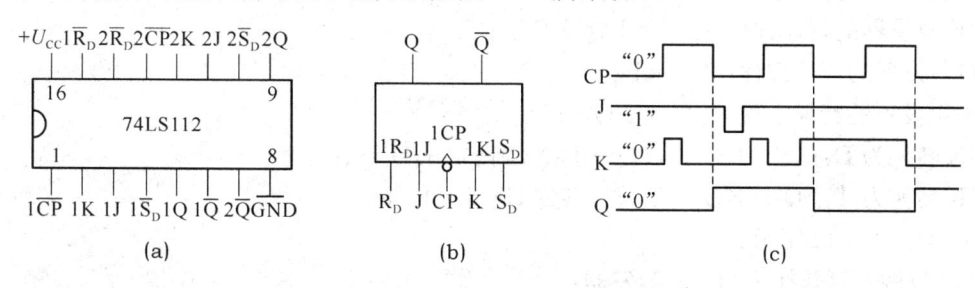

图 7.10 边沿 JK 触发器
(a) 管脚图;(b) 符号图;(c) 时序图

如果将 JK 触发器的输入端相连,就是 T 触发器,如果 T 触发器输入为 1(T=1)就是 T′触发器。T 触发器有保持、计数两种功能;T′触发器实现计数功能。

对于同一种功能的触发器,其特征方程式、功能表、状态图都相同,只是逻辑符号图、时序图有区别(主要是因 CP 脉冲的有效时刻不同而不同)。

3) CMOS 触发器

CMOS 触发器与 TTL 触发器一样,种类繁多。常用的集成触发器有 74HC74(D 触发器)和 CC4027(JK 触发器),其管脚排列如图 7.11 所示,功能表 7.5 所示。使用时注意 CMOS 触发器电源电压为 3~18 V。

表 7.5 CC4027 功能表

输入					输出	
RD	SD	CP	J	K	Q	$\overline{Q}$
1	0	×	×	×	0	1
0	1	×	×	×	1	0
1	1	×	×	×	1	1
0	0	↑	0	0	Q^n	$\overline{Q^n}$
0	0	↑	0	1	0	1
0	0	↑	1	0	1	0
0	0	↑	1	1	$\overline{Q^n}$	Q^n

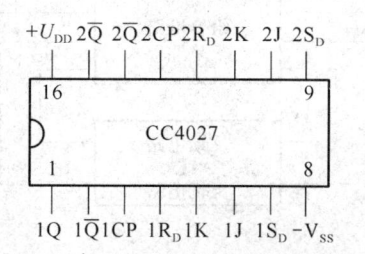

图 7.11 CMOS 触发器管脚排列图

3. 触发器的相互转换

JK 触发器和 D 触发器是数字逻辑电路中使用最广泛的两种触发器。产品也主要是这两种形式。若需用其他功能的触发器，可以用这两种触发器变换后得到。

(1) JK 触发器转换为 D、T 触发器：

JK 触发器的特征方程：$Q^{n+1}=J\overline{Q^n}+\overline{K}Q^n$；

D 触发器的特征方程：$Q^{n+1}=D$；

T 触发器的特征方程：$Q^{n+1}=T\overline{Q^n}+\overline{T}Q^n$；

JK 转换为 D：$J\overline{Q^n}+\overline{K}Q^n=D\overline{Q^n}+DQ^n$，则 $D=J,D=\overline{K}$；

JK 转换为 T：$J\overline{Q^n}+\overline{K}Q^n=T\overline{Q^n}+\overline{T}Q^n$，则 $T=J=K$。

电路如图 7.12 所示。

(2) D 触发器转换为 JK、T 触发器：

D 转换为 JK：$D=J\overline{Q^n}+\overline{K}Q^n=\overline{\overline{J\overline{Q^n}}\cdot\overline{\overline{K}Q^n}}$。

电路如图 7.13 所示，将图中 JK 相连即构成 T 触发器，T=1 便为 T′触发器。

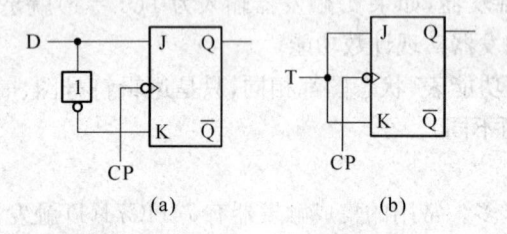

图 7.12　JK 转换为 D、T 触发器
(a) D 触发器；(b) T 触发器

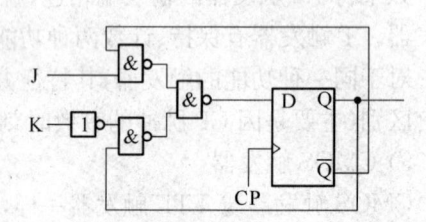

图 7.13　D 转换为 JK 触发器

7.2　触发器的应用

触发器是时序逻辑电路基本器件，具有记忆作用，能实现保持、计数、置 0、置 1 各种功能，触发器是最简单的时序逻辑电路。

7.2.1　时序逻辑电路分析

1. 时序逻辑电路的结构

时序逻辑电路简称时序电路，是数字系统中非常重要的一类逻辑电路。它是由门电路和记忆元件(触发器或反馈支路)构成的，如图 7.14 所示。

图 7.14　时序电路结构框图

图 7.14 中，$A_0 \sim A_i$ 代表时序电路输入信号，$Z_0 \sim Z_k$ 代表时序电路输出信号，$W_0 \sim W_m$ 代表存储电路输入信号，$Q_0 \sim Q_n$ 代表存储电路输出信号。

时序电路的特点是其输出不仅与电路此刻的输入组合有关，还与前一时刻的输出状态有关。$A_0 \sim A_i$ 和 $Q_0 \sim Q_n$ 共同决定时序电路输出状态 $Z_0 \sim Z_k$。

2. 时序电路的种类

按触发脉冲输入方式的不同，时序电路分为同步时序电路和异步时序电路。同步时序电路是指电路中各触发器状态的变化受同一个时钟脉冲控制；异步时序电路中，各触发器状态的变化不受同一个时钟脉冲控制。如图 7.15 所示。

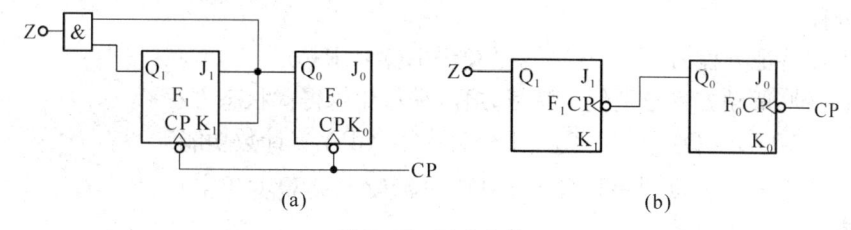

图 7.15 时序电路
(a) 同步时序电路；(b) 异步时序电路

3. 时序电路的分析

分析时序电路的目的是确定已知电路的逻辑功能并正确使用，其分析步骤共有四步。

1) 写相关方程式（简称写方程）

根据给定的逻辑电路图写出电路中各个触发器的时钟方程、驱动方程和输出方程。

(1) 时钟方程：电路中各个触发器 CP 脉冲之间的逻辑关系。

(2) 驱动方程：电路中各个触发器输入信号之间的逻辑关系。

(3) 输出方程：电路的输出是指电路总的输出对应的逻辑关系 $Z = f(A, Q)$，若无输出时此方程可省略。

2) 求状态方程（简称求方程）

将各个触发器的时钟方程、驱动方程，代入相应触发器的特征方程式中，求出触发器的次状态方程。

3) 求对应值（简称求值）

为了确定电路的功能，可以通过次态方程求出状态表、状态图、时序图来确认电路的功能。

(1) 求状态表：根据次态方程将电路输入信号和触发器原状态的所有取值组合列表，并代入次态方程，求得各个触发器的次状态值，即得状态表。

(2) 画状态图：是反映时序电路状态转换规律的图。根据次状态方程，设初始状态，在 CP 脉冲作用下，按照次状态方程进行状态转换，依此类推直至状态循环回到初始状态。

(3) 画时序图：是反映输入、输出信号及各触发器状态随时间变化对应的关系变化图。先设定初始状态，再确认 CP 脉冲的有效时刻，按照次态方程画出对应的变化波形，直到初始状态。

4) 确定电路功能（简称确定功能）

归纳上述分析结果，分别根据求解出的方程、状态表、状态图或时序图的变化规律，确定电路的逻辑功能和工作特点。

例 1 分析图 7.15(a) 所示电路的逻辑功能。

解 从图 7.15(a)所示电路结构分析,该电路具有记忆元件触发器,是时序逻辑电路。按照时序电路的方法分析其功能。

1) 写方程

根据电路图中的对应关系,可得:

(1) 时钟方程 $CP_0=CP_1=CP\downarrow$(同步时序电路、CP 脉冲下降沿有效)

(2) 驱动方程: $J_0=1 \quad K_0=1$
$$J_1=Q_0^n \quad K_1=Q_0^n$$

(3) 输出方程: $Z=Q_1Q_0$

2) 求方程

JK 触发器特征方程为 $Q^{n+1}=J\overline{Q^n}+\overline{K}Q^n(CP\downarrow)$

将对应时钟、驱动方程分别代入特征方程,进行化简得次状态方程

$$Q_0^{n+1}=1\cdot\overline{Q_0^n}+\overline{1}\cdot Q_0^n=\overline{Q_0^n}(CP\downarrow)(计数功能)$$

$$Q_1^{n+1}=J_1\overline{Q_1^n}+\overline{K_1}Q_1^n=Q_0^n\overline{Q_1^n}+\overline{Q_0^n}Q_1^n(CP\downarrow)$$

3) 求值

(1) 求状态表:根据求得的次态方程确定状态表中输入、输出变量,设定初始状态 $Q_1^nQ_0^n=00$,在 CP 脉冲作用下,按照次状态方程求得次态方程的值,依次类推,直到回到初始状态 00,如表 7.6 所示。

表 7.6 状态表

输入		输出	
CP	$Q_1^n\ Q_0^n$	$Q_1^{n+1}\ Q_0^{n+1}$	Z
↓	0 0	0 1	0
↓	0 1	1 0	0
↓	1 0	1 1	1
↓	1 1	0 0	0

(2) 画状态图:根据次状态方程,设初始状态 $Q_1^nQ_0^n=00$,在 CP 脉冲作用下,按照次状态方程进行状态转换确定新状态,依此类推直至状态循环回到初始状态。如图 7.16(a)所示。

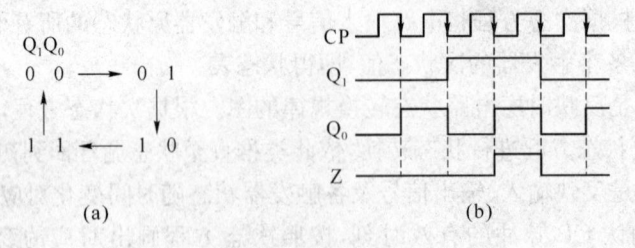

图 7.16 时序电路图形
(a) 状态图;(b) 时序图

(3) 画时序图:根据次状态方程,设初始状态 $Q_1^nQ_0^n=00$,在 CP 脉冲作用下,按照次状态方程进行状态转换画出变化波形,依此类推直至状态循环回到初始状态。如图 7.16(b)所示。

4) 分析结果,确定功能

(1) 从时钟方程可知该电路是同步时序电路,从次态方程 Q_0 的对应关系得知该电路具有计数功能。

(2) 从表7.6状态表及图7.16所示状态图、时序图可知:随着CP脉冲的递增,电路各触发器输出的二进制代码 Q_1Q_0 的值都是递增的,所以该电路是加法计数器。而且电路的有效状态有四个,四个状态完成一个循环过程,是四进制,在 Q_1Q_0 完成一个循环过程时,电路外输出 Z 只变化一次,实现向高位进位,故 Z 为进位输出信号。

综上所述,此电路实现的是带进位输出的同步四进制加法计数器功能。

7.2.2 计数器及其测试

计数器是最典型的时序逻辑电路,它主要用来实现累计电路输入 CP 脉冲个数的功能。同时,还能实现计时、定时、分频和自动控制等功能,应用十分广泛。

1. 计数器的种类

计数器的种类很多。根据应用及功能要求可以选用不同的计数器。

1) 按照工作方式分

计数器按照 CP 脉冲的输入方式可分为同步计数器和异步计数器。

2) 按照计数规律分

计数器按照计数规律可分为加法计数器、减法计数器和可逆计数器。

3) 按照进制分

计数器按照计数的进制可分为二进制计数器,即 $N=2^n$,N 代表计数器的进制数,n 代表计数器中触发器的个数(二进制代码的位数);以及非二进制计数器($N \neq 2^n$)。

如例1图7.15(a)所示电路,分析确定其功能为同步四进制加法计数器或称同步两位二进制加法计数器。

2. 计数器的功能

1) 同步计数器

同步计数器 CP 脉冲都是一致的,如图7.15(a)例1所示,如果是实现二进制计数功能,就满足 $N=2^n$,通常可以用 JK、T 触发器实现,连接规律如表7.7所示。

表7.7 连接规律

项目	
	$CP_0 = CP_1 = \cdots = CP_{(n-1)} = CP\downarrow$(或 $CP\uparrow$)(n 个触发器)
加法计数	$J_0 = K_0 = 1(T_0 = 1)$
	$J_i = K_i = Q_{(i-1)} \cdot Q_{(i-2)} \cdots Q_0 ((n-1) \geqslant i \geqslant 1)(T_i = J_i = K_i)$
减法计数	$J_0 = K_0 = 1(T_0 = 1)$
	$J_i = K_i = \overline{Q_{(i-1)}} \cdot \overline{Q_{(i-2)}} \cdots \overline{Q_0} ((n-1) \geqslant i \geqslant 1)(T_i = J_i = K_i)$

从表7.7可知,无论 CP 是脉冲上升沿还是下降沿触发有效,第一个触发器都工作在计数状态($T_0 = J_0 = K_0 = 1$),之后各个触发器的输入均为前面各个触发器输出的与,加法是输出原变量的与,减法是输出反变量的与。如图7.17所示为同步三位二进制(或一位八进制)减法计数器。

2）同步集成计数器

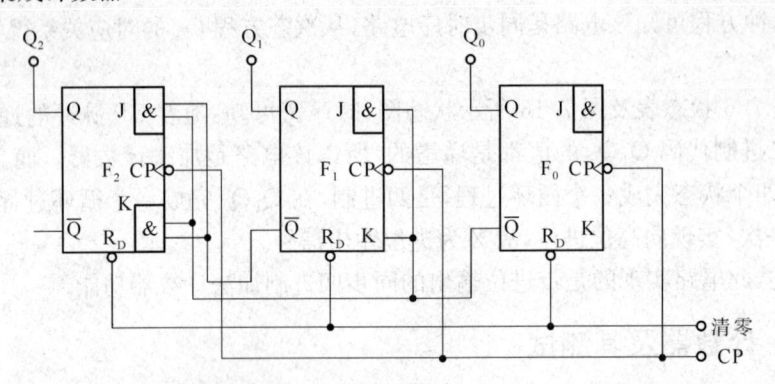

图 7.17 同步三位二进制（或一位八进制）减法计数器

同步集成计数器的型号很多，详见附件 B。芯片 74LS161 是一种同步四位二进制（十六进制）加法集成计数器。其管脚排列图，如图 7.18 所示。

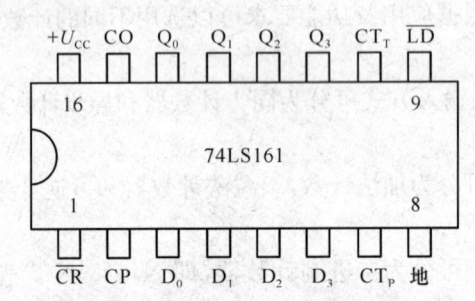

图 7.18 74LS161 管脚排列图

图 7.18 中，$D_3D_2D_1D_0$ 为计数器并行数据输入端，$Q_3Q_2Q_1Q_0$ 为计数器四位二进制代码输出端。$\overline{CR}$ 为复位端，低电平有效。当 $\overline{CR}$ = "0" 时，实现异步清除功能，使计数器各个触发器输出 $Q_3Q_2Q_1Q_0$ 全为零（又称复位功能）。

$\overline{LD}$ 为预置数控制端，低电平有效。当 $\overline{LD}$ = "0" 且 $\overline{CR}$ = "1"、CP = CP↑（上升沿）时，$Q_3Q_2Q_1Q_0=D_3D_2D_1D_0$，实现同步预置数功能。

CT_P、CT_T 为工作方式控制端，高电平有效。当 CT_P、CT_T 至少有一个为 "0" 且 $\overline{CR}=\overline{LD}=$ "1"，输出 $Q_3Q_2Q_1Q_0$ 保持不变。

CO 为计数器进位输出端，当计数器逢十六时 CO 有效，向高位进位。

集成计数器 74LS161 的逻辑功能，如表 7.8 所示。

表 7.8 74LS161 逻辑功能表

$\overline{CR}$	$\overline{LD}$	CT_P	CT_T	CP	Q_3 Q_2 Q_1 Q_0
0	×	×	×	×	0　0　0　0
1	0	×	×	↑	D_3　D_2　D_1　D_0
1	1	0	×	×	Q_3　Q_2　Q_1　Q_0
1	1	×	0	×	Q_3　Q_2　Q_1　Q_0
1	1	1	1	↑	加法计数

从表 7.8 中可知,74LS161 有四种功能。

(1) 异步清零。当 $\overline{CR}=0$ 时,计数器输出清零,与 CP 脉冲无关,所以称为异步清零。

(2) 同步置数。当 $\overline{CR}$="1"、$\overline{LD}$="0",CP 脉冲在上升沿有效时,并行数据置入,使计数器输出为 $Q_3Q_2Q_1Q_0=D_3D_2D_1D_0$,由于置数在 CP 脉冲在上升沿时完成,故称同步置数。

(3) 保持功能。当 $\overline{CR}=\overline{LD}$="1"且 $CT_P=0$ 或 $CT_T=0$ 时,计数器处于保持状态,输出 $Q_3Q_2Q_1Q_0$ 保持不变。

(4) 计数功能。当 $\overline{CR}=\overline{LD}=CT_P=CT_T$="1"时,计数器处于计数状态。随着 CP 脉冲上升沿到来,计数器开始进行加法计数,实现四位二进制(或十六进制)计数功能。输出从全零开始,每来一个 CP 脉冲计数器的值增加 1,当逢十六(第十六个脉冲到来)时,计数器 CO 输出进位。

3) 同步计数器应用

使用集成同步计数器 74LS161 可构成任意(N)进制的计数器。实现的方法很多。

(1) 直接清零法。

直接清零法又称"N 值反馈法",是利用 74LS161 芯片的复位端 $\overline{CR}$ 来实现的,即将 N 进制所对应的输出二进制代码 $Q_3Q_2Q_1Q_0$ 中等于"1"的输出,通过与非门反馈到集成芯片的异步清零端 $\overline{CR}$ 端,使计数器输出归零。

例 2 用 74LS161 芯片构成十进制计数器。

解 (1) 首先使计数器工作在计数状态 $\overline{LD}=CT_P=CT_T$="1"。

(2) 根据实现十进制计数,则 N=10,其对应的输出二进制代码 $Q_3Q_2Q_1Q_0$ 为 1010,将输出为"1"的 Q_3 和 Q_1 通过与非门接至 74LS161 的复位端 $\overline{CR}$,如图 7.19 所示。

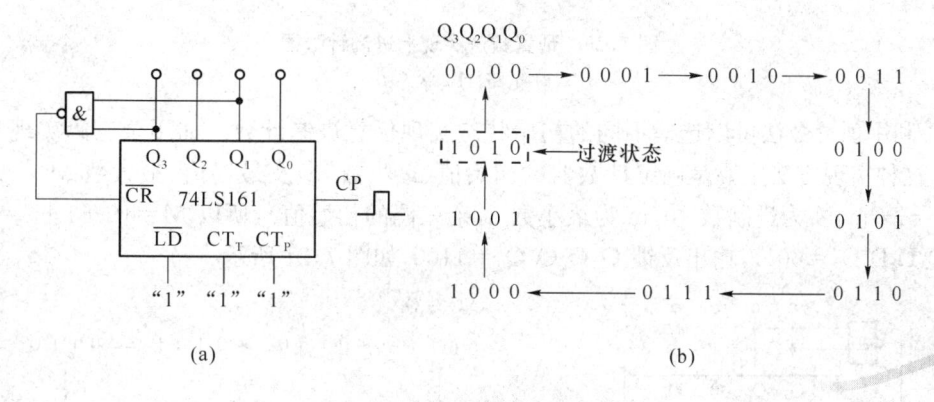

图 7.19 直接清零法构成十进制计数器
(a) 电路图;(b) 状态图

(3) 使 $\overline{CR}$="0"时,计数器输出 $Q_3Q_2Q_1Q_0$ 复位清零。因 $\overline{CR}=\overline{Q_3 \cdot Q_1}$,故 $\overline{CR}$ 由"0"变"1",计数器开始进入计数状态对输入 CP 脉冲进行加法计数。当第 10 个 CP 脉冲输入时,$Q_3Q_2Q_1Q_0=1010$,与非门的输入 Q_3 和 Q_1 同时为"1",则与非门的输出为"0",即 $\overline{CR}$="0",使计数器复位清零,与非门的输出又变为"1",即 $\overline{CR}$="1"时,计数器又开始重新计数。

直接清零法构成任意(N)进制计数器的方法简单易行,所以应用广泛,但它存在两个问题:一是有过渡状态,在图 7.19(b)所示的十进制计数器,输出 1010 就是过渡状态,其出现时间很短暂;二是可靠性问题,因为信号在通过门电路或触发器时会有时间延迟,使计数器不能可靠清零。

(2) 预置数法。

① 预置数法又称 N−1 值反馈法。与直接清零法基本相同，主要是利用 74LS161 芯片的预置数控制端 LD 和预置数输入端 $D_3D_2D_1D_0$ 来实现 N 进制计数。因预置数端 $\overline{LD}$ 与 CP 同步，每个输出状态都是有效状态，所以采用 N−1 值反馈法。

例 3 用 74LS161 预置数端实现七进制计数器。

解 (1) 先将 $\overline{CR}=CT_P=CT_T="1"$，使计数器工作在计数状态。

(2) 设定预置数为"0"，即预置输入端 $D_3D_2D_1D_0=0000$。

(3) 确定 N−1 的值，N=7，反馈值 N−1=7−1=6，使 6 对应的输出二进制代码 $Q_3Q_2Q_1Q_0$ 为 0110，将输出端为"1"的 Q_2Q_1 通过与非门接至 74LS161 的预置数端 $\overline{LD}$，实现 N−1 值预置数反馈清零，如图 7.20(a)所示。若 $\overline{LD}="0"$，当 CP 脉冲上升沿(CP↑)到来时，计数器输出状态进行同步预置功能，使 $Q_3Q_2Q_1Q_0=D_3D_2D_1D_0=0000$，随即 $\overline{LD}=\overline{Q_2Q_1}=1$，计数器又开始随 CP 脉冲重新计数，如图 7.20(b)所示。

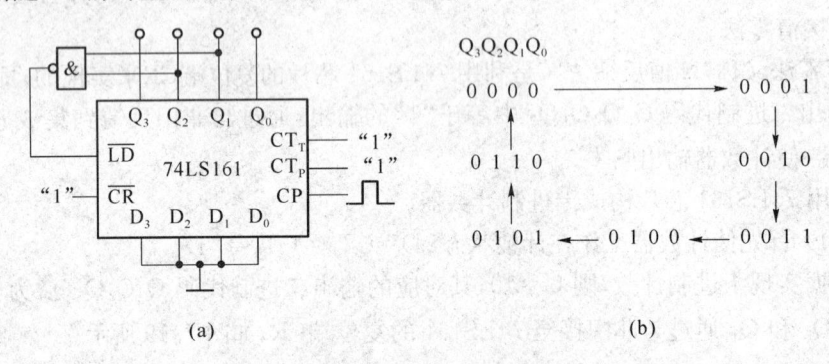

图 7.20 预置数法实现七进制计数器
(a) 电路；(b) 状态图

② 利用预置数法可以选择不同的初始状态实现任意进制计数。如用余三码实现十进制计数。这种实现方法主要是确定计数器的初始值（最小数 m）及最终值（最大数 M）。最大数 M=N−1+m（N 为进制数 10，m 为最小数 3，余三码的初始值），所以 M=10−1+9=12，预置数 $D_3D_2D_1D_0=0011$，输出反馈 $Q_3Q_2Q_1Q_0=1100$，如图 7.21 所示。

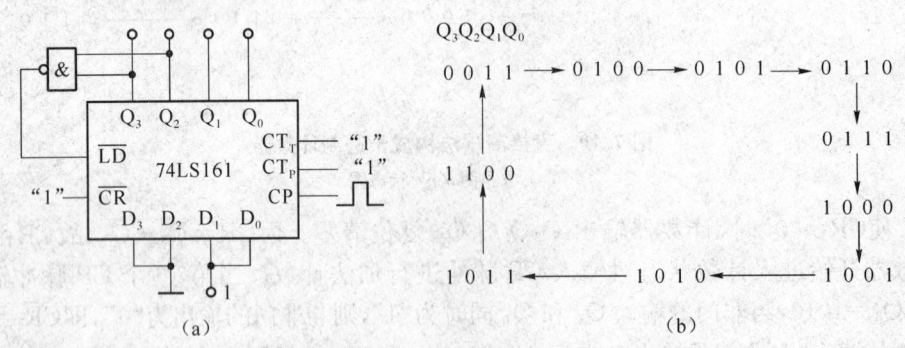

图 7.21 预置数法实现余三码十进制计数器
(a) 电路；(b) 状态图

(3) 进位输出置最小数法。

进位输出置最小数法是利用芯片的预置控制端$\overline{LD}$和进位输出端 CO 来实现 N 进制计数的。采用的是令预置输入端 $D_3D_2D_1D_0$ 输入最小数 m 对应的输出二进制代码 $Q_3Q_2Q_1Q_0$ 为"1"的输出来反馈实现 N 进制计数,最小数 $m=2^4-N$。

例 4 利用进位输出置最小数法实现七进制计数器。

解 (1) 先将 $\overline{CR}=CT_P=CT_T="1"$,使计数器工作在计数状态。

(2) 将 CO 端输出经非门送到 $\overline{LD}$ 端,对应的最小数 $m=2^4-7=9$,相应的预置数输入端 $D_3D_2D_1D_0=1001$,如图 7.22(a)所示,在 CP 脉冲作用下电路对应状态图如图 7.22(b)所示。

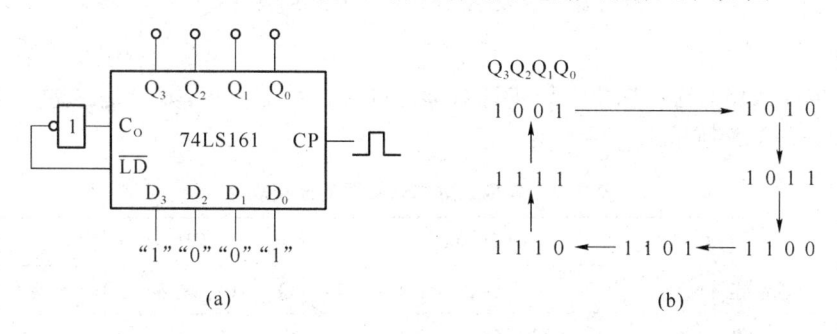

图 7.22 进位输出置最小数法的七进制计数器
(a) 电路;(b) 状态图

(4) 级联法。

实现多位或进制大于十六的计数,就需要多个 74LS161 完成。按照一个 74LS161 芯片可以实现小于十六进制的任意进制计数,两片 74LS161 就可构成从十七进制到二百五十六进制之间任意进制的计数,依次类推,可根据计数进制需要选取芯片个数。

级联法是利用集成芯片进位输出端 CO 及计数控制端 CT_T、CT_P 配合清零端、置位端来实现的。通常是将低位芯片的进位输出端 CO 端和高位芯片的计数控制端 CT_T 或 CT_P 直接相连,将 N 进制输出对应的"1"状态输出端反馈至清零或预置数端(方法同上述)来完成。输出对应的状态值为 N÷16=商……余数,N 为进制数,商为高位芯片输出 $Q_3Q_2Q_1Q_0$ 的状态值,余数为低位芯片输出 $Q_3Q_2Q_1Q_0$ 的状态值。

例 5 利用集成 74LS161 芯片实现六十进制计数器。

解 (1) 实现六十进制,则 N=60 ($16^1<N<16^2$),故需要两片 74LS161。

(2) 构成同步计数,故每块芯片的计数脉冲 CP 接同一个 CP 信号。

(3) 用 N 值反馈清零法实现六十进制计数,将低位芯片的计数控制端 $CT_T=CT_P=1$,进位输出端 CO 接高位芯片 CT_T 或 CT_P 端,将高位芯片 CT_T 或 CT_P 端接"1",两个芯片的预置数控制端接"1"、预置数输入端为 $D_3D_2D_1D_0=1001$。

(4) N 值反馈各位芯片输出反馈值为 60÷16=3……12,即把商 3 作为高位芯片输出的状态值 $Q_3Q_2Q_1Q_0=0011$ 反馈到清零端,将余数 12 作为低位芯片输出的状态值 $Q_3Q_2Q_1Q_0=1100$ 反馈到清零端,从而完成 60 进制计数,如图 7.23 所示。

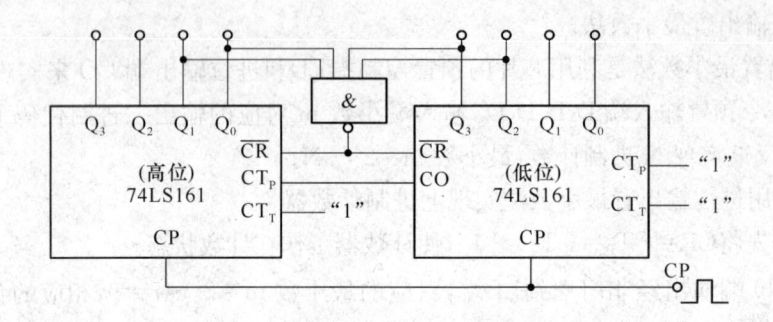

图 7.23 用 74LS161 芯片实现六十进制计数

4) 异步计数器

(1) 异步计数器的连接规律。异步计数器与同步计数器类似,如果是二进制计数器其连接规律遵循如表 7.9 所示。

表 7.9 异步二进制计数器的连接规律

规律 功能	$CP_0=CP\downarrow$	$CP_0=CP\uparrow$
	$J_i=K_i=1$ $T_i=1$ $D_i=\overline{Q_i}$ ($0 \leqslant i \leqslant (n-1)$)	
加法计数	$CP_i=Q_{(i-1)}$ ($i\geqslant 1$)	$CP_i=\overline{Q_{(i-1)}}$ ($i\geqslant 1$)
减法计数	$CP_i=\overline{Q_{(i-1)}}$ ($i\geqslant 1$)	$CP_i=Q_{(i-1)}$ ($i\geqslant 1$)

异步计数器的特点是电路中至少有两个触发器的 CP 脉冲不一致,在工作时因 CP 不同步,所以异步计数器的工作速度比同步计数器的计数速度慢,而且状态转换也是逐个进行的,在计数过程中存在过渡状态,容易出现因触发器先后翻转而产生的干扰毛刺,造成计数错误。因此在计数要求较高的场合,一般多采用同步计数器。

(2) 集成异步计数器。

常见的集成异步计数器芯片型号详见附件 B。芯片 74LS290 是二-五-十进制计数器。如图 7.24 所示。

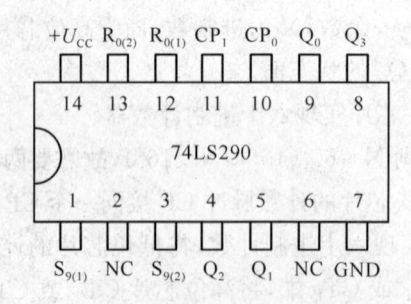

图 7.24 74LS290 管脚图

图 7.24 中,$S_{9(1)}$ 与 $S_{9(2)}$ 称为置"9"端,高电平有效,当它们同时为"1"时,使计数器输出为"9"即 $Q_3Q_2Q_1Q_0=1001$;$R_{0(1)}$ 与 $R_{0(2)}$ 称为置"0"端,高电平有效,当 $R_{0(1)} \cdot R_{0(2)}=1$ 时,输出 $Q_3Q_2Q_1Q_0=0000$。CP_0 与 Q_0 构成二进制计数器,CP_1 与 $Q_3Q_2Q_1$ 构成五进制计数器,若将 Q_0 和 CP_1 相连、CP_0 为计数脉冲输入与 $Q_3Q_2Q_1Q_0$,则构成十进制计数器。逻辑功能如表 7.10 所示。

表 7.10　74LS290 逻辑功能表

$S_{9(1)}\ S_{9(2)}\ R_{0(1)}\ R_{0(2)}$	CP_0　CP_1	$Q_3\ Q_2\ Q_1\ Q_0$
1　1　×　×	×　　×	1　0　0　1
0　×　1　1	×　　×	0　0　0　0
×　0　1　1	×　　×	0　0　0　0
$R_{0(1)} \cdot R_{0(2)} = 0$ $S_{9(1)} \cdot S_{9(2)} = 0$	$CP\downarrow$　0 0　$CP\downarrow$ $CP\downarrow$　Q_0 Q_3　$CP\downarrow$	Q_0 二进制 $Q_3Q_2Q_1$(421)五进制 $Q_3Q_2Q_1Q_0$(8421)十进制 $Q_0Q_3Q_2Q_1$(5421)十进制

从表 7.10 中可知,74LS290 有三种功能。

① 置"9"功能:当 $S_{9(1)} = S_{9(2)} = 1$ 时,使计数器输出 $Q_3Q_2Q_1Q_0 = 1001$,实现置"9"功能,与其他输入端状态无关,故又称异步置数功能。

② 置"0"功能:当 $S_{9(1)} \cdot S_{9(2)} = 0$,且 $R_{0(1)} \cdot R_{0(2)} = 1$ 时,使计数器输出 $Q_3Q_2Q_1Q_0 = 0000$,实现置"0"功能,与其他输入端状态无关,故又称异步清零功能或复位功能。

③ 计数功能:当 $S_{9(1)} \cdot S_{9(2)} = 0$、$R_{0(1)} \cdot R_{0(2)} = 0$,输入计数脉冲 CP 上升沿有效时,计数器开始计数。

当 CP 脉冲由 CP_0 端输入时,由 Q_0 端输出按逢二进一,实现二进制计数器,如图 7.25(a) 所示。

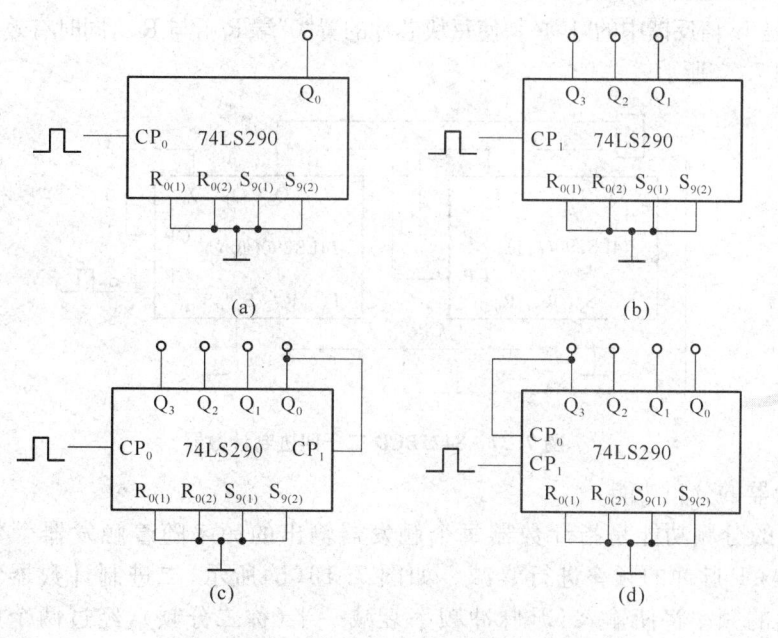

图 7.25　74LS290 计数器
(a) 二进制计数器;(b) 五进制计数器;
(c) 8421 码十进制计数器;(d) 5421 码十进制计数器

当 CP 脉冲由 CP_1 端输入时,由 $Q_3Q_2Q_1$ 端输出的二进制代码按位权 421 逢五进一,实现五进制计数器,如图 7.25(b)所示。

当 CP 脉冲由 CP_0 输入、CP_1 与 Q_0 相连时,由 $Q_3Q_2Q_1Q_0$ 端输出的二进制代码按位权 8421 逢十进一,实现十进制计数器,如图 7.25(c)所示。

当 CP 脉冲由 CP_1 输入、CP_0 与 Q_3 相连时,由 $Q_0Q_3Q_2Q_1$ 端输出的二进制代码按位权 5421 逢十进一,实现十进制计数器,如图 7.25(d)所示。

(3) 异步计数器的应用。

① 实现 $N<10$ 进制的任意进制计数。利用 74LS290 集成计数器芯片的置零端,可以进行计数器功能的扩展,实现任意进制的计数。如图 7.26 所示,采用 N 值反馈清零法构成六进制计数。

直接清零法是利用芯片的置"0"端和与门(因为置零端是高电平有效),将 N 值所对应的二进制代码 $Q_3Q_2Q_1Q_0=0110$ 中等于"1"的输出端 Q_2Q_1 反馈到置"0"端 $R_{0(1)} \cdot R_{0(2)}$ 实现六进制计数,其计数过程中也会出现过渡状态。

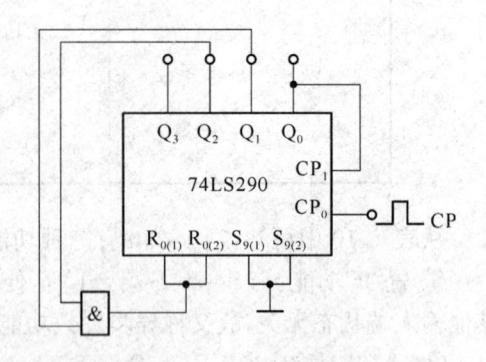

图 7.26 六进制计数器

② 构成多位任意进制计数器。用 74LS290 芯片构成二十四进制计数器。$N=24(10<N<100)$,需要两片 74LS290;将每块 74LS290 接成 8421BCD 码十进制计数方式,再将低位芯片的输出端 Q_3 和高位芯片输入端 CP_0 相连,将高位的输出值"2"的二进制代码 $Q_3Q_2Q_1Q_0=0010$ 及低位输出值"4"的二进制代码 $Q_3Q_2Q_1Q_0=0100$ 中的"1"反馈至清零端实现二十四进制计数。特别需要注意的是 N 值反馈中的"1"必须使每块芯片的置"0"端 $R_{0(1)}$ 与 $R_{0(2)}$ 同时有效,完成二十四进制计数,如图 7.27 所示。

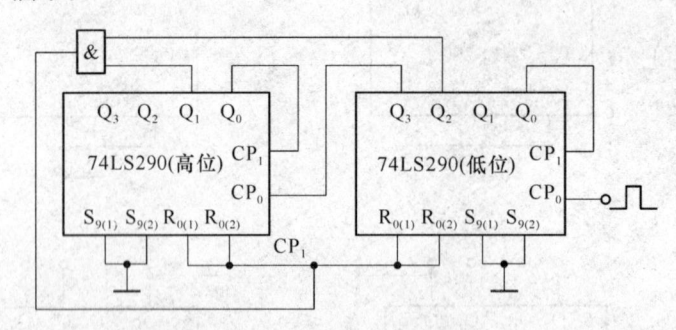

图 7.27 8421BCD 二十四进制计数器

5) 计数器的分频功能

计数器的分频功能是指计数器每个触发器输出的频率随着触发器个数(位数)的增加将对输入 CP 脉冲的频率进行衰减。如图 7.16(b)所示,二进制计数器每经过一个触发器其输出的频率将使输入 CP 脉冲频率衰减一半(称二分频),经过两个触发器将再衰减一半(称四分频),经过 n 个触发器频率将是 CP 脉冲的 2^n 分之一(称为 2^n 分频)。非二进制计数器在最高位输出实现 N 分频,N 分频即输出信号频率是其输入 CP 脉冲频率的 N 分之一。

7.2.3 寄存器及其测试

寄存器又称储存器或锁存器,主要用来接收、存储、传输数据。通常用 D 触发器实现,每个触发器可以存储一位二进制数码。在数字电子技术系统中是不可缺少的器件。

1. 寄存器的种类

1) 按功能分

寄存器按功能可分为数码寄存器和移位寄存器。

2) 数码寄存器

数码寄存器按接受储存数据的方式分为双拍式和单拍式两种。n 个触发器可以储存 n 位二进制数码。

3) 移位寄存器

移位寄存器除了接受、存储、传输数据以外,同时还将数据按一定方向进行移动。故移位寄存器又分为单向和双向移位寄存器。

2. 寄存器的功能

1) 数码寄存器

数码寄存器有双拍和单拍两种。双拍在接收数码时,需要先清零才能储存数据。而单拍式数码寄存器工作时,只要数据接收脉冲 CP 有效,输入数据 $D_3D_2D_1D_0$ 就直接存入触发器,不需要先清零,所以完成数据接收储存只需一拍。如图 7.28 所示。

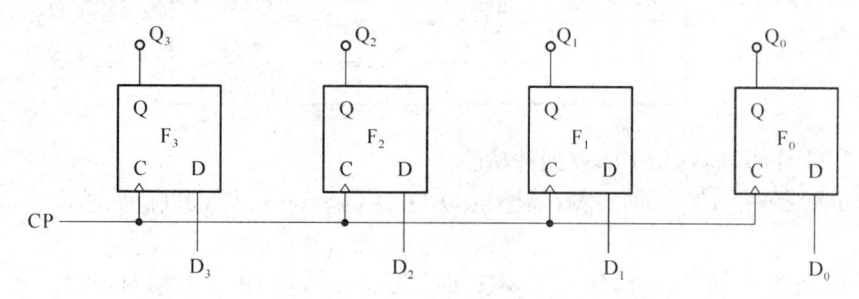

图 7.28 单拍式数码寄存器

2) 移位寄存器

(1) 单向移位寄存器。

单向移位寄存器按移动方向分为左移寄存器和右移寄存器两种类型。如图 7.28 所示,在 CP 脉冲作用下,数据同时输入进行储存、同时输出完成传输功能。这种接收传输数据的方式成为并行输入并行输出。

如果把图 7.28 中各个 D 触发器的输入 D 及输出 Q 端首尾串联,就构成了移位寄存器(请读者自行绘制电路图)。如果数据从最左边的触发器输入,在 CP 脉冲的作用下,数据就会向右移动,即为右移寄存器;如果数据从最右边的触发器输入,在 CP 脉冲的作用下,数据就会向左移动,即为左移寄存器。

这种数据接收传输的方式为串行输入串行输出(从一侧输入从另一侧输出)及串行输入并行输出(从一侧输入从各个触发器同时输出),所以移位触发器又具有接口功能用来改变数据传输的方式。

移位寄存器在进行数据串行输入时,要确定数据输入的顺序即先输高位数据还是低位数据。按照数据的位权和移位寄存器的结构应该先输入距离数据输入端最远的触发器的数据，才能确保数据接受储存正确。（读者自己实验）

（2）双向移位寄存器。

既可以使数码左移、又可以右移的寄存器称为双向移位寄存器。常用的是集成移位寄存器，分 TTL 型和 CMOS 型两类。集成芯片 74LS194 是 TTL 型双向四位移位寄存器。其管脚排列图如图 7.29 所示。

图 7.29 中，CP 数据传输控制脉冲，上升沿有效；$\overline{C_r}$ 为异步清零，低电平有效；S_1、S_2 寄存器的功能控制端；D_{SL} 为左移串行数据输入端，D_{SR} 为右移串行数据输入端，D_3、D_2、D_1、D_0 为并行数据输入端，Q_3、Q_2、Q_1、Q_0 为数据并行输出端。74LS194 的功能表如表 7.11 所示。

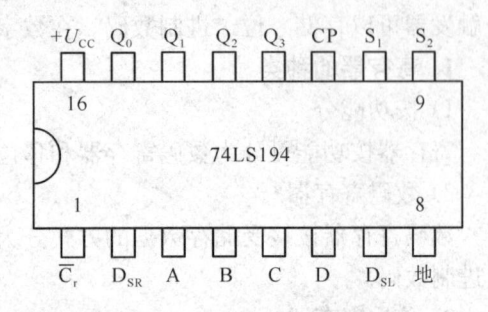

图 7.29　74LS194 管脚排列图

表 7.11　74LS194 功能表

$\overline{C_r}$	S_1	S_2	CP	功　能
0	×	×	×	清零
1	0	0	×	保持
1	0	1	↑	左移
1	1	0	↑	右移
1	1	1	↑	并行输入

从表 7.11 中可知，74LS194 有四种功能。

① 异步清零。当 $\overline{C_r}=0$ 时，寄存器输出 $Q_3Q_2Q_1Q_0=0000$ 与 CP 脉冲、功能控制 S_1、S_2 的状态无关。

② 保持功能。当 $\overline{C_r}=1$，$S_1=S_2=0$ 时，无论 CP 脉冲处于何种状态，寄存器输出 $Q_3Q_2Q_1Q_0$ 将保持原数据不变。

③ 移位功能。当 $\overline{C_r}=1$、$S_1=0$、$S_2=1$、CP 脉冲上升沿时，寄存器将实现左移功能，从 D_{SL} 输入数据，从 $Q_3Q_2Q_1Q_0$ 并行输出数据。当 $\overline{C_r}=1$、$S_1=1$、$S_2=0$、CP 脉冲上升沿时，寄存器将实现右移功能，从 D_{SR} 输入数据，从 $Q_3Q_2Q_1Q_0$ 并行输出数据，如表 7.12 所示。

表 7.12　右移移位寄存器功能表

CP↑	输入数码 D_{SR}	右移移位寄存器输出			
		Q_3	Q_2	Q_1	Q_0
0	0	0	0	0	0
1	1	1	0	0	0
2	0	0	1	0	0
3	1	1	0	1	0
4	1	1	1	0	1

④ 传送方式转换功能。当$\overline{C_r}=1$、$S_1=1$、$S_2=0$、CP脉冲上升沿时，数据从D_{SR}输入，从$Q_3Q_2Q_1Q_0$并行输出数据，实现数据传送方式的串-并行转换，如图7.30所示。当$\overline{C_r}=1$、$S_1=1$、$S_2=1$、CP脉冲上升沿时，寄存器将从$D_3D_2D_1D_0$并行输入数据，从$Q_3Q_2Q_1Q_0$并行输出数据，实现数据传送方式的并-并行转换。

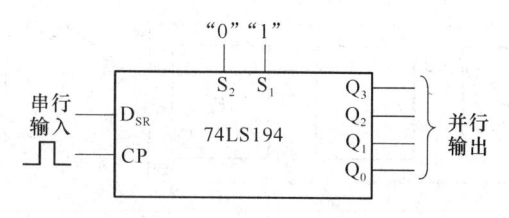

图 7.30 利用 74LS194 实现串-并行转换

3. 寄存器的应用

1）实现数据传输方式的转换

在数字电路中，数据的传送方式有串行和并行两种。移位寄存器可实现数据传送方式的转换。如图7.30所示，既可将串行输入转换为并行输出（数据从第一个输入，经过n个CP脉冲后同时从n个触发器输出）；也可将串行输入转换为串行输出（数据从第一个触发器输入，n个CP脉冲后从最后一个触发器逐个输出）。还可以实现并-并行转换、串-串行转换、并-串行转换，（读者自行分析）。

2）构成移位型计数器

（1）环形计数器。环形计数器是将单向移位寄存器的串行输入端和串行输出端相连，构成一个闭合的环，如图7.31(a)所示。

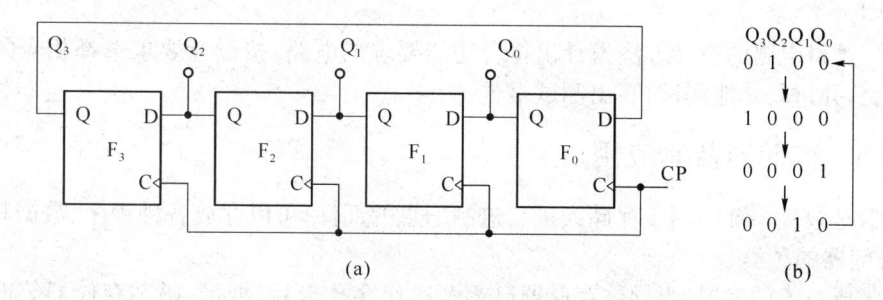

图 7.31 环形计数器
(a) 电路图；(b) 状态图

实现环形计数时，必须设置初始状态，且输出$Q_3Q_2Q_1Q_0$端的初态取值不能完全一致（即不能全为"1"，也不能全为"0"）。

环形计数器的进制数N与移位寄存器内的触发器个数n相等，即图7.31(a)所示电路实现的是N=n进制计数，其状态转换图如图7.31(b)所示（图中初态为0100）。

（2）扭环形计数器。扭环形计数器是将移位寄存器的串行输入端与串行输出端反相后（或互补输出端）相连，构成一个闭合的环，如图7.32(a)所示。

实现扭环形计数器时，无须设置初始状态，直接在CP脉冲作用下完成计数。扭环形计数器的进制数N与移位寄存器内的触发器个数n满足N=2n的关系，如图7.32(a)所示，移位寄存器有四个触发器就是八进制的计数器。如果该计数器从0000开始，就有八个有效循环状态,状态变化的循环过程如图7.32(b)所示。

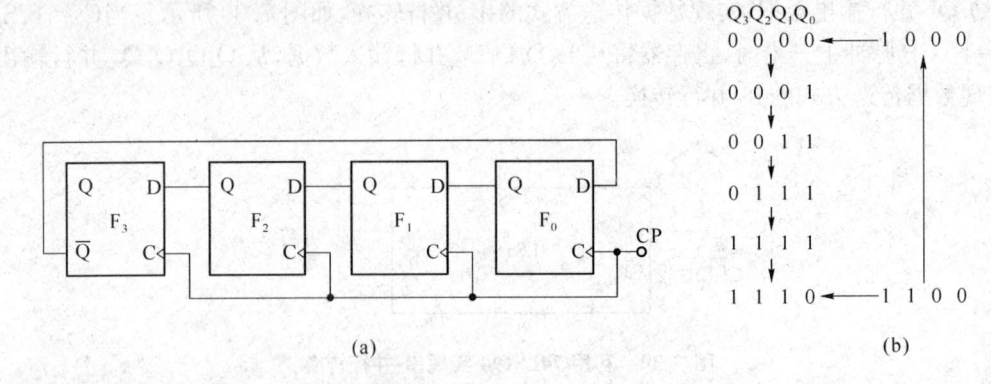

图7.32 扭环形计数器
(a) 电路图;(b) 状态图

7.2.4 计数器的应用及测试

1. 目的

计数器应用与测试的目的,就是让学习者掌握时序逻辑电路设计的方法,学会用同步或异步集成计数器实现逻辑功能,学会测试计数器及其应用电路的功能,学会正确选择实现功能的集成芯片。集成芯片见附录B。

2. 内容

设计一个时钟显示电路,显示时间的时、分、秒。用集成计数器74LS161、74LS290等器件实现。

3. 要求

按时序逻辑电路的设计方法设计出符合功能要求的电路,按设计要求选择相应的器件画出测试电路,并进行功能测试,写出测试报告。

7.2.5 存储器及其应用

存储器是数字系统中用于存储大量二进制信息的部件,可以存放各种程序、数据和资料。

1. 存储器的种类

随着集成技术的发展,半导体存储器已逐渐取代穿孔卡片、纸带、磁芯存储器等旧有的存储手段。

半导体存储器按照内部信息的存取方式不同分为只读存储器(ROM)和随机存取的存储器(RAM)两大类。每个存储器的存储容量为字线×位线。不同的存储器,存储容量不同,功能也有一定的差异。

2. 只读存储器(ROM)

1) 只读存储器(ROM)的种类

只读存储器(ROM)有掩膜ROM、可编程ROM、可改写ROM。掩膜只读存储器(ROM)是在制造时把信息存放在此存储器中,使用时不再重新写入,需要时读出即可。它只能读取所存储的信息,而不能改变已存内容,断电后不丢失存储内容。又称固定只读存储器。

2) 只读存储器(ROM)的结构

只读存储器ROM主要由地址译码器、存储矩阵和输出缓冲器三部分组成。如图7.33所示。

每个存储单元中固定存放着由若干位组成的二进制数码——称为"字",为了读取不同存储单元中所存的字,将各单元编上代码一称为地址。在输入不同地址时,就能在存储器输出端读出相应的字,即"地址"的输入代码与"字"的输出数码有固定的对应关系。如图 7.33 所示,它有 2^n 个存储单元,每个单元存放一个字,一共可以存放 2^n 个字,每字有 m 位,即容量为 $2^n \times m$(字线×位线)。ROM 中地址译码器实现了地址输入变量的"与"运算,存储矩阵实现了字线的"或"运算,即形成了各个输出逻辑函数。因此 ROM 实际上是由与阵列和或阵列构成的电路,与阵列相当于地址译码器,或阵列相当于存储矩阵。如图 7.34 所示。如有一个容量为 4 字× 4 位的 ROM,它就有 2(2×2=4)根地址线,4 根字线,4 根位线,如图 7.35 所示。

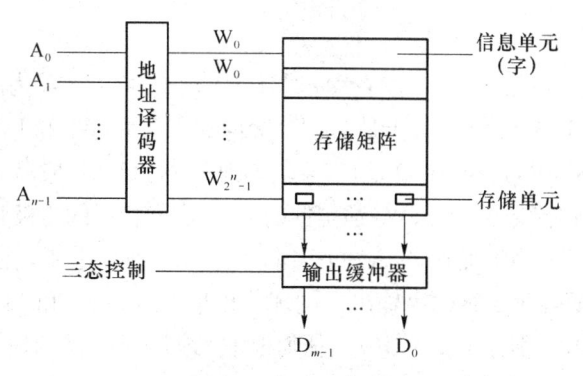

图 7.33 ROM 框图

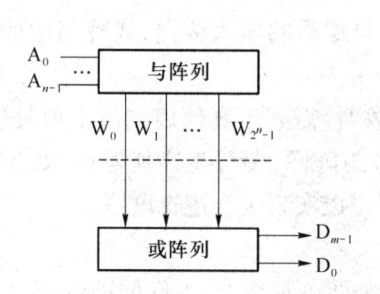

图 7.34 ROM 阵列框图

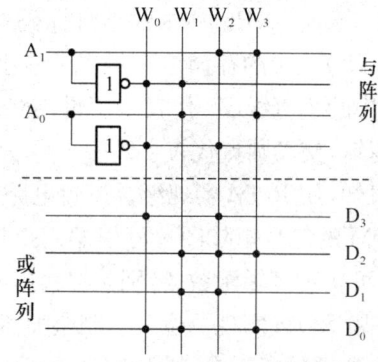

图 7.35 4×4ROM 的阵列图

3) 只读存储器(ROM)的功能

只读存储器的存储体可以由二极管,三极管和 MOS 管来实现。如图 7.36 所示为二极管矩阵 ROM。图中 W_0、W_1、W_2、W_3 是字线,D_0,D_1,D_2,D_3 是位线,ROM 的容量即为字线×位线。所以图 7.36 所示 ROM 的容量为 4×4=16,即存储体有十六个存储单位。

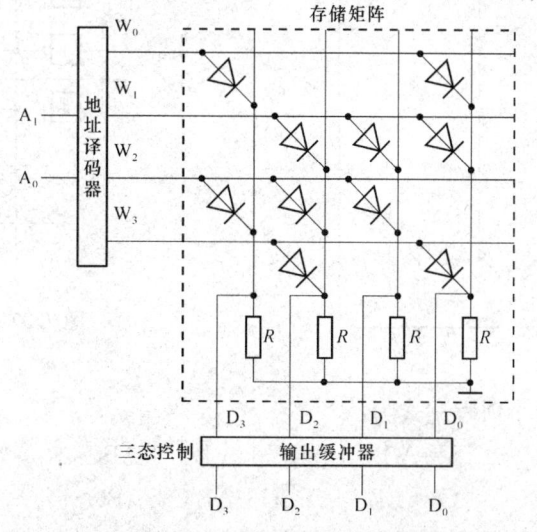

图 7.36 二极管 ROM 结构图

(1) 如何读字。

当地址码 $A_1A_0=00$ 时,译码输出使字线 W_0 为高电平,与其相连的二极管都导通,把高电平"1"送到位线上,于是 D_3、D_0 端得到高电平,W_0 和 D_1、D_2 之间没有接二极管,故 D_1、D_2 端是低电平"0",这样,在 $D_3D_2D_1D_0$ 端读到一个字 1001,它就是该矩阵第一行的字输出。在同一时刻,由于字线 W_1、W_2、W_3 都是低电平,与它们相连的二极管都不导通,所以不影响读字结果。

当地址码 $A_1A_0=01$ 时,字线 W_1 为高电平,在位线输出端 $D_3D_2D_1D_0$ 读到字 0111,对应矩阵第二行的字输出。同理分析地址码为 10 和 11 时,输出端将读到矩阵第三、第四行的字输出分别为 1110、0101。任何时候,地址译码器的输出决定了只有一条字线是高电平,所以在 ROM 的输出端只会读到唯一对应的一个字。由上可看出,在对应的存储单元内存入 1 还是 0,是由接入或不接入相应的二极管来决定的,如要在第 0 个字的第一位存入 0,就不在 W_0 与 D_3 之间接入二极管,反之就接入二极管。

(2) 如何实现组合逻辑电路。

如图 7.35 所示,ROM 中的地址译码器形成了输入变量的最小项,即实现了逻辑变量的"与"运算。ROM 中的存储矩阵实现了最小项的或运算,即形成了各个逻辑函数。在图 7.35 中,与阵列中的垂直线 W_i 代表与逻辑,交叉圆点代表与逻辑的输入变量;或阵列中的水平线 D 代表或逻辑,交叉圆点代表字线输入。

由上可知,用 ROM 实现组合逻辑电路或逻辑函数时,需列出真值表或最小项表达式,然后画出 ROM 的符号矩阵图。可根据用户提供的符号矩阵图,便可生产所需的 ROM。利用 ROM 不仅可实现逻辑函数(特别是多输出函数),而且可以实现组合逻辑电路。

例 6 用 ROM 实现一位二进制全加器。

解 全加器的真值表,如表 7.13 所示,其中 A、B 为两个加数、C 为低位进位、S 为本位的和、C_i 为本位向高位的进位。

表 7.13 全加器真值表

A B C	S C_i
0 0 0	0 0
0 0 1	1 0
0 1 0	1 0
0 1 1	0 1
1 0 0	1 0
1 0 1	0 1
1 1 0	0 1
1 1 1	1 1

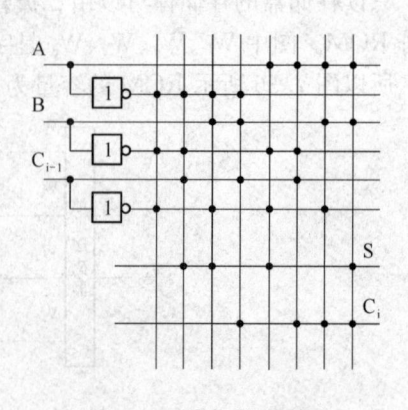

图 7.37 全加器阵列图

由表 7.13 可写出最小项表达式为:

$$S=\overline{A}\,\overline{B}C+\overline{A}B\overline{C}+A\overline{B}\,\overline{C}+ABC$$

$$C_i=\overline{A}BC+A\overline{B}C+AB\overline{C}+ABC$$

根据上式,可画出全加器的 ROM 阵列图如图 7.37 所示。

例7 用 ROM 实现下列逻辑函数。

$$F_1 = A\overline{B} + \overline{A}B$$
$$F_2 = AB + \overline{A}\,\overline{B}$$
$$F_3 = AB$$

解 由表达式画出 ROM 的阵列图如图 7.38 所示。

3. 可编程只读存储器

可编程 ROM 常称 PROM，与上述 ROM 不一样。上述 ROM 由厂家制造时借助金属掩化模工艺完成了编程，所以制造好以后，其内容是不可改变的。而它则不是由厂家而是由用户自行编程的。

PROM 在出厂时，存储体的内容为全 0 或全 1，用户可根据需要将某些内容改写，也就是编程。常用的双极型工艺ROM，采用烧毁熔断丝的方法使三极管由导通变为截止，使三

图 7.38 例 7 的 ROM 阵列图

极管不起作用，存储器变为"0"信息，而未被熔断熔丝的地方，即表示为"1"信息。PROM 只实现一次编写的目的，写好后就不可更改。

如果想对一个 ROM 芯片反复编程，多次使用，需用可擦除编程 ROM 即 EPROM。常用的 MOS 工艺制造的 EPROM 用注入电荷的办法编程，此过程可逆，当用紫外光照射以后，旧内容被擦除，擦除后芯片可以是全 1，可能是全 0，视制造工艺而不同，之后可再次编程。

4. ROM 容量的扩展

1) ROM 的信号引线

如图 7.39 所示，除了地址线和数据线（字输出线）外，ROM 还有地线（GND）、电源线 (U_{CC}) 以及用来控制 ROM 工作的控制线为芯片使能控制线（$\overline{CS}$），使能输出控制线称片选线。当 $\overline{CS}=1$ 时，芯片处于等待状态，ROM 不工作，输出呈高阻态，当 $\overline{CS}=0$ 时，ROM 工作。

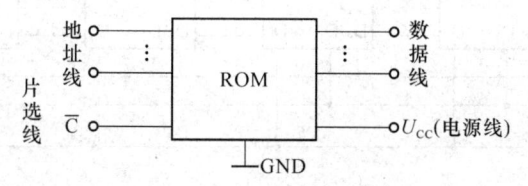

图 7.39 ROM 的信号引线

2) ROM 容量的扩展

一个存储器的容量就是字线与位线（即字长或位数）的乘积。当所采用的 ROM 容量不满足需要时，可将容量进行扩展。扩展又分为字扩展和位扩展。

(1) 位扩展（即字长扩展）：位扩展比较简单，只需要用同一地址信号控制 n 个相同字数的 ROM，即可达到扩展的目的。由 256×1ROM 扩展为 256×4ROM 的存储器，如图 7.40 所示。即将四块 ROM 的所有地址线、$\overline{CS}$（片选线）分别对应并接在一起，而每一片的位输出作为整个 ROM 输出的一位。

256×4ROM 需 256×1ROM 的芯片数为：

$$N=\frac{总存储容量}{一片存储容量}=\frac{256\times 4}{256\times 1}=4$$

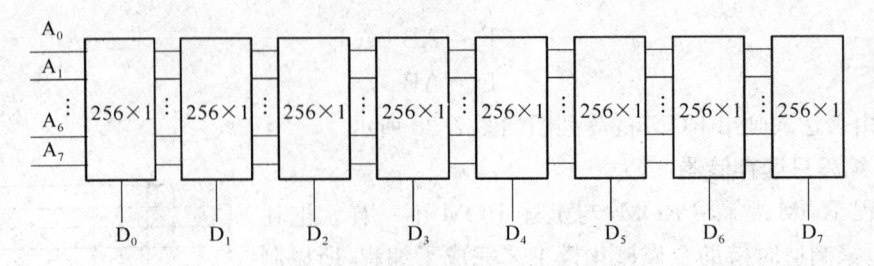

图 7.40 ROM 位扩展

(2) 字扩展：如图 7.41 所示是由四片 1024×8ROM 扩展为 4096×8ROM。图中每片 ROM 有 10 根地址输入线，其寻址范围为 $2^{10}=1024$ 个信息单元，每一单元为八位二进制数。这些 ROM 均有片选端，当其为低电平时，该片被选中才工作；为高电平时，对应 ROM 不工作。图中各片 ROM 的片选端由 2 线/4 线译码器控制。图 7.41 译码器的输入是系统的高位地址 A_9、A_8，其输出是各片 ROM 的片选信号。若 $A_9A_8=10$，则 ROM(3) 片的 $\overline{CS}$ 有效为"0"各片 ROM 的片选信号无效为"1"，故选中第三片。只有该片的信息可以读出，送到位线上，读出的内容则由低位地址 $A_7 \sim A_0$ 决定。显然，四片 ROM 轮流工作。扩展的方法将地址线、输出线对应连接，片选线分别与译码器的输出连接。

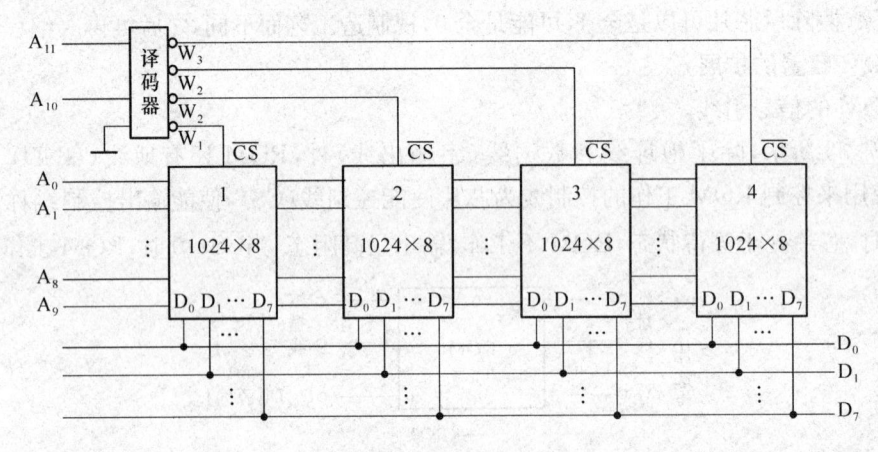

图 7.41 ROM 字扩展

5. 随机存取的存储器 RAM

随机存取的存储器 RAM 可以在任意时刻，任意选种的存储单元进行信息的存入（写）或取出（读）的信息操作。这种存储器，当电源断电时，存储的信息便消失。随机存取存储器一般有存储矩阵、地址译码器、片选控制和读/写控制电路等组成。其容量也为字线×位线，同样可以利用 I/O（输入/输出）线、R/W（读/写）线及片选线来实现容量的扩展，如图 7.42 所示为 256×8RAM 扩展成 1024×8 存储器。连接方法与 ROM 的相同，只是多了读/写控制端（R/W）。

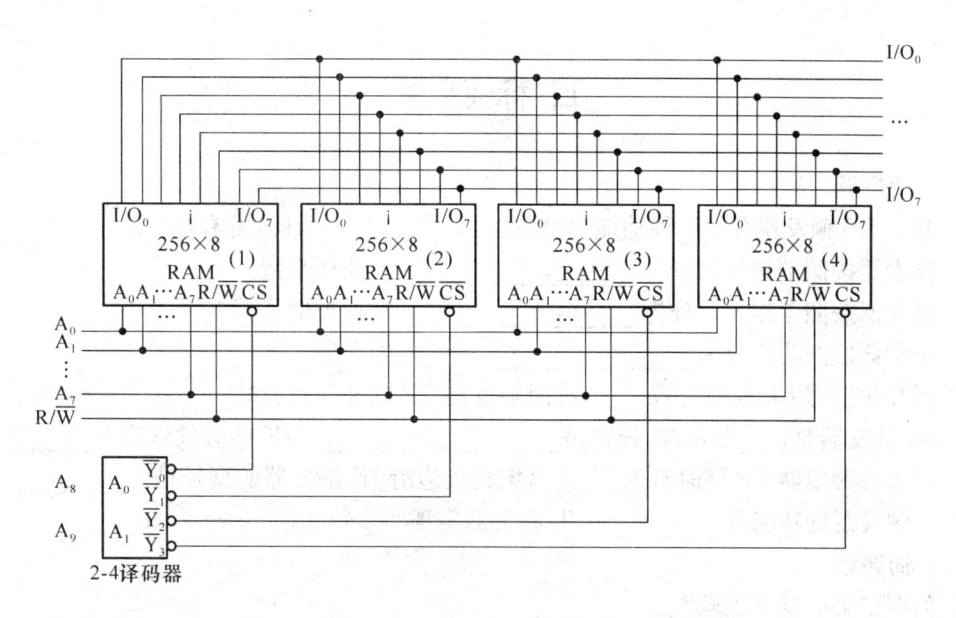

图 7.42 256×8RAM 扩展成 1024×8 存储器

本 章 小 结

1. 触发器是数字系统中极为重要的基本逻辑单元,它有两个稳定状态,在外加触发信号的作用下,可以从一种稳定状态转换到另一种稳定状态。当外加信号消失后,触发器仍维持其现状态不变,因此,触发器具有记忆作用,每个触发器只能记忆(存储)一位二制数码。

2. 集成触发器按功能可分为 RS、JK、D、T、T′几种。其逻辑功能可用状态表(真值表)、特征方程、状态图(逻辑符号图)和波形图(时序图)来描述。类型不同,功能相同的触发器,其状态表、状态图、特征方程均相同,只是逻辑符号图和时序图不同。

3. 触发器有高电平 CP=1、低电平 CP=0、上升沿 CP↑、下降沿 CP↓ 四种触发方式。

4. 常用的集成触发器 TTL 型的有:双 JK 负边沿触发器 74LS112,双 D 正边沿触发器 74LS74,COMS 型的有:CC4027 和 CC4013。

5. 在使用触发器时,必须注意电路的功能及其触发方式。同步触发器在 CP=1 时触发翻转,属于电平触发,有空翻和振荡现象,克服空翻和振荡现象应使用 CP 脉冲边沿触发的触发器。功能不同的触发器之间可以相互转换。

6. 时序逻辑电路是数字系统中非常重要的逻辑电路,与组合逻辑电路既有联系,又有区别,基本分析方法一般有四个步骤,常用的时序逻辑电路有计数器和寄存器。

7. 计数器按照 CP 脉冲的工作方式分为同步计数器和异步计数器,各有优缺点,学习的重点在于集成计数器的特点和功能应用。

8. 寄存器按功能可分为数码寄存器和移位寄存器,移位寄存器既能接收、存储数码,又可将数码按一定方式移动。

9. 存储器是数字计算机和其他数字装置中非常重要的组成部分,其功能是存放数据、指令等信息。存储器有只读存储器 ROM、随机存取存储器 RAM。

目 标 测 试

一、填空题
1. 基本 RS 触发器有____种功能,分别是_____,RS 的有效状态是_____。
2. 触发器按照结构分为_____几种类型。
3. 触发器按照工作方式分为_____几种类型。
4. 触发器按照功能分为_____几种类型。
5. 同步触发器 CP 何时有效____,维阻触发器 CP 脉冲何时有效____。
6. JK 触发器有____种功能,分别是_____,JK 的有效状态是_____。
7. 负边沿触发器 CP 何时有效_____,集成负边沿 JK 触发器的型号是_____。
8. T 触发器的功能有_____,T′触发器实现____功能。

二、简述题
1. 何谓空翻和振荡现象?
2. 如何克服空翻和振荡?
3. 叙述时序逻辑电路的分析方法?
4. 同步二进制计数器的连接规律?
5. 异步二进制计数器的连接规律?

三、分析题
1. 分析题 7.1 图所示 RS 触发器的功能,并根据输入波形画出 Q 和 $\overline{Q}$ 的波形。设触发器的初始状态为 0。

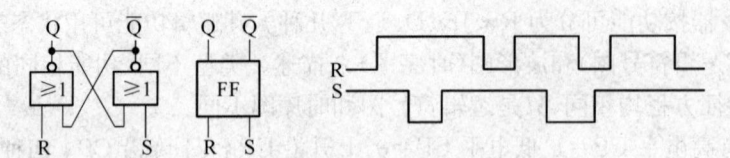

题 7.1 图

2. 同步 RS 触发器接成题 7.2 图所示形式,设初始状态为 0。试根据 CP 波形,画出 Q 的波形。

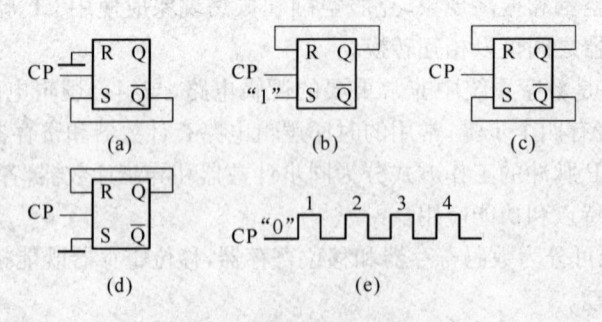

题 7.2 图

3. 维阻 D 触发器接成题 7.3 图所示形式,设触发器的初始状态为 0,试根据 CP 波形画出各 Q 的波形。

第7章 触发器及其应用

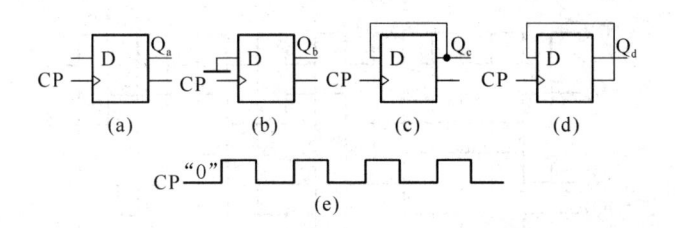

题 7.3 图

4. 下降沿触发的 JK 触发器输入波形如题 7.4 图所示，设触发器初态为 0，画出相应输出波形。

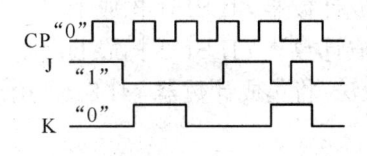

题 7.4 图

5. 边沿触发器如题 7.5 图所示，设初状态均为 0，试根据 CP 和 D 的波形画出 Q_1、Q_2 的波形。

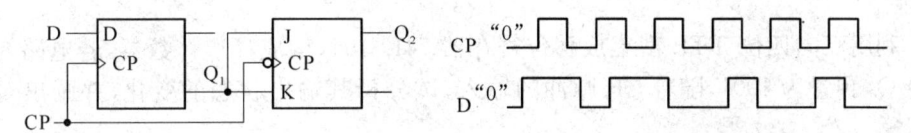

题 7.5 图

6. 某时序电路由三个主从 JK 触发器（下降沿触发）和若干门电路构成。已知各触发器的时钟方程和驱动方程如下所示：

时钟方程：　　　　$CP_1 = CP\downarrow$　　　$CP_2 = Q_1\downarrow$　　　$CP_3 = CP\downarrow$

驱动方程：$J_1 = \overline{Q_3^n}$　　　　　　　$K_1 = 1$
　　　　　$J_2 = 1$　　　　　　　　$K_2 = 1$
　　　　　$J_3 = Q_2^n \cdot Q_1^n$　　　　$K_3 = 1$

试画出对应的逻辑电路图，并分析其逻辑功能。

7. 分析题 7.6 图所示时序电路的逻辑功能。

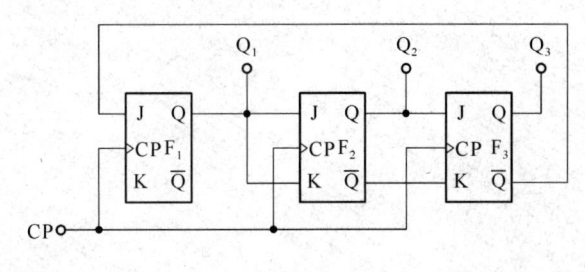

题 7.6 图

8. 已知计数器的输出端 Q_2、Q_1、Q_0 的输出波形如题 7.7 图所示，试画出对应的状态图，并分析该计数器为几进制计数器。

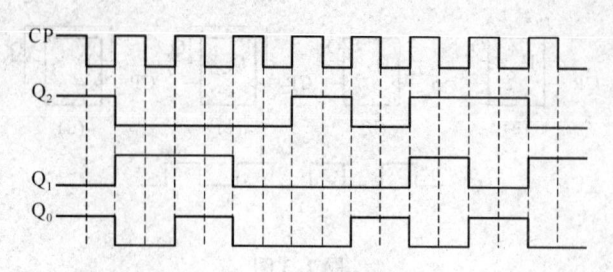

题 7.7 图　计数器输出波形

四、设计题

1. 采用直接清零法，将集成计数器 74LS161 构成十三进制计数器，画出逻辑电路图。
2. 采用预置复位法，将集成计数器 74LS161 构成七进制计数器，画出逻辑电路图。
3. 采用进位输出置最小数法，将集成计数器 74LS161 构成十二进制计数器，画出逻辑电路图。
4. 采用级联法，将集成计数器 74LS161 构成一百零八进制计数器，画出逻辑电路图。
5. 采用级联法，将集成计数器 74LS290 构成三十六进制计数器，画出逻辑电路图。
6. 采用直接清零法，将集成计数器 74LS290 构成三进制计数器和九进制计数器，画出逻辑电路图。
7. 利用双向四位 TTL 型集成移位寄存器 74LS194，构成环形计数器，若电路初始状态 $Q_3Q_2Q_1Q_0$ 预置为 1001，随着 CP 脉冲的输入，试分析其输出状态的变化，并画出对应的状态图。
8. 利用双向四位 TTL 型集成移位寄存器 74LS194，构成扭环形计数器，若电路初始状态 $Q_3Q_2Q_1Q_0$ 预置为 0110，随着 CP 脉冲的输入，试分析其输出状态的变化，并画出对应的状态图。

第 8 章

集成定时器及其应用

知识目标:了解集成定时器的种类,熟悉集成定时器的结构和引脚功能,理解施密特触发器、单稳态触发器和多谐振荡器的电路特点,掌握这三种电路的工作原理和使用方法。

能力目标:能够识别并正确使用集成定时器,具备分析、测试集成定时器应用电路的基本知识和基本技能。

8.1 集成定时器的识别

集成定时器是一种中规模数字、模拟混合集成电路,该电路功能强大,使用方便灵活,在工业控制、电子检测、仪器仪表、家用电器、电子玩具等方面广泛应用。

8.1.1 集成定时器的种类

1. 集成定时器分类

(1) 按照内部元件分:有 TTL 型(又称双极型)和 CMOS 型(又称单极型)两种。TTL 型内部采用的是晶体管,CMOS 型内部采用的则是场效应管。

(2) 定时器按单片电路中包括定时器的个数分:有单时基定时器和双时基定时器。

2. 集成定时器命名规则

(1) 所有 TTL 型单时基定时器产品型号最后的 3 位数码都是 555。

(2) 所有 CMOS 型单时基定时器产品型号最后的 4 位数码都是 7555。

(3) 所有 TTL 型双时基定时器产品型号最后的 3 位数码都是 556。

(4) 所有 CMOS 型双时基定时器产品型号最后的 4 位数码都是 7556。

(5) TTL 型和 CMOS 型定时器的功能和外部引脚排列完全相同,所以都总称 555 定时器。

8.1.2 集成定时器的结构

TTL 型单时基国产 5G555 定时器内部电路结构如图 8.1(a)所示,一般由分压器、比较器、触发器和开关及输出等四部分组成。其外形和管脚排列如图 8.1(b)、图 8.1(c)所示。

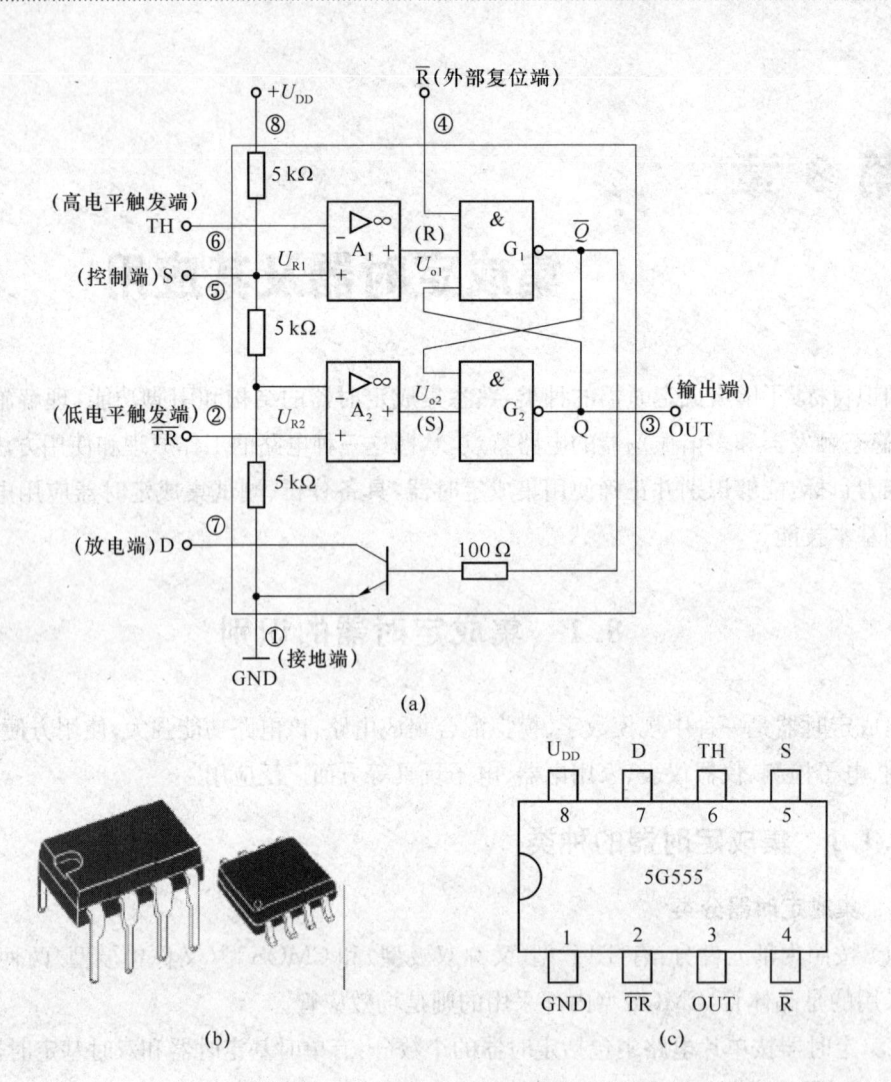

图 8.1 555 电路结构和管脚排列

(a) 内部电路；(b) 外形；(c) 管脚排列

1. 分压器

分压器由三个等值的电阻串联而成，将电源电压 U_{DD} 分为三等分，作用是为比较器提供两个参考电压 U_{R1}、U_{R2}，若控制端 S 悬空或通过电容接地，则：

$$U_{R1} = \frac{2}{3} U_{DD}$$

$$U_{R2} = \frac{1}{3} U_{DD}$$

若控制端 S 外加控制电压 U_S，则：

$$U_{R1} = U_S$$

$$U_{R2} = \frac{1}{2} U_S$$

2. 比较器

比较器是由两个结构相同的集成运放 A_1、A_2 构成。A_1 用来比较参考电压 U_{R1} 和高电平触发端电压 U_{TH}：当 $U_{TH}>U_{R1}$，集成运放 A_1 输出 $U_{O1}=0$；当 $U_{TH}<U_{R1}$，集成运放 A_1 输出 $U_{O1}=1$。A_2 用来比较参考电压 U_{R2} 和低电平触发端电压 $U_{\overline{TR}}$：当 $U_{\overline{TR}}>U_{R2}$，集成运放 A_2 输出 $U_{O2}=1$；当 $U_{\overline{TR}}<U_{R2}$，集成运放 A_2 输出 $U_{O2}=0$。

3. 基本 RS 触发器

当 RS=01 时，Q=0，$\overline{Q}$=1；当 RS=10 时，Q=1，$\overline{Q}$=0。

4. 开关及输出

放电开关由一个晶体三极管组成，其基极受基本 RS 触发器输出端 $\overline{Q}$ 控制。当 $\overline{Q}$=1 时，三极管导通，放电端 D 通过导通的三极管为外电路提供放电的通路；当 $\overline{Q}$=0，三极管截止，放电通路被截断。

8.1.3 集成定时器的特性

当 5 号控制端 S 悬空或通过电容接地时，555 定时器功能如表 8.1 所示。

表 8.1 555 定时器功能表

U_R	U_{TH}	$U_{\overline{TR}}$	OUT	放电端 D
0	×	×	0	与地导通
1	$>\frac{2}{3}U_{DD}$	$>\frac{1}{3}U_{DD}$	0	与地导通
1	$<\frac{2}{3}U_{DD}$	$>\frac{1}{3}U_{DD}$	保持原状态不变	保持原状态不变
1	$<\frac{2}{3}U_{DD}$	$<\frac{1}{3}U_{DD}$	1	与地断开

若控制端 S 外接控制电压 U_S 时，则功能如下：

当 $U_{TH}>U_S$ 且 $U_{\overline{TR}}>\frac{1}{2}U_S$，RS=01，Q=0，$\overline{Q}$=1，使 OUT=0，放电端 D 通过导通的三极管接地。

当 $U_{TH}<U_S$ 且 $U_{\overline{TR}}>\frac{1}{2}U_S$，RS=11，Q 和 $\overline{Q}$ 均保持不变，使 OUT 和放电端 D 保持原来的状态不变。

当 $U_{TH}<U_S$ 且 $U_{\overline{TR}}<\frac{1}{2}U_S$，RS=10，Q=1，$\overline{Q}$=0，使 OUT=1，放电端 D 与地之间断路。

所以，S 端外加控制电压 U_S 可以改变两个参考电压 U_{R1}、U_{R2} 的大小。

8.1.4 集成定时器的参数

TTL 型单时基定时器 5G555 和 CMOS 型单时基定时器 CC7555 的主要参数如表 8.2 所示。

表 8.2 5G555 和 CC7555 的主要参数

参 数	单 位	CMOS 型 CC7555	TTL 型 5G555
电源电压 U_{DD}	V	3~18	4.5~16
静态电源电流 I_{DD}	mA	0.12	10
定时精度	%	2	1
高电平触发端电压 U_{TH}		$\frac{2}{3}U_{DD}$	$\frac{2}{3}U_{DD}$
高电平触发端电流 I_{TH}	μA	0.00005	0.1
低电平触发端电压 U_{TR}		$\frac{1}{3}U_{DD}$	$\frac{1}{3}U_{DD}$
低电平触发端电流 I_{TR}	μA	0.00005	0.5
复位端复位电压 U_{TR}	V	1	1
复位端复位电流 I_{TR}	μA	0.1	400
放电端放电电流 I_{TR}	mA	10~50	200
输出端驱动电流 I_{TR}	mA	1~20	200
最高工作频率	kHz	500	500

从表 8.2 中可见：

(1) 二者的工作电源电压范围不同。

(2) 双极型定时器输入输出电流较大，驱动能力强，可直接驱动负载，适宜于有稳定电源的场合使用。

(3) CMOS 型定时器输入阻抗高，工作电流小，功耗低且精度高，多用于需要节省功耗的领域。

特别需要指出的是，CMOS 型定时器在储存、使用中要防止静电危害，注意多余输入端的处理，而双极型定时器则不必考虑这些因素。

8.2 集成定时器的应用

555 定时器的应用非常广泛，主要有三种基本电路形式：施密特触发器、单稳态触发器和多谐振荡器。

8.2.1 施密特触发器及其测试

1. 电路组成

由 555 定时器构成的施密特触发器如图 8.2 所示，高电平触发端 TH 和低电平触发端 $\overline{TR}$ 直接连接，作为信号输入端 u_i，外部复位端 $\overline{R}$ 接直流电源 U_{DD}，控制端 S 通过电容接地。

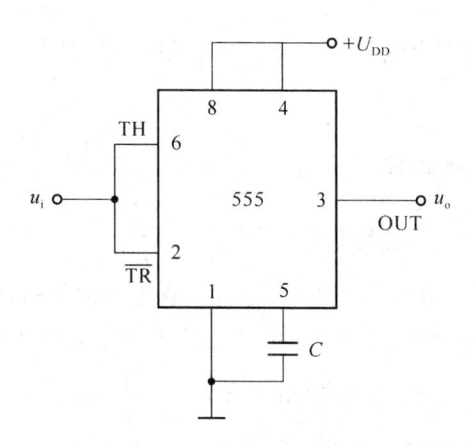

图 8.2 施密特触发器

2. 工作原理

设施密特触发器输入信号 u_i 为正弦波,且正弦波幅度大于参考电压 $U_{R1}=\frac{2}{3}U_{DD}$(控制端 S 通过电容接地)。

接通电源,输入信号 u_i 从零时刻起,信号幅度逐渐增加并呈正弦波形变化,电路输入、输出波形如图 8.3 所示。

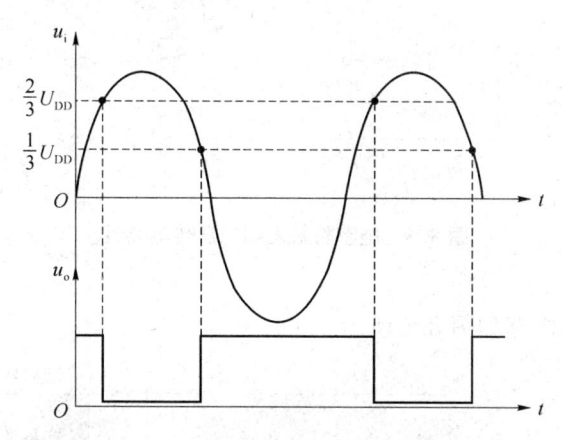

图 8.3 施密特触发器输入输出波形

当 $u_i=0$ 时,因为 $U_{TH}=U_{\overline{TR}}=u_i$,则 $U_{TH}<\frac{2}{3}U_{DD}$、$U_{\overline{TR}}<\frac{1}{3}U_{DD}$,由表 8.1 可知,输出为高电平 1。

当 u_i 由 0 逐渐上升,在区间 $0<u_i<\frac{1}{3}U_{DD}$ 时,则 $U_{TH}<\frac{2}{3}U_{DD}$、$U_{\overline{TR}}<\frac{1}{3}U_{DD}$,输出为高电平 1。

当 u_i 上升到 $\frac{1}{3}U_{DD}<u_i<\frac{2}{3}U_{DD}$ 区间时,则 $U_{TH}<\frac{2}{3}U_{DD}$、$U_{\overline{TR}}>\frac{1}{3}U_{DD}$,输出保持原来状态 1。

当 u_i 上升到 $u_i\geqslant\frac{2}{3}U_{DD}$ 区间时,则 $U_{TH}>\frac{2}{3}U_{DD}$、$U_{\overline{TR}}>\frac{1}{3}U_{DD}$,输出变为低电平 0,此刻对应的 u_i 值($\frac{2}{3}U_{DD}$)称为复位电平或上限阈值电压。

当 u_i 由最大值开始下降处于 $\frac{1}{3}U_{DD}<u_i<\frac{2}{3}U_{DD}$ 区间时,则 $U_{TH}<\frac{2}{3}U_{DD}$、$U_{\overline{TR}}>\frac{1}{3}U_{DD}$,输出保持原来状态 0。

当 u_i 下降到 $u_i\leqslant\frac{1}{3}U_{DD}$ 区间时,则 $U_{TH}<\frac{2}{3}U_{DD}$、$U_{\overline{TR}}<\frac{1}{3}U_{DD}$,输出又变为高电平 1,所以此时对应的 u_i 值($\frac{1}{3}U_{DD}$)称为置位电平或下限阈值电压。

从图 8.3 输入输出波形分析可知,当 u_i 上升时,在上限阈值电压处输出状态翻转,u_i 下降时,在下限阈值电压处输出状态翻转。这二者之差即为回差电压,即

$$\Delta U_{TH}=\frac{2}{3}U_{DD}-\frac{1}{3}U_{DD}=\frac{1}{3}U_{DD}。$$

若控制端 S 外接控制电压 U_S,则

$$\Delta U_{TH}=U_S-\frac{1}{2}U_S=\frac{1}{2}U_S。$$

施密特触发器的电压传输特性曲线如图 8.4 所示。

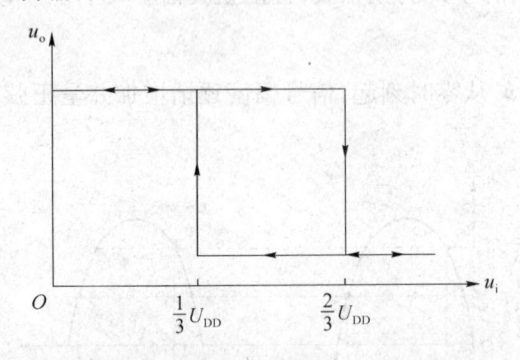

图 8.4 施密特触发器电压传输特性

3. 电路测试

施密特触发器测试电路如图 8.5 所示。

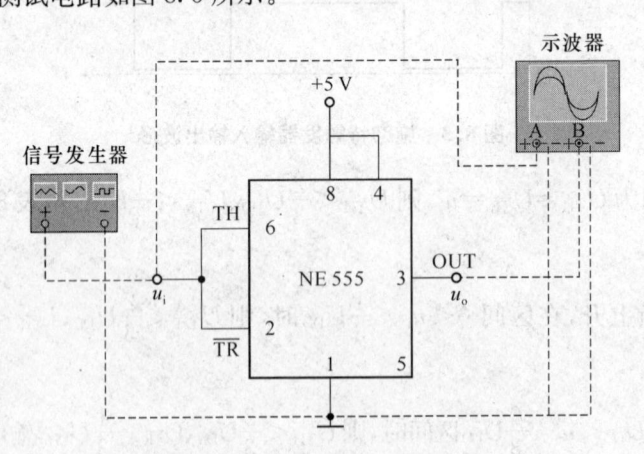

图 8.5 触发器测试电路

测试步骤:
(1) 调节信号发生器,使其输出一频率 $f=1\,\text{kHz}$,峰一峰值为 7 V 的正弦波信号。

(2) 按照图 8.5 连接电路,控制端(5 管脚)悬空,确认接线无误后,接通电源。

(3) 用示波器同时观察输入、输出端波形,并和理论分析结果进行比较。

(4) 保持电路其他连线不变,将控制端(5 管脚)接 U_{DD},观察并分析此时输入、输出波形,与理论分析结果进行比较。

4. 施密特触发器的典型应用

1) 波形变换

根据施密特触发器的特点,可以将非矩形波变换为矩形波输出,如图 8.3 所示。

2) 幅度鉴别

在施密特触发器输入端输入不同幅度的信号,只有当信号达到上限阈值电压时,才能使电路状态发生变化,在输出端产生脉冲信号,如图 8.6 所示。

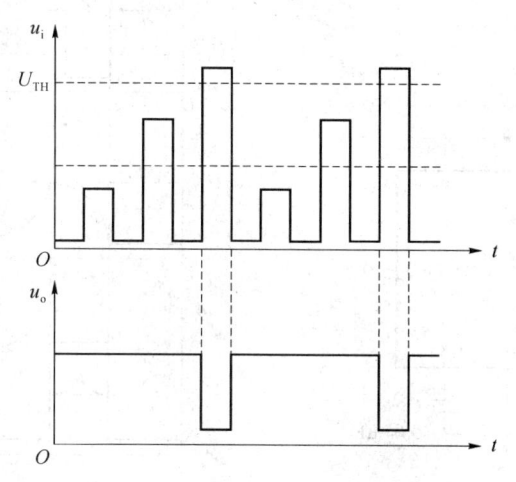

图 8.6 用施密特触发器鉴别幅度

3) 脉冲整形

脉冲信号在传输过程中,如果受到干扰,其波形会产生变形,利用施密特触发器可以将变形的矩形波变为规则的矩形波,如图 8.7 所示。

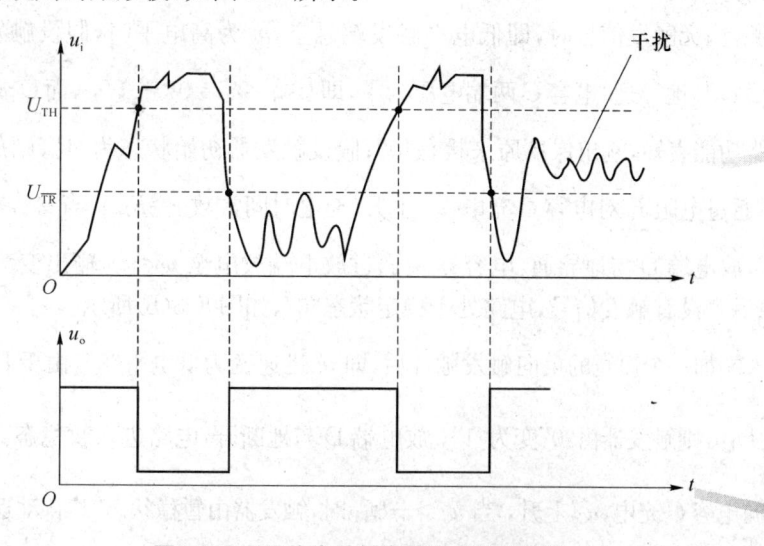

图 8.7 利用施密特触发器进行脉冲整形

8.2.2 单稳态触发器

1. 电路结构

单稳态触发器也有两个状态,一个是稳定状态,另一个是暂稳状态。当无触发脉冲输入时,单稳态触发器处于稳定状态;当有触发脉冲时,单稳态触发器将从稳定状态变为暂稳定状态,暂稳状态在保持一定时间后,能够自动返回到稳定状态。单稳态触发器如图 8.8(a)所示,电路由一个 555 定时器和若干电阻、电容构成。高电平触发端 TH(6 号)和放电端 D(7 号)直接连接,低电平触发端 $\overline{TR}$ 接输入触发信号 u_i,控制端 S 通过电容接地。

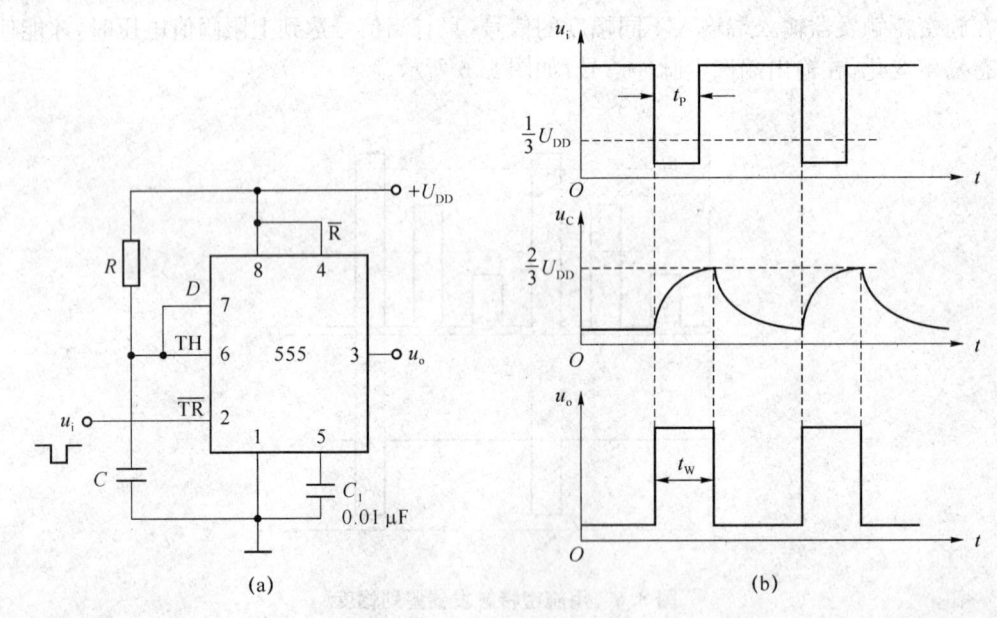

图 8.8 单稳态触发器
(a)电路;(b)输入输出波形

2. 工作原理

接通电源,当无触发信号时,即低电平触发端悬空,u_i 为高电平时,假设触发器初始状态为"0",则放电端 D 与地导通,电容 C 两端电压为零,即 $U_{TH}=u_C=0<\frac{2}{3}U_{DD}$,而 $U_{\overline{TR}}=u_i>\frac{1}{3}U_{DD}$,根据 555 定时器功能表知,输出保持原来状态"0";假设触发器初始状态为"1",则放电端 D 与地断开,直流电源通过电阻 R 对电容 C 充电,u_C 上升(充电时间常数 $\tau=RC$),当 $u_C>\frac{2}{3}U_{DD}$ 时,触发器输出变为"0",放电端 D 与地导通,电容 C 又通过放电端放电至 $u_C\approx0$,输出变为低电平"0"。所以,接通电源后若没有触发信号,电路处于稳定状态"0",如图 8.8(b)所示。

当在输入端加一个短暂的负向触发脉冲后,即 u_i 迅速变为低电平"0",由于 $U_{\overline{TR}}=u_i<\frac{1}{3}U_{DD}$、$U_{TH}=u_C<\frac{2}{3}U_{DD}$,则触发器由"0"变为"1",放电端 D 与地断开,电路进入暂稳态。直流电源+U_{DD} 通过电阻 R 向电容 C 充电,u_C 上升,当 $u_C>\frac{2}{3}U_{DD}$ 时,触发器由暂稳状态"1"自动返回稳定状态"0"。

3. 暂稳状态时间（输出脉冲宽度）

暂稳状态持续的时间又称输出脉冲宽度，是电容 C 在充电时 U_C 从 0 上升到 $\frac{2}{3}U_{DD}$ 时所用的时间，用 t_W 表示，即：

$$t_W \approx 1.1RC$$

4. 单稳态触发器典型应用

1）定时

在图 8.8(a) 所示的单稳态触发器中，改变 RC 的值可以改变输出脉冲宽度 t_W，从而可以进行定时控制，典型定时电路如图 8.9 所示，单稳态触发器与继电器或驱动放大电路配合，可实现自动控制、定时开关的功能。

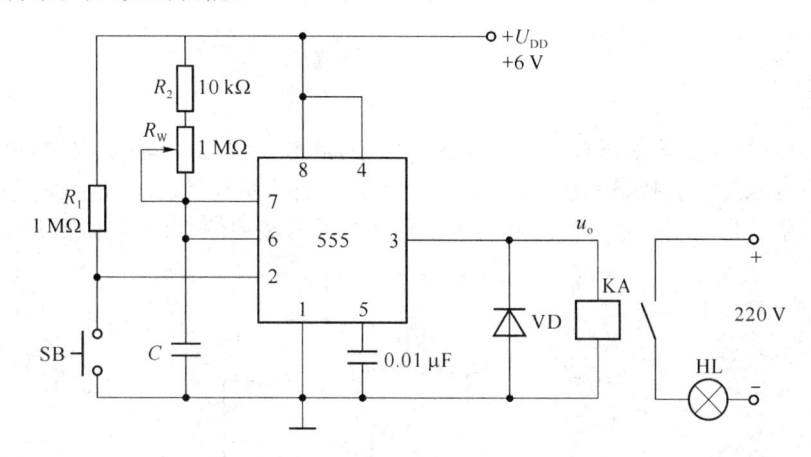

图 8.9　定时电路

当电路接通 +6 V 电源后，经过一段时间进入稳定状态，定时器输出为低电平，继电器 KA（当继电器无电流通过时，常开接点处于断路状态）无电流通过，灯泡 HL 不亮。

当按下按钮 SB 时，相当于输入一个负脉冲触发信号，使电路由稳定状态转入暂稳状态，输出变为高电平，继电器 KA 通过电流，使常开接点闭合，灯泡 HL 发亮；暂稳态持续 t_W 时间后返回稳定状态，即灯泡 HL 保持发亮一定时间后会自动熄灭。改变电路中的电阻 R_W 或电容 C，即可改变灯亮持续的时间。

2）延时

典型延时电路如图 8.10 所示，与定时电路相比，其区别主要是电阻和电容连接的位置不同。当开关 SA 闭合时，直流电源接通，555 定时器开始工作，若电容初始电压为零，因电容两端电压不能突变，而 $U_{DD}=u_C+U_R$，所以 $U_{TH}=U_{TR}=U_R=U_{DD}-u_C>\frac{2}{3}U_{DD}$，触发器输出为低电平，继电器常开接点保持断开，同时电源开始向电容充电，电容两端电压不断上升，而电阻两端电压对应下降，当 $u_C \geqslant \frac{2}{3}U_{DD}$，即 $U_{TH}=U_{TR}=U_R \leqslant \frac{1}{3}U_{DD}$ 时，触发器输出变为高电平，继电器常开接点闭合，从开关 SA 按下到继电器 KA 闭合相距的这段时间称为延时时间，延时时间长短主要是由电路中的 R 和 C 值决定的。

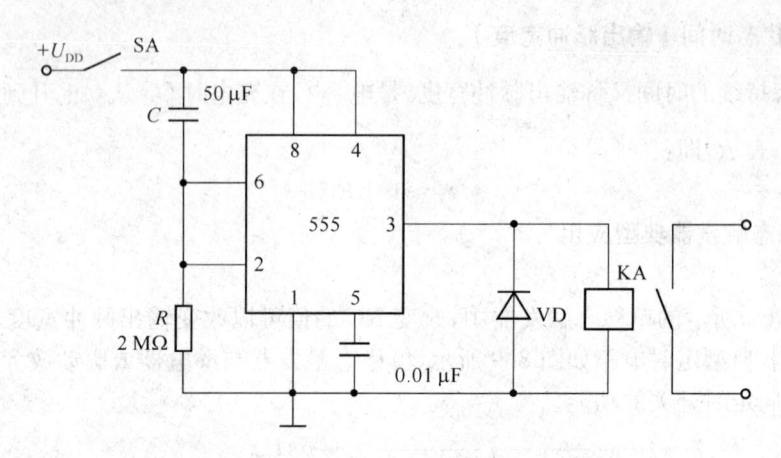

图 8.10 延时电路

3) 分频

当一个触发脉冲使单稳态触发器进入暂稳状态,此脉冲以后时间 t_W 内,如果再输入其他触发脉冲,则对触发器的状态不起作用;只有当触发器处于稳定状态时,输入的触发脉冲才起作用,分频电路正是利用这个特性将高频率信号变换为低频率信号,电路如图 8.11 所示。

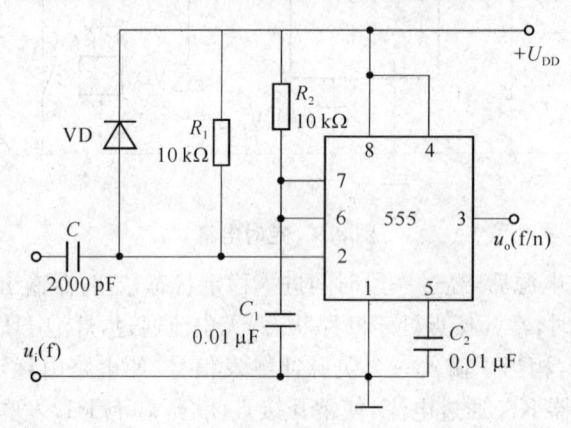

图 8.11 分频电路

8.2.3 多谐振荡器及其测试

多谐振荡器的功能是产生一定频率和一定幅度的矩形波信号,其输出状态不断在"1"和"0"之间变换,所以它又称为无稳态电路。

1. 由 555 定时器构成的多谐振荡器

1) 电路结构

由 555 定时器构成的多谐振荡器如图 8.12(a)所示,高电平触发端 TH 和低电平触发端 $\overline{TR}$ 直接连接,无外部信号输入。

2) 工作原理

当电源接通后,假定电容初始电压为零,则 $U_{TH}=U_{\overline{TR}}=u_C<\frac{1}{3}U_{DD}$,输出为高电平"1",此时放电端 D 与地断开,直流电源通过电阻 R_1、R_2 向电容充电,u_C 开始上升;

当 u_C 上升到 $u_C \geqslant \frac{2}{3}U_{DD}$ 时,$U_{TH}=U_{\overline{TR}} \geqslant \frac{2}{3}U_{DD}$,输出会变为低电平"0",同时电容 C 通过

放电端开始放电，u_C 开始下降；

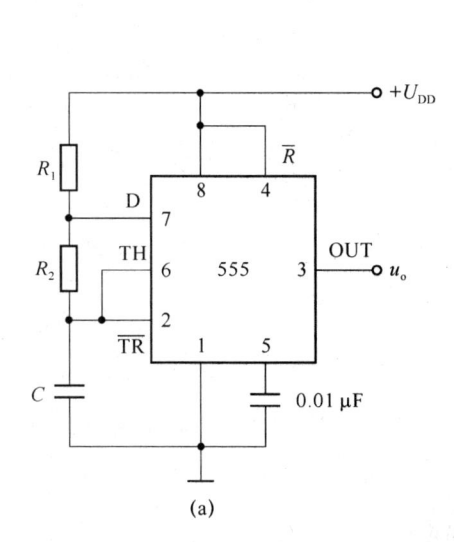

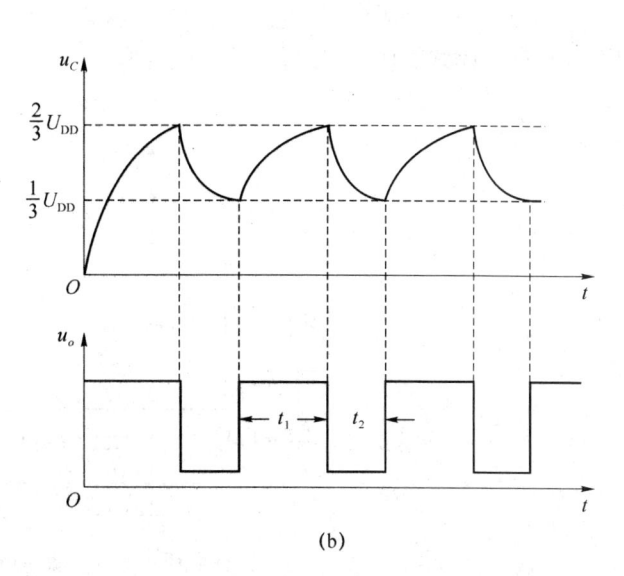

图 8.12 多谐振荡器
(a)电路；(b)输入输出波形

当 u_C 下降到 $u_C < \frac{1}{3}U_{DD}$，输出又跳到高电平"1"，电容 C 又开始充电。如此周而复始，便形成了多谐振荡器，输出波形如图 8.12(b)所示。

3) 振荡周期

根据以上分析可知，多谐振荡器输出脉冲周期 $T=t_1+t_2$，如图 8.12(b)中所示。其中电容 C 充电时间 t_1 为

$$t_1 \approx 0.7(R_1+R_2)C$$

电容放电时间 t_2 为

$$t_2 \approx 0.7R_2C$$

因而有

$$T=t_1+t_2 \approx 0.7(R_1+2R_2)C$$

输出脉冲的占空比为

$$q=\frac{t_1}{t_1+t_2}=\frac{R_1+R_2}{R_1+2R_2}$$

由此可见，可以通过改变电阻 R_1、R_2 和电容 C 的参数，调整输出脉冲的频率和占空比。

4) 多谐振荡器测试

多谐振荡器测试电路如图 8.13 所示。

测试步骤：

(1) 按照图 8.13 连接电路，检查无误后接通电源。

(2) 用示波器同时观察电容 C 两端及输出端波形，并和理论分析波形[图 8.12(b)所示]进行比较。

(3) 用示波器测量输出矩形波的频率 f，并和理论计算值比较，分析误差产生的原因。

理论计算：
$$f=\frac{1}{0.7(3+6)\text{k}\Omega \times 0.1\,\mu\text{F}} \approx 1.6\text{ kHz}$$

(4) 改变 R_2 的阻值,使 $R_2=10$ kΩ,用示波器观察输出波形的变换,并测量输出波形的频率 f,与理论计算值比较,分析误差产生的原因。

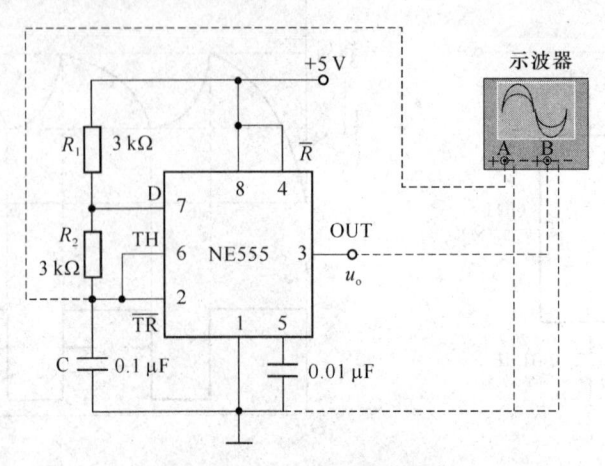

图 8.13 多谐振荡器测试电路

理论计算: $$f=\frac{1}{0.7(3+20)\text{k}\Omega\times0.1\ \mu\text{F}}\approx620\text{ Hz}$$

2. 石英晶体振荡器

由 555 定时器构成的多谐振荡器,其输出信号的振荡频率易受温度、电源电压等外界条件的影响,频率稳定性较差,不适用对频率稳定性要求较高的场合,如计算机中的时钟脉冲、石英电子钟、数字测量仪器仪表等等,为了得到频率稳定性很高的脉冲信号,可采用由石英晶体构成的振荡电路,由石英晶体构成的典型振荡电路如图 8.14 所示。

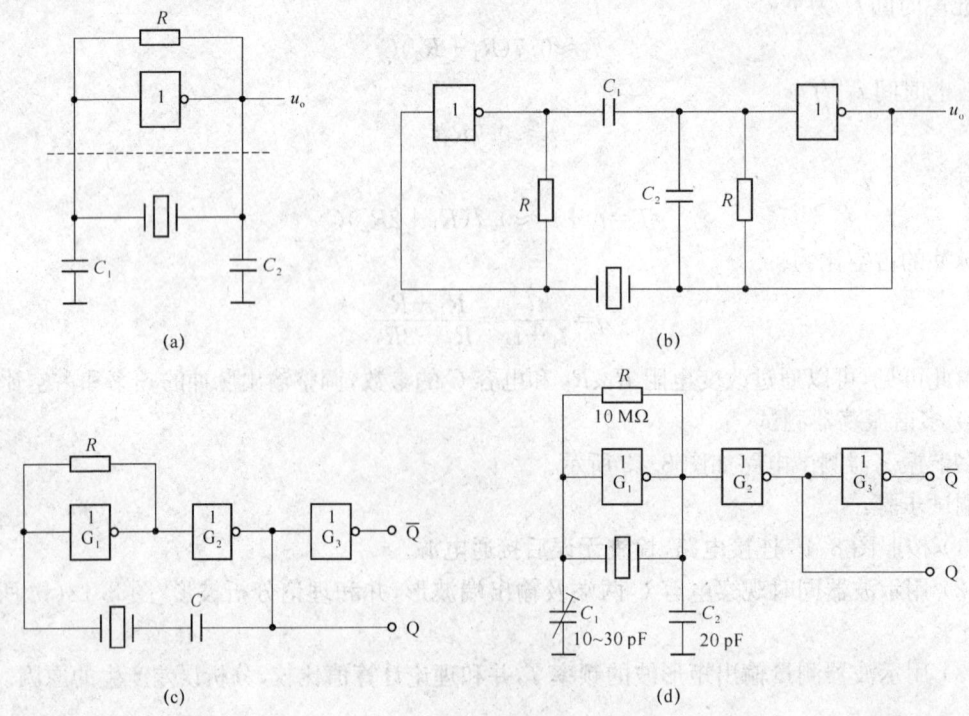

图 8.14 石英晶体典型振荡电路

图 8.14(a)中的 R 主要起到偏置作用,用来使非门工作在线性放大区,对于 TTL 非门,其阻值通常取在 0.7 kΩ 到 2 kΩ 之间,而对于 CMOS 非门则常取在 10 MΩ 到 100 MΩ 之间。石英晶体等效于一个电感器,与电容 C_1 和 C_2 一起构成区弦波振荡电路,其输出信号的频率稳定,但信号波形并不理想,需要将图中的 u_o 再通过一个非门,才能得到理想的矩形波信号。

图 8.14(b)中,偏置电阻 R 与非门并联,作用是使对应的非门工作在线性放大区,电容 C_1 用于两个非门之间的耦合,C_1 取值应使其在通过频率为 f_0 信号时的容抗可忽略不计;而 C_2 的作用则是抑制高次谐波,以保证稳定的频率输出,C_2 取值应满足条件 $2\pi RC_2 f_0 \approx 1$。

图 8.14(c)所示的石英晶体振荡电路类似于 RC 振荡器。

图 8.14(d)所示的晶振电路的输出信号频率可以进行微调,石英晶体与电容 C_1 和 C_2 一起构成 π 型单元电路,当改变 C_1 的容值大小时,会使石英晶体的电抗频率特性在 X 轴方向出现平移,从而达到微调 f_0 的目的。

8.2.4　集成定时器的应用及测试

1. 目的

集成定时器的应用与测试的目的,就是让学习者掌握集成定时器的功能及使用方法,学会用集成定时器组成实用电路,学会集成定时器及其应用电路的测试。

2. 内容

设计一个输出频率为 1 kHz 的矩形波发生器,用集成定时器及相关元器件实现。

3. 要求

参考多谐振荡器的组成及工作原理,设计出符合功能要求的电路,选择集成定时器及相应的元器件画出测试电路,并进行功能测试,写出测试报告。

本 章 小 结

1. 集成定时器是一种中规模数字、模拟混合集成电路,该电路功能强大,使用方便灵活,在工业控制、电子检测、仪器仪表、家用电器、电子玩具等方面广泛应用。

2. 集成定时器按照内部元件分:有 TTL 型(又称双极型)和 CMOS 型(又称单极型)两种。TTL 型内部采用的是晶体管,CMOS 型内部采用的则是场效应管。

3. 555 定时器主要由分压器、比较器、触发器和开关及输出等四部分组成,基本应用形式有三种:施密特触发器、单稳态触发器和多谐振荡器。

4. 施密特触发器具有电压滞回特性,所以具有较强的抗干扰能力。可用来实现波形变换、幅度鉴别和脉冲的整形。

5. 单稳态触发器也有两个状态,一个是稳定状态,另一个是暂稳态。当无触发脉冲输入时,单稳态触发器处于稳定状态;当有触发脉冲时,单稳态触发器将从稳定状态变为暂稳定状态,暂稳状态在保持一定时间后,能够自动返回到稳定状态。

6. 多谐振荡器又称无稳态电路。在状态的变换时,触发信号不需要由外部输入,而是由其电路中的 RC 电路提供,状态的持续时间也由 RC 电路决定。

目 标 测 试

一、填空题

1. 国产 5G555 定时器内部电路一般由_____、_____、_____和_____四部分组成。

2. 在由 555 定时器构成的应用电路中,若控制端 S 悬空或通过电容接地,则定时器参考电压为_____和_____;若控制端 S 外加控制电压 U_S,则参考电压为_____和_____。

3. 555 定时器的应用非常广泛,主要有三种基本电路形式:_____、_____和_____。

4. 单稳态触发器也有两个状态,一个是_____状态,另一个是_____状态,当无触发脉冲输入时,单稳态触发器处于_____状态;当有触发脉冲时,单稳态触发器将进入_____状态。

5. 由石英晶体组成的振荡电路其振荡频率主要取决于_____,而与外接的电阻、电容无关。

二、分析计算题

1. 已知施密特触发器的电源电压 $U_{DD}=18\text{ V}$,输入波形如题 8.1 图所示。若定时器控制端 S 通过电容接地,试画出施密特触发器对应的输出波形;如果定时器控制端 S 外接控制电压 $U_S=16\text{ V}$,试画出施密特触发器对应的输出波形。

2. 单稳态触发器如图 8.8(a)所示,图中 $R=20\text{ k}\Omega$,$C=0.5\text{ }\mu\text{F}$。计算触发器的暂稳态持续时间。

3. 某改进以后的占空比可调的多谐振荡器如题 8.2 图所示。

(1) 分析电路工作原理,并和图 8.12(a)进行比较。

(2) 分析该振荡器的振荡频率和占空比计算公式。

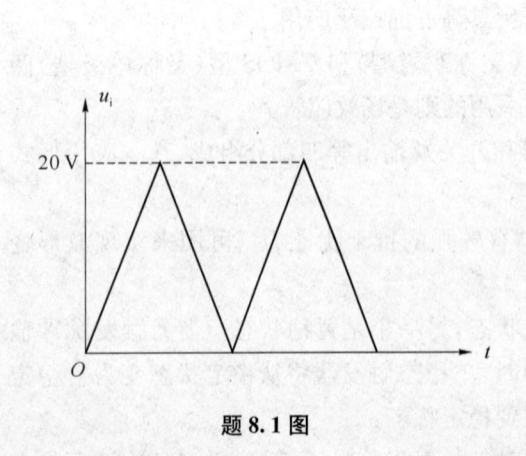

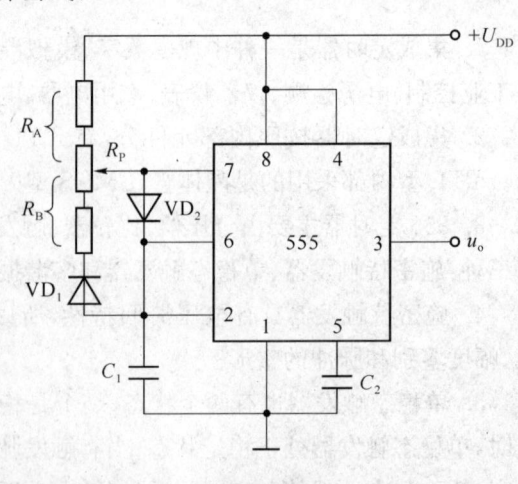

题 8.1 图

题 8.2 图

第 9 章

数/模和模/数转换器及其应用

知识目标:了解数/模转换器和模/数转换器的工作原理,熟悉数/模转换器和模/数转换器的技术指标,掌握数/模转换器和模/数转换器的电路结构。

技能目标:掌握数/模转换器和模/数转换器的应用,掌握数/模转换器和模/数转换器的电路仿真。

9.1 数/模转换器

随着数字电子技术的迅速发展,尤其是计算机在自动控制、自动检测以及许多其他领域中的广泛应用,用数字电路处理模拟信号的情况也就更加普遍,这就涉及数字信号与模拟信号之间的相互转换。

将数字信号转换为模拟信号的过程称为数/模转换,又称 D/A(Digital to Analog)转换,而实现 D/A 转换的电路称为 D/A 转换器,简称为 DAC(Digital-Analog Converter)。

9.1.1 数/模转换器的结构

数/模转换器的结构如图 9.1 所示。从图 9.1 中可知,数/模转换器由数码寄存器、模拟电子开关、解码网络、求和电路及参考电压等部分组成。在进行数/模转换时,先将数字量存储在数码寄存器中,寄存器输出的数码驱动对应位置的模拟电子开关,使解码网络获得相应数位的权值,再送入到求和电路中,将各位的权值相加,从而得到与输入数字量对应的模拟量。

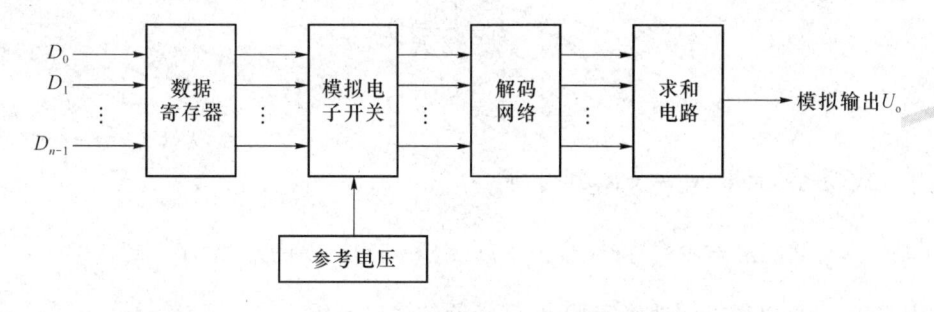

图 9.1 数/模转换器的结构框图

9.1.2 数/模转换器的分类

实现数/模转换的电路有很多,常见的电路有权电阻网络 DAC、T 型电阻网络 DAC、倒 T 型电阻网络 DAC 等。

1. 权电阻网络 DAC

图 9.2 所示是四位权电阻网络 DAC 的原理图，它由权电阻网络、模拟电子开关和求和放大器组成。

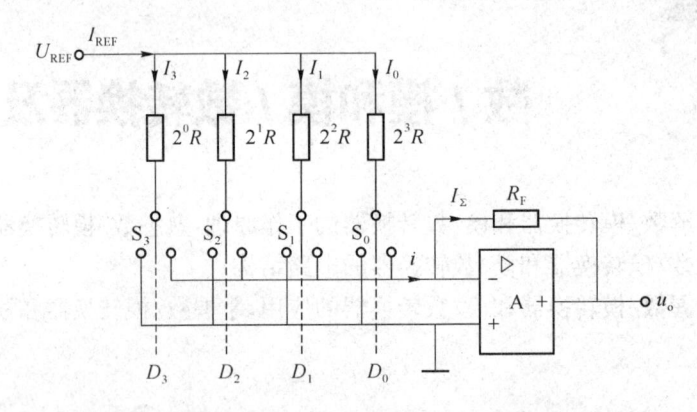

图 9.2 四位权电阻网络 DAC 原理图

权电阻网络中每一个电阻的阻值与其对应的位权成反比。S_3、S_2、S_1 和 S_0 的状态分别受到输入代码 D_3、D_2、D_1 和 D_0 的取值控制，代码为 1 时开关接到参考电压 U_{REF} 上，代码为 0 时开关接地。即当 $D_i=1$ 时，有支路电流 I_i 流向求和放大器；$D_i=0$ 时支路电流为 0。

由于运算放大器的虚短作用，权电阻网络的负载电阻可视为 0（虚地）。根据反相加法器输入信号和输出信号的关系式可得：

$$u_o = -I_\Sigma R_F \\ = -R_F(I_3 + I_2 + I_1 + I_0) \tag{9-1}$$

由于"虚地"，$U_- \approx 0$，因而各支路电流分别为

$$I_3 = \frac{U_{REF}}{2^0 R} D_3$$

$$I_2 = \frac{U_{REF}}{2^1 R} D_2$$

$$I_1 = \frac{U_{REF}}{2^2 R} D_1$$

$$I_0 = \frac{U_{REF}}{2^3 R} D_0$$

将它们代入式(9-1)，且取 $R_F = \frac{1}{2}R$，则得到

$$u_o = -\frac{U_{REF}}{2^4}(D_3 \times 2^3 + D_2 \times 2^2 + D_1 \times 2^1 + D_0 \times 2^0) \tag{9-2}$$

利用式(9-2)可以很方便地确定 D/A 转换器的输出电压。

对于 n 位的权电阻网络 D/A 转换器，当反馈电阻取为 $\frac{1}{2}R$ 时，输出电压的计算公式为

$$u_o = -\frac{U_{REF}}{2^n}(D_{n-1} \times 2^{n-1} + D_{n-2} \times 2^{n-2} + \cdots + D_1 \times 2^1 + D_0 \times 2^0) \tag{9-3}$$

式(9-3)表明，输出的模拟电压正比于输入的数字量，从而实现了从数字量到模拟量的转换。

权电阻网络 DAC 结构简单,所用电阻元件数很少,但各电阻阻值相差较大。当输入信号的位数较多时,这个问题就更加突出。当输入信号为 n 位二进制数,权电阻网络中最小的电阻为 R,最大的电阻为 $2^{n-1}R$ 时,两者相差 n-1 倍,大阻值的电阻除工作不稳定外,还不利于电路的集成。

2. T 型电阻网络 DAC

四位 T 型电阻网络 DAC 的原理图如图 9.3 所示。电路由 R-2R 电阻网络、模拟电子开关和求和放大电路组成,因为 R 和 2R 组成 T 型,故称为 T 型电阻网络 DAC。图中电阻网络中只有 R 和 2R 两种电阻值,显然克服了权电阻网络 DAC 存在的缺点。

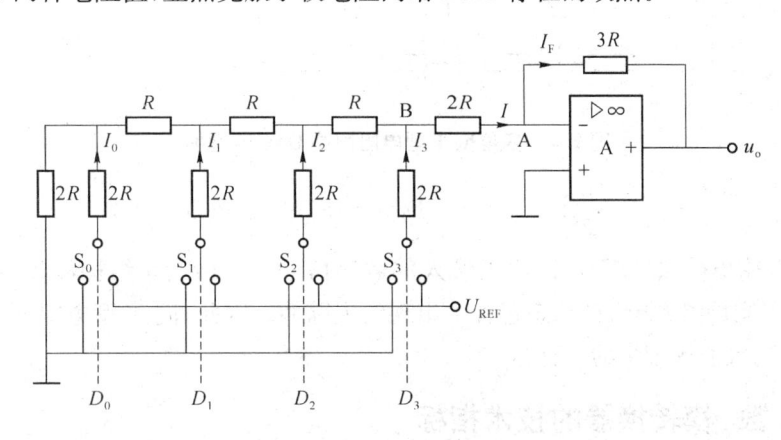

图 9.3 四位 T 型电阻网络 DAC 原理图

在图 9.3 中,D_3、D_2、D_1、D_0 是输入数字量,U_{REF} 为参考电压,$S_0 \sim S_3$ 为电子模拟开关。当 $D_3 = 1$ 时,S_3 接到 U_{REF};当 $D_3 = 0$ 时,S_3 接地。若 $D_3D_2D_1D_0 = 1000$ 时,AB 端所提供的电压将为 $\frac{U_{REF}}{2^1}$,从 AB 端向左看进去的内阻都是 R。依此类推,当 $D_3D_2D_1D_0 = 0100$、0010 和 0001 时,根据叠加原理将这些电压分量进行叠加,经运算放大器后,输出模拟电压为

$$u_o = -\frac{U_{REF}}{2^4}(D_3 \times 2^3 + D_2 \times 2^2 + D_1 \times 2^1 + D_0 \times 2^0) \tag{9-4}$$

由式(9-4)看出:模拟电压 u_o 与输入的数字信号成正比,实现了数字量到模拟量的转换。此电路结构简单,速度高,电阻网络由 R 和 2R 两种阻值的电阻构成,故精度较高。但是在动态过程中,输出端有可能产生相当大的尖峰脉冲,即输出的模拟电压的瞬时值有可能比稳态值大很多,引起较大的动态误差。

3. 倒 T 型电阻网络 DAC

为了避免动态过程中的尖峰脉冲的出现,并进一步提高转换速度,通常采取倒 T 型电阻网络 DAC 的电路来实现转换,如图 9.4 所示。

由图 9.4 可知,倒 T 型电阻网络 DAC 主要由电子模拟开关 $S_0 \sim S_3$、R-2R 倒 T 型电阻网络、参考电压 U_{REF} 和求和放大器等组成。模拟开关接到运算放大器的反相输入端(虚地),不论输入的数字信号是 1 还是 0,各支路的电流是不变的。从参考电压端输入的电流为 $I_{REF} = \frac{U_{REF}}{R}$,每经过一个 2R 电阻,电流就被分流一半,所以从输入数字信号的高位到低位,流过 4 个

2R 电阻的电流分别是 $I_3=\dfrac{I}{2}$、$I_2=\dfrac{I}{2^2}$、$I_1=\dfrac{I}{2^3}$、$I_0=\dfrac{I}{2^4}$，运算放大器输出的模拟电压为

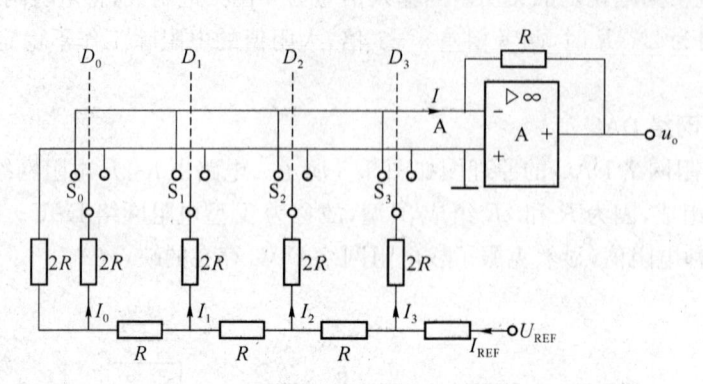

图 9.4　四位倒 T 型电阻网络 DAC 原理图

$$u_o=-\frac{U_{REF}}{2^4}(D_3\times 2^3+D_2\times 2^2+D_1\times 2^1+D_0\times 2^0) \tag{9-5}$$

由此可见，输出模拟电压 u_o 正比于输入的数字信号。这种电路结构简单，速度高，精度高，且无 T 型电阻网络 DAC 在动态过程中出现的尖脉冲。因此，倒 T 型电阻网络 DAC 是目前转换速度较高且使用较多的一种。

9.1.3　数/模转换器的技术指标

1. 分辨率

DAC 的分辨率可以用最小输出电压 U_{min}（对应的输入数字量仅最低位为 1）与最大输出电压 U_{max}（对应的输入数字量各有效位全为 1）之比来表示

$$\text{分辨率}=\frac{U_{min}}{U_{max}}=\frac{-\dfrac{U_{REF}}{2^n}\cdot 1}{-\dfrac{U_{REF}}{2^n}\cdot(2^n-1)}=\frac{1}{2^n-1} \tag{9-6}$$

式中，n 表示输入数字量的位数。可见，n 越大，分辨率越小，分辨能力越高。

2. 转换精度

转换精度是指实际输出模拟电压值与理论输出模拟电压值之差。显然，这个差值越小，电路的转换精度越高。

3. 建立时间

建立时间是指从输入数字信号开始到输出模拟电压或电流达到稳定值时所用的时间，建立时间决定转换速度。

9.1.4　数/模转换器的应用及仿真

1. 集成芯片举例

DAC0832 是常用的集成 DAC，采用 CMOS 工艺，双列直插式单片八位 DAC，其管脚排列图如图 9.5 所示。

DAC0832 由八位输入寄存器、八位 DAC 寄存器和八位 D/A 转换器三大部分组成。采用的是倒 T 型 $R\text{-}2R$ 电阻网络，无运算放大器，电流输出，使用时须外接运算放大器。芯片中已

经设置了 R_{FB},只要将管脚 9 接到运算放大器输出端即可。但若运算放大器增益不够,还须外接反馈电阻。

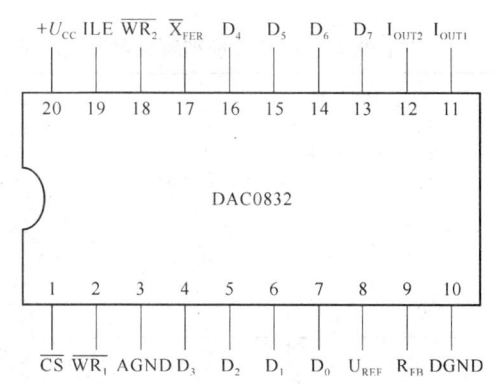

图 9.5　DAC0832 管脚排列图

DAC0832 芯片各管脚的名称和功能说明如下:

$\overline{\text{CS}}$:片选信号,输入低电平有效。

ILE:输入锁存选通信号,输入高电平有效。

$\overline{\text{WR}}_1$:输入数据选通信号,输入低电平有效。

$\overline{\text{WR}}_2$:数据传送选通信号,输入低电平有效。

$\overline{\text{X}}_{\text{FER}}$:数据传送控制信号,输入低电平有效。

$D_0 \sim D_7$:八位输入数据信号。

I_{OUT1}、I_{OUT2}:DAC 电流输出端。此输出信号一般作为运算放大器的一个差分输入信号。

U_{REF}:参考电压输入。一般 U_{REF} 可在 -10 V 到 $+10$ V 范围内选择。

U_{CC}:数字部分的电源输入端。U_{CC} 可在 $+5$ V 到 $+15$ V 范围内选取。

DGND:数字电路地。

AGND:模拟电路地。

2. 应用

按图 9.6 接线。先将输入端置 0,并调节运算放大器的调零电位器,使输出电压 u_o。

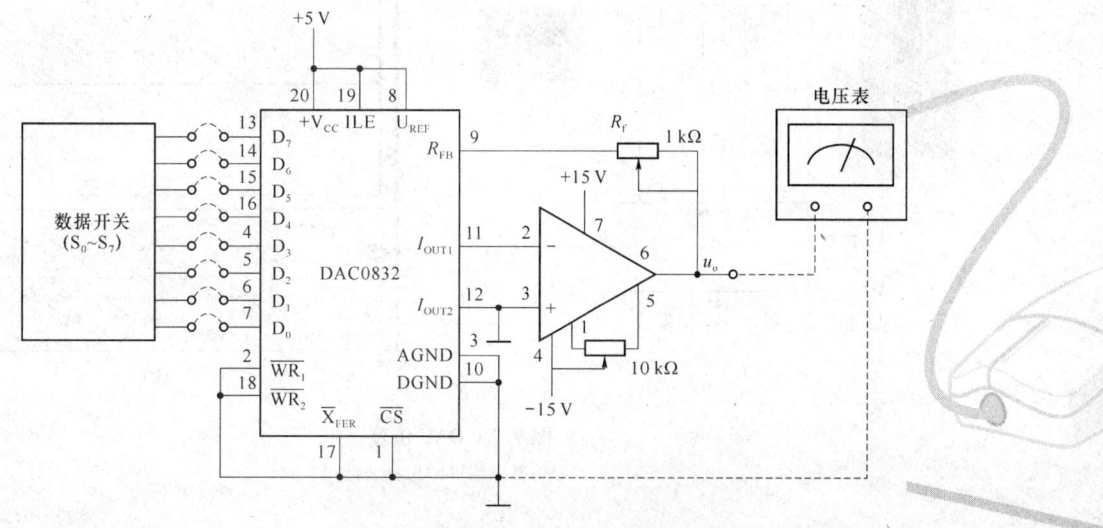

图 9.6　DAC0832 连线图

为0,即完成调零。然后,从输入端最低位起,逐位置1,测量输出模拟电压 u_o,并完成表9.1。

表9.1 数/模转换结果对照表

输入数字量								输出值	
D_7	D_6	D_5	D_4	D_3	D_2	D_1	D_0	实际值	理论值
0	0	0	0	0	0	0	0		
0	0	0	0	0	0	0	1		
0	0	0	0	0	0	1	1		
0	0	0	0	0	1	1	1		
0	0	0	0	1	1	1	1		
0	0	0	1	1	1	1	1		
0	0	1	1	1	1	1	1		
0	1	1	1	1	1	1	1		
1	1	1	1	1	1	1	1		

3. 仿真

图9.7(a)为八位DAC的仿真电路,字发生器(XWG1)被设置为十六进制加法计数器,对内部时钟的上升沿计数,其输出从0000依次变化到1111。计数器的输出又被作为一个八位DAC的输入,DAC的输出由虚拟示波器XSC1测量并显示,如图9.7(b)所示。

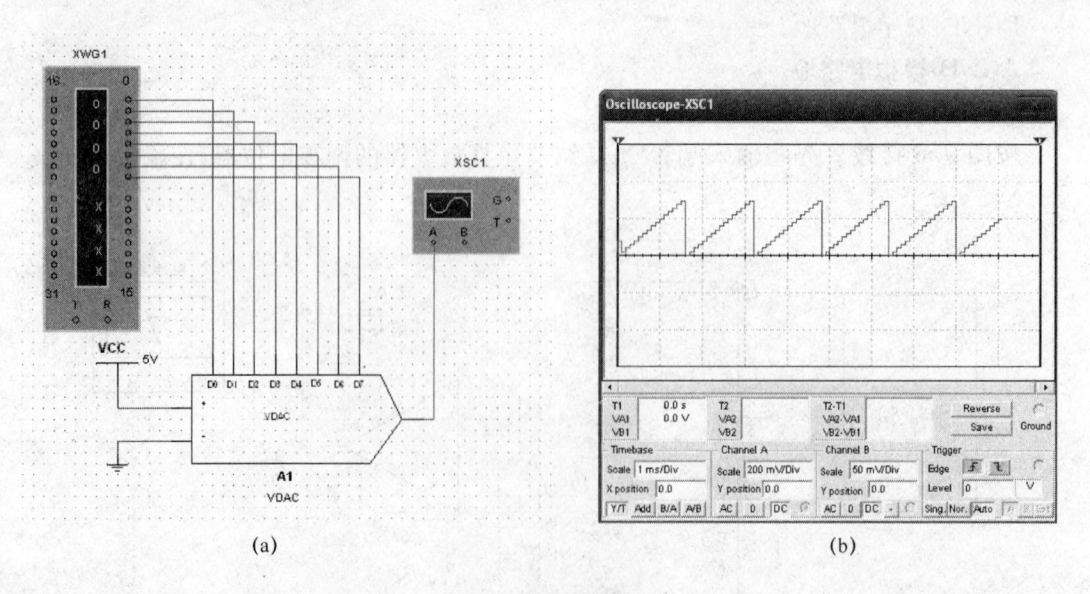

图9.7 DAC仿真

(a)仿真电路;(b)仿真波形

9.2 模/数转换器

将模拟信号转换为数字信号的过程称为模/数转换,又称 A/D(Analog to Digital)转换,而实现 A/D 转换的电路称为 A/D 转换器,简写为 ADC(Analog-Digital Converter)。

9.2.1 模/数转换的原理

在模/数转换过程中,因为输入的模拟信号在时间上是连续的,而输出的数字信号是离散的,所以转换只能在一系列选定的瞬间对输入的模拟信号进行取样,然后再将这些取样值转换成输出的数字量。

模/数转换一般要经过"取样""保持""量化"和"编码"几个步骤,如图 9.8 所示。模拟电子开关 S 在取样脉冲 CP$_S$ 的控制下重复闭合、断开的过程。S 接通时,u_i 对电容 C 充电,电路处于取样阶段;S 断开时,电容 C 两端保持充电时的最终电压值不变,电路处于保持阶段。

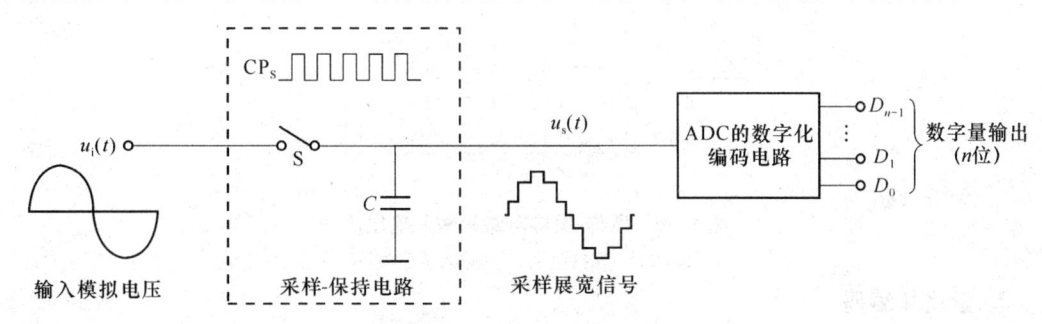

图 9.8 模/数转换的原理

1. 取样和保持

取样(也称采样)是将时间上连续变化的模拟信号转换为时间上离散的模拟信号,其过程如图 9.9 所示,图中,u_i 为输入的模拟信号,CP 为取样信号,u_o 为取样后的输出信号。

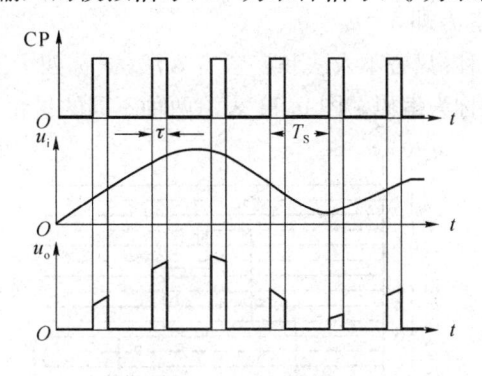

图 9.9 取样过程

为了保证能从取样信号中恢复出原来的被取样信号,取样频率 f_S 必须满足

$$f_S \geqslant 2f_{\max} \tag{9-7}$$

其中,f_S 为取样频率,$f_{\max}$ 为输入信号 u_i 的上限频率。

由于每次把取样得到的电压值转换成数字量都得经过一段时间 τ,所以需要在时间 τ 内保持取样值不变,即要求利用保持电路存储取样值。

实际的取样-保持过程是可以用一个电路连续完成的。图 9.10(a)就是一个常见的取样-保持电路,它由取样开关、保持电容和缓冲放大器组成。输出电压 $u_o(t)$ 波形如图 9.10(b)所示。

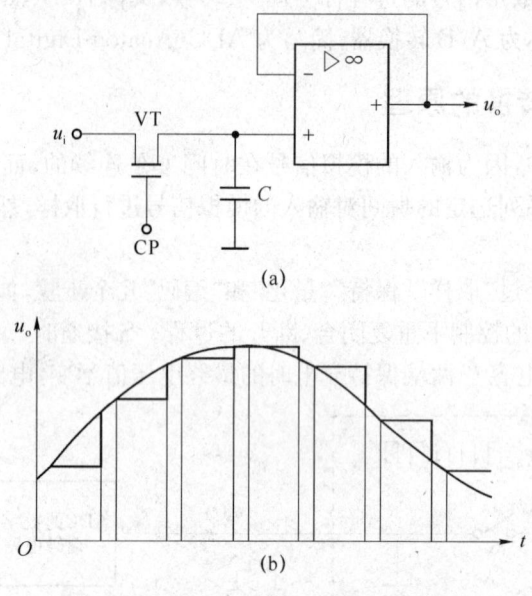

图 9.10 取样-保持电路和输入输出波形
(a) 取样-保持电路;(b) 输入输出波形

2. 量化和编码

输入的模拟信号经取样-保持后,得到的是阶梯形模拟信号。阶梯幅度的变化也将会有无限个数值,很难用数字量表示出来,因此必须将阶梯形模拟信号的幅度等分成 n 级,每级规定一个基准电平值,然后将阶梯电平分别归并到最邻近的基准电平上。这种分级归并、近似取整的过程称为量化,量化中的基准电平称为量化电平,取样保持后未量化的电平 u_o 值与量化电平 u_q 值之差称为量化误差 δ,即 $\delta = u_o - u_q$。

量化的方法一般有两种:只舍不入法和有舍有入法(或称四舍五入法)。用二进制数码来表示各个量化电平的过程称为编码。图 9.11 表示两种不同的量化编码方法。

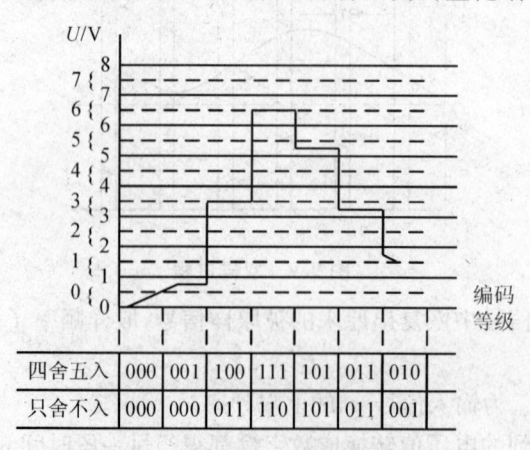

图 9.11 两种量化编码方法的比较

9.2.2 模/数转换器的分类

1. 并行比较型 ADC

并行比较型 ADC,由电阻分压器、电压比较器(集成运算放大器)和编码器构成。分压器用于确定量化电平,比较器用于确定模拟取样电平的量化并产生数字量输出,编码器用于对比较器的输出进行编码并输出二进制代码。如图 9.12 所示是三位并行比较型 ADC,图中未画出取样-保持电路,输入电压 u_i 为取样-保持电路的输出电压。

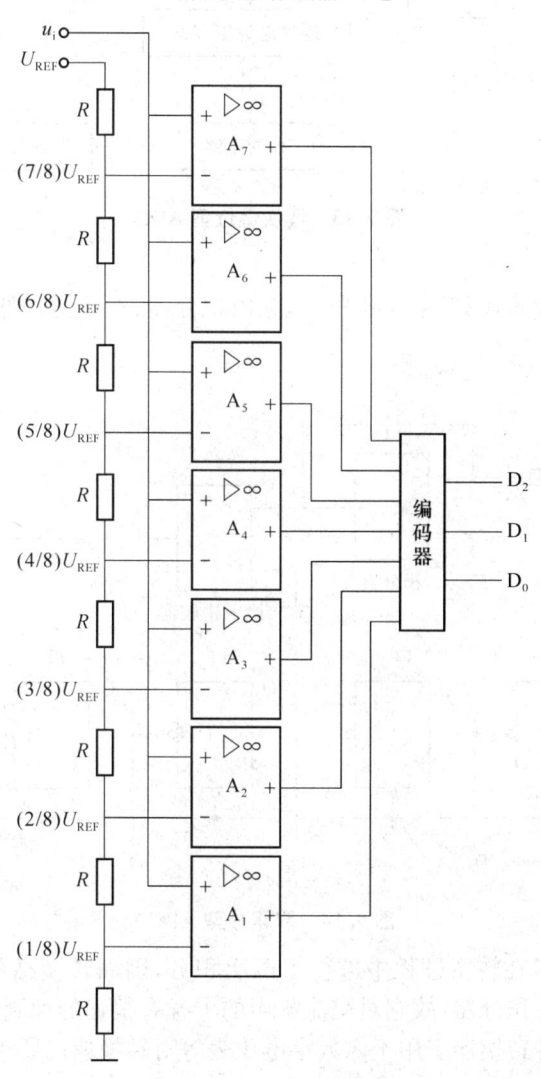

图 9.12 并行比较型 ADC

并行比较型 ADC 转换速度快,但使用的电压比较器数目比较多。输出为 n 位代码的转换器所需要比较器的个数为 2^n-1 个。由于它的电路复杂,所用比较器和触发器数量多,所以这种类型的 ADC 成本高,多用于转换速度要求很高的场合。

2. 逐次逼近型 ADC

逐次逼近型 ADC 的结构框图如图 9.13 所示,它包括四个部分:比较器、DAC、逐次逼近寄存器和控制逻辑电路。

一个 n 位逐次逼近型 ADC 完成一次转换要进行 n 次比较，所以该电路的转换速度比并行比较型 ADC 要慢，属于中速 ADC。不过逐次逼近型 ADC 电路简单、成本较低、精确度高、易于集成，所以在十六位以下的 ADC 中使用较多。

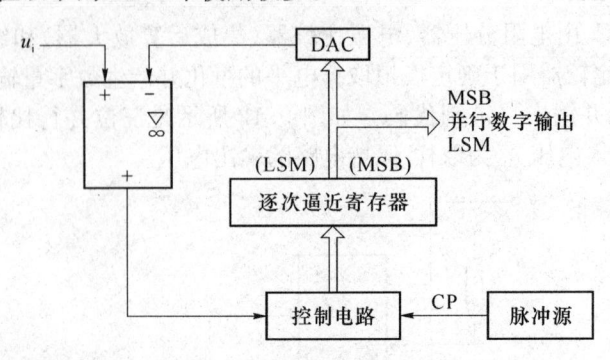

图 9.13　逐次逼近型 ADC

3. 双积分型 ADC

双积分型 ADC 的原理图如图 9.14 所示，它由积分器、检零比较器、时钟控制门和计数器等部分组成。

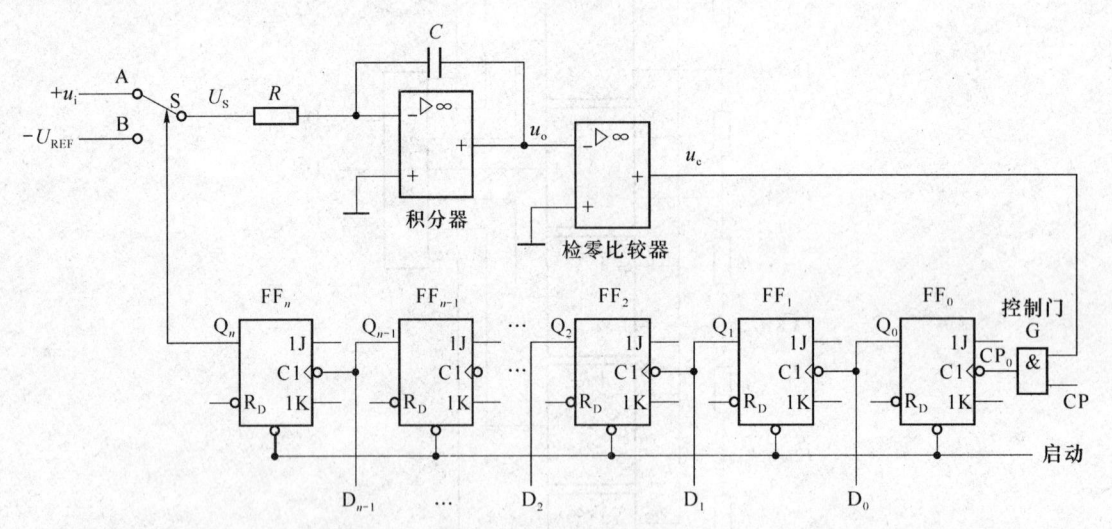

图 9.14　双积分型 ADC

由于双积分型 ADC 在转换过程中进行了两次积分，因而转换结果不受积分时间常数的影响，且在输入端使用了积分器，故它对交流噪声的干扰有很强的抑制能力。它的不足之处是工作速度较低，因此这种转换器多用于像数字电压表等对转换速度要求不高的场合。

9.2.3　模/数转换器的技术指标

1. 分辨率

ADC 的分辨率说明 A/D 转换器对输入模拟信号的分辨能力。

$$分辨率 = \frac{1}{2^n} FSR \tag{9-8}$$

式中，FSR 是输入的满量程模拟电压。

2. 转换速度

转换速度是指完成一次 A/D 转换所需的时间,转换时间是从接到控制信号开始,到输出端得到稳定的数字信号所经历的时间。转换时间越短,说明转换速度越快。双积分型 ADC 的转换速度最慢,逐次逼近型 ADC 的转换速度较快,并行比较型 ADC 的转换速度最快。

3. 相对精度

相对精度又称相对误差,是指 ADC 实际输出的数字量与理论输出的数字量之间的差值,一般用最低有效位的倍数来表示。

9.2.4 模/数转换器的应用及仿真

1. 集成芯片举例

ADC0809 是采用 CMOS 工艺制成的八位八通道单片 A/D 转换器,采用逐次逼近型 ADC,适用于分辨率较高而转换速度适中的场合,其管脚排列图如图 9.15 所示。

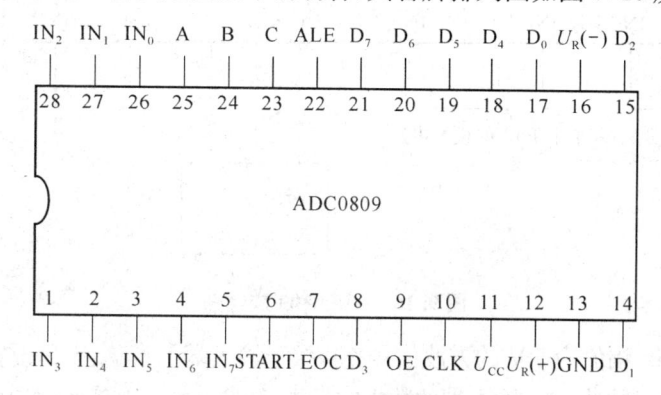

图 9.15 ADC0809 管脚排列图

ADC0809 芯片各管脚的名称和功能如下:

$IN_0 \sim IN_7$:八路单端模拟输入电压的输入端。

$U_R(+)$、$U_R(-)$:基准电压的正极和负极输入端。由此输入基准电压,其中心点应在 $U_{CC}/2$ 附近,偏差不应超过 $\pm 0.1\,V$。

START:启动脉冲信号输入端。当需启动 A/D 转换过程时,在此端加一个正脉冲,脉冲的上升沿将所有的内部寄存器清零,下降沿时开始 A/D 转换过程。

A、B、C:八路模拟输入通道的地址选择线。

ALE:地址锁存允许信号,高电平有效。当 ALE=1 时,将地址信号有效锁存,并经译码器选中其中一个通道。

CLK:时钟脉冲输入端。

$D_0 \sim D_7$:转换器的数码输出线,D_7 为高位,D_0 为低位。

OE:输出允许信号,高电平有效。当 OE=1 时,打开输出锁存器的三态门,将数据送出。

EOC:转换结束信号,高电平有效。在 START 信号上升沿之后 1~8 个时钟周期内,EOC=0,表示转换器正在进行转换;当 EOC=1,表示转换结束。

2. 应用

按图 9.16 接线,ADC0809 的 $D_0 \sim D_7$,EOC 分别接发光二极管,A、B、C 接数据开关,$IN_0 \sim IN_7$ 接不同的电压,CLK 接频率大于 1kHz 的时钟脉冲,START、ALE 接单脉冲。

确认接线无误后,接通电源。先将 A、B、C 设定为 000,然后按一次 START、ALE 单次脉冲,

IN₀输入端的数据被送入,转换开始,读出输出数据并记录。同理,A、B、C依次设定为001~111,自制表格记录结果。

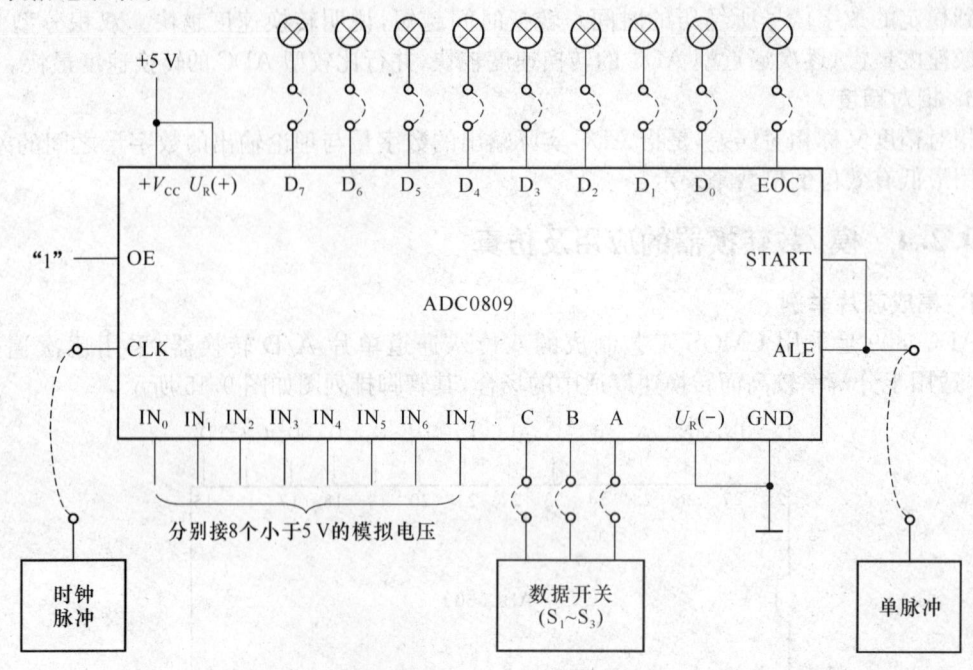

图 9.16　ADC0809 连线图

把频率为 1 kHz,幅值为 5 V 的方波信号直接接至输入端 IN₀,A、B、C 设置为 000,然后按一次 START、ALE 单次脉冲,IN₀ 输入端的数据被送入,转换开始。观察发光二极管的输出变化。

3. 仿真

图 9.17 为八位 ADC 的仿真电路,使用两个电位器分别对输入模拟信号进行粗调和微调。

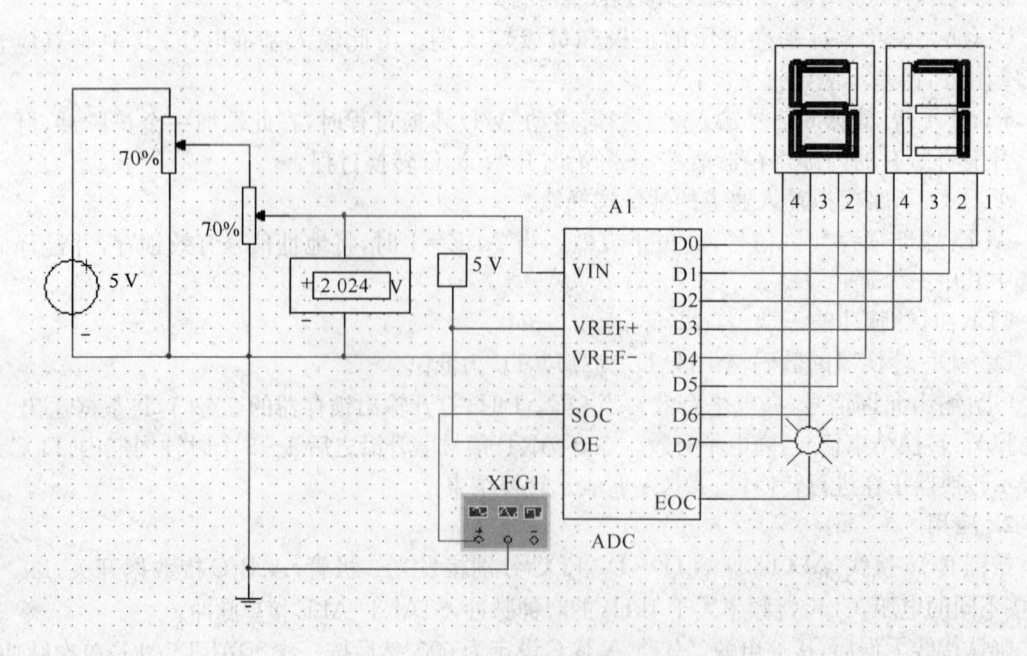

图 9.17　ADC 仿真

本 章 小 结

本章介绍了数/模转换和模/数转换的基本概念、转换原理和常见的典型电路。在数/模转换电路中,分别介绍了权电阻网络 DAC、T 型电阻网络 DAC 和倒 T 型电阻网络 DAC。在模/数转换电路中,介绍了并行比较型、逐次逼近型和双积分型三种 ADC。

为了能对集成芯片有感性认识,分别介绍了 DAC0832、ADC0809 两种集成电路,并对其应用和仿真做了简单介绍。

目 标 测 试

一、选择题

1. 8 位 DAC 当输入数字量只有最高位为 1 时,输出电压为 5 V。若只有最低位为 1,则输出电压为_____mV。若输入为 10 001 000,则输出电压为_____V。
   A. 20;5.32 B. 40;5.32
   C. 40;2.66 D. 80;2.66

2. 模/数转换的步骤包括_____、_____、_____和_____。
   A. 取样;保持;量化;译码 B. 积分;保持;量化;编码
   C. 取样;保持;量化;编码 D. 取样;计数;求和;编码

3. 已知被转换信号的上限频率为 10 kHz,则 ADC 的取样频率至少应高于_____,完成一次转换所用时间应小于_____。
   A. 40 kHz;50 μs B. 20 kHz;60 μs
   C. 20 kHz;50 μs D. 40 kHz;80 μs

4. 衡量模/数转换器性能的技术指标是_____和_____。
   A. 转换精度;转换时间 B. 分辨率;非线性失真
   C. 转换精度;满量程误差 D. 转换速度;非线性失真

5. 就逐次逼近型和双积分型两种 ADC 而言,_____抗干扰能力强;_____转换速度较快。
   A. 双积分型;逐次逼近型 B. 逐次逼近型;双积分型
   C. 双积分型;双积分型 D. 逐次逼近型;逐次逼近型

6. 下列 ADC 转换速度最慢的是_____。
   A. 逐次逼近型 ADC B. 双积分型 ADC
   C. 并行比较型 ADC D. 计数器型 ADC

二、计算题

1. 有一个八位倒 T 型电阻网络 DAC,已知 $U_{REF}=10$ V,试求输入如下数字量时,其输出的模拟电压值。

   (1) 各位全为 1;
   (2) 仅最高位为 1;

(3) 仅最低位为1；

(4) 10011000；

(5) 01110110。

2. 已知某 DAC 电路最小分辨电压为 5 mV，最大满值输出电压为 10 V，试求该电路输入数字量的位数和基准电压。

3. 某 12 位 ADC 电路满值输入电压为 16 V，试计算其分辨率。

4. 一个八位逐次逼近型 ADC，满值输入电压为 10 V，时钟脉冲频率为 2.5 MHz，试求：

(1) 转换时间是多少？

(2) $U_i = 3.4$ V 时，输出数字量是多少？

(3) $U_i = 8.3$ V 时，输出数字量是多少？

第10章

综合应用

知识目标：了解电子产品装配的全过程，熟悉电路原理图和印制电路图的解读方法，掌握收音机电路和数字钟电路的组成和工作原理。

能力目标：能够判别常用电子元器件的性能及好坏，具备简单电路的装配、焊接、调试技能及对故障的诊断和排除能力。

10.1 模拟电子技术综合应用

收音机是目前广泛使用的电子产品，其原理电路综合了选频、变频、电压放大、功率放大等基本技术，是一个模拟电子技术综合应用的典型产品。

晶体管收音机一般分为高放式和超外差式两大类，和高放式收音机相比较，超外差式收音机具有灵敏度高、选择性好、失真度小、音质好、整个波段内灵敏度均匀、性能稳定等优点，是目前收音机中应用最广的一种电路。

10.1.1 半导体收音机电路及工作原理

1. 超外差式半导体收音机组成框图

超外差式半导体收音机电路组成框图如图10.1所示。其基本的工作原理为：选频电路将天线接收到的电磁波转化成高频电信号，为了有利于信号的放大，通过变频电路将高频电信号变成中频电信号，经中频放大后，便可不失真的解调，即检波。检波电路的任务是把音频电信号从高频调幅电信号中解调出来，然后通过前置低频放大和功率放大去推动扬声器发声。

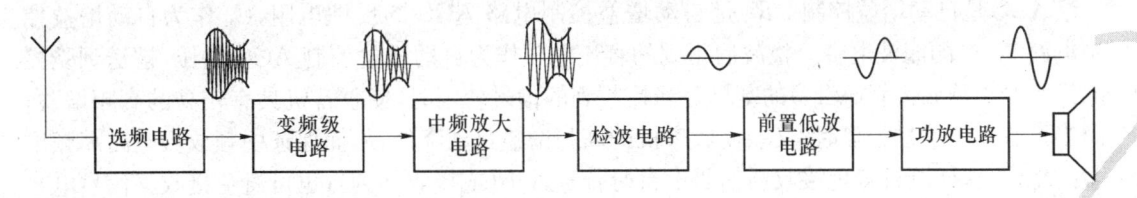

图10.1 超外差式半导体收音机组成框图

2. 超外差式半导体收音机工作原理

超外差式半导体收音机电路如图10.2所示。该电路核心器件为七个三极管，所以也叫七管半导体收音机。

1）选频电路

选频电路也称为调谐回路，它由磁棒天线、调谐线圈和 C_1-A 组成。磁棒具有聚集无线电波的作用，并在变压器 B_1 的初级产生感应电动势，同时也是变压器 B_1 的铁心。调谐线圈与

调谐电容 C_1—A 组成并联谐振电路，通过调节 C_1—A，使并联谐振回路的谐振频率与欲接收电台的信号频率相同。这时，该电台的信号将在并联谐振回路中发生谐振，使 B_1 初级两端产生的感生电动势最强，经 B_1 耦合，将选择出的电台信号送入变频级电路。由于其他电台的信号及干扰信号的频率不等于并联谐振回路的谐振频率，因而在 B_1 初级两端产生的感应电动势极弱，可被抑制掉，从而达到选择电台的作用。

2) 变频级电路

变频电路核心元件为 VT_1 管，它的作用是把接收到的高频信号与本机振荡信号进行混频，得到 465 kHz 中频信号。它由变频电路、本振电路和选频电路组成。变频电路是利用了三极管的非线性特性来实现混频的，因此变频管静态工作点很低，使发射结处于非线性状态，以便进行频率变换。由输入调谐回路选出的电台信号经 B_1 耦合进入变频放大器 VT_1 的基极，同时本振电路的本振信号经 C_3 耦合进入 VT_1 的发射极实现混频，在 VT_1 集电极输出一系列的混频信号，其中只有 465 kHz 的中频信号可以通过 B_3 中周的选频电路进入中放电路，而其他混频信号则被抑制掉。

3) 中频放大电路

中频放大电路由 VT_2、VT_3 两级中频放大电路组成，它的作用是对中频信号进行选频和放大。第一级中频放大器的偏置电路由 R_4、R_5、R_8、R_9 组成分压式偏置，R_5 为射极电阻，起稳定第一级静态工作点的作用，中周 B4 为第一级中频放大器的选频电路和负载。在第二级中频放大器中，R_6、R_7 为固定偏置电阻，中周 B_5 为第二级中频放大器的选频电路和负载。第一级放大倍数较低，第二级放大倍数较高。对于中频放大器，主要要求是合适稳定的频率，适当的中频频带和足够大的增益。

4) 检波电路

检波级电路由 VT_4 管、C_8、C_9、R_9 组成。它是利用三极管一个 PN 结的单向导电性，把中频信号变成中频脉动信号，脉动信号中包含有直流成分、残余的中频信号及音频包络三部分。利用由 C_8、C_9、R_9 构成的 π 型滤波电路，滤除残余的中频信号。检波后的音频信号电压降落在电位器 R_W 上，经电容 C_{10} 耦合送入低频放大电路。检波后得到的直流电压作为自动增益控制电压，被送到受控的第一级中频放大管（VT_2）的基极。

5) AGC

AGC 是自动增益控制。R_8 是自动增益控制电路 AGC 的反馈电阻，C_4 作为自动增益控制电路 AGC 的滤波电容。检波后得到的直流电压作为自动增益控制 AGC 电压，被送到受控的第一级中频放大管（VT_2）的基极。当接收到的信号较弱时，使收音机具有较高的高频增益；而当接收到的信号较强时，又能使收音机的高频增益自动降低，从而保证中频放大电路高频增益的稳定，这样既可避免接收弱信号电台时音量过小（或接收不到），也可避免接收强信号电台时音量过大。

6) 前置低放电路

前置低放电路由 VT_5 及固定偏置电阻 R_{10} 组成。检波级输出的音频信号经过音量电位器 R_W 和 C_{10} 耦合到 VT_5 的基极，实现音频电压放大。本级电压放大倍数较大，以利于推动扬声器。

7) 功放电路

功率放大电路由 VT_6、VT_7 组成推挽式功率放大电路，它的任务是将放大后的音频信号进行功率放大，电容 C_{11}、C_{12} 是用来改善音质，降低噪声的。

第10章 综合应用

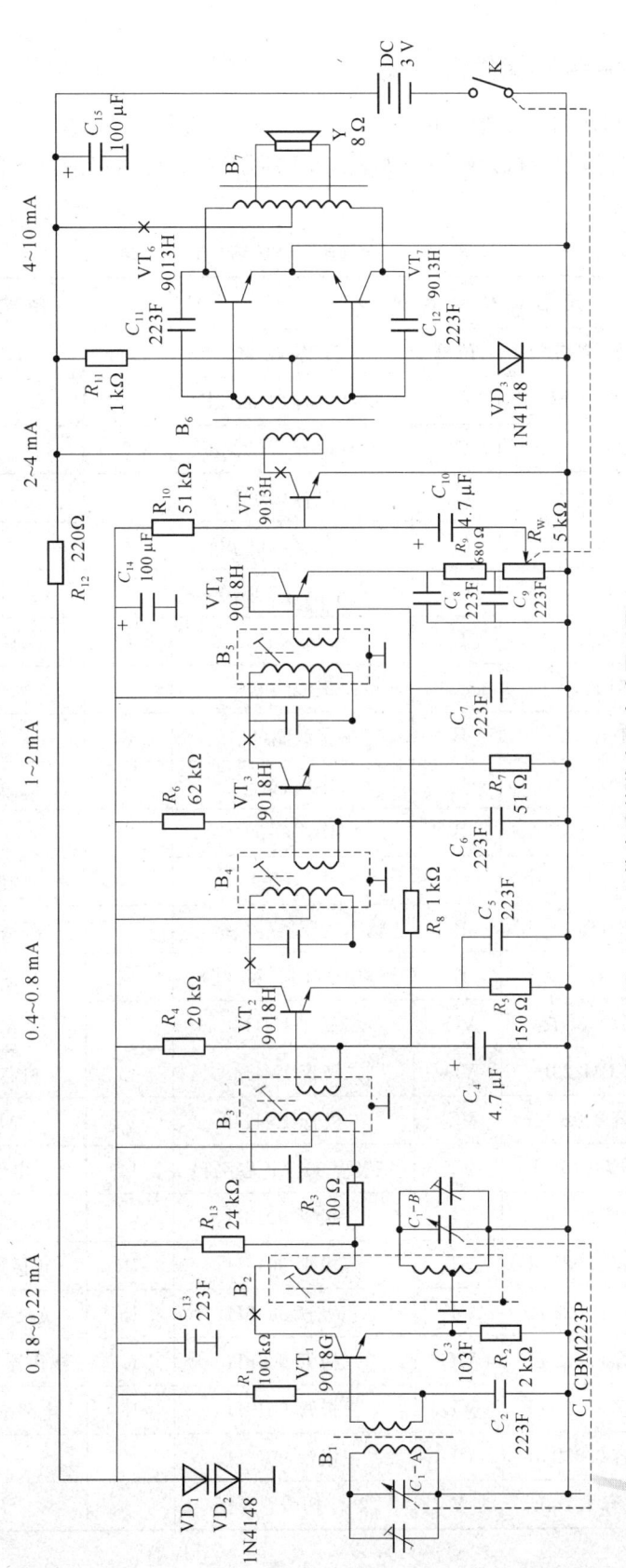

图10.2 七管半导体收音机电路原理图

10.1.2 半导体收音机组装

半导体收音机的组装步骤如下:

(1) 七管半导体收音机元件清单如表 10.1 所示,按元件清单清点元器件及零部件,并分类放好。

表 10.1 七管半导体收音机元件清单

元器件位号目录			结构件清单		
位号	名称规格	位号	名称规格	序号	名称规格	数量
R_1	电阻 100 kΩ	C_{11}	圆片电容 0.022 μF	1	前框	1
R_2	2 kΩ	C_{12}	圆片电容 0.022 μF	2	后盖	1
R_3	100 Ω	C_{13}	圆片电容 0.022 μF	3	周率板	1
R_4	20 kΩ	C_{14}	电解电容 100 μF	4	调谐盘	1
R_5	150 Ω	C_{15}	电解电容 100 μF	5	电位盘	1
R_6	62 kΩ	B_1	磁棒 B5×13×55	6	磁棒支架	1
R_7	51 Ω		天线线圈	7	印制板	1
R_8	1 kΩ	B_2	振荡线圈(红)	8	正极片	2
R_9	680 Ω	B_3	中周(黄)	9	负极簧	2
R_{10}	51 kΩ	B_4	中周(白)	10	拎带	1
R_{11}	1 kΩ	B_5	中周(黑)	11	调谐盘螺钉	
R_{12}	220 Ω	B_6	输入变压器(兰、绿)		沉头 M2.5×4	1
R_{13}	24 kΩ	B_7	输出变压器(黄、红)	12	双联螺钉	
R_W	电位器 5 kΩ	VD_1	二极管 1N4148		M2.5×5	2
C_1	双联 CBM223P	VD_2	二极管 1N4148	13	机芯自攻螺钉	
C_2	圆片电容 0.022 μF	VD_3	二极管 1N4148		M2.5×6	1
C_3	圆片电容 0.01 μF	VT_1	三极管 9018G(无字符)	14	电位器螺钉	
C_4	电解电容 4.7 μF	VT_2	三极管 9018H		M1.7×4	1
C_5	圆片电容 0.022 μF	VT_3	三极管 9018H	15	正极导线(9 cm)	1
C_6	圆片电容 0.022 μF	VT_4	三极管 9018H	16	负极导线(10 cm)	1
C_7	圆片电容 0.022 μF	VT_5	三极管 9013H	17	扬声器导线(10 cm)	2
C_8	圆片电容 0.022 μF	VT_6	三极管 9013H	18	电路图、元件清单	1
C_9	圆片电容 0.022 μF	VT_7	三极管 9013H			
C_{10}	电解电容 4.7 μF	Y	$2^1/_2$ 扬声器 8 Ω			

(2) 用万用表初步检测元器件好坏，检测内容如表 10.2 所示。

表 10.2 检测内容

类别	检测内容	万用表量程
电阻 R	电阻值	$R\times 10\,\Omega$、$R\times 100\,\Omega$、$R\times 1\,k\Omega$
电容 C	电容绝缘电阻	$R\times 10\,k\Omega$
三极管 h_{fe}	9018H(97～146)、9013H(144～202)、9018G(72～108)	h_{fe}
二极管	正反相电阻	$R\times 1\,k\Omega$
中周	红（4Ω，0.3Ω，0.4Ω）黄（2Ω，4Ω，0.3Ω）白（1.8Ω，3.8Ω，0.4Ω）黑（2Ω，4.5Ω，1Ω）	$R\times 1\,\Omega$
输入变压器（蓝色）	90Ω，90Ω，220Ω	$R\times 1\,\Omega$
输出变压器（红色）	0.9Ω，0.9Ω，0.4Ω，1Ω，0.4Ω	$R\times 1\,\Omega$

(3) 将所有元器件引脚上的漆膜、氧化膜清除干净，然后进行搪锡处理（元件引脚未氧化则省去此项）。

(4) 元器件管脚成型处理。

(5) 准备好组件：将电位器拨盘安装在 R_W-5K 电位器上，用螺钉固定；将天线线圈套入磁棒和磁棒支架。

(6) 元器件焊接时注意事项：

① 按照如图 10.3 所示的装配图插入元件，元器件的高低应符合工艺要求。

② 焊点要光滑，大小不能超过焊盘，不能有虚焊、搭焊、漏焊。

③ 注意二极管、三极管、电解电容的极性。

④ 中周、输入、输出变压器的位置不能装错。中周外壳均应用焊锡焊牢。

231

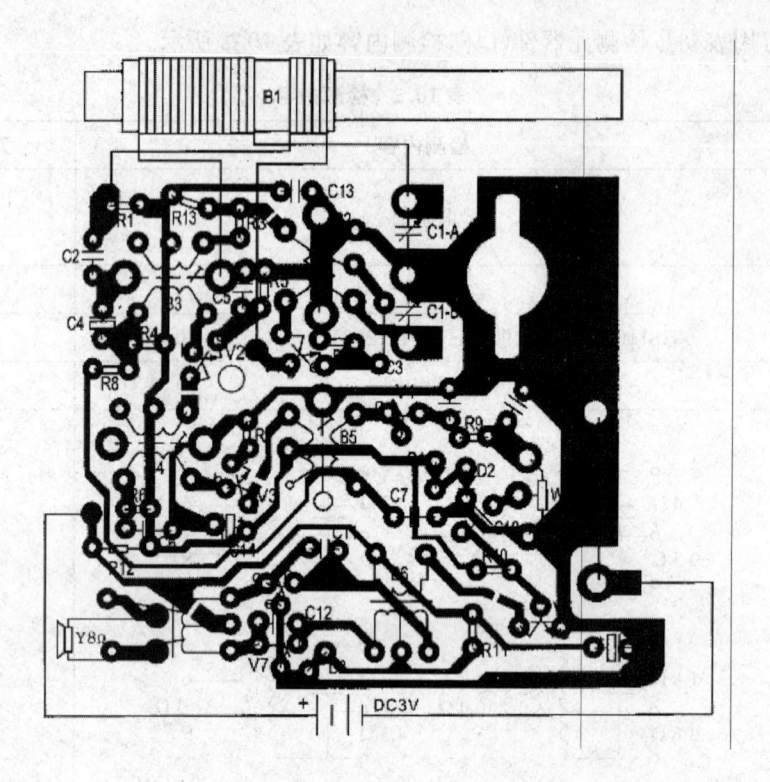

图 10.3 七管半导体收音机装配图

(7) 焊接顺序。
① 电阻、二极管。
② 圆片电容。
③ 晶体三极管。
④ 中周、输入、输出变压器。
⑤ 电位器、电解电容。
⑥ 双联、天线线圈。
⑦ 电池夹引线,喇叭引线。
每次焊接完一部分,均应检查焊接质量,发现问题及时纠正。
(8) 装大件。
① 将双联 CBM223P 安装在印制电路板正面,将天线组合件放在印制电路板反面双联上,然后用螺钉固定,并将双联引脚超出电路板部分弯脚后焊牢。
② 天线线圈:焊接在双联 C_1-A 端;焊接在双联中点地;焊接在 VT_1 基极;焊接在 R_1、C_2 公共点。
③ 将电位器组合件安装在电路板指定位置。

10.1.3 半导体收音机检测与调试

1. 各级静态工作电流测试

七管半导体收音机各级静态工作电流测试点和测量值如图 10.2 中所示。

$I_{C1}=0.18\sim0.22$ mA

$I_{C2}=0.4\sim0.8$ mA

$I_{C3}=1\sim2$ mA

$I_{C5}=2\sim4$ mA

$I_{C6}=4\sim10$ mA

2. 检测与修理方法

在元器件插接正确、焊接无误、整机连线正确的前提下,由后级向前级检测,即先检查低频功率放大级,再检查中放级和变频级。

(1) 整机静态总电流测量:本机静态总电流 $I\leqslant25$ mA。无信号时,如果 $I\geqslant25$ mA,则该机出现短路或局部短路,如果 $I=0$,则可能是电源没有接通。

(2) 直流工作电压测量:总电压为 3 V。正常情况下,VD_1、VD_2 两个二极管电压在 $1.3\,V\pm0.1\,V$,否则收音机不能正常工作,如果二极管两端的电压大于 $1.4\,V$,则二极管 1N4148 可能因极性接反或已损坏,如果二极管两端的电压小于 $1.2\,V$ 或无电压,则可能是:电源 3 V 没接通;电阻 R_{12} 可能没接好;中周初级与其外壳可能短路。

(3) 变频级无工作电流:可能是天线线圈次级没有接好;VD_1 已损坏或未按要求接好;本振线圈(B_2)次级不通,R_3 虚焊或错接了大阻值电阻;电阻 R_1 和 R_2 接错或虚焊。

(4) 一级中放无工作电流:可能是晶体管 VD_2 已损坏或管脚接错;电阻 R_4 未接好;B_3 次级开路;电解电容 C_4 短路;电阻 R_5 开路或虚焊。

(5) 一中放工作电流为 $1.5\sim2$ mA(标准值为 $0.4\sim0.8$ mA):可能是电阻 R_8 未接好或连接 R_8 的铜箔有断裂现象;电容 C_5 短路或电阻 R_5 阻值(150 Ω)接错(51 Ω);电位器损坏或电阻 R_9 未接好;检波管 VT_4 已损坏或管脚接错。

(6) 二中放无工作电流:可能是 B_5 初级开路;B_4 次级开路;晶体管已损坏或管脚接错;电阻 R_7 未接上;电阻 R_6 未接好。

(7) 二中放工作电流太大,大于 2 mA:可能是电阻 R_6 接错,阻值太小。

(8) 低放级无工作电流:输入变压器(B_6)初级开路;三极管 VT_5 已损坏或管脚接错;电阻 R_{10} 未焊好或三极管管脚接错。

(9) 低放级工作电流太小:可能是电阻 R_{10} 装错,阻值太小。

(10) 功放级无工作电流:输入变压器次级不通;输出变压器不通;三极管 VT_6、VT_7 已损坏或管脚接错;电阻 R_{11} 未接好。

(11) 功放级工作电流太大,大于 20 mA:可能是二极管 VD_3 已损坏或极性接反,或管脚未接好;电阻 R_{11} 装错,用了小电阻。

(12) 整机无声:检查电源是否接好;检查 VD_1、VD_2 两端电压是否正常;有无静态电流;检查各级电流是否正常;用万用表检测扬声器的好坏;中周 B_3 未焊好;音量电位器未打开。

3. 半导体收音机的调试

1) 中频频率的调整

中周一般在出厂时均已调整在 465 kHz(一般调整范围为半圈左右),因此调整工作比较简单。打开收音机,先在高端找一个电台,从 B_5 开始,然后 B_4、B_3 用无感改锥从后到前顺序调节,调到声音响亮为止。当收听本地电台时,由于声音本身已经很大,不易调整准确,这时可改收外地电台或转动磁性天线方向,减弱输入信号,再调到声音最大为止。按上述方法反复细调

2~3遍。

2) 频率范围的调整

(1) 低端调整:在550~700 kHz选一个电台,如中央人民广播电台640 kHz,参考调谐盘指针指在640 kHz位置,调整振荡线圈B_2的磁芯,便可收到此台,并调到声音较大。这样当双联全部旋进(容量最大)时的接收频率约为525~530 kHz附近,低端刻度就对准了。

(2) 高端调整:在1400~1600 kHz的范围内选一个电台,如1500 kHz,参考调谐盘指针指在1500 kHz位置,调节振荡回路中双联顶部左上角的微调电容C_1-B,使声音最大,这样,当双联全部旋出,即容量最小时,接收频率在1620~1640 kHz附近,高端位置对准。

(3) 统调:利用最低端收到的电台,调整天线线圈在磁棒上的位置,使声音最大,以达到低端统调。利用最高端收到的电台,调节天线输入回路中的微调电容C_1-A,使声音最大,达到高端统调。

10.1.4 半导体收音机组装综合报告

(1) 总结半导体收音机组装的目的要求。

(2) 总结半导体收音机的组成框图及工作原理。

(3) 总结半导体收音机组装的步骤。

(4) 总结半导体收音机检测和修理的方法。

(5) 总结自己在半导体收音机组装过程中出现的故障及排除方法。

(6) 总结自己在半导体收音机组装过程中的收获和心得体会。

10.2 数字电子技术综合应用

数字时钟是一种采用数字电子技术实现"时"、"分"、"秒"数字显示的计时装置,它是一种典型的数字电路。与机械式时钟相比,数字时钟具有更高的准确性和直观性,且无机械装置,使用寿命更长,不仅可以作为家用,而且可以用于机场、车站、码头、体育场等公共场合,给人们提供准确时间。

10.2.1 数字时钟的设计要求

(1) 准确计时,以数字形式显示时、分、秒的时间。

(2) 小时的计时要求为二十四进制,分和秒的计时要求为六十进制。

(3) 具有校时、定时提醒功能。

10.2.2 数字钟的原理框图

根据数字时钟的功能要求,数字钟应由振荡器、分频器、校时电路、计数器、译码器、显示器等12个部分组成,其框图如图10.4所示。

该电路的工作原理是:振荡器产生稳定的高频脉冲信号作为数字时钟的时间基准,再经分频器输出标准秒脉冲。秒脉冲计满60后向分计数器进位,分计数器计满60后向时计数器进位,时计数器按照24进制计数规律进行计时。计数器的输出经译码器、显示器准确完成计时显示功能。计时出现误差时可以用校时电路进行校时、校分调整,也可以根据需要进行定时提醒设定。

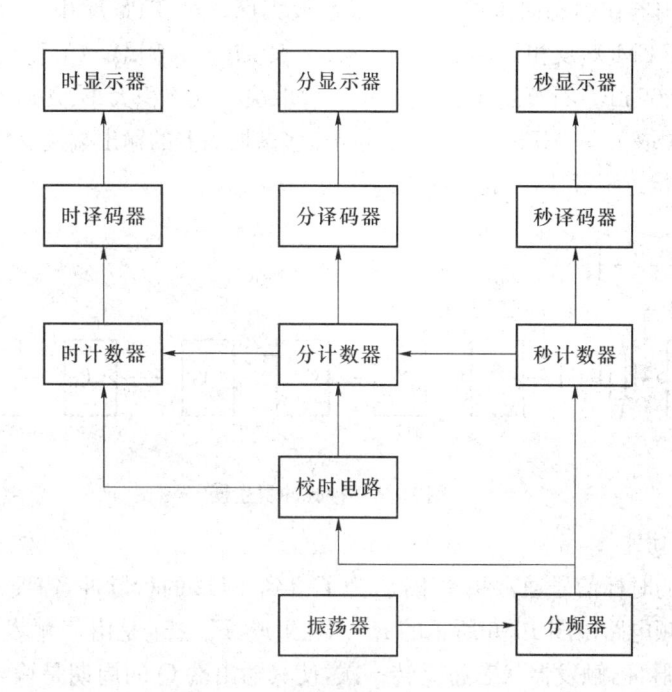

图 10.4 数字时钟的原理框图

10.2.3 数字钟功能

1. 数字时钟面板

本次组装的数字钟能够显示时、分、秒，可以选用 12 小时显示方式或 24 小时显示方式。数字显示时、分，时分之间的冒号来显示秒，并设有调整时分、定时、闹钟等功能。面板如图 10.5 所示。

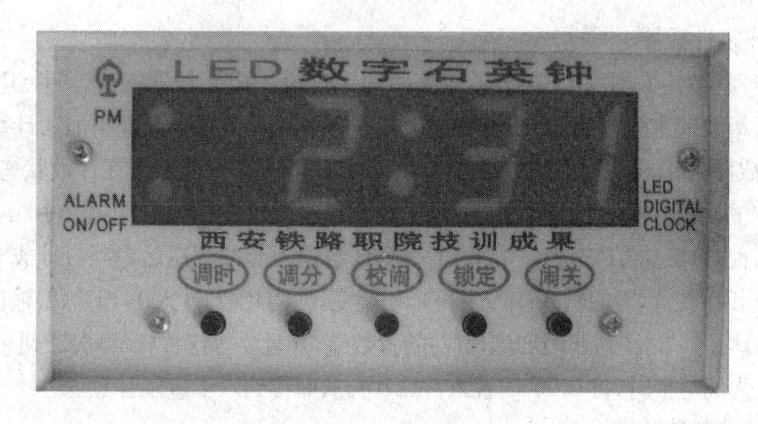

图 10.5 数字钟面板图

2. 振荡器的功能

主要用来产生频率稳定的时间标准信号，以保证数字时钟的走时准确及稳定。要产生稳定的时标信号，一般采用石英晶体振荡器。

用石英晶体 JT 与两个反相器 G_1 和 G_2 构成振荡电路，如图 10.6 所示。电阻 R_1 和 R_2 的作用是保证两个反相器在静态时都能工作在线性放大区。对 TTL 反相器,常取 $R_1=R_2=R=0.7\sim2\ \text{k}\Omega$,而对于 CMOS 反相器,则常取 $R_1=R_2=R=10\sim100\ \text{k}\Omega$。$C_1$ 和 C_2 作为耦合电容,可取 $C_1=C_2=C=0.05\ \mu\text{F}$。石英晶体谐振频率 f_0 仅取决于其体积大小、几何形状及材料,与 R、C 无关。在本电路中取 $f_0=32768\ \text{Hz}$。在石英晶体多谐振荡器的输出端接反相器 G_3,既起整形作用,使输出脉冲更接近矩形波,又起缓冲隔离作用。

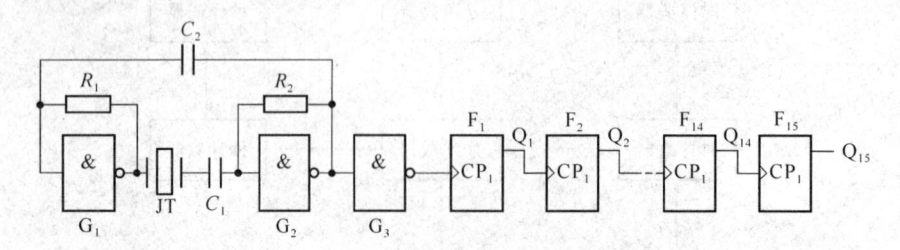

图 10.6 秒脉冲发生器

3. 分频器的功能

振荡器产生的时标信号通常频率很高,为了得到 1 Hz 的秒脉冲,需要对振荡器的输出信号进行分频。分频电路由图 10.6 所示的 $F_1\sim F_{15}$ 组成,$F_1\sim F_{15}$ 是由 T 触发器构成的异步计数器,每来一个 CP 脉冲,触发器状态将反转一次,使其输出端 Q 的周期是输入 CP 的 2 倍,即 Q 的频率是 CP 的一半(二分频)。石英晶体多谐振荡器产生 $f_0=32768\ \text{Hz}$ 的基准信号,经 F_1 后,从 Q_1 输出的 $f_1=16384\ \text{Hz}$,经 F_2 后,从 Q_2 输出的 $f_2=8192\ \text{Hz}$,……,经过 15 级二分频后,输出端 Q_{15} 正好可以得到稳定度极高的 1 Hz 的标准脉冲去驱动计数器工作。

为获得上述原理中的高精度秒脉冲信号,且减少故障率、提高可靠性,可采用专用时钟集成电路。如果精度要求不高,也可采用由集成电路定时器 555 和 RC 组成的多谐振荡器,采用 555 构成的振荡器来产生秒脉冲。

4. 计数器的功能

1) 六十进制计数器

"秒"和"分"计数器采用六十进制,可以由两块中规模集成计数器构成,一块组成十进制,另一块组成六进制,组合起来就构成六十进制计数器,本例采用两个同步十进制加法计数器 74LS160 构成六十进制计数器,如图 10.7 所示。两片的 EP 和 ET 端恒接 1,都工作在计数状态。片(1)为个位计数器,其进位输出信号 C 经反相器作为片(2)的 CP 输入,每当片(1)计到 9(1001)时 C 变为高电平,经反相器后使片(2)的 CP 变为低电平,下一个计数输入脉冲到达后,片(1)计成 0(0000),C 又回到低电平,经反相后使片(2)的输入端产生一个正跳变,使得片(2)计入 1,当片(2)输出为 5(0101)时,即 Q_2Q_0 端输出均为 1 时经与非门加到片(2)的置数端,并且要等待片(1)再次计到 9 时,CO 向片(2)进位,片(2)CP 为高电平时,将 0(0000)置入片(2)中,从而得到六十进制计数器。

2) 二十四进制计数器

"时"计数器采用二十四进制,由两个同步十进制加法计数器 74LS160 连接构成。当高位出现 2(0010)状态,低位出现 3(0011)状态,即计到第 24 个来自"分"计数器的进位信号时,将"时"计数器的十位计数器和个位计数器强制清 0(0000)状态(即 $\overline{R_D}(2)=\overline{P_D}(1)=0$),从而实现从 23 到 0 的二十四进制计数,如图 10.8 所示。

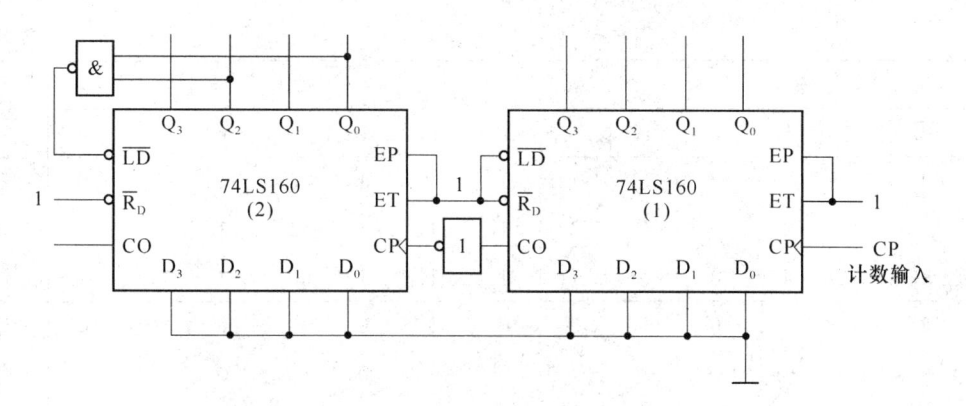

图 10.7 六十进制计数器

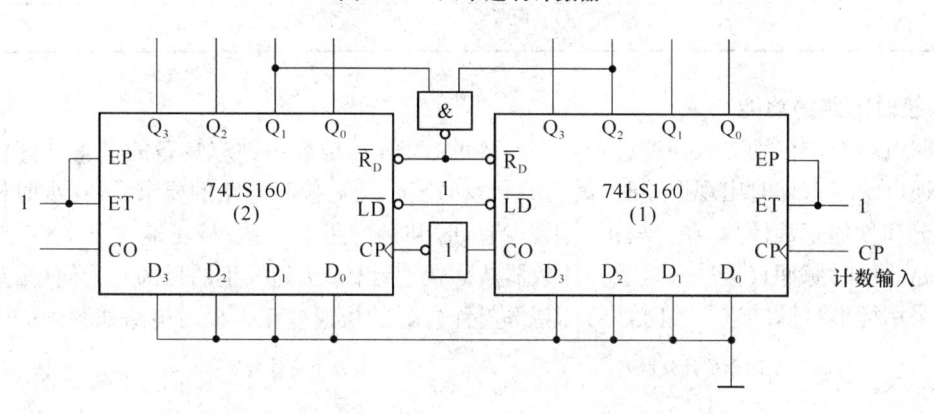

图 10.8 二十四进制计数器

5. 译码显示电路的功能

译码电路的功能是将"秒""分""时"计数器的输出信号译成七段数码管显示要求的电信号,再经数码管或其他驱动显示电路,将相应的数字显示出来。本例采用 CD4511 集成电路,其功能表如表 10.3 所示。

表 10.3 CD4511 功能表

输入							输出							显示
LE	$\overline{BI}$	$\overline{LT}$	D	C	B	A	a	b	c	d	e	f	g	
×	×	0	×	×	×	×	1	1	1	1	1	1	1	8
×	0	1	×	×	×	×	0	0	0	0	0	0	0	消隐
0	1	1	0	0	0	0	1	1	1	1	1	1	0	0
0	1	1	0	0	0	1	0	1	1	0	0	0	0	1
0	1	1	0	0	1	0	1	1	0	1	1	0	1	2
0	1	1	0	0	1	1	1	1	1	1	0	0	1	3
0	1	1	0	1	0	0	0	1	1	0	0	1	1	4
0	1	1	0	1	0	1	1	0	1	1	0	1	1	5
0	1	1	0	1	1	0	0	0	1	1	1	1	1	6

续表

输入						输出							显示
LE	$\overline{BI}$	$\overline{LT}$	D	C	B	A	a	b	c	d	e	f	g	
0	1	1	0	1	1	1	1	1	1	0	0	0	0	7
0	1	1	1	0	0	0	1	1	1	1	1	1	1	8
0	1	1	1	0	0	1	1	1	1	0	0	1	1	9
0	1	1	1	0	1	0	0	0	0	0	0	0	0	消隐
…	…	…	…	…	…	…	0	0	0	0	0	0	0	消隐
0	1	1	1	1	1	1	0	0	0	0	0	0	0	消隐
1	1	1	×	×	×	×				锁存				

6. 校时电路的功能

校时电路要求分别对数字钟进行时、分、秒的校正，它是数字钟应具备的基本功能。当数字钟接通电源或者计时出现误差时，需要给予及时校正。对校时电路的要求是：在小时校正时不影响分和秒的正常计数；在分校正时不影响小时和秒的正常计数；校正通过开关控制，通过校正电路使校时脉冲直接进入时或分计数器从而快速计数，达到校正的目的。为简单起见，本例直接采用标准秒脉冲进行校时，则只需要进行时、分的快速校正。校时电路如图10.9所示。

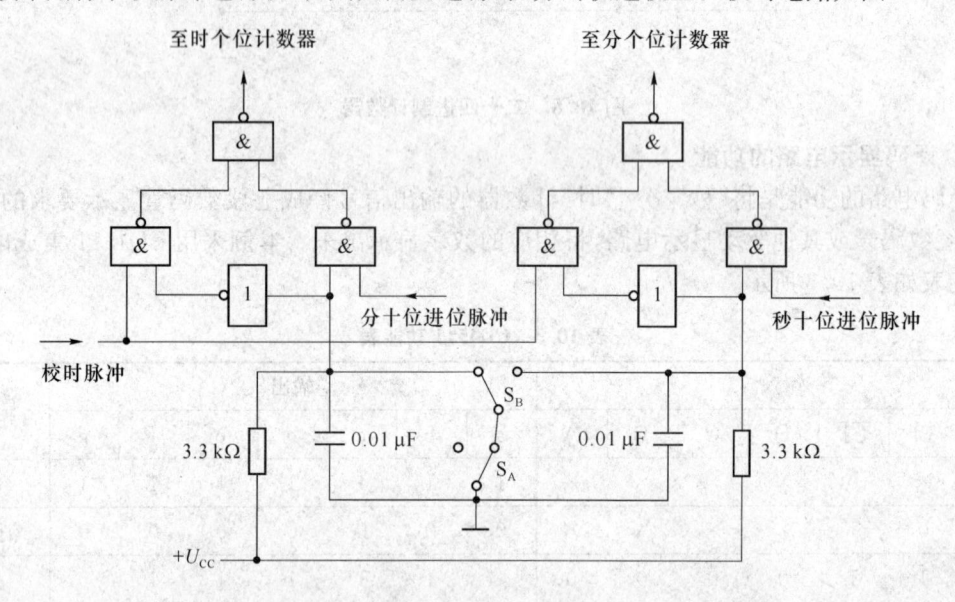

图 10.9 校时电路

校时受两个开关即 S_A、S_B 控制。若开关 S_A 打向左边，即处于悬空状态，数字钟正常计时。当 S_A 打向右边，即与 S_B 接通，则当 S_B 打向左边时，将分十位进位脉冲封锁，接入校时脉冲，可对"时"进行快速校对；当 S_B 打向右边时，将秒十位进位脉冲封锁，接入校时脉冲，可对"分"进行快速校对。

10.2.4　数字钟组装综合报告

（1）要求概述数字钟的工作原理。
（2）总结数字钟的安装流程。
（3）总结安装过程中出现的问题及解决方法。
（4）总结组装完成后的心得体会。

本 章 小 结

1. 收音机是目前广泛使用的电子产品，其原理电路综合了选频、变频、电压放大、功率放大等基本技术，是一个模拟电子技术综合应用的典型产品。晶体管收音机一般分为高放式和超外差式两大类，和高放式收音机相比较，超外差式收音机具有灵敏度高、选择性好、失真度小、音质好、整个波段内灵敏度均匀、性能稳定等优点，是目前收音机中应用最广的一种电路。

2. 超外差式半导体收音机基本的工作原理为：选频电路将天线接收到的电磁波转化成高频电信号，为了有利于信号的放大，通过变频电路将高频电信号变成中频电信号，经中频放大后，便可不失真的解调，即检波。检波电路的任务是把音频电信号从高频振荡的幅度上取下来，然后通过低频前置放大和功率放大去推动扬声器发声。

3. 半导体收音机的检测与调试比较复杂，一般有各级静态工作电流的测试、中频频率的调整和频率范围的调整，需要在不断的实践中摸索、总结其检测与修理的方法。

4. 本章介绍了常见的数字电子综合实训电路——数字钟的工作原理及部分具体电路的设计。在具体电路中，介绍了振荡器、分频器、计数器、译码显示电路和校时电路的设计原理，并对成品做了简单介绍。

目 标 测 试

1. 收音机的调试包含哪些内容？
2. 你在组装收音机的过程中出现过哪些故障？是怎样排除的？
3. 数字钟有几个设置按钮，用来设置什么？
4. 数字钟显示器采用的是何种工作方式？
5. 数字钟在组装时容易出现何种故障，为什么？如何处理？

附录A

数字电子技术基础知识

数字电路基础主要是研究输出和输入信号之间的对应逻辑关系,其分析的主要工具是逻辑代数。

逻辑代数是按一定的逻辑规律进行运算的,是反映逻辑变量运算规律的数学,是分析和设计数字逻辑电路的基本数学工具。它是英国数学家布尔于1849年提出的,因此也称布尔代数。

1. 数制

在数字电子技术中,常用的进制是二进制、八进制、十六进制,而是实际生活中比较熟悉的是十进制,因此进制的概念和转换是学习数字电子技术的基础。

1) 常用数制

(1) 二进制数。

二进制数有两个数码0和1,其计数规律是"逢二进一",2是二进制数的基数,二进制数各位的位权为 2^0、2^1、2^2、…。任何一个二进制数都可以表示为以基数2为底的幂的求和式,即位权展开式。整数部分是正次幂,小数部分是负次幂。

例1 $(10110.101)_2 = 1 \times 2^4 + 0 \times 2^3 + 1 \times 2^2 + 1 \times 2^1 + 0 \times 2^0 + 1 \times 2^{-1} + 0 \times 2^{-2} + 1 \times 2^{-3}$

(2) 八进制数。

八进制数有8个数码0,1,2,3,4,5,6,7,计数规律是"逢八进一",其基数是8,八进制数各位的位权为 8^0、8^1、8^2、…。同样可以表示为位权展开式。

例2 $(623.54)_8 = 6 \times 8^2 + 2 \times 8^1 + 3 \times 8^0 + 5 \times 8^{-1} + 4 \times 8^{-2}$

(3) 十六进制数。

十六进制数的基数是16,共有16个数码分别是0,1,2,3,4,5,6,7,8,9,A,B,C,D,E,F。其中A到F表示10到15。计数规律是"逢十六进一"。十六进制数各位的位权为 16^0,16^1,16^2,…。十六进制数也可以表示为以基数16为底的幂的求和式。

例3 $(A2E.3F)_{16} = A \times 16^2 + 2 \times 16^1 + E \times 16^0 + 3 \times 16^{-1} + F \times 16^{-2}$

2) 不同进制的相互转换

(1) 二进制、八进制、十六进制数转换为十进制数。

方法:求位权展开式的和值,即按权展开并相加。

例4 $(1011.01)_2 = (?)_{10}$

解 按权展开

$$(1011.01)_2 = 1 \times 2^3 + 0 \times 2^2 + 1 \times 2^1 + 1 \times 2^0 + 0 \times 2^{-1} + 1 \times 2^{-2}$$
$$= 8 + 2 + 1 + 0.25$$
$$= (11.25)_{10}$$

例5 $(52.44)_8 = (?)_{10}$

解 按权展开

$$(52.44)_8 = 5 \times 8^1 + 2 \times 8^0 + 4 \times 8^{-1} + 4 \times 8^{-2}$$
$$= 40 + 2 + 0.5 + 0.0625$$
$$= (42.5625)_{10}$$

例 6 $(AF.8)_{16} = (?)_{10}$

解 按权展开

$$(AF.8)_{16} = A \times 16^1 + F \times 16^0 + 8 \times 16^{-1}$$
$$= 160 + 15 + 0.5$$
$$= (175.5)_{10}$$

(2) 十制数转换为二进制、八进制、十六进制数。

方法：整数部分为除以基数取余数倒读,直到商为 0。

小数部分为乘以基数取整数顺读,直到小数为 0 或按要求保留位数。

例 7 $(12.25)_{10} = (?)_2$

解 (1) 整数

```
2 | 12      余数为0  ┐
2 | 6       余数为0  │ 倒读整数部分
2 | 3       余数为1  │ 为1100
2 | 1       余数为1  ┘
    0
```

(2) 小数

```
    0.250
  ×    2        整数为0   ┐ 顺读小数部分
    0.500                 │ 为01
  ×    2        整数为1   ┘
    1.000
```

即： $(12.25)_{10} = (1100.01)_2$

例 8 $(12.25)_{10} = (?)_8$

解 (1) 整数

```
8 | 12      余数为4
8 | 1       余数为1
    0
```

(2) 小数

```
    0.25
  ×    8        整数为2
    2.00
```

即： $(12.25)_{10} = (14.2)_8$

例 9 $(12.25)_{10} = (?)_{16}$

解 (1) 整数

```
16 | 12      余数为C
     0
```

(2) 小数

241

$$\begin{array}{r}0.25\\ \times\quad 16\\ \hline 4.00\end{array}\qquad 整数为4$$

即：$(12.25)_{10}=(C.4)_{16}$

(3) 二进制数转换为八进制数、十六进制数。

由于二进制和八进制数、十六进制之间正好满足 2^3、2^4 关系，因此转换时将二进制数由小数点开始，分别向两侧每三位或每四位一组分别转换为八进制数、十六进制数。若整数最高位不足一组，在左边加 0 补足一组，小数最低位不足一组，在右边加 0 补足一组。

例 10 $(1\ 101\ 011\ 010.010\ 110\ 1)_2=(?)_8=(?)_{16}$

解 $(001/101/011/010.010/110/100)_2=(1532.264)_8$
   $(0011/0101/1010.0101/1010)_2=(35A.5A)_{16}$

(4) 八进制、十六进制转换为二进制。

方法：将每位八进制或十六进制数分别转换为三位或四位二进制数码。

例 11 $(625.36)_8=(?)_2$，$(AB6.32)_{16}=(?)_2$

解 $(625.36)_8=(110\ 010\ 101.011\ 11)_2$
   $(AB6.32)_{16}=(101010110110.0011001)_2$

2. 代码

1) BCD 码

BCD 码是指用四位二进制数来表示一位十进制数 0~9 的一种码，又称二-十进制码（简称 BCD 码）。由于四位二进制数码有 16 种不同的组合状态，若用来表示 1 位十进制数时，只需选用其中 10 种组合即可，其他六种组合都是无效的。按照选取方式的不同，常用的几种 BCD 码如表 A.1 所示。

表 A.1 常用的几种 BCD 码

十进制	有权码			无权码	负权码
	8421 码	5421 码	2421 码	余三码	631-1 码
0	0000	0000	0000	0011	0000
1	0001	0001	0001	0100	0010
2	0010	0010	0010	0101	0101
3	0011	0011	0011	0110	0100
4	0100	0100	0100	0111	0110
5	0101	1000	1011	1000	1001
6	0110	1001	1100	1001	1000
7	0111	1010	1101	1010	1010
8	1000	1011	1110	1011	1101
9	1001	1100	1111	1100	1100

在 BCD 码一般分为有权码和无权码两大类。8421BCD 码是常用的 BCD 码，它是一种有权码，是指这种码中各位的权分别为 8、4、2、1。

例 12 $(0101)_{8421}=0\times 8+1\times 4+0\times 2+1\times 1=(5)_{10}$

余 3 码是无权码，余三码是由 8421 码加 3 后得到的。

例 13 $(5)_{10}=(0101+0011)_{余三码}=(1000)_{余三码}$

BCD 码的表示方法也很简单,就是将十进制数的各位数字分别用四位二进制数码表示。

例 14 $(32.65)_{10}=(00\,110\,010.011\,001\,01)_{8421BCD}$

$(10\,000\,111.011\,0)_{余三码}=(54.3)_{10}$

2) 格雷码

格雷码是一种无权码,即各位表示的 0 和 1 已经没有固定的权值。格雷码中任意两个相邻的码只有一位不同,其余的各位数码均相同,故又称反射码或循环码。

一位格雷码与一位二进制数码相同,均是 0 和 1,由一位格雷码可以得到两位格雷码。其方法是将第一位的 0、1 以虚线为轴折叠,反射出 1、0,然后在虚线上方的数字前面加 0,虚线下方数字前面加 1,便得到两位格雷码 00、01、11、10,如图 A.1(a)所示,分别表示十进制数 0~3。采用同样的方法可以得到三位、四位格雷码,如图 A.1(b)、图 A.1(c)所示。n 位二进制数的格雷码方法亦然,请自行列出。

```
     二位                三位                  四位

加   0  0           0   0   0         十进制    格雷码
     0  0  1        0   0   1            0      0000
轴线 ———             0   1   1            1      0001
加   1  1           0   1   0            2      0011
     1  1  0        ———————              3      0010
                    1   1   0            4      0110
                    1   1   1            5      0111
       (a)          1   0   1            6      0101
                    1   0   0            7      0100
                      (b)                ————————
                                         8      1100
                                         9      1101
                                        10      1111
                                        11      1110
                                        12      1010
                                        13      1011
                                        14      1001
                                        15      1000
                                                (c)
```

图 A.1 格雷码

3. 数的原码、反码及补码

二进制数,在实际中数是有正有负的,那么在数字设备中"+""-"符号是如何表示和参与运算的呢?

1) 机器数与真值

按我们习惯表示方法正 5 用"+5"表示,二进制数为 +101;负 5 用"-5"表示,二进制数为 -101。在数字设备中"+""-"也要数值化,一般将数的最高位设为符号位,"0"表示"+","1"表示为"-",数值化后的数叫机器数,原数叫真值。如

$$+101 \longrightarrow 0101$$
$$-101 \longrightarrow 1101$$
（真值）　　　　（机器数）

2) 原码、反码及补码

为了运算方便,把常用的机器数转换为原码、反码和补码三种形式进行。

(1) 原码。

将正数的符号位用 0 表示,负数的符号位用 1 表示,就构成了数的原码形式,简称原码。如绝对值为 6 的数,它的真值形式和原码形式如下所示(用 4 位数码表示,最高位为符号位)：

数　　真值　　原码
+6 = +0110 = 00110
-6 = -0110 = 10110

(2) 反码。

对于正数,反码与原码相同;对于负数,符号位不变,其余各位由原码按位求反所得。例如:用 4 位二进制数表示 +6,其

数　　原码　　反码
+6 = 00110 = 00110

用 4 位二进制数表示 -6,其

数　　原码　　反码
-6 = 10110 = 11001

(3) 补码。

对于正数,原码、反码和补码的表示都相同。对于负数其补码是在原码的基础上,符号位不变,其余各位取反,并在最低位加 1。

例如　$-9 = -1001 \longrightarrow 11001 \xrightarrow{\text{求反}} 10110 \xrightarrow{+1} 10111$

真值　　原码　　反码　　补码

3) 原码、反码及补码的算术运算

机器数的三种表示方法其形成规则不同,故算术运算的方法也不相同。

(1) 原码运算。采用原码运算时,首先将运算的真值转换为原码,再判别运算的两个数是同号还是异号,若为同号,则根据是进行相加还是相减运算,来决定两个数是加还是减。若为异号,则同理。

例 15　已知 X = +1011, Y = +0101, 用原码、反码及补码计算 Z = X - Y。

解　将真值转换成原码 $[X]_\text{原} = 01011$、$[Y]_\text{原} = 00101$, 其次要实现减法, 因 X、Y 同号, 故两个数进行减法运算。再判别 X、Y 的大小, 以确定减数与被减数。本例 |X| > |Y|, 故 X 为被减数, 结果符号应与 $[X]_\text{原}$ 相同。

$$\begin{array}{r} 01011 \\ -00101 \\ \hline 00110 \end{array}$$

即 $[Z]_\text{原} = 00110$, 其真值 Z = +0110。

(2) 反码运算。采用反码运算时,需将真值转换为反码。若进行减法时,可将减法运算变为加法运算,即按 $X_\text{反} + [-Y]_\text{反}$ 进行,其运算结果仍为反码。如例 15 中, $[X]_\text{反} = 01011$、$[-Y]_\text{反} =$

11010，则 $Z_反 = [X]_反 + [-Y]_反$ 其运算如下：

$$\begin{array}{r} 01011 \\ +11010 \\ \hline 100101 \\ +\qquad 1 \\ \hline 00110 \end{array}$$

对反码运算按下列规则进行：

$Z_反 = [X+Y]_反 = X_反 + Y_反 +$ 符号位进位

$Z_反 = 00110$，其真值为 $Z = +0110$。

（3）补码运算。采用补码运算时，先将真值转换为补码，其运算过程与反码运算类似，按 $[X]_补 + [-Y]_补$ 进行，可将减法运算变为加法运算。其运算结果仍为补码。

$$[X]_补 = 01011 \qquad [-Y]_补 = 11011$$

$$\begin{array}{r} 01011 \\ +11011 \\ \hline 100110 \end{array}$$

其符号进位自然丢失。即 $Z_补 = 00110$，其真值 $Z = +0110$，其计算结果为正数。

由原码、反码和补码算术运算的例题可见，虽然三种运算方法不同，但三种运算的结果却相同，所以在进行算术运算时可根据方便采用其中一种。

4. 逻辑代数

1）基本概念

在数字电路中，输入信号是"条件"，输出信号是"结果"，因此输入、输出之间存在一定的因果关系，称其为逻辑关系。它可以用逻辑表达式、逻辑符号和真值表等来描述。

逻辑代数中逻辑变量与普通代数变量的表示方法相同，均采用 A,B,C,……,X,Y,Z 来表示。但是逻辑代数中变量的取值只有 0 和 1，而且 0 和 1 并不表示具体数值的大小，只表示两种相互对立的逻辑状态。例如：开关的闭合与打开，电灯的亮和灭，结果的成立与否等，把这种描述相互对立的逻辑关系且仅有两个取值的变量称为逻辑变量。

2）逻辑函数

函数即当自变量 A、B、C……的取值确定后，Y 的值也就唯一确定的，这种数学关系称为 Y 是 A,B,C……的函数。逻辑函数也是如此，输入、输出变量的取值相互对应，且只有 0 和 1。逻辑函数的表达式一般可以写为：

$$Y = F(A, B, C \cdots\cdots)$$

与、或、非是最基本的三种逻辑运算，即三种基本的逻辑函数。在实际应用中往往是由三种基本逻辑运算组合而成的较复杂的逻辑运算关系。

3）基本规则

在应用中，逻辑函数可以遵循以下规则，进行关系转换或化简。

（1）代入规则。

代入规则就是在任何一个逻辑运算关系的等式中，如果将等式两边的某一变量都用同一个函数来替代，则等式依然成立。

例 16 已知等式 $\overline{AB} = \overline{A} + \overline{B}$。若用 $Y = AC$ 代替等式中的 A，根据代入规则，等式仍然成立。即：

$$\overline{(AC)B} = \overline{AC} + \overline{B} = \overline{A} + \overline{B} + \overline{C}$$

可见,摩根定律对任意多个变量都成立。由代入规则可推出:
$$\overline{A \cdot B \cdot C \cdots} = \overline{A} + \overline{B} + \overline{C} \cdots$$
$$\overline{A + B + C \cdots} = \overline{A} \cdot \overline{B} \cdot \overline{C} \cdots$$

(2) 反演规则。

反演规则就是在求一个逻辑函数 Y 的反函数时,只要将函数中所有与运算"·"转换成或运算"+",同理将"+"转换成"·";同时把变量"0"变成变量"1",反之将"1"变成"0";并且将原变量变成反变量,反变量换成原变量,所得到的逻辑函数式就是逻辑函数 Y 的反函数,就可直接进行运算。

运用反演规则进行反函数转换时,必须注意运算符号的先后顺序,必须按照先括号内,再按先与运算、后或运算的顺序变换,而且应该保持两个及两个以上变量的非号不变。

例 17 求 $Y = \overline{A} + B \cdot \overline{A + \overline{C + D} + E}$ 的反函数。

解
$$\overline{Y} = A \overline{B} + \overline{A \overline{C D} E}$$

(3) 对偶规则。

对偶规则就是将函数 Y 逻辑表达式中的与运算"·"转换成或运算"+",同时把"+"转换成"·";并且把变量"0"变成变量"1",反之把"1"换成"0",就得到函数 Y 的对偶函数 Y′。

如果两个函数的原函数相等,那么其对偶函数、反函数也相等。根据需要可以利用对偶函数、反函数进行逻辑关系的运算和化简。

例 18 求 $Y = AB + C$ 的对偶式 Y′。

解
$$Y' = (A + B) \cdot C$$

4) 代数化简法

利用逻辑定律和规则,对逻辑函数进行化简,通常可以转换出很多种表达形式。如:

$$\begin{aligned}
Y &= AB + \overline{B}C & &\text{与-或表达式} \\
&= \overline{\overline{AB} \cdot \overline{\overline{B}C}} & &\text{与非-与非表达式(摩根定律)} \\
&= \overline{\overline{A}\,\overline{B} + B\,\overline{C}} & &\text{与-或-非表达式(利用反演规则并展开)} \\
&= (\overline{A} + B)(B + C) & &\text{或-与表达式(将与或非式用摩根定律)} \\
&= \overline{\overline{(\overline{A} + B)} + \overline{(B + C)}} & &\text{或非-或非表达式(将或与用摩根定律)}
\end{aligned}$$

从上述列出的五种表达方式可见,与或表达式比较容易同其他表达形式相互转换,所以通常化简时一般要求化简为最简与或表达式,即表达式中乘积项最少,且每个乘积项的变量个数最少。化简为最简与或表达式后在实现逻辑电路时,采用的逻辑器件较少,可以降低成本,并提高工作的可靠性。

逻辑函数化简的方法有代数法和卡诺图法。代数法是直接运用基本定律及规则化简逻辑函数。常用的方法有:并项法、吸收法、消去法和配项法。

(1) 并项法。

利用 $A + \overline{A} = 1$ 的公式,将两项合并为一项,并消去一个变量。

例 19
$$\begin{aligned}
Y_1 &= \overline{A}\,\overline{B}C + A\,\overline{B}C \\
&= \overline{B}C(\overline{A} + A) \\
&= \overline{B}C
\end{aligned} \qquad \begin{aligned}
Y_2 &= A\overline{B}C + AB + A\overline{C} \\
&= A(\overline{B}C + B + \overline{C}) \\
&= A(\overline{B}C + \overline{\overline{B}C}) \\
&= A
\end{aligned}$$

(2) 吸收法。

利用 A+AB=A 的公式消去多余的乘积项。

例 20
$$Y = \overline{A}B + \overline{A}BC(D+E+F)$$
$$= \overline{A}B[1+C(D+E+F)]$$
$$= \overline{A}B$$

(3) 消去法。

利用 A+$\overline{A}$B=A+B,消去多余的因子。

例 21
$$Y = AC + \overline{A}B + \overline{C}B$$
$$= AC + (\overline{A}+\overline{C})B$$
$$= AC + \overline{AC}B$$
$$= AC + B$$

(4) 配项法。

利用 A=A(B+$\overline{B}$),增加必要的乘积项,然后再用公式进行化简。

例 22
$$Y = A\,\overline{C} + B\,\overline{C} + \overline{A}C + \overline{B}C$$
$$= A\,\overline{C}(B+\overline{B}) + B\,\overline{C} + \overline{A}C + \overline{B}C(A+\overline{A})$$
$$= AB\overline{C} + A\,\overline{B}\,\overline{C} + B\,\overline{C} + \overline{A}C + A\,\overline{B}C + \overline{A}\,\overline{B}C$$
$$= B\,\overline{C}(1+A) + \overline{A}C(1+\overline{B}) + A\,\overline{B}(\overline{C}+C)$$
$$= B\,\overline{C} + \overline{A}C + A\,\overline{B}$$

实际解题时,需要综合运用上述几种方法进行化简,才能得到最简结果。

例 23 化简函数。
$$Y = \overline{A}B + A\,\overline{B} + AB$$
$$= \overline{A}B + A(\overline{B}+B)$$
$$= \overline{A}B + A$$
$$= (\overline{A}+A)(B+A)$$
$$= A+B$$

5) 卡诺图

(1) 最小项的定义。

在 n 个输入变量的逻辑函数中,如果一个乘积项包含 n 个变量,而且每个变量以原变量或反变量的形式出现且仅出现一次,那么该乘积项称为函数的一个最小项。对 n 个输入变量的逻辑函数来说,共有 2^n 个最小项。

例如:在输入为两变量 A、B 的与逻辑中,其输入有四个组合,分别是 00、01、10、11。如果"1"用原变量表示,"0"用反变量表示,组成的四个乘积项是 $\overline{A}\,\overline{B}$、$\overline{A}B$、$A\,\overline{B}$、$AB$,根据最小项的定义,它们均是两变量逻辑函数 Y=F(A、B)的最小项,而根据定义,A $\overline{A}$B、B、A(A+B)不是最小项。

(2) 最小项的性质。

① 对于任意一个最小项,只有变量的一组取值使得它的值为 1,而取其他值时,这个最小项的值都是 0。

② 若两个最小项之间只有一个变量不同,其余各变量均相同,则称这两个最小项满足逻辑相邻。

③ 对于任意一种取值全体最小项之和为 1。

④ 对于一个 n 输入变量的函数,每个最小项有 n 个最小项与之相邻。

(3) 最小项的编号。

最小项通常用 m_i 表示,下标 i 即最小项编号,用十进制数表示,如教材第 6 章图 6.5 所示。

编号的方法是先将最小项的原变量用 1、反变量用 0 表示构成的二进制数;将此二进制转换成相应的十进制数,就是该最小项的编号。按此原则,三个变量逻辑关系的最小项及编号如教材第 6 章中表 6.4 所示。

(4) 最小项的卡诺图。

卡诺图:按相邻性原则排列的最小项的方格图。

相邻性:卡诺图中的最小项既要满足几何相邻,又要满足逻辑相邻。

几何相邻:就是在卡诺图中对称于水平或垂直中心线的最小项满足几何相邻。

逻辑相邻:满足几何相邻的最小项,只有一个变量相反,其余变量相同,符合逻辑相邻。

如:二变量的逻辑关系有 $2^2=4$ 个最小项,因此它的卡诺图有四个小方格,卡诺图纵横坐标 0 表示反变量,1 表示原变量,左上方斜线指向每个小方格对应变量取值的组合即函数,斜线上下标注变量 A 或 B,如图 A.2(a)所示。

三变量有 $2^3=8$ 个最小项,其卡诺图如图 A.2(b)所示。

四变量有 $2^4=16$ 个最小项,其卡诺图如图 A.2(c)所示。

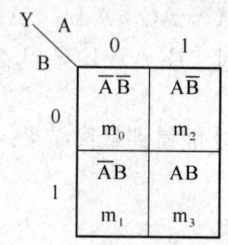

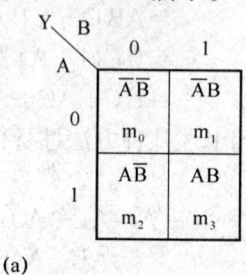

图 A.2 变量卡诺图

(a) 二变量卡诺图;(b) 三变量卡诺图;(c) 四变量卡诺图

(5) 最小项表达式。

最小项表达式又称逻辑函数的标准式，即将一个逻辑函数表示为若干个最小项之和的形式。任何一个逻辑函数都可以采用配项法将逻辑表达式转换成最小项的表达式即标准式。一个确定的逻辑函数，它的最小项表达式是唯一的。

例 24 将逻辑函数 $Y_{(A,B)}=A+B$ 展开成最小项之和的形式。

解

$$
\begin{aligned}
Y_{(A,B)} &= A+B \\
&= A(B+\overline{B})+B(A+\overline{A}) \\
&= AB+A\overline{B}+\overline{A}B
\end{aligned}
$$

通常标准式也可以用最小项编号来表示，如上式可表示为：

$$Y_{(A,B)}=m_1+m_2+m_3=\sum m(1、2、3)$$

例 25 将逻辑函数 $Y_{(A,B,C)}=A+C$ 展开成最小项之和的形式。

解

$$
\begin{aligned}
Y_{(A,B,C)} &= A+C \\
&= A(B+\overline{B})+C(A+\overline{A}) \\
&= AB+A\overline{B}+AC+\overline{A}C \\
&= AB(C+\overline{C})+A\overline{B}(C+\overline{C})+AC(B+\overline{B})+\overline{A}C(B+\overline{B}) \\
&= ABC+AB\overline{C}+A\overline{B}C+A\overline{B}\,\overline{C}+A\overline{B}C+\overline{A}BC+\overline{A}\,\overline{B}C \\
&= m_1+m_3+m_4+m_5+m_6+m_7 \\
&= \sum m(1、3、4、5、6、7)
\end{aligned}
$$

(6) 逻辑函数的卡诺图。

逻辑函数的卡诺图要先根据函数的变量确定变量卡诺图，再通过函数对应的最小项填入图内就得到函数的卡诺图。具体方法有最小项法、真值表法、直接法。

① 根据逻辑函数的最小项表达式求函数卡诺图。只要将表达式 Y 中包含的最小项对应的方格内填 1，没有包含的项填 0(或不填)就得到函数的卡诺图。

例 26 将 $Y_{(A,B,C)}=m_7+m_6+m_5+m_1=\sum m(1、5、6、7)$ 用卡诺图表示。

解 将表达式 Y 中包含的最小项对应的方格内填 1，如图 A.3 所示。

Y \ BC A	00	01	11	10
0	0	1	0	0
1	0	1	1	1

图 A.3 例 26 卡诺图

② 根据真值表画卡诺图。将真值表中对应的输出值填入卡诺图。

例 27 已知三变量 Y 的真值表如表 A.2 所示，画出卡诺图。

解 根据真值表直接画出卡诺图如图 A.4 所示。

表 A.2　例 27 真值表

A	B	C	Y
0	0	0	0
0	0	1	1
0	1	0	1
0	1	1	0
1	0	0	1
1	0	1	1
1	1	0	0
1	1	1	0

Y\BC	00	01	11	10
A 0	0	1	0	1
1	1	1	0	0

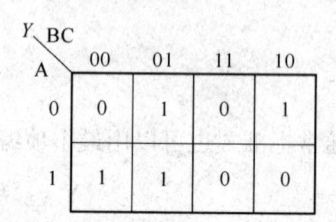

图 A.4　例 27 卡诺图

③ 根据逻辑表达式直接得出函数的卡诺图。

例 28　将 $Y_{(A,B,C)} = A + B$ 用卡诺图表示。

解　对于表达式中第一项 A 直接填入卡诺图,就是把卡诺图中最小项有 $A=1$ 对应的小方格内(无论 B、C 取何值)写"1",共有 m_4、m_5、m_6、m_7 四个小方格内应填"1";同样表达式中 B 项,无论 A、C 取何值,在 $B=1$ 对应的最小项 m_2、m_3、m_6、m_7 内填"1",其余写"0",所得卡诺图如图 A.5 所示。

Y\BC	00	01	11	10
A 0	0	0	1	1
1	1	1	1	1

图 A.5　例 28 卡诺图

6) 卡诺图化简法

(1) 化简依据。利用公式 $AB + A\bar{B} = A$ 将两个相邻最小项合并,消去最小项中表现形式不同的变量。

(2) 合并最小项的规律。利用卡诺图合并最小项有两种方法:圈"0"法及圈"1"法。圈"0"化简得到的是反函数,圈"1"化简得到的是原函数。

通常采用圈"1"法。只有满足 2^m 个最小项的相邻项才能相圈进行化简,如 2,4,8,16 个相邻项可合并。

(3) 化简方法。消去不同变量,保留相同变量。

首先在卡诺图内画卡诺圈,将满足相邻性原则为"1"的小方格(最小项),只能按一条路径圈的 1 个(2^0)、两个(2^1)、四个(2^2)、2^n 个小方格圈在一起,每个卡诺圈必须有一个从来都没有被圈过的"1","1"可以重复使用。每个最小项有 n 个最小项与之相邻(n 是输入变量的个数);其次,再按"消去不同、保留相同"的方法得到化简的表达式。即在一个卡诺圈内,每个最小项之间只要状态不同就消去该变量,否则保留变量。有几个卡诺圈就有几个与项,如图 A.6 所示为画卡诺圈的过程。

(4) 读出化简结果的方法:一个卡诺圈得到一个与项,将各个卡诺圈所得的乘积项相或,得到化简后的逻辑表达式。图 A.6 的化简结果为:

$$Y_{(A,B,C,D)} = \bar{A}B\bar{C}D + ACD + A\bar{B} + \bar{B}D$$

(5) 用卡诺图法化简逻辑函数的步骤为:

① 画出函数的卡诺图。

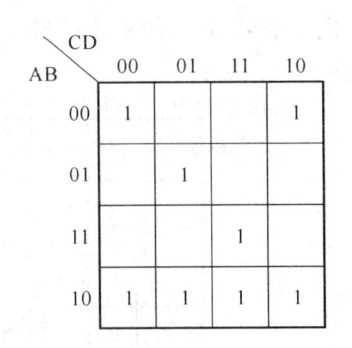

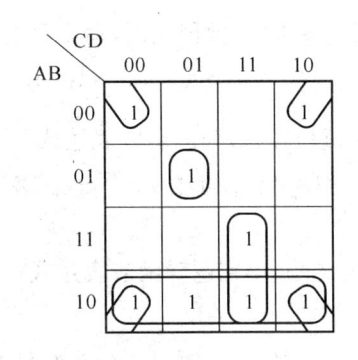

图 A.6 画卡诺圈的过程

② 画卡诺圈:按合并最小项的规律,将 2^m 个相邻项为 1 的小方格圈起来。
③ 读出化简结果。

例 29 化简 $Y_{(A,B,C,D)} = \sum m(1、5、6、7、11、12、13、15)$

解 化简步骤如下:

(1) 画函数的卡诺图如图 A.7 所示,为了便于化简,"0"可以不填。

(2) 画卡诺圈:按合并最小项的规律画卡诺圈如图 A.7 所示。

(3) 写出化简结果: $Y_{(A,B,C,D)} = \overline{A}CD + \overline{A}BC + ACD + AB\overline{C}$

(6) 画卡诺圈时应注意:

① 卡诺圈应按 2^n 方格来圈,即 1、2、4、8 等来圈。卡诺圈越大越好,越大消去的变量越多;卡诺圈越少越好,越少得出结果的与项越少;实现逻辑电路时越简单。

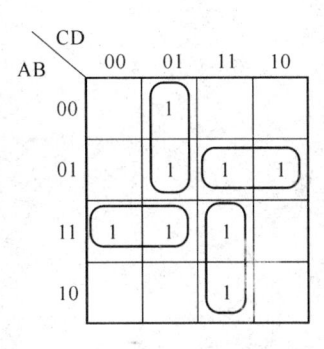

图 A.7 例 29 卡诺图

② 卡诺图中的"1"方格可以重复使用,逻辑代数中无指数运算、无系数运算。

③ 每个卡诺圈至少有一个从来没有被圈过的"1",否则为多余圈。如例 29 所示图 A.7 中,m_5、m_7、m_{13}、m_{15} 虽然可画成一个圈,但它的每一个最小项均被别的卡诺圈圈过,因此是多余圈。

7)具有约束项的逻辑函数的化简

(1) 约束项及约束条件。在实际的逻辑问题中,会出现一些不允许、不可能、不应该出现的现象,在逻辑函数中把这种变量取值对应的最小项称为约束项。或称为禁止项、无关项、任意项。在卡诺图或真值表中用×或Φ来表示。

约束项的值是任意的,按照实际应用和化简需要可以认为是"1",也可以认为是"0",用 $\sum d(m_i \cdots)$ 来表示。

约束条件:产生约束项的条件为约束条件,用 $\sum d(m_i \cdots) = 0(\Phi)$。

(2) 具有约束项的逻辑函数的化简。具有约束项的化简步骤如下:

① 将满足约束条件的约束项及函数对应的最小项填入卡诺图。

② 按照化简规律画卡诺圈进行合并(画圈时能使化简结果简化的约束项当作"1"来圈,否则为"0"不圈),卡诺图中的"1"不能遗漏。

③ 按照消去不同,保留相同,写出具有约束项的化简结果,并与约束条件同时有效。

例 30 已知 $Y_{(A,B,C,D)} = \sum m(0、2、8、13、15) + \sum d(5、9、10、11)$,求最简的函数表达式。

解 (1)根据最小项表达式画卡诺图,如图 A.8 所示。

(2)画卡诺圈,得到逻辑函数表达式:
$$Y = \bar{B}\bar{D} + AD$$
$$\sum d(5、9、10、11) = 0(约束条件)$$

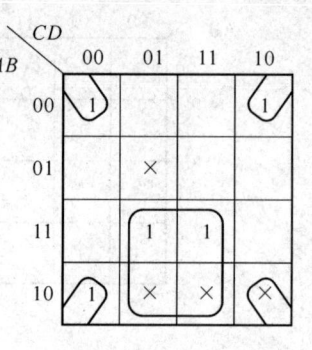

图 A.8 例 30 的图

附录 B

常用电子技术集成芯片一览表

表 B.1　部分国内集成电路厂家模拟集成电路型号字头介绍

字头	厂名	字头	厂名
BG	北京东光电工厂(878厂)	E/ER	甘肃秦安天光电工厂
BGD	北京市半导体器件研究所	FC	上海八三三一厂(东方红)
BH	北京半导体器件三厂	FD	苏州半导体总厂
BSF(BW)	北京半导体器件五厂	FG	湖北襄樊仪表元件厂
CD	无锡江南无线电厂	FL	贵州都匀风光电工厂
CF	常州半导体厂	FS/F/FX	贵州都匀四四三三厂
CH	上海无线电十四厂	FS	上海无线电七厂
CL	苏州半导体总厂	FS	宜昌半导体厂
D	无锡江南无线电器材厂	FY/FZ	上海八三三一厂
D	甘肃秦安七四九厂	5G	上海元件五厂
D	风光电工厂	GD	上海电气电子元件厂
DG	北京东光电工厂	HF	杭州无线电元件二厂
DL	大连仪表元件厂	HG	华光电子器件厂
KD	北京半导体器件五厂	TBA	贵州都匀四四三三厂
LD/LJ	陕西骊山微电子公司	ULN	锦州七七七厂
LH	上海无线电十九厂	X	电子部二十四研究所
N	南京半导体器件总厂	X	南昌无线电二厂
NT	江苏南通晶体管厂	7XF	陕西商县卫光电工厂
QS	长春微电子厂(8232厂)	XFC	延河无线电厂
SB	上海无线电十九厂	XFC	甘肃秦安永红电工厂(749厂)
SC	上海无线电七厂	XFC/XGF	成都四四三一厂
SD	北京半导体器件二厂	XG	四川新光电工厂
SF	上海无线电七厂	XG	长沙韶光电工厂
SG	长沙韶华电工厂(4435厂)	XGF	八七九厂
SL	上海半导体器件十六厂	XW	无锡半导体总厂
STS	上海无线电七厂、十九厂	YA	贵州凯里永光电工厂
TA	无锡七四二厂	YZ	江苏扬州晶体管厂
TB	天津半导体器件一厂	ZF	甘肃秦安永红电工厂
TBA	风光电工厂		

注：选自朱达斌等编《模拟集成电路的特性及应用》(航空工业出版社出版)。

表 B.2　部分国外模拟集成电路型号的识别

前缀	公司代号	前缀	公司代号	前缀	公司代号
AD	AD	MH	Mitel	G	IMI
AM	AMD	MT	Mitel	HA	Harris
AY	GI	NE	SIC	KC	SONY
CA	RCA	RM	RTN	LC	GI
CDP	RCA	SAB	SIEG	uPC	NEC
CX	SONY	SL	PLSB	XR	Exar
EA	NEC-EA	TAA	Pro. E	MK	MOSTEK(MK)
HA	Hitachi	TL	TII	N	SIC
ICL	Intersil	LP	NSC	RC	RTN
LA	Sanyo	M	Mitsubishi	RSN	TII
LF	NSC	ADC	NSC	SH	FSC
LH	NSC	AN	Panasonic	TA	Toshiba
LG	GI	BA	东具（日）	TCA	ALGG
LM	NSC	CD	NSC	uA	FSC
MA	Mitel	CS	Cherry	UL	SPR
MC	MOTA	DAC	NSC		

注：选自朱达斌等编《模拟集成电路的特性及应用》（航空工业出版社出版）。

附录B 常用电子技术集成芯片一览表

表 B.3 部分常用集成运放的性能参数

型号	单运放	双运放	四运放	场效应管型	失调电压可调	外补偿	最小增益	总电源最小/V	总电源最大/V	电源电流/mA	失调电压典型/mA	失调电压最大/mV	电压漂移典型/(μV/℃)	电压漂移最大/(μV/℃)	失调电流典型/nA	失调电流最大/nA	电流漂移典型/nA	电流漂移最大/nA	转换速率典型/(V/μs)	宽带典型/MHz	电源电压抑制比最小/dB	电源电压抑制比典型/dB	共模抑制比最小/dB	共模抑制比典型/dB	电压放大倍数最小×1000	电压放大倍数典型×1000	最大输出电流/mA	最大差模输入电压/V
741型	√	—	—	—	—	—	1	10	36	2.8	2	6	—	—	20	200	80	500	0.5	1.2	70	90	76	90	20	200	20	30
741C	√	—	—	—	—	—	1	10	44	3	1	2	3	10	1	5	20	50	18	2.5	80	100	80	100	50	100	6	30
OP01E	√	—	—	—	√	—	1	10	44	2	0.3	0.5	2	8	0.5	2	18	30	0.5	1.3	90	110	90	110	100	250	6	30
OP02E	√	—	—	—	√	—	1	10	44	6	0.3	0.5	2	10	8	20	180	300	1	2	110	120	90	110	100	650	6	30
OP11E	—	—	√	—	—	—	5	10	36	4.5	1	6	—	—	4	50	30	200	2	4	70	90	77	96	25	160	15	36
349	—	—	√	√	—	—	5	10	36	1.5	—	—	—	—	0.002	—	—	—	3	1	—	—	80	—	300	—	10	20
AD5121	√	—	—	—	√	—	1	10	44	2.8	0.2	0.5	2	5	2	5	30	50	0.5	1.2	90	110	96	106	50	200	15	30
AD741L	√	—	—	—	√	—	1	10	36	3.3	2	6	—	—	20	200	80	500	0.5	1	70	90	76	90	50	250	15	30
748C	√	—	—	—	—	√	U	10	44	2.8	0.7	5	4	30	0.7	25	25	100	0.5	1	70	95	76	96	25	100	20	30
μA777	√	—	—	—	—	√	U	—	36	12	—	6	—	—	30	200	200	500	20	1	70	90	76	100	50	200	10	30
1458S	—	√	—	—	—	—	1	8	44	3.5	1	5	3	—	30	200	200	500	12	1	80	100	80	100	25	100	—	30
1741S	√	—	—	—	—	—	1	6	40	3.1	0.7	6	—	—	8	20	30	50	1.5	—	70	100	70	100	25	160	10	30
ULN2171	√	—	—	—	—	—	1	7	36	1.9	1.5	5	5	20	3	50	70	150	2	4	74	—	80	—	25	50	10	30
4131	√	—	—	√	—	—	1	4	40	7	1	5	5	—	30	—	60	300	1.6	3.5	74	—	77	96	25	100	15	30
HA4741	—	—	√	—	—	—	1	4	40	7	5	15	10	—	30	50	0.05	0.2	0.5	—	74	90	77	96	25	100	15	30
LF13741	√	—	—	√	√	—	U	10	36	2.8	5	6	5	—	0.01	0.05	40	500	0.5	3	70	90	76	90	20	300	20	30
4136型	—	—	√	—	—	—	1	10	36	11	0.5	6	5	—	5	200	15	30	2.5	3.5	80	110	74	84	70	100	5	40
4136C	—	—	√	—	—	—	1	6	40	3	1	10	5	—	5	10	60	300	1.6	19	80	—	80	—	25	100	20	30
1456	√	—	—	—	—	—	1	10	40	7	1	5	5	—	30	200	60	500	8	2.5	80	—	80	—	25	100	20	30
RC4156	—	—	√	—	—	—	1	6	36	5.6	2	6	5	—	20	200	80	500	1	8	80	100	74	84	20	200	15	30
RC4157	—	√	—	—	—	—	5	10	40	6.5	0.5	3.5	2	—	30	100	130	300	4	70	80	90	80	—	75	250	10	7
4558C	—	√	—	—	—	—	1	10	40	6.5	0.5	3.5	2	—	30	100	130	300	20	1	80	100	80	—	75	250	10	7
HA4605	√	—	—	—	√	—	1	10	44	2.5	3	6	6	30	3	50	70	250	0.5	1	80	90	80	96	25	160	20	30
HA4625	√	—	—	—	—	—	U	10	44	3	3	7.5	2	5	3	5	15	30	0.5	—	80	100	80	100	—	300	5	30
301A	√	—	—	—	√	—	U	10	44	2.5	2	7.5	6	30	3	50	70	250	0.5	—	70	90	70	96	15	—	10	30
AD301AL	√	—	—	—	√	√	10	10	44	3	0.3	—	—	—	20	300	500	1500	—	—	—	—	—	—	25	100	10	30
307	√	—	—	—	—	—	3	6	44	8	0.5	4	—	—	—	—	—	—	6	10	70	100	80	100	25	—	20	0.5
NE5534	√	—	—	—	—	—																						

注：选自朱达斌等编《模拟集成电路的特性及应用》(航空工业出版社出版)。

表 B.4 集成功放一览表

型　号	输出功率	同外国型号	型号	输出功率	同外国型号
4E316	>0.25W		D4420	5.5W	LA4420
FS34	(0.3~0.4)W		D2283B	1.2W	ULN2283BB
5G31(A,B)	(0.4~0.7)W		D4265	3.5W	LA4265
8FY386(A,C,D)	(0.325~1)W		XG404	(6~13)W	
XG4140	0.5W	LA4140	XG7237	17W	
XG4100/4101/4102	(0.2~2.1)W		XG2020G/2030D	45W	
XG820	1.2W	TBA820	XG1260	(40~430)W	
XG810	(4.2~7.6)W	TBA810P TBA8103 CA8100	XG4177/4178		LA4177/4178
			XG1263	1.2W	MPC1263C2
8FG2002/2003	6W	TDA2003 CA2003 MPC2003	XG2004	(6.5~10)W	TDA2004
			XG4508	8.5W	
XG2006	8W	TDA2006	F3020/3020A	(0.5~1)W 宽带功放	

表 B.5 W7800 系列三端集成稳压器的主要性能参数

电参数名称	输出电压	输入直流电压	最大输入电压	最小输入电压	电压调整率	电压调整率①	输出电阻	最大输出电流	峰值输出电流	输出电压温漂	最大耗散功率②
符号	U_o	U_I	U_{Imax}	U_{Imin}	S_v	S_i	r_o	I_{OM}	I_{op}	S_T	
单位	V	V	V	V	%/V	%	mΩ	A	A	mV/℃	W
W7805A	5	10	35	7	0.1	0.1	17	1.5	3.5	1.1	15
W7806A	6	11	35	8	0.1	0.1	17	1.5	3.5	0.8	15
W7809A	9	14	35	11	0.1	0.1	17	1.5	3.5	1	15
W7812A	12	19	35	14.5	0.1	0.1	18	1.5	3.5	1	15
W7815A	15	23	35	17.5	0.1	0.1	19	1.5	3.5	1	15
W7818A	18	26	35	20.5	0.1	0.1	22	1.5	3.5	1	15
W7824A	24	33	40	27	0.1	0.1	28	1.5	3.5	1.5	15

注：① $Si=\Delta U_L/U_L \times 100\%$（电流由 $0 \to I_{om}$）。
　　② 加 200 mm×200 mm 的散热片。

表 B.6　W117M/W117/W317M/W317 三端可调正压稳压器性能参数

参数名称	符号	测试条件	单位	W117M	W117	W317M	W317
电压调整率	S_U	$3\text{ V}\leqslant U_I-U_O\leqslant 40\text{ V}$	%	0.02	0.02	0.04	0.04
电流调整率	S_I	$10\text{ mA}\leqslant I_O\leqslant I_{OM}$ $U_O=5\text{ V}$	%	0.3	0.3	0.5	0.5
调整端电流	I_W		μA	50	50	50	50
调整端电流变化	ΔI_W	$10\text{ mA}\leqslant I_O\leqslant I_{OM}$ $2.5\text{ V}\leqslant U_I-U_O\leqslant 40\text{ V}$	μA	0.5	0.5	1	1
基准电压	U_{REF}	$3\text{ V}\leqslant U_I-U_O\leqslant 40\text{ V}$ $10\text{ mA}\leqslant I_O\leqslant I_{OM}$	V	1.25	1.25	1.25	1.25
温度稳定性		$T_L\leqslant T_j\leqslant T_H$	%	0.7	0.7	0.7	0.7
最小负载电流	I_{Omin}		mA	5	5	5	5
电流限制	I_{OM}	$U_I-U_O\leqslant 15\text{ V}$	A	0.7	2.2	0.7	2.2
		$U_I-U_O\leqslant 40\text{ V}$	A	0.1	0.4	0.1	0.4
波纹抑制比	S_R	$U_O=10\text{ V}$ $f=120\text{ Hz}$ 无电容 C	dB	65	65	65	65
		$C=10\text{ μF}$	dB	80	80	80	80
输出噪声	N_F	$10\text{ Hz}\sim 10\text{ kHz}$	%	0.003	0.003	0.003	0.003
长期稳定性		$T=25\text{℃}$	%	0.3	0.3	1	1
热阻(结-外壳)	R_{jc}	塑料外壳、金属外壳	℃/W	5 16	3 15	5 16	3 15

表 B.7 国产硅半导体整流二极管选录

部标型号	旧型号	额定正向整流电流 I_F/A	正向压降（平均值）U_F/V	反向电流 I_R/μA 125℃	反向电流 I_R/μA 140℃	反向电流 I_R/μA 50℃	不重复正向浪涌电流 I_{SVR}/A	工作频率 f/kHz	最高结温 T_{jM}/℃	散热器规格或面积
2CZ50		0.03	≤1.2	80			0.6		150	
2CZ51		0.05				5	1			
2CZ52A～H	2CP10~20	0.10		100			2			
2CZ53C～K	2CP21~28	0.30	≤1.0				6			
2CZ54B～G	2CP33A~I	0.50				10	10			
2CZ55C～M	2CZ11A~J	1					20	3		60 mm×60 mm×1.5 mm 铝板
2CZ56C～K	2CZ12A~H	3			1000	20	65			80 mm×80 mm×1.5 mm 铝板
2CZ57C～M	2CZ13B~K	5	≤0.8		1500	30	105		140	100 cm²
2CZ58	2CZ10	10			1500	30	210			200 cm²
2CZ59	2CZ20	20			2000	40	420			400 cm²
2CZ60	2CZ50	50			4000	50	900			600 cm²

注：部标硅半导体整流二极管最高反向工作电压 U_{RM} 规定：

分档标志	A	B	C	D	E	F	G	H	I	J	K	L	M	N	P	Q	R	S	T	U	V	W	X
U_{RM}/V	25	50	100	200	300	400	500	600	700	800	900	1000	1200	1400	1600	1800	2000	2200	2400	2600	2800	3000	

258

表 B.8　1N 系列、1S 系列低频整流二极管的主要参数及与国产二极管的型号代用

参　数 型　号	最高反向 工作电压/V	额定整 流电流/A	最大正 向压降/V	反向电流 /μA	代用型号
1N4001/A	50	1	≤1	≤10	2CZ11K
1N4002/A	100	1	≤1	≤10	2CZ11A
1N4003/A	200	1	≤1	≤10	2CZ11B
1N4004/A	400	1	≤1	≤10	2CZ11D
1N4005	600	1	≤1	≤10	2CZ11F
1N4006	800	1	≤1	≤10	2CZ11H
1N4007	1000	1	≤1	≤10	2CZ1H
1N5391	50	1.5	≤1	≤10	2CZ86B
1N5392	100	1.5	≤1	≤10	2CZ86C
1N5393	200	1.5	≤1	≤10	2CZ86D
1N5394	300	1.5	≤1	≤10	2CZ86E
1N5395	400	1.5	≤1	≤10	2CZ86F
1N5396	500	1.5	≤1	≤10	2CZ86G
1N5397	600	1.5	≤1	≤10	2CZ86H
1N5398	800	1.5	≤1	≤10	2CZ86J
1N5399	1000	1.5	≤1	≤10	2CZ86K
1N5400	50	3	≤1.2	≤10	2CZ12、2CZ56B
1N5401	100	3	≤1.2	≤10	2CZ12A、2CZ56C
1N5402	200	3	≤1.2	≤10	2CZ12C、2CZ56D
1N5403	300	3	≤1.2	≤10	2CZ12D、2CZ56E
1N5404	400	3	≤1.2	≤10	2CZ12E、2CZ56F
1N5405	500	3	≤1.2	≤10	2CZ12F、2CZ56G
1N5406	600	3	≤1.2	≤10	2CZ12G、2CZ56H
1N5407	800	3	≤1.2	≤10	2CZ12H、2CZ56J
1N5408	1000	3	≤1.2	≤10	2CZ12I、2CZ56K
1S1553	70	0.1	≤1.4	≤5	2CZ82C
1S555	35	0.1	≤1.4	≤5	2CZ82B
1S1886	200	1	≤1.2	≤10	1N4003~1N4007
1S1886A	200	0.2	≤1	≤10	2CZ83D
1S1887	400	1	≤1.2	≤10	1N4005~1N4007
1SR35~100A	100	1	≤1.1	≤10	1N4002~1N4007
1SR35~200A	200	1	≤1.1	≤10	1N4003~1N4007
1SR35~400A	400	1	≤1.1	≤10	1N4004~1N4007

表 B.9 国产某些硅稳压管的主要参数

部标型号	旧型号	最大耗散功率 P_{ZM}/mW	最大工作电流 I_{ZM}/mA	最高结温 T_{jM}/℃	稳定电压 U_Z/V	电压温度系数 $C_{TU}/(10^{-4}/℃)$	动态电阻 r_{Z1}/Ω	I_{Z1}/mA	r_{Z2}/Ω	I_{Z2}/mA
2CW50	2CW9	250	83	150	1.0~2.8	≥−9	300		50	
51	2CW7,2CW10		71		2.5~3.5		400		60	
52	2CW7A,2CW11		55		3.2~4.5	≥−8	550		70	10
53	2CW7B,2CW12		41		4.0~5.8	−6~4	500		50	
54	2CW7C,2CW13		38		5.5~6.5	−3~5	400		30	
55	2CW7D,2CW14		33		6.2~7.5	≤6			15	
56	2CW7E,2CW15	250	27	150	7.0~8.8	≤7	400	1	15	5
57	2CW6B,2CW7F		26		8.5~9.5				20	
58	2CW16		23		9.2~10.5	≤8			25	
59	2CW7G,2CW17		20		10.0~11.8				30	
60	2CW6C 2CW6B 2CW6E,2CW19		19		11.5~12.5	≤9			40	
2CW72	2CW1	250	29	150	7.0~8.8	≤7	12		6	5
73	2CW2		25		8.5~9.5	≤8	18	1	10	
74	2CW3		23		9.2~10.5		25		12	
75	2CW4		21		10~11.8	≤9	30		15	
76	2CW5		20		11.5~12.5		35		18	
77	2CW5		18		12.2~14				18	
78	2CW6		14		13.5~17	≤9.5	40		21	

表 B.10 常用数字集成电路一览表

类 型	功 能	型 号
与非门	四 2 输入与非门	74LS00,74HC00
	四 2 输入与非门(OC)(OD)	74LS03,74HC03
	四 2 输入与非门(带施密特触发)	74LS132,74HC132
	三 3 输入与非门	74LS10,74HC10
	三 3 输入与非门(OC)	74LS12,74ALS12
	双 4 输入与非门	74LS20,74HC20
	双 4 输入与非门(OC)	74LS22,74ALS22
	8 输入与非门	74LS30,74HC30
或非门	四 2 输入或非门	74LS02,74HC02
	双 5 输入或非门	74LS260
	双 4 输入或非门(带选通端)	7425
非门	六反相器	74LS04,74HC04
	六反相器(OC)(OD)	74LS05,74HC05
与门	四 2 输入与门	74LS08,74HC08
	四 2 输入与门(OC)(OD)	74LS09,74HC09
	三 3 输入与门	74LS11,74HC11
	三 3 输入与门(OC)	74LS15,74ALS15
	双 4 输入与门	74LS21,74HC21
或门	四 2 输入或门	74LS32,74HC32
与或非门	双 2 路 2-2 输入与或非门	74LS51,74HC51
	4 路 2-3-3-2 输入与或非门	74LS54,74LS55
	2 路 4-4 输入与或非门	
异或门	四 2 输入异或门	74LS86,74HC86
	四 2 输入异或门(OC)	74LS136,74ALS136
缓冲器	六反相缓冲器/驱动器(OC)	7406
	六缓冲/驱动器(OC)(OD)	7407,74HC07
	四 2 输入或非缓冲器	74LS28,74ALS28
	四 2 输入或非缓冲器(OC)	74LS33,74ALS33
	四 2 输入与非缓冲器	74LS37,74ALS37
	双 2 输入与非缓冲器(OC)	74LS38,74ALS38
	双 4 输入与非缓冲器	74LS40,74ALS40
驱动器	四总线缓冲器(三态输出,低电平有效)	74LS125,74HC125
	四总线缓冲器(三态输出,高电平有效)	74LS126,74HC126
	六总线缓冲器/驱动器(三态,反相)	74LS366,74HC366
	六总线缓冲器/驱动器(三态,同相)	74LS367,74HC367
	八缓冲器/线驱动器/线接收器(反相,三态,两组控制)	74LS240,74HC240
	八缓冲器/线驱动器/线接收器(三态,两组控制)	74LS244,74HC244
	八双向总线发送器/接收器(三态)	74LS245,74HC245

续表

类 型	功 能	型 号
编码器	8—3 线优先编码器	74LS148,74HC2148
	10—4 线优先编码器(BCD 码输出)	74LS147,74HC147
	8—3 线优先编码器(三态输出)	74LS348
	8—8 线优先编码器	74LS149
译码器	4—10 线译码器(BCD 码输入)	74LS42,74HC42
	4—10 线译码器(余 3 码输入)	7443,74L43
	4—10 线译码器(余 3 格雷码输入)	7444,74L44
	4—10 线译码器/多路转换器	74LS154,74HC154
	双 2—4 线译码器/多路分配器	74LS139,74HC139
	双 2—4 线译码器/多路分配器(三态输出)	74ALS539
	BCD—十进制译码器/驱动器	74LS145
	4 线—七段译码器/高压驱动器(BCD 输入,OC)	74LS247
	4 线—七段译码器/高压驱动器(BCD 输入,上拉电阻)	74LS48,74LS248
	4 线—七段译码器/高压驱动器(BCD 输入,开路输出)	74LS47
	4 线—七段译码器/高压驱动器(BCD 输入,OC 输出)	74LS49
	3—8 线译码器/多路转换器(带地址锁存)	74LS137,74ALS137
	3—8 线译码器/多路转换器	74LS138,74HC138
数据选择器	16 选 1 数据选择器/多路转换器(反码输出)	74AS150
	8 选 1 数据选择器/多路转换器(原、反码输出)	74LS151,74HC151
	8 选 1 数据选择器/多路转换器(反码输出)	74LS152,74HC152
	双 4 选 1 数据选择器/多路转换器	74LS153,74HC153
	双 2 选 1 数据选择器/多路转换器(原码输出)	74LS157,74HC157
	双 2 选 1 数据选择器/多路转换器(反码输出)	74LS158,74HC158
	8 选 1 数据选择器/多路转换器(三态、原、反码输出)	74LS251,74HC251
代码转换器	BCD-二进制代码转换器	74184
	二进制-BCD 代码转换器(译码器)	74185
运算器	4 位二进制超前进位全加器	74LS288,74HC283
		4008
触发器	双上升沿 D 触发器(带预置、清除)	74LS74,74HC74
	四 D 触发器(带清除)	74LS171
	四上升沿 D 触发器(互补输出、公共清除)	74LS175,74HC175
	八 D 触发器	74LS273,74HC273
	双上升沿 JK 触发器	4027
	双 JK 触发器(带预置、清除)	74LS76,74HC76
	与门输入上升沿 JK 触发器(带预置、清除)	7470
	四 JK 触发器	74276
施密特触发器	双施密特触发器	4583
	六施密特触发器	4584
	九施密特触发器	9014

续表

类　型	功　能	型　号
计数器	十进制计数器	74LS90
	4位二进制同步计数器(异步清除)	74LS161,74HC161
	4位十进制同步计数器(同步清除)	74LS162,74HC162
	4位二进制同步计数器(同步清除)	74LS163,74HC163
	4位二进制同步加/减计数器	74LS190,74HC190
	4位十进制同步加/减计数器(双时钟、带清除)	74LS192,74HC192
寄存器	4位通用移位寄存器(并入、并出、双向)	74LS194,74HC194
	8位移位寄存器(串入、串出)	74LS91
	5位移位寄存器(并入、并出)	74LS96
	16位移位寄存器(串入、串/并出、三态)	74LS673,74HC673
	8位移位寄存器(输入锁存、并行三态输入/输出)	74LS598,74HC598
	4D寄存器(三态输出)	4076
	4位双向移位寄存器(三态输出)	40104,74HC40104
锁存器	8D型锁存器(三态输出、公共控制)	74LS373,74HC373
	4位双稳态锁存器	74LS75,74HC75
	四$\overline{R}-\overline{S}$锁存器	74LS279,74HC279
多谐振荡器	可重触发单稳多谐振荡器(清除)	74LS122
	双重触发单稳多谐振荡器(清除)	74HC123
	双单稳多谐振荡器(带施密特触发器)	74HC221

说明:本表只概括了部分常用的数字集成电路,更加详细的资料请查阅有关专用手册。

附录C

Multisim 2001 仿真电路

Multisim2001 是一个 32 位的仿真软件，是迄今为止使用最方便、最直观的仿真软件，它增加了大量的 VHDL 元件模型，可以仿真更复杂的数字元件。在保留了 EWB 形象直观等优点的基础上，增强了软件的仿真测试和分析功能，扩充了元件库中的元件数目，特别是增加了大量与实际元件对应的元件模型，使得仿真设计的结果更精确、更可靠、更具有实用性。

单击任务栏上【开始】→【程序】→【Multisim2001 程序组】→【Multisim2001】，进入 Multisim2001 主窗口，如图 C.1 所示。从图中可以看到，在窗口界面中主要包含了以下几个部分：电路工作区、菜单栏、常用工具栏、元器件库、仪表工具栏和启动/停止开关等。

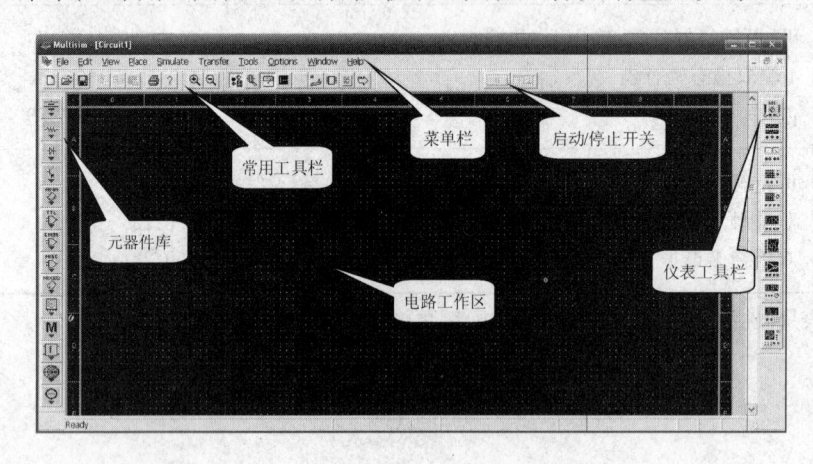

图 C.1 Multisim 2001 主窗口

1. 电路工作区

用于搭接仿真电路和仿真分析结果显示，用户大量的工作在此窗口上完成。

2. 菜单栏

菜单栏用于选择建立电路和进行仿真分析的各种命令，如图 C.2 所示。

图 C.2 菜单栏

- File：文件菜单，主要用于管理所创建的电路文件，包含有 Open、New、Save、Print 等命令。
- Edit：编辑菜单，包含一些最基本的编辑操作命令，如 Cut、Copy、Paste、Undo 等命令。
- View：视图菜单，包括调整窗口视图的命令，用于添加或去除工具条、元件库栏、状态栏，在窗口界面中显示网格，以提高在电路搭接时元件相互的位置准确度；放大或缩小视图的尺寸以及设置各种显示元素等。
- Place：放置菜单，通过放置菜单中的各项命令，可在窗口中放置节点、元件、总线、输入/输出端、文本和子电路等对象。
- Simulate：仿真菜单，提供了仿真所需的各种设备及方法。
- Transfer：导出菜单，可将所搭接的电路及分析结果传输给其他应用程序，如 PCB 和 MathCAD，Excel 等。
- Tools：设计工具菜单，用于创建、编辑、复制、删除元件，可管理、更新元件库等。
- Option：选项菜单，可对程序的运行和界面进行设置。
- Help：帮助菜单，提供帮助文件，按下键盘上的 F1 键也可以获得帮助。

3. 常用工具栏

包含了常用的操作命令按钮，分为系统工具栏和设计工具栏两部分，如图 C.3 所示。

图 C.3　常用工具栏

1) 系统工具栏，各个按钮名称及功能如图 C.4 所示。

图 C.4　系统工具栏

2) 设计工具栏，各个按钮名称及功能如表 C.1 所示。

表 C.1　设计工具栏各个按钮的名称及功能

图标	功能	图标	功能	图标	功能
	元器件设置按钮，用于打开/关闭元器件工具条		元器件设计按钮，用于打开元件编辑器，进行元件编辑		仪器库设置按钮，用于打开/关闭仪器工具条
	模拟仿真按钮，用于开始/暂停/结束电路的模拟		仿真分析按钮，用于选择电路的分析功能		仿真结果后处理按钮，用于分析结果的再处理
	VHDL/Verilog 模型按钮，用于打开 VHDL/Verilog 设计界面		统计报告按钮，用于统计电路元器件、仪器清单等		导出按钮，用于与其他电路文件之间的传输

4. 元器件库

元器件库包含了进行电子技术实验所需的各种元器件，元器件库有两种工业标准，即 ANSI（美国标准）和 DIN（欧洲标准），每种标准采用不同的图形符号表示，如图 C.5 所示。

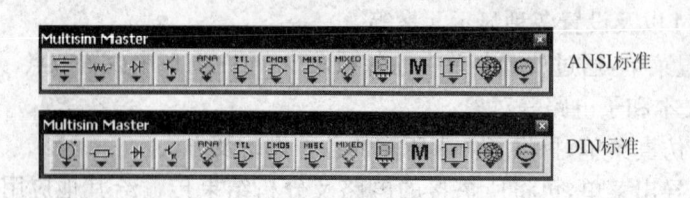

图 C.5　元器件库

元器件库从左到右依次分别为：电源库、基本元器件库、二极管库、晶体管库、模拟元器件库、TTL 元件库、CMOS 元件库、其他数字元器件库、混合芯片库、指示部件库、其他部件库、控制器件库、射频器件库和机电类元器件库。

Multisim2001 提供实际元器件和理想元器件，实际元器件是具有实际标称值或型号的元器件，一般提供有元件封装；理想元器件用户可随意定义其数值或型号，包括所有电源、电阻、电容、电感和运放电路，理想元器件没有定义元件封装形式，只能用于创建原理图。实际元器件和理想元器件在打开的部件箱中以不同的颜色显示，后者默认为绿色。

5. 仪表工具栏

仪表工具栏提供了进行电子技术实验所需的各种测量仪器，如图 C.6 所示。

图 C.6　仪表工具栏

仪表工具栏从左至右依次分别为：数字万用表、函数信号发生器、功率计、双踪示波器、波特图示仪、字信号发生器、逻辑分析仪、逻辑转换仪、失真度分析仪、频谱分析仪和网络分析仪。

6. 启动/停止开关

单击"启动/停止"开关可以开始进行仿真或者停止仿真，而单击"暂停/恢复"开关则可以暂时停止或者继续进行仿真，如图 C.7 所示。

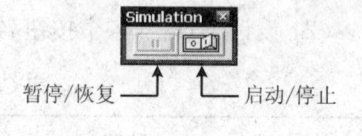

图 C.7　启动/停止开关

7. 电路的建立和仿真

建立电路和进行仿真的基本步骤如下：

① 新建文件，设置界面参数。

② 选择和放置元器件。

③ 连接导线，组成电路。

④ 选择和放置虚拟仪器。

⑤ 将仪器仪表与电路连接，并对仪器仪表的参数进行设置。

⑥ 启动仿真开关，观察结果。

⑦ 保存电路和仿真结果。

参 考 答 案

第 1 章　二极管及其应用

一、填空题

1. N 型　　P 型

2. P 型　　空穴　　自由电子　　空穴

3. P　N　　正向偏置

4. 高　低　0.1 V　0.5 V

5. 锗二极管　　硅二极管

6. 反向击穿区

7. 黑　红

8. 电源变压器　　整流电路　　滤波电路　　稳压电路

9. $U_\mathrm{O}=\sqrt{2}U_2$

10. 输入　　输出　　公共地

二、选择填空

1. A　　2. B　　3. B　A　　4. C　　5. A

三、分析计算题

1. 解:1) 整流二极管的选择

流过每个二极管的平均电流 $I_\mathrm{VD}=\dfrac{1}{2}I_\mathrm{O}=\dfrac{1}{2}\cdot 400=200$（mA）

由 $U_\mathrm{O}\approx 1.2U_2$ 可得变压器次级有效值为 $U_2=\dfrac{U_\mathrm{O}}{1.2}=\dfrac{24}{1.2}=20$（V）

则 $U_\mathrm{RM}=\sqrt{2}U_2\approx 28$ V

查手册可知,可选择型号为 2CZ54B 的整流二极管。

2) 选择滤波电容器

由式 $R_\mathrm{L}C\geqslant(3\sim 5)\dfrac{T}{2}$ 可得 $C\geqslant\dfrac{5T}{2R_\mathrm{L}}=\dfrac{5\times 0.02}{2\times(24\div 0.2)}\approx 417$（μF）

电容器耐压为 $(1.5\sim 2)U_2=(1.5\sim 2)\times 20=30\sim 40$（V）。

因此可以选用 470 μF/35 V 的电解电容。

2. 解:根据 $U_\mathrm{O}\approx\left(1+\dfrac{R_\mathrm{W}}{R_1}\right)\times 1.25$ V

得 U_O 的可调范围为(1.25～22 V)

第 2 章　三极管及其应用

一、填空题

1. NPN　　PNP
2. 下降　增大　增大
3. 正向　反向
4. 放大　饱和　截止
5. 共射极　共集电极　共基极
6. 底部　顶部
7. 反相
8. 耦合　三极管极间　旁路
9. 1　大　小
10. 直接耦合　变压器
11. 100　1 V
12. 相同　相反
13. 交越失真
14. 电源　电容器
15. 78%

二、选择题

1. A　2. B　3. B　4. B A　5. B　6. B　7. A D
8. A　9. C　10. A　11. B　12. D　13. D　14. D

三、分析判断题

1. 另一电极的电流如题 2.1 图所示。

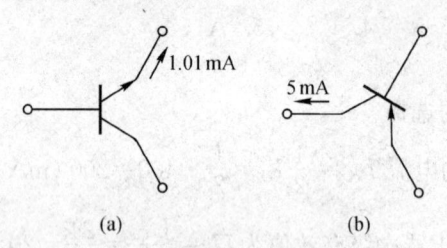

题 2.1 图

2. 晶体管三个极分别为上、中、下管脚，答案如下表所示。

管号	VT₁	VT₂	VT₃	VT₄	VT₅	VT₆
上	e	c	e	b	c	b
中	b	b	b	e	e	e
下	c	e	c	c	b	c
管型	PNP	NPN	NPN	PNP	PNP	NPN
材料	Si	Si	Si	Ge	Ge	Ge

3. a 有可能　b 有可能　c 不能　d 不能　e 不能
4. a 放大区　b 截止区　c 放大区　d 饱和区　e 截止区
　 f 饱和区　g 放大区　h 放大区
5. a 不能　　b 不能　　c 不能　d 不能　e 能
6. 直流通路如题 2.2 图所示。

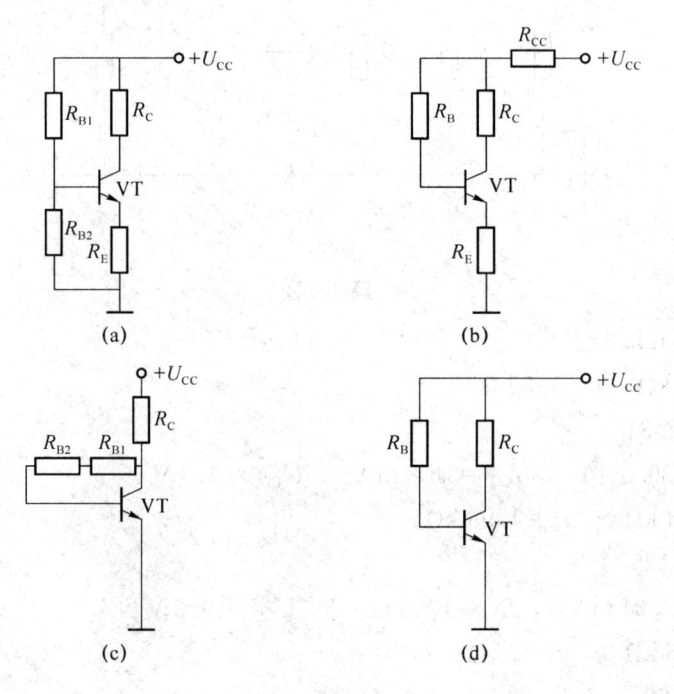

题 2.2 图

交流通路如题 2.3 图所示。

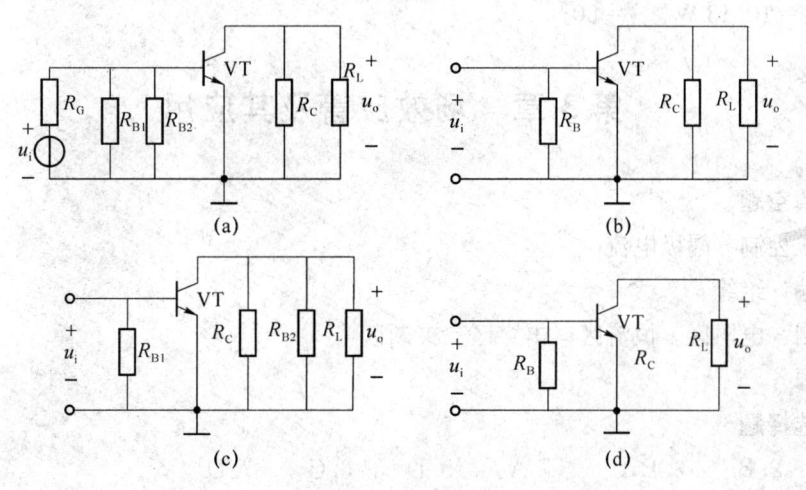

题 2.3 图

四、计算题

1. (1) $I_{BQ} = 15.3\ \mu A$　　$I_{CQ} = 0.765\ mA$　　$U_{CEQ} = 1.14\ V$
   (2) $A_u = -75$

(3) $A_u = -85.7$

2. (1) $I_{BQ} = 32\,\mu A$　　$I_{CQ} = 0.96$ mA　　$U_{CEQ} = 8.16$ V

(2) 等效电路图如题 2.4 图所示。

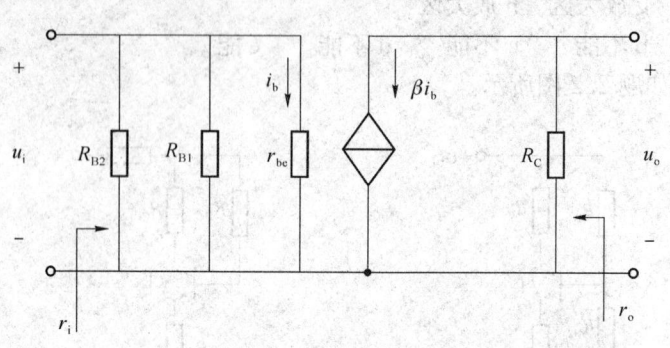

题 2.4 图

(3) $A_u = -128.6$

(4) $r_i = 0.7$ kΩ　　$r_o = 3$ kΩ

(5) $A_u = -2.84$

3. (1) $I_{BQ} = 30.8\,\mu A$　　$I_{CQ} = 3.08$ mA　　$U_{CEQ} = 3.8$ V

(2) $r_i = 0.94$ kΩ　　$r_o = 1.98$ kΩ

(3) $A_u = -125$

4. (1) $I_{EQ} = 1.34$ mA　　$I_{CQ} = 1.33$ mA　　$U_{CEQ} = 9.3$ V

(2) $r_i = 12.6$ kΩ　　$r_o = 25$ Ω

(3) $A_u = 0.98$

5. (1) $P_0 = 12.5$ W　　$P_C = 10$ W　　$P_{DC} = 22.5$ W　　$\eta = 56\%$

(2) $P_0 = 10.13$ W　　$\eta = 50\%$

第 3 章　场效应管及其应用

一、填空题

1. 电压控制　漏极电流

2. 反偏　绝缘

3. 控制　电阻区　恒流区　击穿区　夹断区

4. 共源

二、选择题

1. B　　2. B　　3. B,C　　4. A　　5. D　　6. C　　7. D

三、分析题

1. 答：由于场效应管沟道上下对称，所以漏极 D 和源极 S 两极可以互换使用。

2. 答：为保证该管有较高的输入电压，通常在栅极 G 和源极 S 之间加的是反偏电压。

3. 答：略。

270

4. 解

项目 \ 图号	(a)	(b)	(c)	(d)	(e)	(f)
沟道类型	N	P	N	N	P	P
增强型或耗尽型	结型	结型	增强型	耗尽型	增强型	耗尽型
电源 V_{DD} 极性	+	−	+	+	−	−
U_{GS} 极性	≤0	≥0	>0	任意	<0	任意

5. 解　(a) 不能　(b) 能　(c) 能　(d) 不能　(e) 不能　(f) 能

四、计算题

1. 解

1) $\begin{cases} I_D = 0.64 \text{ (mA)} \\ U_{GS} = -0.62 \text{ (V)} \end{cases}$

$U_{DS} = U_{DD} - I_D(R_D + R_S) = 24 - 0.64 \times (10+10) = 11.2 \text{ (V)}$

$A_u = \dfrac{u_o}{u_i} = -g_m(R_D // R_L) = -1.5 \times (10 // 10) = -7.5$

2) $r_i = R_G + R_{G1} // R_{G2} = 1000 + 200 // 64 = 1.05 \text{ (M}\Omega\text{)}$

3) $r_o = r_{ds} // R_D \approx R_D = 10 \text{ (k}\Omega\text{)}$

2. 解

1) 静态工作点计算

$\begin{cases} U_{GSQ} = \dfrac{R_{G2}}{R_{G1}+R_{G2}} U_{DD} - I_{DQ} R_2 \\ I_{DQ} = I_{DSS}\left(1 - \dfrac{U_{GSQ}}{U_{GS(off)}}\right)^2 \end{cases}$

将参数代入,得

$\therefore \begin{cases} U_{GSQ} = \dfrac{0.047}{0.047+2} \times 18 - 2 \times 10^3 I_{DQ} = 0.41 - 2 \times 10^3 I_{DQ} \\ I_{DQ} = 0.5 \times 10^3 \left(1 - \dfrac{-U_{GSQ}}{-1}\right)^2 \end{cases}$

解得:$\begin{cases} I_{DQ} = 0.3 \text{ (mA)} \\ U_{GSQ} = -0.2 \text{ (V)} \end{cases}$

2)

$\therefore A_u = \dfrac{-g_m u_{GS} R_D}{u_{GS}} = -g_m R_D = -0.78 \times 30 = -23.4$

3)

$r_i = R_G + R_{G1} // G_{G2} = 10\text{M} + 2\text{M} // 47\text{K} \approx 10 \text{ M}\Omega$

$r_o = R_D = 20 \text{ k}\Omega$

3. 解

1) 根据 MOS 管的转移特性曲线,可知当 $U_{GS} = 3$ V 时,$I_{DQ} = 0.5$ mA。
此时 MOS 管的压降为 $U_{DSQ} = U_{DD} - I_{DQ} R_D = 12 - 0.5 \times 10 = 7 \text{ (V)}$

2) 根据 MOS 管的转移特性曲线，$U_p=2$ V；当 $U_{GS}=4$ V 时，$I_D=1$ mA。

根据 $I_D=I_{DSS}\left(1-\dfrac{U_{GS}}{U_p}\right)^2$ 解得 $I_{DSS}=1$ mA。

$g_m=\dfrac{dI_D}{dU_{GS}}\bigg|_{u_{DS}=常数}=\dfrac{-2I_{DSS}}{U_p}\left(1-\dfrac{U_{GS}}{U_p}\right)=\dfrac{-2}{U_p}\sqrt{I_{DSS}i_D}=\dfrac{-2}{2}\sqrt{1\times0.5}=-0.707$ (mS)

电压增益 $A_u=\dfrac{u_o}{u_i}=-g_mR_D=-0.707\times10\approx-7.1$

3) 输入电阻和输出电阻的计算

输入电阻 $r_i=\infty$

输出电阻 $r_o=R_D=10$ kΩ

4. 解

1) 无负载时，电压放大倍数

$A_u=\dfrac{u_o}{u_i}=-g_mR_D=-2\times33=-66$

2) 有负载时，电压放大倍数为

$A_u=\dfrac{u_o}{u_i}=-g_m(R_D//R_L)=-2\times(33//100)=-50$

3) 输入电阻和输出电阻

输入电阻 $r_i=R_G+R_{G1}//R_{G2}=10+2.2//0.051\approx10$ (MΩ)

输出电阻 $r_o=R_D=33$ kΩ

4) N 沟道耗尽型 FET 的跨导定义为

$g_m=\dfrac{di_D}{du_{GS}}\bigg|_{u_{DS}=常数}$

Θ $i_D=I_{DSS}\left(1-\dfrac{U_{GS}}{U_p}\right)^2$

所以 $g_m=\dfrac{-2I_{DSS}}{U_p}\left(1-\dfrac{U_{GS}}{U_p}\right)=\dfrac{-2}{U_p}\sqrt{I_{DSS}i_D}$

$A_u=\dfrac{u_o}{u_i}=-g_m(R_D//R_L)$

当源极电阻 R_S 增大时，有 $R_S\uparrow\Rightarrow U_{GS}\downarrow\Rightarrow I_D\downarrow\Rightarrow g_m\downarrow\Rightarrow|A_u|\downarrow$

所以当源极电阻 R_S 增大时，跨导 g_m 减小，电压增益因此而减小。

输入电阻和输出电阻与源极电阻 R_S 无关，因此其变化对输入电阻和输出电阻没有影响。

第 4 章　晶闸管及其应用

一、填空题

1. 3　阳极　A　阴极　K　控制级　G
2. 四种　1+，1−，111+，111−，1+，1−，111− 等三种
3. 两种　过电流保护和过电压保护
4. 普通型　隧道型
5. $\pi-\alpha$

6. 金属封装晶闸管、塑封晶闸管、陶瓷封装晶闸管

二、简答题

1. 答：单向晶闸管的结构示意图和电路符号，如题图4.1所示。

2. 答：导通条件为：阳极加正极性电压，控制极加适当的正极性电压。

维持条件为：阳极加正极性电压，流过晶闸管的电流大于维持电流。

关断条件为：阳、阴极间施加反向电压，使流过晶闸管的电流小于维持电流。

3. 答：正向导通的最小电流。

4. 答：触发脉冲应有一定的移相范围；触发电压必须与晶闸管的阳极电压同步；触发脉冲应有足够的电压幅度；触发脉冲必须有一定的宽度。

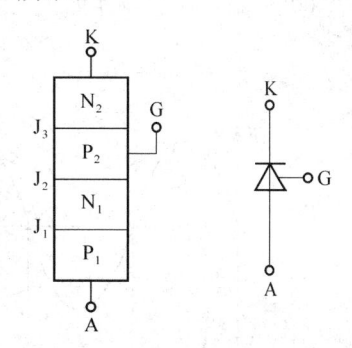

题图 4.1

5. 答：条件为：正向电压大于或大于峰点电压导通，正向电压小于峰点电压关断。

6. 答：条件为：当控制极 G 和第一阳极 A_1 间加有正负极性不同的触发电压，就可触发导通；当第一阳极 A_1、第二阳极 A_2 电流小于维持电流或 A_1、A_2 间当电压极性改变且没有触发电压时，截止。

7. 答：选万用表电阻 $R×1$ 或 $R×10$ 挡，用红黑两表笔分别测任意两引脚正、反向电阻，若测的任意一引脚与其他两引脚均不通，阻值为无穷大，则此引脚就是主电极 T_2，再测另外两个引脚间的正、反向阻值，若一组值为较小阻值时，该组黑表笔所接的引脚为主电极 T_1，红表笔所接的引脚为门极 G。测量 T_2 和 T_1，正、反向阻值，以及主电极 T_2 与门极 G 的正、反向阻值，此时万用表的阻值应为无穷大。否则，说明晶闸管电极间已经损坏；测量 T_1 与门极 G 间的正、反向阻值，正常其阻值均在几十和一百欧姆之间，否则阻值为无穷大，说明晶闸管已经开路损坏。

8. 答：单向晶闸管有阳极 A、阴极 K、控制极 G 三个引脚。双向晶闸管有第一阳极 T_1、第二阳极 T_2、控制极 G 三个引脚。单向晶闸管经过晶闸管两主极的电流只能单向流动，所以当电流反向时候，晶闸管就不通。双向晶闸管就是经过两主极的电流可以双向流动，所以当电流反向时，仍能导通。

9. 答：单相半波可控整流电路(题图4.2)。

当交流电压 u 输入后，在正半周内，晶闸管承受正向电压，如果在 t_1 时刻给控制极加入一个适当的正向触发电压脉冲 u_G，晶闸管就会导通。当交流电压 u 经过零值时，流过晶闸管的电流小于维持电流，晶闸管便自动关断。当交流电压 u 进入负半周时，晶闸管因承受反向电压而保持关断状态。当输入交流电压 u 的第二个周期来到后，在相应的 t_2 时刻加入触发脉冲，于是晶闸管又导通，负载上就得到有规律的直流电压输出。如果在晶闸管承受正向电压期间，改变控制极触发电压 u_G 加入的时刻(称为触发脉冲的移相)，则负载上得到的直流电压波形和大小也会随之改变，这样就实现了对输出电压的调节。

10. 答：单相全波可控整流电路(题图4.3)。

273

题图 4.2　　　　　　　　　　　　　题图 4.3

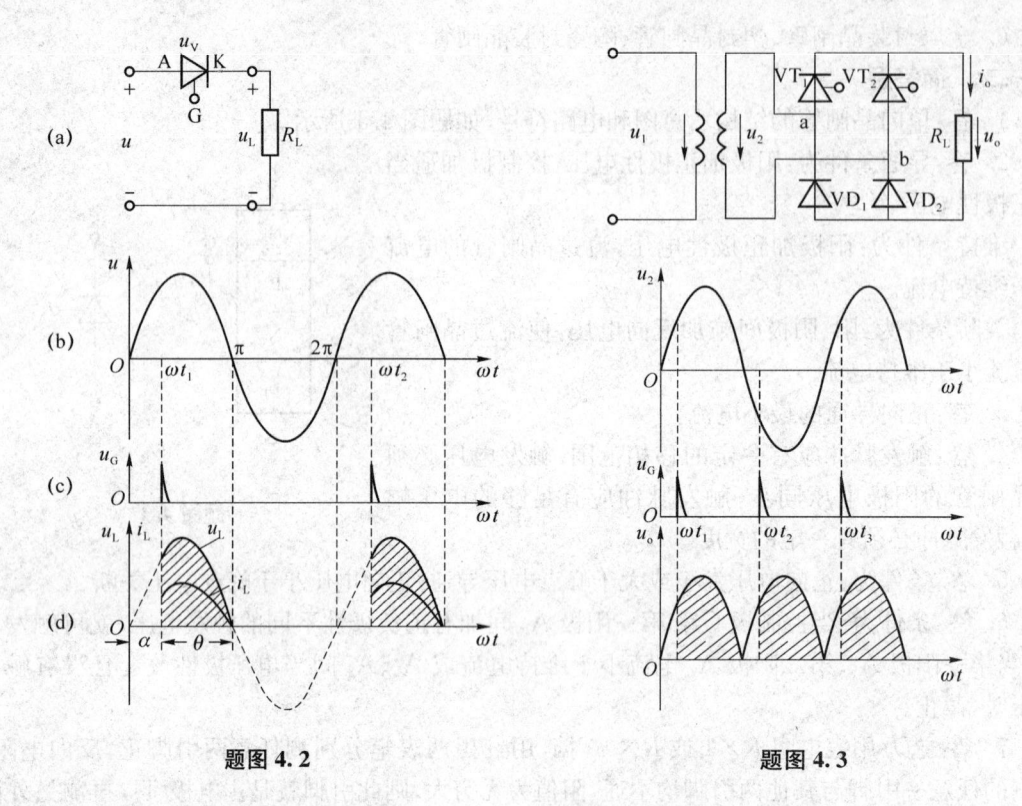

在交流电压 u_2 的正半周中，设 a 点为正，b 点为负。晶闸管 VT_1 处于正向电压之下，VT_2 处于反向电压之下。在触发脉冲到来时，VT_1 触发导通，电流从 a→VT_1→R_L→VD_2→b 端。若忽略 VT_1，VD_2 的正向压降，负载电压 u_o 与变压器次级电压 u_2 相等，极性为上正下负。在交流电压 u_2 经过零值时，晶闸管 VT_1 因阳极电流小于维持电流而自行关断。在 u_2 为负半周时，VT_1 承受反向电压，VT_2 承受正向电压，可在 u_G 触发下导通。电流路径为 b 端→VT_2→R_L→VD_1→a 端。负载电压大小和极性与 u_2 在正半周时相同。在 u_2 的第二个周期内，电路将重复第一个周期的变化。

11. 答：普通晶闸管额定电流的定义是指元件能连续通过的工频正弦半波电流的平均值，双向晶闸管额定电流的定义是指元件能连续通过的工频正弦全波电流的平均值。

三、计算题

1. U_o=74.25 V　　I_L=7.425 A
2. U_o 的范围为 49.5～148.8 V。

第 5 章　集成运算放大器及应用

一、填空题

1. 直流负反馈　　交流负反馈
2. 9
3. 相同　　净输入量　　负反馈
4. 电压串联负反馈　　电压并联负反馈　　电流串联负反馈　　电流并联负反馈

5. 电压负反馈　　电流负反馈
6. 线性区　虚断　虚短
7. 反相　同相
8. 非线性区　开环　正反馈
9. 模拟信号　波形转换
10. 回差电压　抗干扰
11. 频率不变的等幅信号输出
12. 选频网络　稳幅电路
13. 电阻　电容
14. 输入积分电路

二、选择题

1. D　　2. C　　3. A　　4. B　　5. C　　6. A　　7. B　　8. A　　B
9. A　B　　10. C　　11. D　　12. C　　13. C　　14. B　　15. B

三、分析判断题

1. a 引入了直流负反馈。
   b 引入了交直流负反馈。
   c 没有引入反馈。
   d 引入了交直流正反馈。
2. a 电压并联正反馈。
   b 电流串联负反馈。
   c 电压串联负反馈。
   d 电流并联负反馈。
3. a 反相求和运算电路。
   b A_1 组成同相比例运算电路，A_2 组成加减运算电路。
   c A_1、A_2、A_3 均组成为电压跟随器电路，A_4 组成反相求和运算电路。
4. 电压传输特性如题图 5.1 所示。
5. 输出波形如题图 5.2 所示。

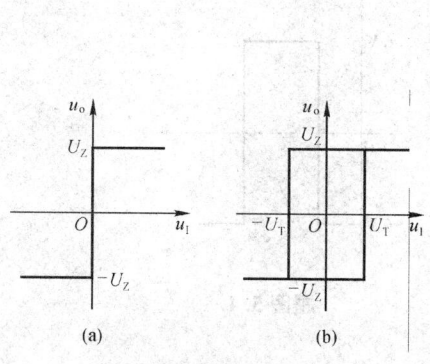

题图 5.1

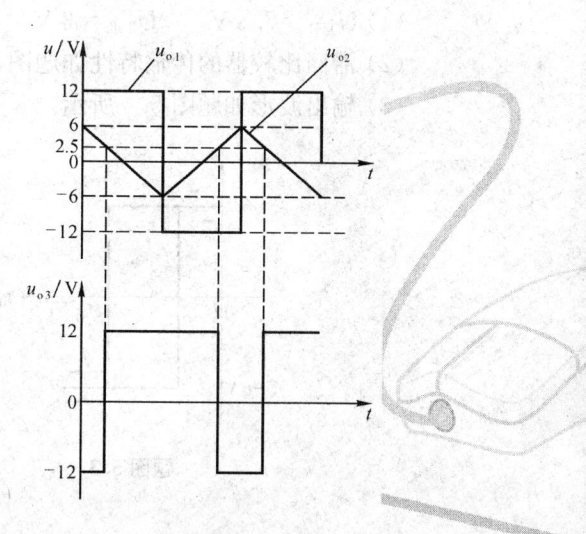

题图 5.2

四、问答题

1. 正弦波振荡器,同相输入过零比较器,反相输入积分运算电路,同相输入滞回比较器。

2.
（1）上"−"下"+"。

（2）RC 桥式正弦波振荡器

（3）输出严重失真,几乎为方波。

（4）输出为零。

（5）输出为零。

（6）输出严重失真,几乎为方波。

五、计算题

1. (a) $u_O = -\dfrac{R_f}{R_1} \cdot u_{I1} - \dfrac{R_f}{R_2} \cdot u_{I2} + \dfrac{R_f}{R_3} \cdot u_{I3} = -2u_{I1} - 2u_{I2} + 5u_{I3}$

   (b) $u_O = -\dfrac{R_f}{R_1} \cdot u_{I1} + \dfrac{R_f}{R_2} \cdot u_{I2} + \dfrac{R_f}{R_3} \cdot u_{I3} = -10u_{I1} + 10u_{I2} + u_{I3}$

   (c) $u_O = \dfrac{R_f}{R_1}(u_{I2} - u_{I1}) = 8(u_{I2} - u_{I1})$

   (d) $u_O = -\dfrac{R_f}{R_1} \cdot u_{I1} - \dfrac{R_f}{R_2} \cdot u_{I2} + \dfrac{R_f}{R_3} \cdot u_{I3} + \dfrac{R_f}{R_4} \cdot u_{I4}$
   $= -20u_{I1} - 20u_{I2} + 40u_{I3} + u_{I4}$

2.
（1）A_1 构成反相比例运算电路

   A_2 构成同相比例运算电路

   A_3 构成加减运算电路

（2）$u_{O1} = -0.2 \text{ V}$

   $u_{O2} = 1.8 \text{ V}$

   $u_{O3} = 4 \text{ V}$

3.
（1）$U_{TH1} = 7.8 \text{ V}$　　$U_{TH2} = 3 \text{ V}$　　$\triangle U_{TH} = 4.8 \text{ V}$

（2）滞回比较器的传输特性如题图 5.3 所示。

（3）输出波形如题图 5.4 所示。

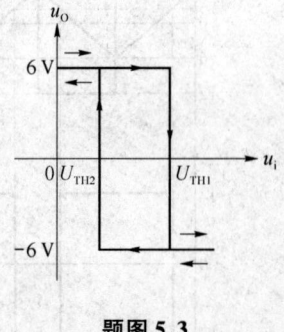

题图 5.3 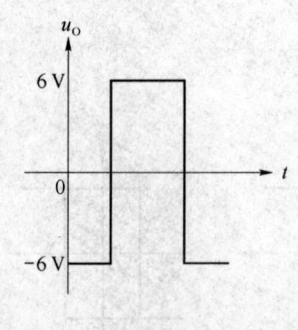　　　　　　　　题图 5.4

4.（1）

$R'_W > 2\ \text{k}\Omega$ 故 R_W 的下限值为 $2\ \text{k}\Omega$。

（2）振荡频率的最大值和最小值分别为

$$f_{0\max} \approx 1.6\ \text{kHz}$$
$$f_{0\min} \approx 145\ \text{Hz}$$

第6章　逻辑门及其应用

一、填空题

1. 与　或　非
2. 逻辑表达式　逻辑符号　真值表　时序图　状态图
3. 与非　或非　与或非　同或　异或
4. 代数法　卡诺图法
5. 五步　写逻辑关系　化简　列真值表　确定逻辑功能　判断设计电路是否合理
6. 五步　确定设计电路的输入输出变量个数及其含义，根据功能列真值表，化简，画逻辑图，选择器件完成设计功能
7. 两类　两种　二进制　非二进制　普通编码器　优先编码器
8. 两类　变量译码器　显示译码器
9. 8421码　5421码　余三码　负权码

二、简答题（略）

三、化简题

1. $AD + \bar{B}\bar{D}$
2. $AC + BC + C\bar{D}$
3. $A\bar{B} + \bar{C}$
4. $\bar{A}\bar{C} + BC + \bar{C}\bar{D}$
5. $\bar{A}C + CD + \bar{C}\bar{D}$ 或 $\bar{A}\bar{D} + CD + \bar{C}\bar{D}$
6. $\bar{A} + D$

四、计算题

1. （1）$(01101000)_{8421\text{BCD}}$　　（2）$(001100100110)_{8421\text{BCD}}$

    （3）$(00011000.10010011)_{8421\text{BCD}}$

2. （1）95　（2）76　（3）59.3
3. （1）22　（2）28.375
4. （1）$(100011.01)_2$　　（2）$(111000)_2$
5. （1）$(156)_{16}$　　$(526)_8$（2）$(35.64)_{16}$　　$(65.31)_8$
6. （1）$(0110110000101110)_{16}$　　（2）$(11101111.00101011)_{16}$

五、分析题

1. (a) $B=1$ 或 $B=A$

    (b) $A=1, B=0$ 或 $A=0, B=1$

    (c) $A=0$ 或 $A=B$

(d) C 或 D 至少有一个为 0

(e) B=1 或 B=A,D=1 或 D=C

(f) B=1 或 B=A

2. $Y=(A\odot B)\odot(C\odot D)$

3. $Y=\overline{\overline{A+B}+\overline{A+\overline{B}}}=A\odot B$

六、设计题

1. 略

2. (1) Y_1、Y_3、Y_5、Y_7 接或门输出

   (2) Y_2、Y_4、Y_6、Y_9、Y_{11}、Y_{13} 接或门输出

3. (1) 74LS151 芯片中 D_0、D_2、D_5、D_6 接高电平,D_1、D_3、D_4、D_7 接地。

   (2) 74LS151 芯片中 D_1、D_3、D_6、D_7 接高电平,D_0、D_2、D_4、D_5 接地。

第 7 章 触发器及其应用

一、填空题

1. 三种 置0 置1 保持不变 低电平

2. 基本 同步 主从 维阻 边沿

3. 高电平 低电平 上升沿 下降沿

4. RS JK D T T′

5. 高电平 上升沿

6. 四种 置0 置1 保持 计数(翻转)

7. 下降沿 74LS112

8. 计数 保持 计数

二、简述题（略）

三、分析题

1. 解:输出波形如题图 7.1 所示。

2. 解:输出波形如题图 7.2 所示。

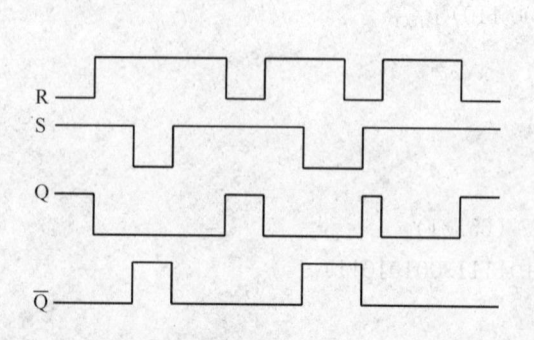

题图 7.1

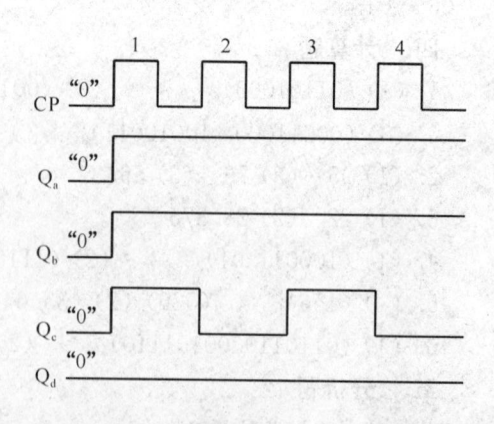

题图 7.2

3. 解:输出波形如题图 7.3 所示。

4. 解：输出波形如题图 7.4 所示。

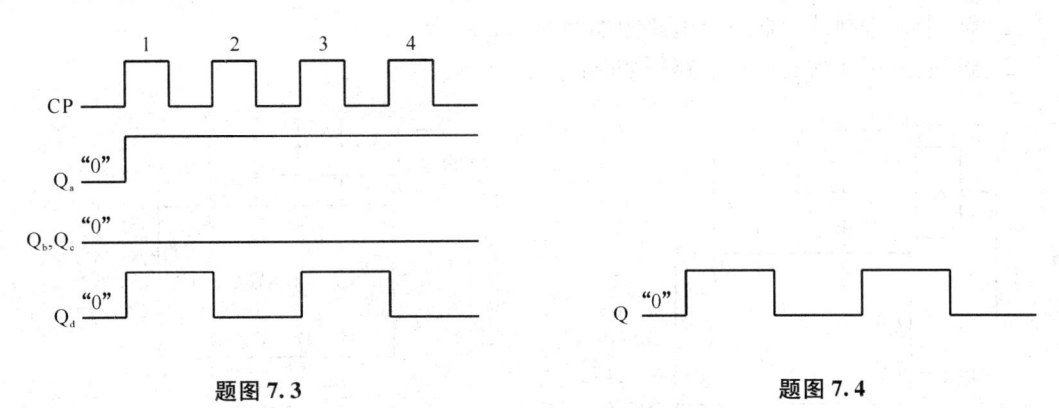

题图 7.3

题图 7.4

5. 解：输出波形如题图 7.5 所示。

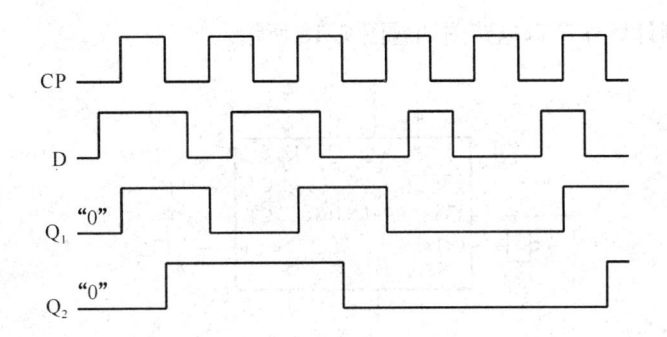

题图 7.5

6. 解：逻辑电路如题图 7.6 所示，此电路是能自启动的异步五进制加法计数器。

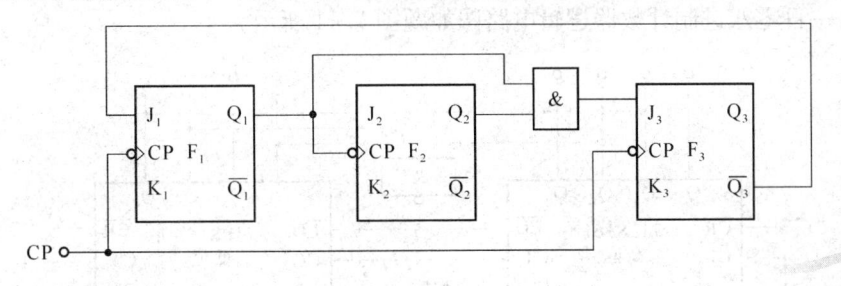

题图 7.6

7. 解：该电路是不能自启动的同步五进制计数器。

8. 解：对应计数器状态图如题图 7.7 所示。此计数器是七进制计数器。

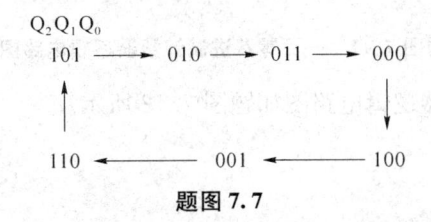

$Q_2Q_1Q_0$
101 → 010 → 011 → 000
110 ← 001 ← 100

题图 7.7

四、设计题

1. 解：十三进制计数器逻辑电路图如题图 7.8 所示。
2. 解：七进制计数器逻辑电路图如题图 7.9 所示。

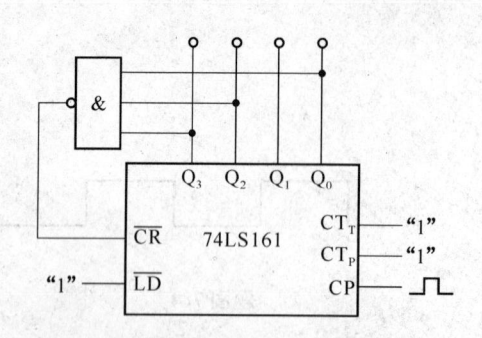

题图 7.8 十三进制计数器逻辑电路图　　题图 7.9 七进制计数器逻辑电路图

3. 解：十二进制计数器逻辑电路图如题图 7.10 所示。

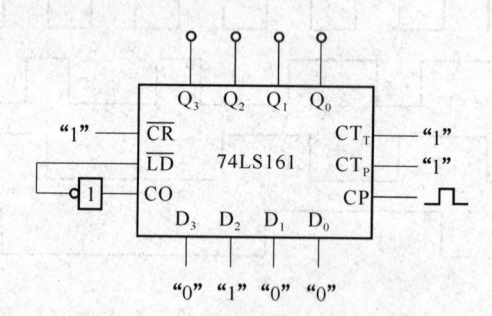

题图 7.10 十二进制计数器逻辑电路图

4. 解：一百零八进制计数器逻辑电路图如题图 7.11 所示。

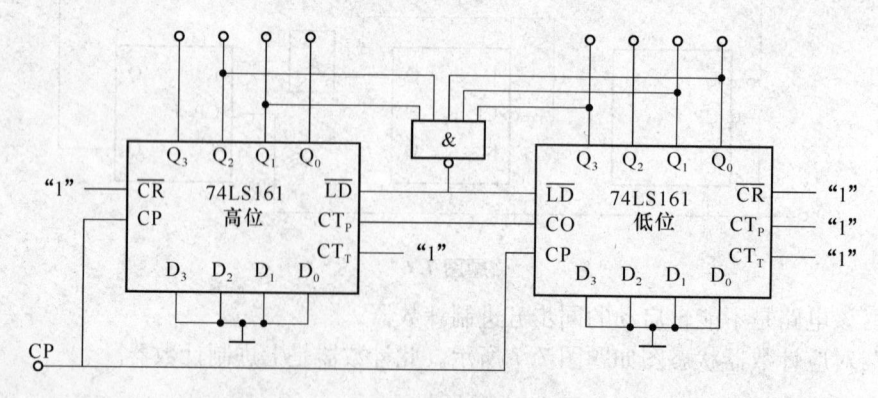

题图 7.11 一百零八进制计数器逻辑电路图

5. 解：三十六进制计数器逻辑电路图如题图 7.12 所示。

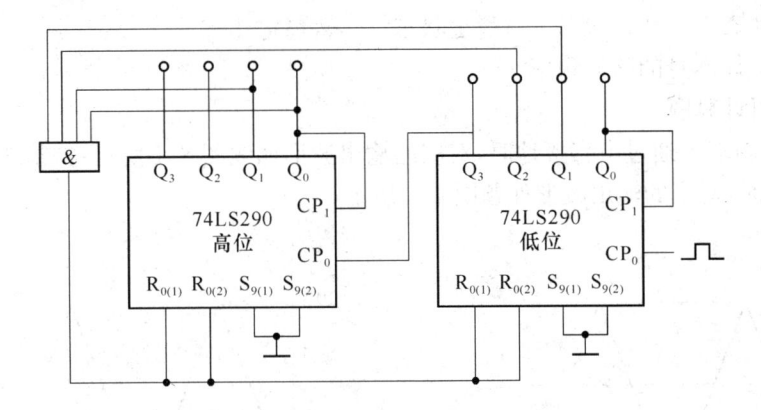

题图7.12 三十六进制计数器逻辑电路图

6. 解：三进制计数器逻辑电路图如题图7.13(a)所示。

九进制计数器逻辑电路图如题图7.13(b)所示。

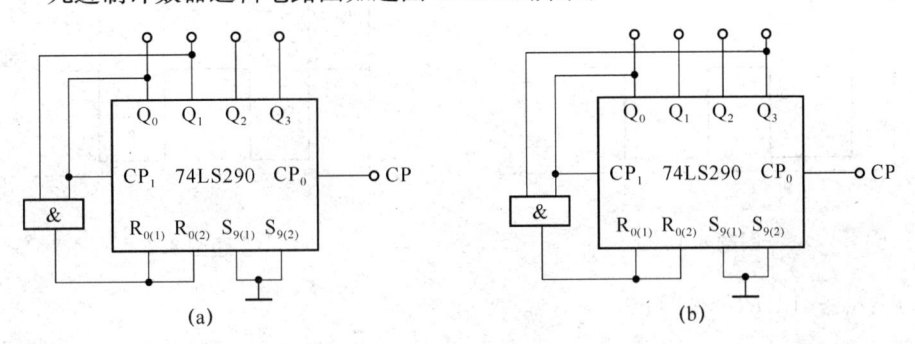

(a)

(b)

题图7.13 逻辑电路图
(a) 三进制计数器；(b) 九进制计数器

7. 解：对应计数器状态图如题图7.14所示。
8. 解：对应计数器状态图如题图7.15所示。

题图7.14 计数器状态图　　题图7.15 计数器状态图

第8章　集成定时器及其应用

一、填空题

1. 分压器　　比较器　　触发器　　开关及输出
2. $\dfrac{2}{3}U_{DD}$　　$\dfrac{1}{3}U_{DD}$　　U_S　　$\dfrac{1}{2}U_S$
3. 施密特触发器　　单稳态触发器　　多谐振荡器

281

4. 稳定状态　　暂稳状态　　稳定状态　　暂稳定状态

5. 石英晶体本身的谐振频率 f_0

二、分析计算题

1. 解：控制端 S 通过电容接地时，对应的输出波形如题图 8.1 所示；控制端 S 外接控制电压 $U_S=16$ V 时，对应的输出波形如题图 8.2 所示。

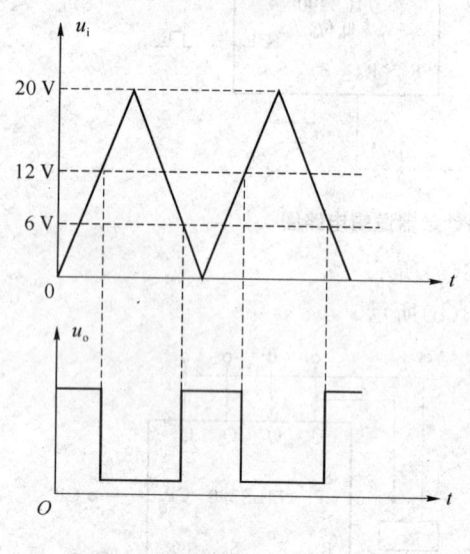

图题 8.1

题图 8.2

2. 解：$t_W \approx 1.1RC \approx 11$ (ms)

3. 解：输出矩形波振荡频率：$f = \dfrac{1}{T} = \dfrac{1}{0.7(R_A+R_B)C_1}$

   输出矩形波的占空比：$q = \dfrac{R_A}{R_A+R_B}$

第 9 章　数/模和模/数转换器及其应用

一、选择题

1. B　2. C　3. C　4. A　5. A　6. B

二、计算题

1. (1) -9.96 V；　(2) -5 V；　(3) -0.039 V；
   (4) -5.94 V；　(5) -4.61 V

2. $n=11$；$U_{REF}=10$ V

3. 0.0039 V

4. (1) 4 μs；(2) 01 010 111；(3) 11 010 100

参 考 文 献

[1] 江小安. 数字电子技术[M]. 西安:西安电子科技大学出版社,1996.
[2] 杨志忠. 电子技术基础——数字部分[M]. 北京:电力出版社,1999.
[3] 刘勇. 数字电路[M]. 北京:电子工业出版社,2000.
[4] 王家继. 脉冲与数字电路[M]. 北京:高等教育出版社,1992.
[5] 曹林根. 数字逻辑[M]. 上海:上海交通大学出版社,2000.
[6] 刘守义,钟苏. 数字电子技术[M]. 西安:西安电子科技大学出版社,2001.
[7] 郭永贞. 数字电子技术[M]. 西安:西安电子科技大学出版社,2000.
[8] 杨颂华. 数字电子技术基础[M]. 西安:西安电子科技大学出版社,2000.
[9] 王文习. 脉冲与数字电路基础[M]. 北京:中国铁道出版社,1996.
[10] 陈振源. 电子技术基础[M]. 北京:高等教育出版社,2001.
[11] 陈梓城,孙丽霞. 电子技术基础[M]. 北京:机械工业出版社,2001.
[12] 李中发. 数字电子技术[M]. 北京:中国水利水电出版社,2001.
[13] 邓元庆,等. 数字电路与系统设计[M]. 西安:西安电子科技大学出版社,2003.
[14] 顾斌,等. 数字电路 EDA 设计[M]. 西安:西安电子科技大学出版社,2004.
[15] 周雪. 模拟电子技术[M]. 修订版. 西安:西安电子科技大学出版社,2011.
[16] 朱晓红. 模拟电子电路[M]. 北京:机械工业出版社,2007.
[17] 邱丽芳. 模拟电子技术[M]. 北京:科学出版社,2008.
[18] 刘国巍. 模拟电子技术基础[M]. 长沙:国防科技大学出版社,2008.
[19] 曾令琴. 电子技术基础[M]. 北京:人民邮电出版社,2009.
[20] 程民利. 模拟电子技术实训[M]. 西安:西安电子科技大学出版社,2006.
[21] 孙津平. 数字电子技术[M]. 修订版. 西安:西安电子科技大学出版社,2005.
[22] 熊伟林. 模拟电子技术基础及应用[M]. 北京:机械工业出版社,2010.
[23] 张志良. 模拟电子技术基础[M]. 北京:机械工业出版社,2006.
[24] 周俊. 电子技术[M]. 北京:北京理工大学出版社,2010.
[25] 华永平. 模拟电子技术与应用[M]. 北京:电子工业出版社,2010.
[26] 崔群凤. 模拟电子技术应用基础[M]. 北京:电子工业出版社,2011.
[27] 阎石. 数字电子技术基础[M]. 北京:高等教育出版社,2006.

[28] 杨春玲.数字电子技术基础[M].北京:高等教育出版社,2011.
[29] 姚亚川.数字电子技术[M].重庆:重庆大学出版社,2006.
[30] 常桂兰,王丹利,任桂兰.模拟电子技术[M].北京:中国铁道出版社,2005.
[31] 江晓安,董晓峰.模拟电子技术[M].西安:西安电子科技大学出版社,2002.
[32] 刘国巍.模拟电子技术基础[M].长沙:国防科技大学出版社,2009.
[33] 董秀峰.模拟电子技术[M].北京:中国铁道出版社,2006.